Thomas Heeger

Quallen – Gefährliche Schönheiten

Für meine naturbegeisterten Kinder
Felix und Viola

Quallen
Gefährliche Schönheiten

Von
Thomas Heeger

Mit einem Geleitwort von
Dietrich Mebs

Mit 205 vierfarbigen Abbildungen
und
78 Schwarzweiß-Abbildungen

S. Hirzel Verlag Stuttgart

Kontakt:
Prof. Dr. Thomas Heeger
e-mail: thomas_heeger@yahoo.com

Bibliografische Information der Deutschen Bibliothek
Die Deutsche Bibliothek verzeichnet diese Publikation in der Deutschen Nationalbiografie; detaillierte bibliografische Daten sind im Internet unter http://dnb.ddb.de abrufbar

ISBN 3-7776-1343-6

Lizenzausgabe der 1. Auflage 1998 mit freundlicher Genehmigung der Wissenschaftlichen Verlagsgesellschaft mbH, Stuttgart

Printed in Germany

Satz und Druck: Druckerei W. Kohlhammer GmbH & Co. KG, 70329 Stuttgart
Umschlaggestaltung: Neil McBeath, Kornwestheim. Das große Bild zeigt die Trachymeduse *Benthocodon pedunculata*, s. auch S. 30. Bildleiste von links: Furchenqualle *(Versuriga anadyomene)*, s. auch S. 311. – Spiegeleiqualle *(Cotylorhiza tuberculata)*, s. auch S. 306. – Die Wurzelmundqualle *Cephea cephea*, s. auch S. 305. – Prachtexemplar einer fußballgroßen philippinischen Killerqualle *(Chiropsalmus quadrigatus)*, s. auch S. 326.

Zum Geleit

Ernst Haeckel hat um die Jahrhundertwende in seinen „Kunstformen der Natur" Zeichnungen von Quallen vorgelegt, die in ihrer Ästhetik unübertoffen sind. Haeckel hatte keine Gelegenheit, sich diese Tiere unter Wasser anzusehen, sie standen meist in mehr oder minder lädiertem Zustand in Präparategläsern vor ihm. Der Meeresforscher unserer Tage hat es da einfacher. Tauchgeräte ermöglichen es ihm, sich im natürlichen Umfeld seiner Studienobjekte, d. h. unter Wasser, aufzuhalten, sie und ihre Lebensäußerungen mit der Kamera zu dokumentieren.

Quallen gehören sicher nicht zu den Tieren, die sich großer Beliebtheit erfreuen, auch nicht bei Meeresforschern, was sich schon darin zeigt, daß es nur sehr wenige Bücher über Quallen gibt. Es sind Objekte, die man selten intakt im Planktonnetz findet, sie in freier Natur zu beobachten, ist oft mit Unannehmlichkeiten verbunden. Denn jeder, der schon einmal Ferien am Meer verbracht hat, verbindet mit Quallen meist die Erinnerung, daß sie schmerzhaft nesseln können. In der Tat zählen Quallen zu den giftigsten Meerestieren, manche von ihnen können durch ihr Nesseln derart schwere Verletzungen, d. h. eigentlich Vergiftungen hervorrufen, daß sie für den Betroffenen mitunter lebensbedrohlich sind.

Dies ist ein Aspekt. Dem steht gegenüber, daß Quallen zu den ältesten Organismen zählen. Sie sind schon vor dem Präkambrium aufgetreten und haben eine reiche Formenvielfalt entwickelt, der jedoch stets ein vergleichsweise einfacher („primitiver") Bauplan zugrunde liegt: einzelliges Ekto- und Entoderm, dazwischen Füllmasse mit viel Wasser.

Eigentlich erstaunlich, daß sie sich bis heute gehalten haben. Sicher hat ihr Überleben und ihre erfolgreiche Ausbreitung etwas mit dem zu tun, was man als die raffiniertesten Konstruktion einer Giftwaffe in der Natur bezeichnen kann: Nesselzellen produzieren Kapseln, die in Sekundenbruchteilen Gift einem Gegner beibringen. Schade nur, daß das Fehlen von Hartbestandteilen uns kaum Spuren dieser Tiere aus der Erdvergangenheit hinterlassen hat. Sie müssen wohl damals schon diese Waffen besessen haben.

Sich dem Thema Quallen zu nähern, ist nicht einfach. Wo bekommt man gute Fotos her, wie etwa beschreibt man ihre komplizierten Vermehrungsweisen, ohne daß man den Überblick verliert? Wie meisterlich man dies machen kann, zeigt Thomas Heeger in seinem Buch. Wenn man so will, ist es seit Ernst Haeckel der erste Versuch, sich mit diesen Tieren nicht nur wissenschaftlich, sondern auch in ästhetisch überzeugender Form zu befassen. Die Fotografien, die der Autor, man kann ruhig sagen gestaltet hat, suchen auf diesem Gebiet ihresgleichen. Doch sollte man darüber nicht vergessen, daß dies kein Bilderbuch ist, sondern ein Werk, das die Naturgeschichte der Quallen zum Thema hat, festhält, was bis jetzt über sie bekannt ist, ergänzt durch die Forschungsergebnisse des Autors. Ich bin sicher, daß das Buch dazu beiträgt, Vorbehalte diesen „Ekeltieren" gegenüber abzubauen und eine Menge über die spannenden Seiten ihrer Biologie zu lernen.

Im Mai 1998

Dietrich Mebs

„Als ich vor 25 Jahren zum ersten Mal das Meer besuchte und im August 1854 auf Helgoland von meinem unvergeßlichen Meister Johannes Müller in die unerschöpfliche Wunderwelt des Seethier-Lebens eingeführt wurde, da übten unter den vielen bisher nie lebend gesehenen Thierformen keine anderen eine so mächtige Anziehungskraft auf mich aus, als die Medusen. Niemals werde ich das Entzücken vergessen mit welchem ich damals als zwanzigjähriger Student die erste Tiara und Irene, die erste Chrysaora und Cyanea beobachtete und ihre prächtigen Formen und Farben mit dem Pinsel wiederzugeben versuchte."

Ernst Haeckel
Das System der Medusen (1879)
(Auszug)

Vorwort

Als ich vor fast 15 Jahren Kinder am Nordseestrand beobachtete, wie sie sich vergnügt mit blauen Ohrenquallen, nicht etwa mit gelben Feuerquallen, bewarfen, fragte ich, warum. Ihre Antwort war verblüffend einfach: die gelben brennen, die blauen nicht. Seit dieser Zeit befasse ich mich mit den Nesselfähigkeiten von Quallen. Die Entscheidung, ein Buch über Quallen zu schreiben, fiel erst später, nachdem wieder einmal gefragt wurde, ob es denn keine „netten" Tiere gäbe, mit denen sich ein Meeresbiologe beschäftigen könne, es müßten doch nicht diese „ekligen" Quallen sein. Dieses Buch soll nicht von glibberigen Überresten in den Spülsäumen der Strände handeln, sondern über die spannende Biologie der Quallen informieren sowie gleichzeitig ihre Anmut und bezaubernde Schönheit unter Wasser darstellen.

Der erste Dank gebührt natürlich meiner Familie, die die zahlreichen Reisen und meine häufige physische und psychische Abwesenheit mit Langmut ertrug. Meine Frau, Dr. Beate Ruch-Heeger (Cebu, Philippinen), arbeitete engagiert im Quallenprojekt und dokumentierte neue Erkenntnisse über den Bau von Nesselkapseln. Frau Helen Pfuhl (Cambridge, England) assistierte und organisierte über drei Jahre lang kompetent und zuverlässig in Sachen Quallen. Besonders bedanken möchte ich mich beim Team der Marine Biology Section an der San Carlos Universität in Cebu (Philippinen) und ihrer Direktorin Dr. Filipina Sotto für die mehrjährige Unterstützung und unkonventionelle Hilfe. Herr Miguel Neri (Cebu, Philippinen) fertigte mit viel Sachverstand und Talent einen Großteil der Zeichnungen an. Dieses Buch wäre nicht möglich gewesen ohne die wertvollen Anregungen und Bildbeiträge vieler Kolleginnen und Kollegen. Besonders hervorheben möchte ich die Zusammenarbeit mit:

Dr. Phil Alderslaide (Darwin), Volker Arzt (Hamburg), Dr. Greg Buckley (Chicago), Dr. Paul Cornelius (London), Ben Cropp Productions (Port Douglas), Dr. Bart Currie (Darwin), Bernd Düllberg (Kiel), Dr. Marcus Faasse (Leiden), Prof. Dr. Hans Fricke (Seewiesen), Markus Frohme (Lauterbach), Lisa Gershwin (Los Angeles), Dr. Steven Haddock (Santa Barbara), Ilkka Hannula (Helsinki), Dr. Koos den Hartog (Leiden), Prof. Dr. Klaus Hausmann (Berlin), Kurt Hirschel (Oberriexingen), Prof. Dr. Thomas Holstein (Frankfurt), Dr. Gerhard Jarms (Hamburg), Prof. Dr. Manfred Kage (Lauterstein), Dr. Deanna Lickey (Friday Harbour), Thorsten Luther (Rostock), Dr. George Matsumoto (Adelaide), Dr. Claudia Mills (Friday Harbor), Priv. Doz. Dr. Uli Mrowietz (Kiel), Frerk Petersen (Hamburg), Dr. Uwe Piatkowski (Kiel), Dr. Jennifer Purcell (Cambridge), Dr. Jacquie Rifkin (Brisbane), Dr. Will Ritzrau (Kiel), Cindy

Sagen (Monterey), Prof. Dr. Helmut Schuhmacher (Essen), Prof. Dr. Volker Storch (Heidelberg), Surf Live Saving Association (Brisbane), Armin Tank (Kiel), Dr. Helmut Thetmeyer (Kiel), Dr. Laurenz Thomsen (Kiel), Dr. Uwe Waller (Kiel) und Winfried Werzmirzowsky (Neu-Isenburg).
Besonderer Dank gilt der Deutschen Forschungsgemeinschaft in Bonn (DFG), die während eines 3jährigen Projektes über Großquallen zahlreiche Forschungsreisen auf die Philippinen, nach Australien, Mikronesien, Indonesien und Bermuda großzügig förderte.
Herzlich gedankt sei Herrn Prof. Dr. Dietrich Mebs (Frankfurt). Er initiierte das vorliegende Werk und kritisierte das Manuskript mit fachlich fundierten Vorschlägen. Ohne die vorzügliche Betreuung der Wissenschaftlichen Verlagsgesellschaft durch Frau Dr. Ingrid Hanke, Frau Christine Semenass und Herr Dr. Eberhard Scholz (Stuttgart) wäre dieses Buch kaum möglich gewesen.
Herrn Prof. Dr. Heino Möller (Cebu, Philippinen) danke ich aufrichtig für die umfassende Unterstützung, seine Freundschaft und seinen persönlichen Einsatz während gemeinsamer Forschungsarbeiten, denn häufig waren die Reisen von abenteuerlichem Charakter geprägt:
Im westlichen Pazifik (Palau, Mikronesien), etwa eine Seemeile vom Ufer entfernt, fragten wir den Bootsführer, ob wir denn mit Krokodilen zu rechnen hätten. Er antwortete, die Krokodile würden sich bei dieser Entfernung zum Land fürchten, und wir begannen die Arbeiten im Wasser. Nach einer Stunde Quallensuche kehrten wir zum Boot zurück. Auf die Frage, wieso sich die Krokodile denn fürchten würden, antwortete der Bootsführer ungerührt: „Wegen der großen Haie hier draußen!"

Thomas Heeger

Cebu City (Philippinen), im Mai 1998

Inhaltsverzeichnis

1 **Einführung** 12
Historische Forschung 21
Was sind Quallen? 25
Einführung in die Systematik 29
Evolution und Fossilien 34

2 **Biologie der Quallen** 37
Vorkommen und Verbreitung 38
Systematik der Cnidaria (Nesseltiere) . . . 41
Verwandtschaftsbeziehungen 41
Was war zuerst, der Polyp oder die Meduse? . . . 41
Herkunft der Nesseltiere 41
Anatomie der Nesseltiere 43
Grundbauplan der Polypen 43
Perfektes Management auf Zellebene. . . . 43
Superpotente Zellen, die alles können . . . 45
Der Scyphopolyp 46
Der Cubopolyp 47
Der Hydropolyp 47
Der Anthozoenpolyp 50
Grundbauplan der Medusen 51
Die Exumbrella und die Subumbrella 52
Die Tentakel. 56
Was ist Mesogloea? 57
Das Nervensystem 61
Die Verdauungszotten 64
Die Mundarme 64
Anatomische Besonderheiten der Scyphomedusen 65
Anatomische Besonderheiten der Cubomedusen. 72
Anatomische Besonderheiten der Hydromedusen 79
Fortpflanzung und Entwicklung 83
Die Strobilation 90
Was geschieht bei der Strobilation auf anatomischer Ebene? 90
Die einzelnen Phasen der Strobilation . . . 91
Die sexuelle Fortpflanzung 96
Fortpflanzungsvariationen bei Scyphozoen . . . 96
Warum gibt es einen Generationswechsel zwischen Polyp und Meduse? 100
Fortpflanzung der Cubomedusen. 101
Sexuelle Fortpflanzung der Cubomedusen – Der Hochzeitstanz 103
Fortpflanzung der Hydromedusen 104
Regeneration 106
Woran sterben Quallen?. 108
Ernährung 110
Wie fressen Polypen? 110
Nahrungsaufnahme bei Scyphopolypen. 110
Nahrungsaufnahme bei Cubopolypen. 113
Nahrungsaufnahme bei Hydropolypen 114
Wie fressen Medusen? 114
Nahrungsaufnahme bei Scyphomedusen 114
Nahrungsaufnahme bei Cubomedusen 125
Nahrungsaufnahme bei Hydromedusen. 126
Exkretion und Osmoregulation. 127
Nesselzellen 129
Morphologie und Genese der Nesselzellen . . . 130
Dynamik der Nesselzellentladung 140
Nesselgifte 151
Struktur und Funktion der Gifte 151
Quallenverletzungen 158
Symptome. 158
Erste Hilfe bei Quallenverletzungen 165
Schutzmaßnahmen gegen Quallenverletzungen 171
Fortbewegung und Schwimmverhalten . . 173
Polypen 173
Medusen 174
Bilden Quallen Schwärme? 179
Sinnesleistungen 187
Leuchtvermögen (Biolumineszenz) 196

3 **Ökologie der Quallen** 201
Die Quallenseen von Palau 202
Räuber-Beute-Beziehungen zwischen Quallen und Fischen. 213

Wirbeltiere als Quallenräuber 216
Wirbellose als Quallenräuber 222
Nacktschnecken – Besondere Feinde der Quallen 222
Superspezialisten für Nesselkapseln . . . 222
Assoziationen und Symbiosen von Quallen 228
Qualle-Fisch-Assoziation 228
Endosymbionten 241
Quallen-Tintenfisch-Assoziation 245
Parasitosen 247

4 Staatsquallen (Siphonophora) . . . 255
Anatomie 256
Biologie 261
Vorkommen und Verbreitung 261
Fortpflanzung und Entwicklung 261
Nahrung und Verdauung 261
Nesselkapseln 264
Segelnde Quallen 266

5 Kamm- oder Rippenquallen (Ctenophora) 271
Anatomie 272
Biologie 279
Vorkommen und Verbreitung 279
Fortpflanzung und Entwicklung 279
Nahrung und Verdauung 280
Regeneration und Biolumineszenz 281
Fortbewegung 281

6 Andere gelatinöse Zooplanktongruppen 283

7 Anhang 289
Bestimmungsschlüssel für gelatinöses Zooplankton 290
Artenkatalog 293
Atolla wyvillei 293
Linuche unguiculata 293
Nausithoë punctata 294
Chrysaora quinquecirrha 295
Chrysaora helvola 296
Chrysaora hysoscella 297
Pelagia noctiluca 297
Pelagia panopyra 298
Cyanea capillata 299
Cyanea nozakii 300
Aurelia aurita 301
Stygiomedusa fabulosa 302
Cassiopea andromeda 303
Cassiopea ndrosia 304
Cephea cephea 305
Cotylorhiza tuberculata 306
Anomalorhiza shawi 307
Mastigias papua 308
Mastigias ocellatus 309
Mastigias sp. 309
Phyllorhiza punctata 310
Versuriga anadyomene 311
Thysanostoma loriferum 312
Thysanostoma thysanura 313
Catostylus purpurus 314
Catostylus townsendi 315
Catostylus mosaicus 316
Lobonema smithi 317
Rhizostoma pulmo 318
Rhopilema hispidum 319
Haliclystus auricula 320
Carybdea alata 321
Carybdea rastoni 322
Carybdea marsupialis 323
Tamoya gargantua 324
Chironex fleckeri 324
Chiropsalmus quadrigatus 326
Physalia physalis, Physalia utriculus 327
Velella velella 329
Porpita porpita 330

Glossar 332

Bildquellennachweis 333

Literaturverzeichnis 340

Stichwortverzeichnis 347

1 Einführung

Abb. 1-1: Diese schön gefärbte Meduse *(Chrysaora helvola)* gehört zu den Kompaßquallen. Ihre mehrere Meter langen Tentakel enthalten hochwirksame Toxine in den Nesselkapseln. Sie ist in der Lage, kleine Fische in Sekundenschnelle zu lähmen und mit Hilfe ihrer langen Mundfahnen sicher in den Magenraum einzuführen. Die typische Kompaßzeichnung fehlt bei *C. helvola*. Bantayan, Philippinen.

Einführung

Es gibt kaum jemanden, der Quallen nicht kennt. Meist beruht die Bekanntschaft auf schmerzhaften Zusammenstößen beim Baden an sonnigen Küsten. Touristen berichten von hinterlistigen Quallenattacken, die häufig ernsthafte Verletzungen bewirken. Presseberichte über lautlos tötende „Killerquallen" an tropischen Stränden forcieren das Negativ-Image dieser Nesseltiere. Selbst weniger reißerische Schilderungen scheinen die Quallen als Schadorganismen zu bestätigen. Besonders in den letzten Jahren sind sie in Verruf

Abb. 1-2: *Anomalorhiza shawi* mit voll ausgereiften rosafarbenen Gonaden. Die Blaukanalqualle kommt sehr selten in der zentralen Visayas vor. An der intensiven Blaufärbung ihrer Mundarmkanäle ist sie leicht zu erkennen. Dieses ausgewachsene Exemplar zeigt noch Reste der braunen Schirmpigmentierung, die bei jungen Tieren deutlich ausgeprägt ist. Visayassee, Philippinen.

geraten. Massenauftreten an europäischen Küsten führen zu Ausfällen der kommerziellen Fischerei in den Sommermonaten. Dichte Quallenvorkommen verstopfen und zerreißen die Schleppnetze infolge des hohen Staudrucks. Kühlwassersysteme von Schiffen, Industrieanlagen und besonders Kraftwerken werden durch angesaugte Quallenmassen blockiert und verursachen erhebliche Leistungsausfälle. Am Kernkraftwerk Ringhals (Westschweden) beträgt der Kühlwasserbedarf etwa 200 m^3 pro Sekunde. Bei einer Quallen-

Abb. 1-3: Etwa handtellergroßes Exemplar von *Anomalorhiza shawi* im Jugendstadium. Bei noch nicht ausgewachsenen Tieren trägt jeder Mundarm lange bräunliche Fortsätze, die dicht mit Nesselkapseln besetzt sind, und eine pünktchenförmige Pigmentierung auf der Schirmoberseite. Beide Merkmale werden im Erwachsenenstadium zurückgebildet. Der Vergleich unterschiedlicher Entwicklungsstufen (Abb. 1-2 und Abb. 1-3) zeigt, wie schwierig es ist, unveränderliche Körpercharakteristika zur Identifikation zu finden. Bohol, Philippinen.

Abb. 1-4: *Mastigias papua*, eine der häufigsten Quallen in philippinischen Gewässern. Ihre Körpermerkmale sind äußerst variabel. Manchmal mit, manchmal ohne Mundarmanhänge, mal blau, mal braun gefärbt, erfordert es mehr als einen geübten Blick, um die Art zu identifizieren. Der britische Quallenforscher Paul Cornelius will beobachtet haben, daß *M. papua* bei Gefahr ihre Mundarmanhänge „abwerfen" kann (Autotomie). Dies würde erklären, warum die Zahl der Anhänge oft nicht mit der Anzahl der Mundarme übereinstimmt. Tawi Tawi, Philippinen.

dichte von 1,5 Tieren pro m^3 wurden 300 Tiere pro Sekunde angesaugt [1, 2]. Der Schaden belief sich allein im Sommer 1976 auf mehrere Millionen Schwedische Kronen. Das Management entschloß sich sofort, rotierende Filter einzubauen. Doch der Abtransport und die Entsorgung von bis zu 50 Tonnen Quallen pro Stunde warfen neue Probleme auf, die nicht zufriedenstellend gelöst werden konnten.

Die Fischerei hat zusätzlichen Grund zur Klage. In der Kieler Bucht setzt die Fließbandproduktion hungriger Miniohrenquallen zeitgleich mit dem Schlüpfen der Heringsbrut ein. Eine Jungqualle von Markstückgröße verschlingt leicht 40 Heringslarven im Dottersackstadium als Tagesration. In mehrjähriger Forschungsarbeit konnte nachgewiesen werden, daß jedesmal in Jahren mit hoher Quallenbiomasse der Heringslarvenbestand bis zu 50 % reduziert wurde [3, 4]. Dies verringerte

Abb. 1-5: Die kleinere „Schwester" *(Thysanostoma loriferum)* der Zigarrenqualle *T. thysanura* unterscheidet sich von ihr durch einen winzigen weißen, kugelförmigen Anhang an jedem der acht Mundarme. Außerdem ist ihr Schirm stets rosa gefärbt, während der Schirm von *T. thysanura* einen stets bräunlichen Ton aufweist. Cebu, Philippinen.

im folgenden Jahr natürlich die Bestände an Heringen.

Nicht nur die drastische Dezimierung der Larvenpopulation selbst, auch die direkte Futterkonkurrenz zur Fischbrut beeinflußt deren Überlebensraten. Wen wundert es, daß die Quallen lokal zu bestimmten Zeiten mehr als zwei Drittel der gesamten Zooplanktonbiomasse (griech. *planktós* = treibend, driften), gemessen in organischem Kohlenstoff, ausmachen können?

Trotz dieser enormen Bedeutung der Quallen ist das Wissen über ihre Biologie ausgesprochen dürftig. Verständlich, daß der Naturfreund von leblosen, gallertigen Strandanwürfen nicht animiert wird, diese geheimnisvollen „Glibbertiere" näher kennenzulernen. Auch die Wissenschaft schenkte dieser Tiergruppe bislang nur geringe Aufmerksamkeit. Warum? Auf der einen Seite sind die filigranen, empfindlichen Organismen schwer zu fangen, andererseits hielt man sie für primitiv organisiert und daher uninteressant. Das Tiermaterial in den wichtigsten Museen der Welt zeugt heute noch von den Problemen, Quallen halbwegs unbeschädigt einzufangen. Schweres Schleppgerät, wie es bei den großen Expeditionen der Challenger (1872 bis 1876) und der Albatross (1887 bis 1925) zum Fang von Meerestieren eingesetzt wurde, hievte oft nur wenig attraktive Gallertklumpen auf das Achterdeck. Es war der Phantasie berühmter Zoologen überlassen, die Farben und Baupläne der vormals hübschen Tiere zu rekonstruieren. Ernst Haeckel (1834 bis 1919), führender Medusenfachmann seiner Zeit, hat in seinem „System der Medusen" wahre Kunstwerke geschaffen. Da ihm häufig nur unvollständige und sehr beschädigte Exemplare zur Verfügung standen, mußten an seinen Arbeiten leichte Korrekturen vorgenommen werden.

Die Problematik der Probennahme wurde in den letzten 30 Jahren durch die zunehmende Anwendung von SCUBA-Ausrüstungen (**s**elf

Abb. 1-6: Viele Quallen werden mit windinduzierten Wasserströmungen in flaches Wasser verfrachtet. Meist schaffen sie es nicht aus eigener Kraft, sich zu befreien. Sie werden am Boden von Korallen zerschnitten und an der Oberfläche durch Wellenschlag beschädigt. Oft geraten Luftblasen unter den Schirm, die Medusen treiben auf und werden an den Strand geworfen. Diese Warzenqualle *(Cephea cephea)* ist knapp an der Riffkante und könnte es noch einmal schaffen... Bohol, Philippinen.

Abb. 1-7: Der Einsatz von Tauchern und U-Booten ermöglicht behutsame Probennahme zarter, gelatinöser Zooplanktonorganismen. Die Vorstöße in die Tiefe sind bis heute spannend geblieben und liefern ständig neue Tierarten sowie Erkenntnisse über deren Lebensweisen. Das Foto zeigt das Tauchboot „JAGO" mit Hans Fricke und *Versuriga anadyomene* beim Abtauchen in den klaren Gewässern der Sargasso See. Sargasso See, Atlantik.

Abb. 1-8: Die herrlich gefärbte Trachymeduse *Arctapodema sp.* besitzt mehr als 100 Tentakel nebeneinander aufgereiht. Die Geschlechtsanlagen sind bei dieser Art intensiv rot gefärbt.

Abb. 1-9: Wer je die Gelegenheit hatte, die graziösen, farbenprächtigen Quallen im natürlichen Lebensraum zu beobachten, wird von der weit verbreiteten Meinung, es handle sich um glibberige Ekeltiere, abrücken. Die Besucher des Monterey Bay Aquariums bewundern die Anmut von Ohrenquallen *(Aurelia aurita)* anläßlich der berühmten „Jellyfish Exhibition" 1992 und 1993.

contained **u**nderwater **b**reathing **a**pparatus) in den einzelnen Disziplinen der Meeresbiologie weitgehend gelöst. Diese Technik erlaubt dem Forscher, unter Wasser in aller Ruhe selbst hochempfindliche Organismen schonend einzusammeln.

Nun endlich offenbarte sich in der Lebendbeobachtung ein Teil der faszinierenden Biologie dieser Tiergruppe. Es folgten zahlreiche Feldbeobachtungen, Aquarienexperimente und Studien mit hochauflösenden Mikroskopen, die spannende Erkenntnisse lieferten: geschlechtsreife Medusen, die einen regelrechten Hochzeitstanz aufführen, oder das ausgeklügelte Waffensystem aller Nesseltiere, deren giftige Nesselkapseln Beutetiere innerhalb weniger Sekunden paralysieren und töten können. Bei den „einfach" gebauten Würfelquallen wurden sogar hochentwickelte Linsenaugen entdeckt, die in der Lage sind, zu fokussieren, Informationen weiterzuleiten und die Qualle zu gezielten Reaktionen zu veranlassen.

Trotz aller Fortschritte in der Forschung gibt es immer noch viele Fragen, die bisher unbeantwortet blieben. Vor allem ist die Rolle der

Abb. 1-10: Die Strahlenqualle *(Porpita porpita)* kann sehr unterschiedlich gefärbt sein. Größere Exemplare, die den Durchmesser eines 5-Mark-Stücks erreichen, sind meist tiefblau, kleinere gelb, weiß oder sogar türkisfarben. Auf offenem Meer sind die kleinen Polypenkolonien nur bei völlig ruhiger Oberfläche auszumachen. Leyte, Philippinen.

Abb. 1-11: Selbst innerhalb einer Kolonie der Strahlenqualle *(Porpita porpita)* können gleichzeitig verschiedene Farben vorkommen. Die Fangärmchen dieses Exemplars sind blau und an den Spitzen gelb gefärbt. Luzon, Philippinen.

Quallen und ihre ökologische Stellung im pelagischen System (griech. *pelagikós* = das offene Meer) reichlich unklar. Es mehren sich die Hinweise, daß hohen Reproduktionsraten, schnellem Wachstum und daraus resultierendem Massenvorkommen erhebliche Bedeutung im Gleichgewicht der Planktongemeinschaft zukommt. Wissenschaftliche Daten zu diesem Thema sind spärlich.

Quallen als wichtige Regulatoren im Meeressystem, oder doch nur Ekeltiere und Störorganismen?

Diese Frage muß letztendlich jeder für sich selbst beantworten. Vielleicht gelingt es, mit der bezaubernden Schönheit dieser Tiere unter Wasser und ihren außergewöhnlichen Fähigkeiten ein anderes Bild zu zeichnen (Abb. 1-1 bis Abb. 1-11).

In diesem Buch werden zum ersten Mal die neuesten Erkenntnisse der spannenden Quallenbiologie und die interessanten Wechselbeziehungen der Quallen mit anderen Tiergruppen zusammengefaßt.

Abb. 1-12: Der Naturforscher Ernst Haeckel (1834 bis 1919) beschäftigte sich sehr intensiv mit Quallen. Trotz erheblicher Schwierigkeiten, unbeschädigte Exemplare zu fangen, hat er für sein Werk „Kunstformen der Natur" herrliche Farbdarstellungen angefertigt, die die Schönheit und Eleganz von Scheibenquallen naturgemäß nachempfinden.

Historische Forschung

Carl v. Linné (1707 bis 1778) arbeitete mit ungeheurem Fleiß an einem Klassifikationssystem der Lebensformen. Er beschrieb zahlreiche Tier- und Pflanzenarten in seinen Büchern „Systema naturae" und „Species plantarum". Eine Reihe von Quallenarten verdankt ihre Identität seiner Nomenklatur. Linné war der erste Naturwissenschaftler, der die sogenannte binäre Nomenklatur konsequent benutzte. Seit dieser Zeit besteht der Name einer Art aus einem Gattungsnamen und einem Epitheton. Er verwendete für die Benennung der Arten lateinische Begriffe, die zur damaligen Zeit in der Weltwissenschaft verstanden wurden. Die folgenden Jahrhunderte waren geprägt von der Expeditionsbereitschaft und Entdeckerfreude begeisterter Naturforscher, die viele neue Tier- und darunter auch Quallenarten benannten.

Der deutsche Wissenschaftler Ernst Haeckel definierte 1890 den Begriff des „Plankton" (griech. *planktós* = treibend, driften). Er faßte unter diesem Begriff alle driftenden Organismen zusammen, im Gegensatz zum „Nekton" (griech. *nektón* = schwimmend). Auch die Quallen gehören zum Plankton, weil sie nicht in der Lage sind, gegen Wasserströmungen erfolgreich anzuschwimmen. Die Haeckelschen „Kunstformen der Natur" sind wunderbare Farbdarstellungen bizarrer Quallen mit hohem ästhetischem Wert [5, 6] (Abb. 1-12).

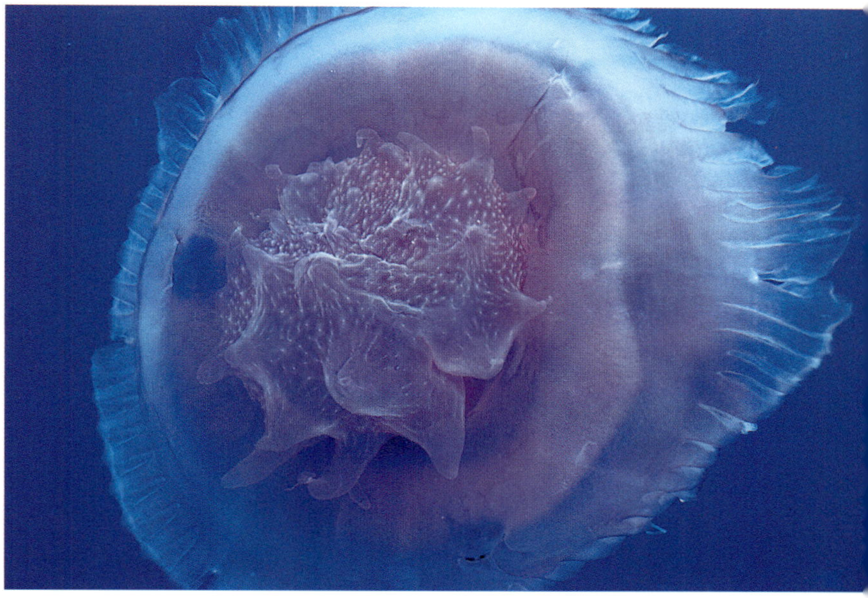

Abb. 1-13: Blick auf die Schirmoberseite der Warzenqualle *Cephea cephea*. Anzahl, Form und Größe der papillenförmigen Warzen sind so variabel, daß einzelne Tiere an ihrem individuellen Muster identifiziert werden können. Die biologische Funktion der rigiden Fortsätze ist unbekannt. Cebu, Philippinen.

Die Ergebnisse der von Großbritannien finanzierten Reise der *„Beagle"* von 1831 bis 1836, mit dem häufig seekranken Charles Darwin (1809 bis 1882) an Bord, sind heute noch Meilensteine in der Biologie. Er erkannte auf seiner mit ungeheurer Disziplin durchgeführten Weltreise die Grundzüge der Evolution und veröffentlichte sie 1859 gegen massiven Widerstand einiger Fachkollegen in dem Werk „The Origin of Species" (Die Entstehung der Arten) [7]. Er begründete die These, daß weitverbreitete Arten am stärksten variieren. Diese hohe Variabilität in den Strukturen gleicher Arten ist in der

Abb. 1-14: Die Färbung von Quallen ist allgemein höchst variabel. Selbst innerhalb eines Tieres kommen Abweichungen vom üblichen Muster oder der vorherrschenden Tönung vor. Bei dieser Sternhimmelqualle *(Phyllorhiza punctata)* ist ein Mundarm auffällig weiß, die anderen sind braun gefärbt. Cebu, Philippinen.

Quallensystematik bis heute noch ein Problem für die Bestimmung geblieben (Abb. 1-13 bis Abb. 1-16).

A. G. Mayer begleitete Teile der amerikanischen „*Albatross*"-Expedition von 1887 bis 1925 in den Pazifischen und Indischen Ozean. Mayer konzentrierte sich auf die Mannigfaltigkeit des gelatinösen Zooplanktons und beschrieb zahlreiche Arten. Sein 1910 erschienenes, reich illustriertes, zweibändiges Buch „The Medusae of the World" dokumentiert die prächtige Vielfalt tropischer Quallenarten [8]. Gustav Stiasny, Kustos des Reichsmuseums für Naturkunde in Leiden (Niederlande), ver-

Abb. 1-15: Die Vogeleiqualle *Catostylus townsendi* ist ein Paradebeispiel für Farbvariationen. Bei mehreren hundert untersuchten Exemplaren konnten keine zwei Tiere mit identischer Färbung gefunden werden, obwohl sie alle zur gleichen Zeit auf etwa 50 Quadratmeter Fläche gefangen wurden. Die Ursache der Pigmentierung ist nicht bewiesen, doch wird vermutet, daß genetische Vielfalt für die „Farbspiele" verantwortlich ist. Palawan, Philippinen.

Abb. 1-16: Die Fahnenqualle *Chrysaora quinquecirrha* ist ein weiteres Beispiel farblicher Variabilität. In einer flachen Mangrovebucht wurden eine weiße und eine orange gefärbte Variante entdeckt. Hinweise auf unterschiedliche Artzugehörigkeit ergaben sich bei der Untersuchung nicht. Leyte, Philippinen.

suchte in den 30er und 40er Jahren in der Quallensystematik Ordnung zu schaffen. Viele Exemplare waren durch die Art der Probennahme unvollständig oder stark geschädigt und daher schwer zu identifizieren. Die Beschreibung und Messung unterschiedlicher struktureller Merkmale und der variablen Färbung reichte für die eindeutige Artansprache nicht aus [9] (Abb. 1-14 bis Abb. 1-16). Er stellte fest, daß gleiche Arten in den wichtigsten Museen der Welt verschiedene Namen hatten. Um diese Konfusion künftig zu vermeiden, setzte er auf unveränderliche Körpermerkmale, wie zum Beispiel Anzahl der Tentakel, Form der Randlappen oder Bau der Sinnesorgane. Diese typischen Merkmale ermöglichten nun die sichere Gattungsidentifikation. Mit seiner Analyse der Kanalsysteme bei Wurzelmundquallen stellte er deren Systematik auf eine sichere Basis. Stiasnys Nachuntersuchungen ergaben neue Arten, und umgekehrt mußten neu beschriebene Arten als längst bekannt revidiert werden [10].

Was sind Quallen?

Aus der griechischen Mythologie ist die Schwesterdreifaltigkeit *Medusa, Stheno* und *Euryale* als häßliches Ungeheuer mit Schlangenhaaren überliefert. *Medusas* Blick ist tödlich; er läßt das Opfer sofort zu Stein erstarren. Sie war unter den drei Schwestern die einzig sterbliche und wurde vom Zeussohn Perseus geköpft.
Dreht man den Kopf mit Schlangenhaaren um, wird daraus ein sackförmiger Medusenkörper, dessen Rand zahlreiche Tentakel bzw. Fangarme trägt. Nicht der Blick in die Augen, sondern leichte Berührung mit den Tentakeln läßt Beutetiere sofort erstarren, bis der Gifttod eintritt.

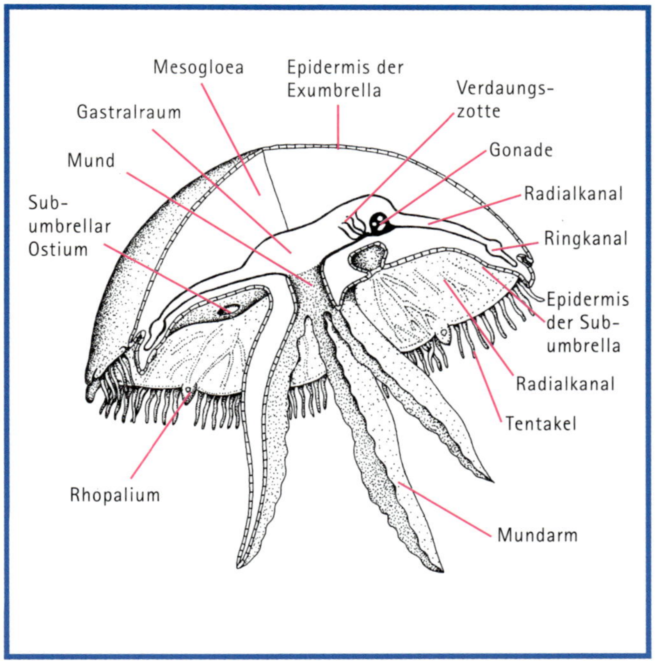

Abb. 1-17: Bauplan einer typischen Scheibenqualle (Semaeostomae, Scyphozoa).

Quallen sind freischwimmende, gallertige Tiere von scheibenförmiger Gestalt (Abb. 1-17). Sie bestehen aus zwei einschichtigen Epithelien (= Zellschichten). Dazwischen liegt eine Stützschicht, die Mesogloea. Der Schirm enthält einen Hohlraum, in dem sich die Verdauungs- und Geschlechtsorgane befinden. Ein verzweigtes Kanalsystem versorgt den Schirmrand samt Tentakel und Sinnesorganen. Der Gastral- oder Magenraum steht mit der Außenwelt über das Manubrium (= Mundrohr) in Verbindung. Alle Quallen besitzen von spezialisierten Nesselzellen gebildete, giftgefüllte Nesselkapseln, die auf bestimmte Reize hin abgeschossen werden (s. S. 129).
Sie besiedeln in unterschiedlichsten Größen die Ozeane. Die kleinsten Quallen erreichen etwa einen Millimeter (*Halammohydra*), die größten über zwei Meter Durchmesser. An Islands Küste wurde in den 60er Jahren eine Feuerqualle *(Cyanea)* von 2,30 m Durchmesser angespült. Ein Tier dieser Dimension wiegt leicht soviel wie ein VW Golf. Die Garnelenfischer in Südkorea müssen mit ihren Auslegernetzen auf der Hut sein. Gerät eine Riesenwurzelmundqualle wie *Versuriga* (Abb. 1-18) versehentlich ins Netz, muß dies sofort gefiert werden. Verschläft der Kapitän diesen schwergewichtigen Beifang, kann es zu gefährlicher Schlagseite und sogar zum Kentern des Bootes kommen.

Abb. 1-18: Die Untersuchung eines solchen Riesenexemplars *(Versuriga anadyomene)* erfordert flexible Methoden. Das Tier wurde zur Freude der Begleitfische (Carangidae) am Boot beprobt und nicht aus dem Wasser gezogen. Ohne ihr stützendes „Hydroskelett" würde die herrliche Meduse unter ihrem Eigengewicht von etwa 80 kg kollabieren und zerreißen. Visayas, Philippinen.

Nicht alles, was im populärwissenschaftlichen Sinne „Qualle" heißt, ist tatsächlich eine echte Qualle. Zum Beispiel gehören die Staatsquallen zwar zu den Nesseltieren (Cnidaria), doch sind sie kein einzelnes Individuum, sondern bestehen aus vielen hochspezialisierten Einzelpolypen (Abb. 1-19). Die Rippenquallen (Ctenophora) sind entfernt mit den echten Quallen verwandt (Echte Quallen und Rippenquallen wurden als Coelenterata = Hohltiere

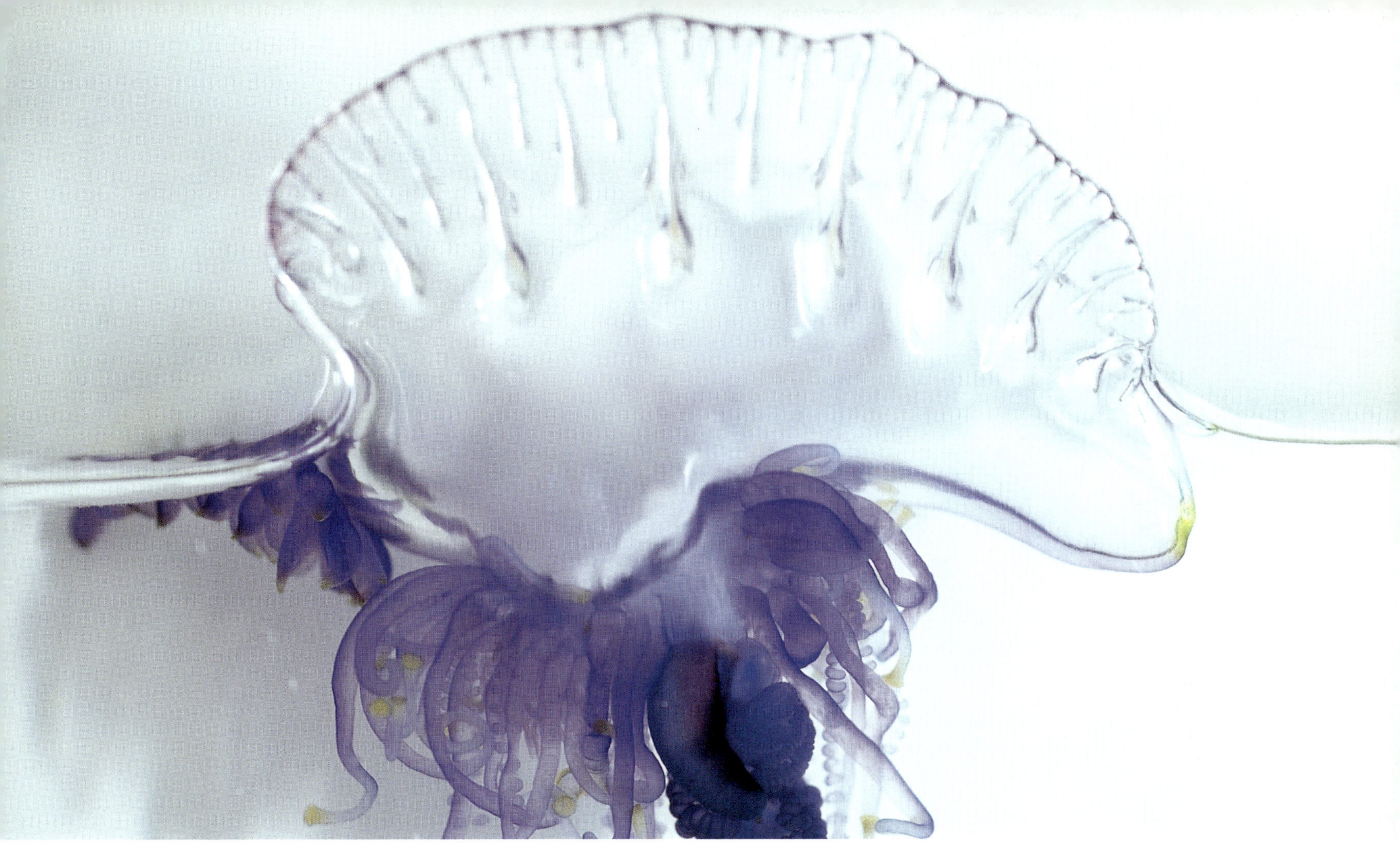

Abb. 1-19: Es gibt vermutlich zwei verschiedene Arten der Portugiesischen Galeere. Im Atlantik kommt *Physalia physalis* mit vielen Fangtentakeln (Dactylozooiden) vor, deren Segel (Pneumatophor) bis 30 cm Länge erreichen kann. Im Pazifik gibt es eine kleinere Art *(Physalia utriculus)* mit nur einem Fangtentakel und nur 4 bis 8 cm Segellänge. In Australien soll kürzlich eine Mischform gesichtet worden sein. Alle drei Formen haben eines gemeinsam: sie verfügen über starke Nesselgifte.

zusammengefaßt) und haben ebenfalls eine gallertige Konsistenz, doch treffen die typischen Charakteristika für Quallen nicht mehr auf sie zu (s. Kap. 5) (Abb. 1-20). Ein weiterer wichtiger Stamm sind die Manteltiere (Tunicata), deren freischwimmende Vertreter entfernt an Quallen erinnern (Abb. 1-21). Ihr Bauplan zeigt jedoch, daß sie viel näher mit den Wirbeltieren verwandt sind als mit allen anderen Meerestieren.

Abb. 1-20: Die Kammqualle *Beroë forskali* nahe der Oberfläche an der kalifornischen Südküste. Diese Art stellt mit Vorliebe ihren Verwandten, besonders *Leucothea*, nach. Die schillernde Färbung ist nicht auf Biolumineszenz, sondern auf Kunstlicht zurückzuführen.

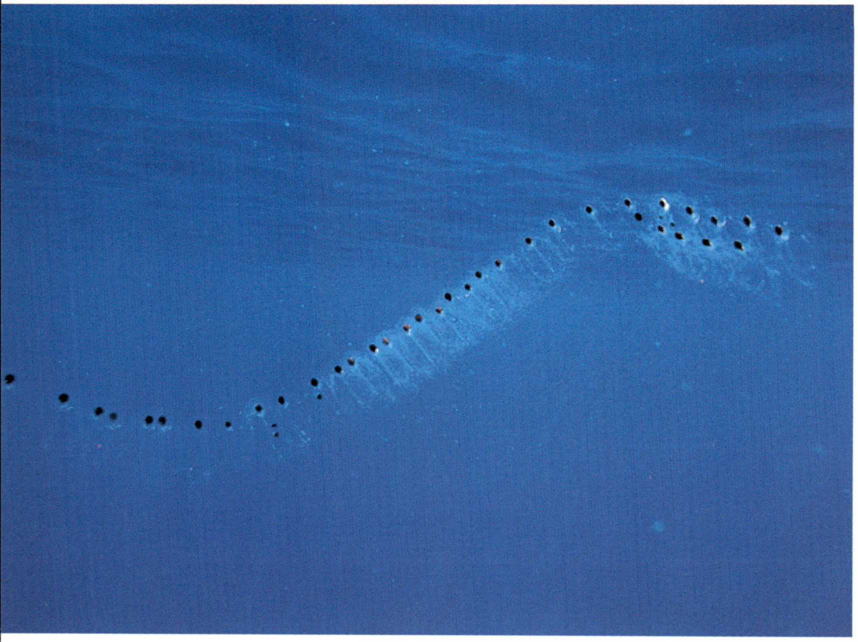

Abb. 1-21: Einige Manteltiere *(Salpa maxima)* bilden in wärmeren Meeren meterlange Kolonien. Jedes Einzeltier ist etwa 3 cm hoch und enthält einen intensiv braun gefärbten Mitteldarm. Die Verbindung zum Nachbarn ist locker und zerfällt bei kräftiger Berührung. Camotes Islands, Philippinen.

Einführung in die Systematik

Dank der unermüdlichen Neugierde der Naturforscher vieler Nationen waren zu Beginn des 20. Jahrhunderts weit über 7600 Nesseltierarten (Cnidaria = Nesseltiere) beschrieben. Davon entfallen auf die „echten" Scheibenquallen (Scyphozoen) etwa 130 Arten und auf die Würfelquallen (Cubozoen) fast 20 Arten (Tab. 1-1) [12]. Die Hydrozoen („Wassertiere" wäre die deutsche Übersetzung dieses Fachausdrucks, doch er wird nicht benutzt) repräsentieren die zweitstärkste Gruppe mit über 2.600 Arten. Die artenreichste Nesseltierklasse (ca. 4.850 Arten) wird von den Blumentieren (Anthozoen) gestellt. Sie bleiben während ihres gesamten Lebenszyklus auf die Polypenform beschränkt. Ein freischwimmendes Medusenstadium, wie bei den anderen Klassen, fehlt ihnen.

Der Inhalt dieses Buches konzentriert sich auf die uns bekannten Scheiben- und Würfelquallen sowie die wichtigsten Hydrozoen. Die Mehrzahl der 2.600 Hydrozoenarten bleibt aufgrund ihrer winzigen, meist komplett transparenten Erscheinung schlicht und einfach unsichtbar im freien Wasser. Die beste Möglichkeit, diese Tiere zu beobachten, besteht darin, eine flache weiße Schale mit Wasser zu füllen und den Inhalt eines Planktonfanges dazuzugeben. Bei Sonnenschein oder starkem künstlichem Licht werfen die Miniquallen einen gut sichtbaren Schatten, weil ihre gallertige Masse einen anderen Brechungsindex als das Wasser aufweist. Sie gehören zu den schönsten fragilen Tierformen in der Quallenwelt (Abb. 1-22 bis 1-25).

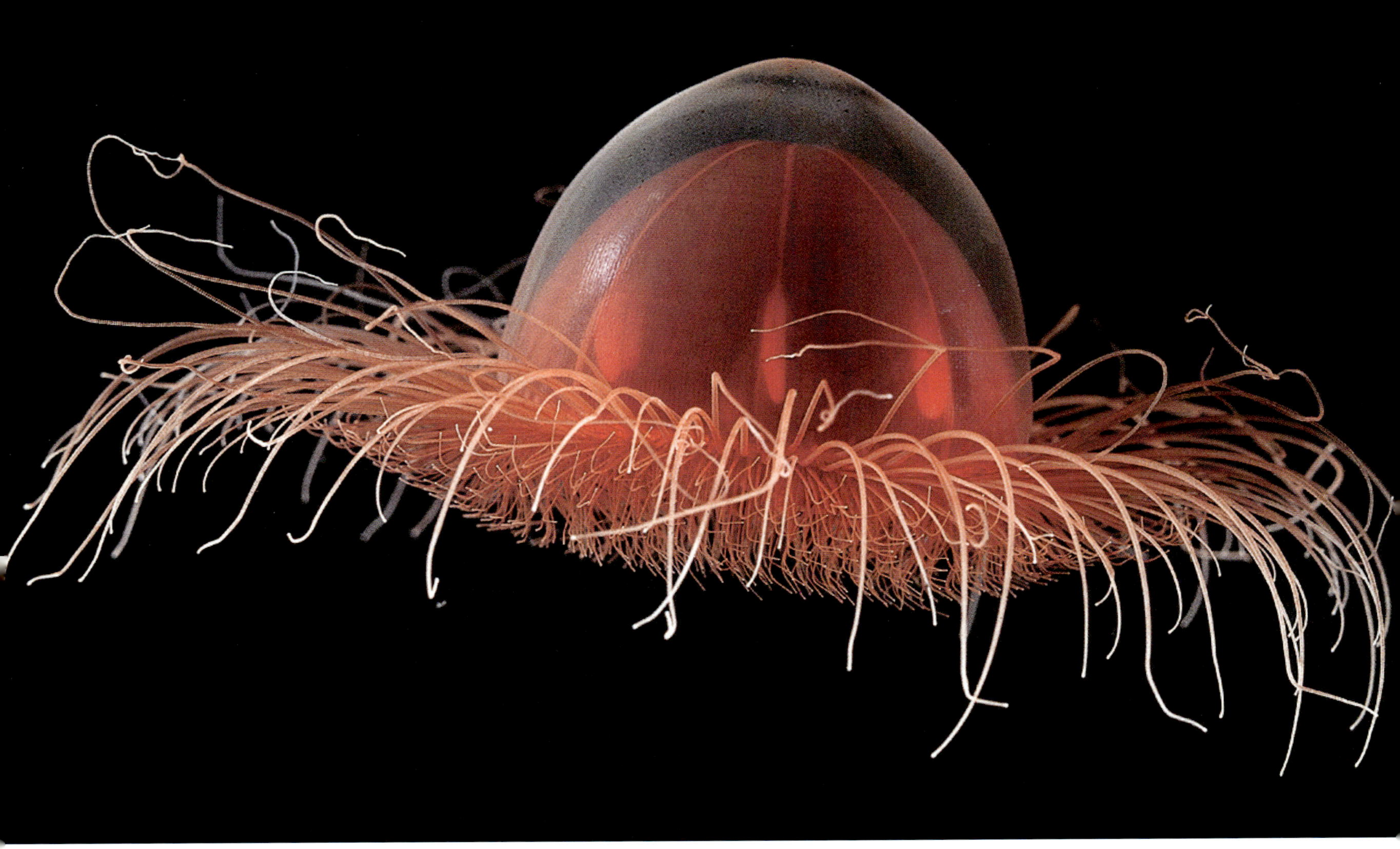

Abb. 1-22: Die etwa 3 cm große Trachymeduse *Benthocodon pedunculata* lebt nahe dem Meeresboden in 800 m Tiefe. Das abgebildete Tier stammt von den Bahamas und zeigt die typische Rotfärbung von Tiefseemedusen. Viele feine Tentakel könnten bedeuten, daß sie sich von kleineren Bodentieren ernährt.

Abb. 1-23: Die Anthomeduse *Polyorchis penicillatus* ist ein Beispiel für grazile Schönheit. Der gläserne Schirm und die feinen Tentakel zeigen die zerbrechlichen und gleichzeitig tödlichen Strukturen sehr deutlich. Im Innern hängen die Gonaden wie Würstchen herab. Das Tier hat eine besondere Beziehung zu symbiontischen Algen. Statt den Symbionten im eigenen Gewebe Schutz zu gewähren, läßt sie die Algen direkt auf ihrem Schirm wachsen.

Abb. 1-24: Diese seltene, etwa zweimarkstückgroße Limnomeduse *Eperetmus typus* ist eines der hübschesten Exemplare aller Hydroidmedusen.

Abb. 1-25: In flachen Buchten des Nordpazifik ist die Limnomeduse *Gonionemus vertens* anzutreffen. Diese Limnomedusen ruhen sich gern mit Hilfe ihrer winzigen, klebrigen Scheibchen, jeweils in der Mitte ihrer Tentakel, an großwüchsigen Algen aus. Interessant ist, daß die nordamerikanische Art kaum spürbar nesselt, während die gleiche Art an der russischen Ostküste und im japanischen Meer gefährliche Verletzungen verursachen kann.

Evolution und Fossilien

Fossile Dokumente von Quallen sind rar. Ihr gallertiger Weichkörper, frei von harten Skeletteilen, erfordert besondere Bedingungen für akzeptable bzw. interpretierbare Fossilierungsprozesse. Dies war zum Beispiel bei *Anthracomedusa* aus der Mazon-Fauna in Illinois (USA) gegeben (Abb. 1-26). Der abgeflachte, sackartige Schirm dieser Würfelqualle mit den vier Tentakelbüscheln ist hervorragend erhalten. Auch aus dem deutschen Solnhofener Jurakalkstein sind schöne Exemplare bekannt. Bei *Rhizostomites* ist die Struktur der Ringmuskulatur und sogar des „Magenraumes" klar erkennbar.

Die evolutionäre Erfolgsstory von Quallen zieht sich wie ein roter Faden durch die Entwicklungsgeschichte der Tierarten. Seit dem Präkambrium, das sind mindestens 670 Millionen Jahre, bevölkern die gelatinösen Organismen das Meer (fast 75 % aller präkambrischen Funde aus der Ediacara-Fauna von Australien sind Nesseltiere!). Man bezeichnet heute noch das Präkambrium gern als Kryptozoikum, das frei übersetzt „Zeit des verborgenen Tierlebens" bedeutet. Dies zeigt, wie vage die Vorstellungen über die Lebensformen vor mehr als einer halben Milliarde Jahren sind. Fest steht, daß sich die frühen Entwicklungsprozesse der Quallen in einem weltumspannenden Meer (Panthalassa) abspielten, das sich erst rund 500 Millionen Jahre später in die bekannten Ozeane Pazifik, Atlantik, Indik und Arktik differenzierte.

Quallen pulsierten schon in der uns bekannten Form durch die blaue Dimension, als die wichtigsten Wirbellosen-Stämme gerade im Begriff waren, mit ihrer Entfaltung zu beginnen. Sie erlebten das globale Meer noch ganz ohne Fische. Der damals zusammenhängenden Landmasse (Pangäa) fehlten sämtliche höhere Pflanzen und Tiere. Erst vor 450 bis 500 Millionen Jahren setzte mit dem Nachlassen der heftigen vulkanischen Aktivität und der Kälteperioden die Landeroberung, zunächst durch Pflanzen, ein. Das Klima war einschließlich der Arktis mild und feucht. Ausgedehnte Landteile wurden vom Meer überspült und versanken. Die Nesseltiere existieren bis heute schon fünfmal so lange, wie den Dinosauriern mit etwa 130 Millionen Jahren Zeit zur Entstehung, ihrer Blüte und ihrem Untergang insgesamt zur Verfügung stand!

Was macht die Quallen zu den erfolgreichsten „Evolutionspionieren" unter den ersten Tierstämmen? Wieso konnten sie sich Jahrmillionen gegen höher entwickelte Tiergruppen durchsetzen? Erst die Kenntnis ihrer vielfältigen Biologie ermöglicht das Verständnis für Quallen – eine der erfolgreichsten Lebensformen im Tierreich.

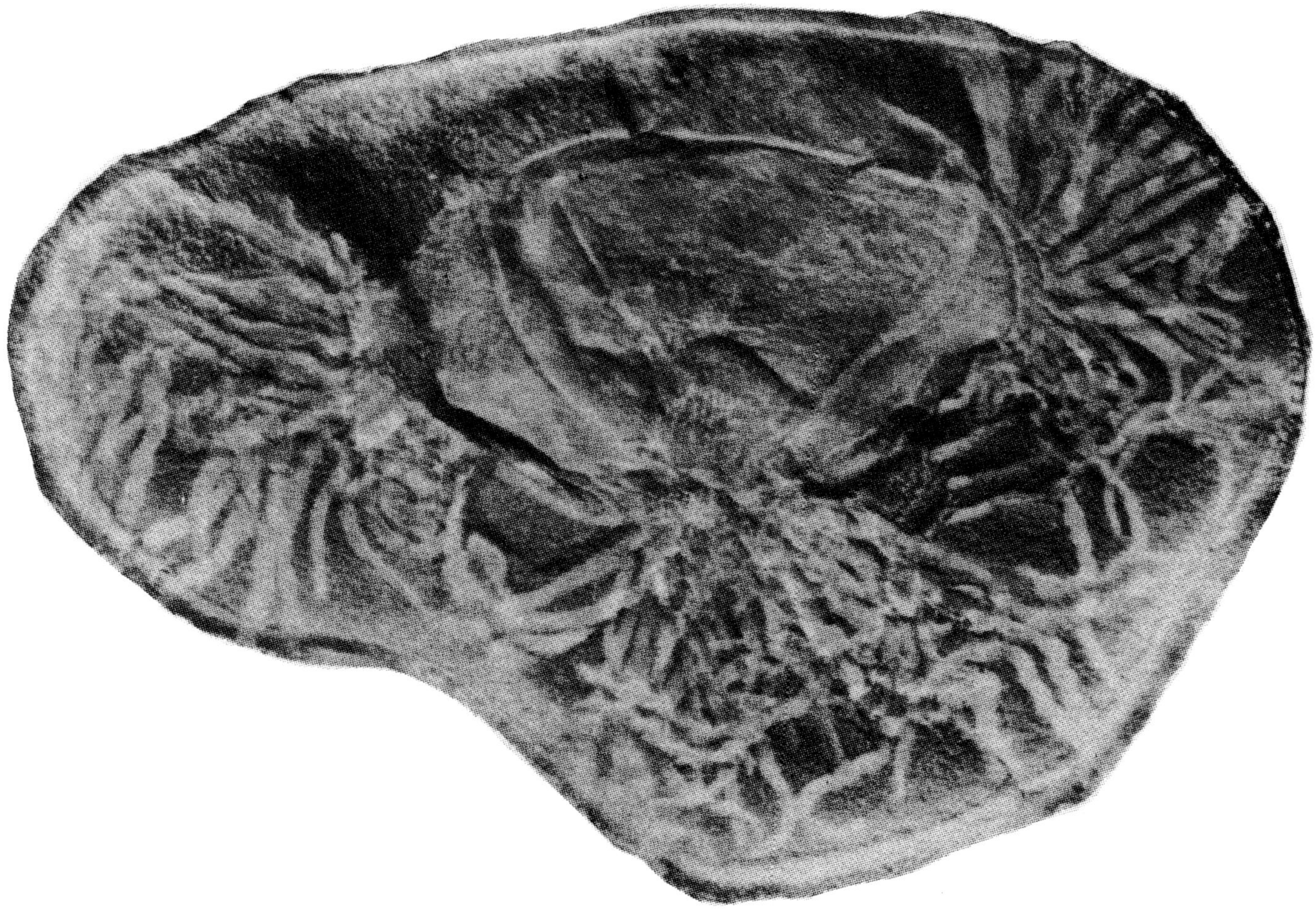

Abb. 1-26: Fossile Würfelqualle (*Anthracomedusa* × 0,8) aus der pennsylvanischen Mazon Creek Fauna, Illinois. Sehr gut sind die Tentakelbüschel an den vier Seiten des würfelförmigen Schirms zu erkennen.

2

Biologie der Quallen

Vorkommen und Verbreitung

Quallen sind weltweit in allen Meeren zu Hause [14 bis 17]. Bis auf wenige Vertreter in Süß- oder Brackwasser (z. B. die Polypen von *Hydra* und *Cordylophora* sowie die Medusen von *Craspedacusta*, Abb. 2-1) bevorzugen sie das marine Milieu. Ihre Polypengeneration ist durch die festsitzende Lebensweise in starkem Maße von der Verfügbarkeit geeigneten Substrates abhängig. Sie besiedeln meist festen Untergrund wie steinige oder felsige Küstenstreifen. Aus diesem Grund bleiben die meisten Quallenarten auf die Küstennähe beschränkt, selbst wenn die Verfrachtung durch Wasserströmungen berücksichtigt wird (Abb. 2-2). Zudem sind viele Polypenformen stenotherm, d. h. sie bevorzugen bestimmte Temperaturen. Ausgesprochene Hochseequallen, wie die Leuchtqualle *Pelagia* und die Tiefseemeduse *Stygiomedusa*, verzichten ganz auf die küstenabhängige Polypengeneration und vermehren sich direkt im offenen Meer.

Abb. 2-1: Lebendfoto von der Süßwassermeduse *Craspedacusta sowerbii.* Ihr Polyp bildet trockenresistente Podocysten aus, die bei günstigen Bedingungen sehr rasch neue Populationen entwickeln. In Tümpeln und Teichen sind oft viele Medusen anzutreffen.

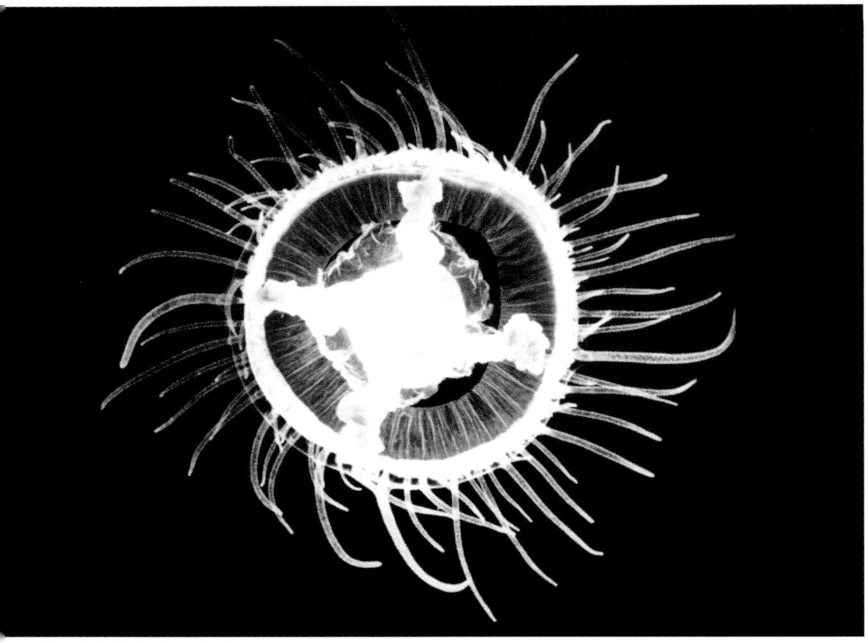

Die Cubozoen (Würfelquallen) kommen ausschließlich in den Tropen und Subtropen vor, während Vertreter der anderen Nesseltierklassen selbst kälteste Klimazonen erobert haben. Die Artenzahl nimmt in Richtung der Pole hin deutlich ab, nur temperaturtolerante (eurytherme) Formen können bei extrem niedrigen Wassertemperaturen existieren. Die Ohrenqualle *Aurelia aurita* gehört zu den seltenen Kosmopoliten, die in fast allen Meeren, zwischen 70 Grad nördlicher und 40 Grad südlicher Breite, zu Hause ist.

Neben dem horizontalen Verteilungsmuster gibt es auch eine vertikale Zonierung. Ausschließlich an der Oberfläche und somit zum Neuston gehörig (griech. *neustòs* = aufschwimmend), leben die staatenbildenden Siphonophoren *Physalia* und die Segelquallen (*Velella*, *Porpita*). Ihnen fehlt die freischwimmende Medusengeneration. Sie driften mit ausgeklügelter Arbeitsteilung als polypoide Gesellschaft durch warme Meere.

Abb. 2-2: *Mastigias papua* ist ein gemächlicher Schwimmer, der sich auch gern in Bodennähe ausruht. Selbst schwache Gezeitenströmungen reichen aus, das Leitgarn einer Fischfalle zu einem tödlichen Hindernis werden zu lassen. Der anhaltende Wasserdruck zerquetscht das zarte Tier in Gallertwürfel, die den Größen der Netzmaschen entsprechen. Nur ein Umschlagen der Gezeiten könnte hier noch retten. Panay, Philippinen.

In den oberen, nährstoffreichen Schelfzonen bis 200 m Tiefe sind die Quallen am vielfältigsten verbreitet. In diesen Wasserschichten leben die herrlich gefärbten Großquallen. Einige Medusenformen haben Tiefen von maximal 6.000 m erobert. Vom Hadal, dem Bereich unter 6.000 m Tiefe, sind bisher keine Medusen bekannt, doch ist es nicht auszuschließen, daß bei weiterer Erforschung dieser Regionen einzelne Tiefseequallen entdeckt werden. Polypen der Hydrozoen- und Anthozoenklasse sind selbst in Tiefseegräben von mehr als 10.000 m vorgedrungen. Der bathyphile Scyphopolyp (Scheibenquallenpolyp) *Stephanoscyphus* existiert bis etwa 7.000 m Tiefe. Selbst mit den schwierigsten Bedingungen werden die Quallen fertig: Einige Arten haben sich in der Medusengeneration an das Leben in Weich- oder

Sandböden angepaßt. Zum Beispiel die kleinste bekannte Qualle *Halammohydra*. Mit ihrem stecknadelkopfgroßen Körper lebt sie im hochproduktiven Sandlückensystem des Nordseewatts, in Weichböden des Mittelmeers und des Indischen Ozeans. Sobald eine Stelle Nahrung verspricht, sondert diese Qualle ein klebriges Sekret ab und hält bequem und energiesparend die Position. Winzige Beutetiere werden ohne Fluchtmöglichkeit in das Mundrohr geleitet und dann verdaut.

Systematik der Cnidaria (Nesseltiere)

Verwandtschaftsbeziehungen

Was war zuerst, der Polyp oder die Meduse?

Diese klassische Frage, leicht modifiziert von der Ei-Henne-Problematik, trifft auch für Quallen zu. Im Laufe der Forschung wurde sie verschiedentlich beantwortet. Heute hat sich die schon mehr als 100 Jahre alte Auffassung durchgesetzt, daß der Polyp die Grundform darstellt und die Meduse lediglich ein losgelöster, umgeformter Polyp ist. Die Begründung für diese These liegt auf der Hand: In der Entwicklungsgeschichte war es immer der Polyp, der die Meduse bildete, und nicht umgekehrt. Bei den Anthozoen (Blumentieren) hat nie eine Meduse existiert, das Polypendasein ist auch hier die ursprüngliche Lebensform. Das wichtigste Gegenargument ist die Tatsache, daß die Meduse die Gameten bildet und nicht der Polyp, obwohl beide Formen nebeneinander vorkommen. Das letzte Wort in der Diskussion, ob nun der Polyp oder die Meduse die Basisform darstellt, ist noch nicht gesprochen. Selbst auf internationalen Konferenzen erhitzt dieses Thema immer wieder die Köpfe nüchterner Wissenschaftler. Neue Forschungsrichtungen werden in Zukunft weitere Mosaiksteinchen hinzufügen, bis sich ein klares Bild ergibt.

Tab. 1-1: System der Cnidaria (Nesseltiere).

Stamm: Cnidaria (Nesseltiere, ca. 7600 Arten)
1. Klasse: Scyphozoa (Scheibenquallen oder „echte" Quallen, ca. 130 Arten)
1. Ordnung: Coronatae (Kranzquallen, Tiefseequallen) 2. Ordnung: Semaeostomae (Fahnenquallen) 3. Ordnung: Rhizostomae (Wurzelmundquallen) 4. Ordnung: Stauromedusae (Stielquallen)
2. Klasse: Cubozoa (Würfelquallen, ca. 20 Arten)
1. Ordnung: Carybdeidae 2. Ordnung: Chirodropidae (Seewespen)
3. Klasse: Hydrozoa („Wassertiere", ca. 2600 Arten)
1. Unterklasse: Hydroidomedusae 1. Ordnung: Anthomedusae 2. Ordnung: Leptomedusae 3. Ordnung: Laingiomedusae 4. Ordnung: Limnomedusae 5. Ordnung: Narcomedusae 6. Ordnung: Trachymedusae **2. Unterklasse: Siphonophora** (Staatsquallen) 1. Ordnung: Cystonectidae 2. Ordnung: Physonectidae 3. Ordnung: Calycophoridae
4. Klasse: Anthozoa (Blumentiere, ca. 4850 Arten)
1. Unterklasse: Octocorallia 1. Ordnung: Alcyonaria (Lederkorallen) 2. Ordnung: Gorgonaria (Hornkorallen) 3. Ordnung: Pennatularia (Seefedern) 4. Ordnung: Helioporida (Blaue Korallen) **2. Unterklasse: Hexacorallia** 1. Ordnung: Ceriantharia (Zylinderrosen) 2. Ordnung: Actiniaria (Aktinien) 3. Ordnung: Madreporaria (Steinkorallen) 4. Ordnung: Corallimorpharia (Weichkorallen) 5. Ordnung: Zoantharia (Krustenanemonen) 6. Ordnung: Antipatharia (Dörnchenkorallen)

Herkunft der Nesseltiere

Die Wissenschaft stimmt darin überein, daß sich vielzellige Tiere und somit die Stammform der Cnidaria von Flagellaten-Kolonien ableiten lassen. Flagellaten sind begeißelte Einzeller, viele mit der Fähigkeit zur autotrophen (griech. *autós* = selbst, *trophikós* = ernähren) Versorgung über Photosynthese ausgestattet. Schon Haeckel erkannte im letzten Jahrhundert bei beiden Gruppen die verblüffenden Ähnlichkeiten ihrer Geißeln im Bau und ihrer Funktion.

Die Stammesentwicklung wird hier in der Reihenfolge Scyphozoen, Cubozoen, Hydrozoen und schließlich Anthozoen (Tab. 1-1) dargestellt. Es ist allerdings nicht auszuschließen, daß neue Erkenntnisse dieses System verändern. Bisher spricht die einfache Struktur der Scyphopolypen und -medusen für ihre Basisnähe [18]. Die Cubozoen wurden früher den Scyphozoen zugeordnet, doch die Unterschiede in ihrem Bau, ihrer Lebensweise und die direkte Umwandlung des Polypen zur Meduse ordnen sie, neben vielen weiteren Merkmalen, als eigene Klasse zwischen Scyphozoen und Hydrozoen ein. Die Klasse der Hydrozoen ist innerhalb der medusenerzeugenden Nesseltiere am höchsten entwickelt. Sie haben mit ihren außerordentlich differenzierten Bauplänen die verschiedensten Lebensräume erobert. Der einfache Bau ihrer Polypen ist kein primitives Merkmal, sondern eine sekundäre Vereinfachung. Die Spitze der Cnidariaevolution wird von den Anthozoen repräsentiert. Ihre Fähigkeiten, vor Feinden aktiv zu flüchten oder sich ihren Lieblingsstandort auszusuchen, werden von Vertretern anderer Klassen nicht erreicht.

Leider ist die Entwicklungsgeschichte der Nesseltiere hier schon zu Ende. Es wird heute nicht mehr bezweifelt, daß die Cnidaria einen blind endenden Seitenzweig in den weit gefächerten Evolutionsrichtungen der höheren Tiere darstellen [19 bis 21].

Anatomie der Nesseltiere

Grundbauplan der Polypen

Polypen sind sackförmige, doppelwandige Schläuche von wenigen Millimetern Größe (Ausnahmen: *Branchiocerianthus imperator*, Hydrozoa, bis 2,25 m, *Stoichactis sp.*, Anthozoa, bis 1 m). Die Doppelwand besteht aus zwei Schichten, der „Außenhaut" oder dem Ektoderm, auch Epidermis (griech. *epi* = auf, *ectós* = außen und *derma* = Haut) und der „Innenhaut" oder dem Entoderm (griech. *entós* = innen). Das Entoderm wird bei Polypen auch als Gastroderm (griech. *gastro* = Kamm) bezeichnet. Zwischen den beiden Schichten befindet sich bei den Scypho- und Anthozoenpolypen eine dünne gallertige Stützschicht, die sogenannte Mesogloea. Sie kann bei Anthozoenpolypen (Blumentiere) gut ein Viertel der Körpermasse ausmachen.

Die Form der Polypen ist aufgrund des fehlenden Außenskeletts enorm variabel. Becher-, Flaschen-, Keulen- und sogar Zylinderform sind häufig und können unter bestimmten Umweltbedingungen ineinander übergehen.

Der eigentliche Polypenkörper ist in vier Hauptteile gegliedert (Abb. 2-3). Die Basis bildet eine Haft- oder Fußscheibe, mit der er sich am Substrat festkittet. Sie geht in einen schmalen unteren Stielteil (Hydrocaulus) über, der sich in ein becherartiges Oberteil (Hydranth) erweitert und den „Magen" sowie den Tentakelkranz enthält. Der vierte Teil wird vom Mundfeld (auch Mundscheibe = Hypostom) gebildet. Das Zentrum des Mundfeldes kann sich zu einem kolbenförmigen Mundkegel verjüngen. Der Tentakelkranz ist meist einreihig und die extrem dehnbaren Tentakel solide. Nur bei den Anthozoa sind sie stets hohl. Die Tentakel dienen den Polypen zum Beutefang.

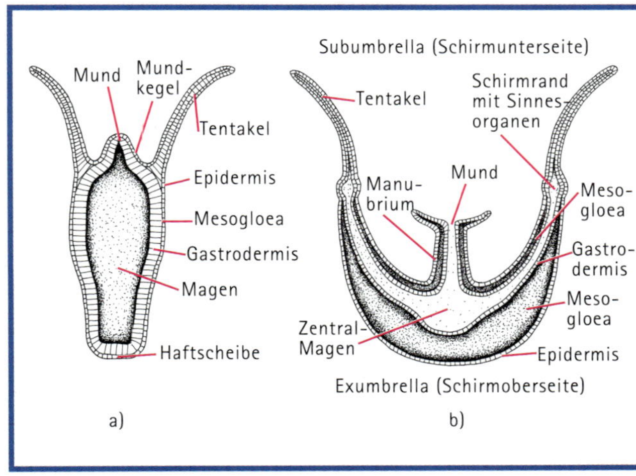

Abb. 2-3: Schematischer Bauplan von Polyp (a) und Meduse (b) im Längsschnitt. Beim Vergleich beider Baupläne wird klar, daß die Meduse (b) nur einen umgedrehten Polypen (a) verkörpert. Fast alle charakteristischen Strukturen bleiben erhalten. Zur Anpassung an die freischwimmende Lebensweise der Medusen wurde die Haftscheibe überflüssig. Im Gegenzug mußten Sinnesorgane entwickelt werden, die Raumorientierung sowie Hell-Dunkel-Differenzierung ermöglichen.

Perfektes Management auf Zellebene

Alle Zellen der Nesseltiere haben eine mehr oder minder ausgeprägte Zylinderform. Sämtliche Lebensfunktionen werden von den beiden Zellschichten Ekto- und Entoderm (auch Gastroderm) erfüllt:

- Sie regulieren die Abgrenzung zum wässrigen Außenmedium.
- Sie kontrollieren die Bewegung durch Muskelkontraktion einzelner Zellen.
- Sie nehmen Reize wahr und leiten sie entsprechend weiter.
- Schließlich steuern sie den Stoff-, Gas- und Flüssigkeitsaustausch und bilden einen wirkungsvollen mechanischen Schutz vor schädlichen Außeneinflüssen.

Auch die gesamte Fortpflanzung wird von beiden Schichten bewältigt. Alle diese Aufgaben werden von spezialisierten Zellen unterstützt (Abb. 2-4).

Nesselzellen entladen giftgefüllte Nesselkapseln (s. Kap. 2, Seite 129) in Beuteorganismen. Die Sekrete der Schleimzellen sorgen für deren „Verpackung", und die Geißeln, zusammen mit den Tentakeln, für den Transport der Beute zum funktionellen Magen. Sinneszellen reagieren wie Sensoren auf Außenreize und schützen somit den zarten Polypen vor Überraschungen. Bei Gefahr kann er sich rasch zu einem kugelförmigen Gallerthäufchen zusammenziehen. Die Motoren für derartige Bewegungen sind entweder reine Muskelzellen (Myocyten), oder die für Nesseltiere charakteristischen Epithelmuskelzellen mit einer einzigartigen Bauweise, die im Tierreich nicht noch einmal entwickelt wurde (Abb. 2-5). Die Basis dieser Zellen ist in kontraktile Muskelfi-

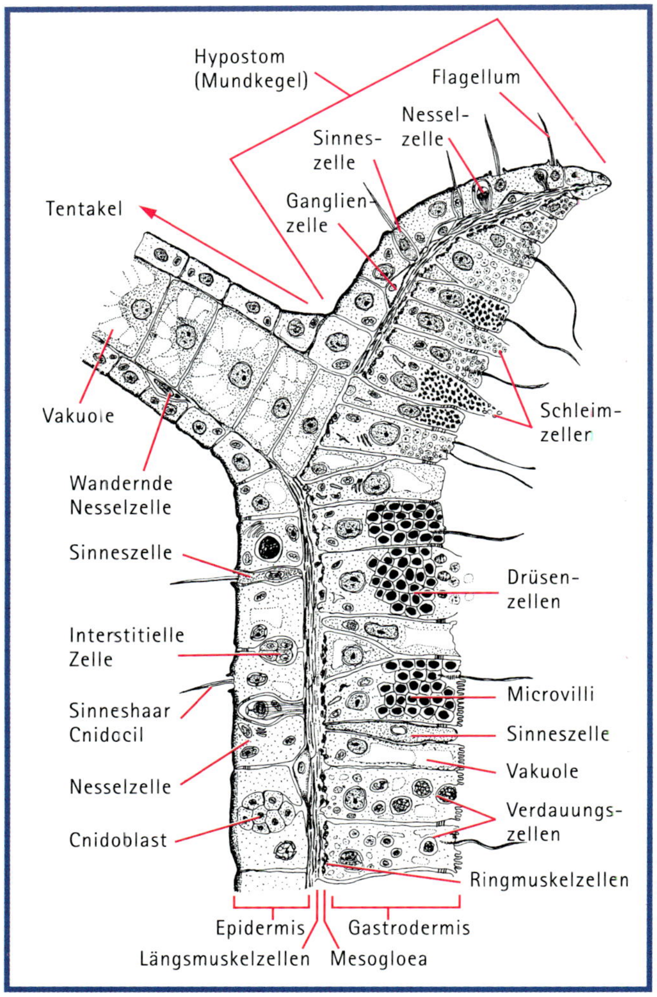

Abb. 2-4: Epithelaufbau eines Nesseltiers (Cnidaria). Abgebildet ist ein Längsschnitt durch einen Hydroidpolypen nach elektronenmikroskopischen Ergebnissen. Die Pfeile kennzeichnen die Sekretabgabe bzw. Partikelaufnahme der verschiedenen Gastrodermiszellen.

lamente ausgezogen, die parallel zur Körperachse verlaufen und so einen Längsmuskelzylinder formen. In der Gastrodermis dagegen sind die Muskelfasern vertikal zur Körperachse angelegt, so daß sie einen Ringmuskelzylinder bilden.

Eines haben alle Epithelzellen gemeinsam: sie tragen Geißeln (Ausnahmen: Hydropolypen

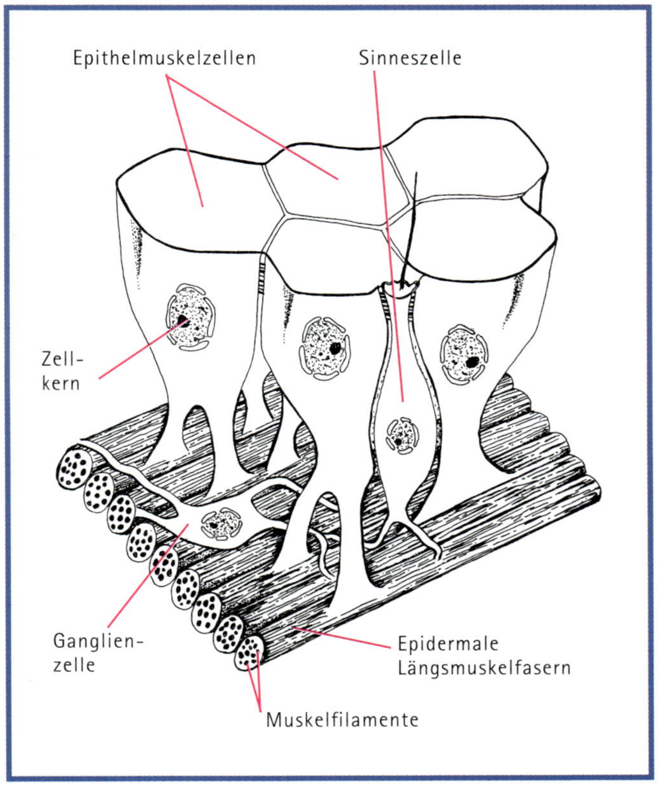

Abb. 2-5: Stark vereinfachter Aufbau der Epidermis eines Hydropolypen mit mehreren Epithelmuskelzellen. An den Epithelzellen setzen ein oder mehrere Längsmuskelfasern an. Für Nesseltiere ist diese besondere Muskulatur kennzeichnend, weil sie ohne feste Skeletteile auskommen kann. Die Epithelmuskelzellen eignen sich überall dort, wo flächenhafte Muskelschichten benötigt werden. Die Zellkerne sind im Querschnitt dargestellt.

und Octocorallia). Die Vorteile begeißelter Oberflächen liegen auf der Hand:

- Unterstützung bei der Fortbewegung im freischwimmenden Larvenstadium,
- Reinigung der Oberfläche von störenden Partikeln und
- verbesserter Gasaustausch durch Erzeugung von Wasserströmung (Abb. 2-6).

Superpotente Zellen, die alles können

Eine Besonderheit stellen die sogenannten interstitiellen Zellen (I-Zellen) der Hydrozoen dar. Sie liegen in Gruppen im Ektoderm, seltener im Entoderm, und haben die Fähigkeit, sich zu jedem beliebigen Zelltyp zu entwikkeln. Diese ungeheure Potenz erklärt auch die erstaunliche Regenerationsfähigkeit der Nesseltiere. Bei Bedarf differenzieren sich die I-Zellen einfach in den benötigten Zelltyp und ersetzen die alte Zelle. Kennzeichen der I-Zellen sind reiche Ribosomenvorräte, an denen die Proteinsyntheseprozesse ablaufen.

Den anderen Cnidariaklassen fehlen die I-Zellen, doch haben sie sogenannte Amoebocyten, die ähnliche Fähigkeiten besitzen und sich in beliebige Zellen verwandeln können.

Abb. 2-6: REM-Aufnahme dichtstehender Cilien auf der Schirmoberseite von *Mastigias papua*. Sie sorgen für Reinigung und Transport von Nahrungspartikeln. Maßstab: 2 µm.

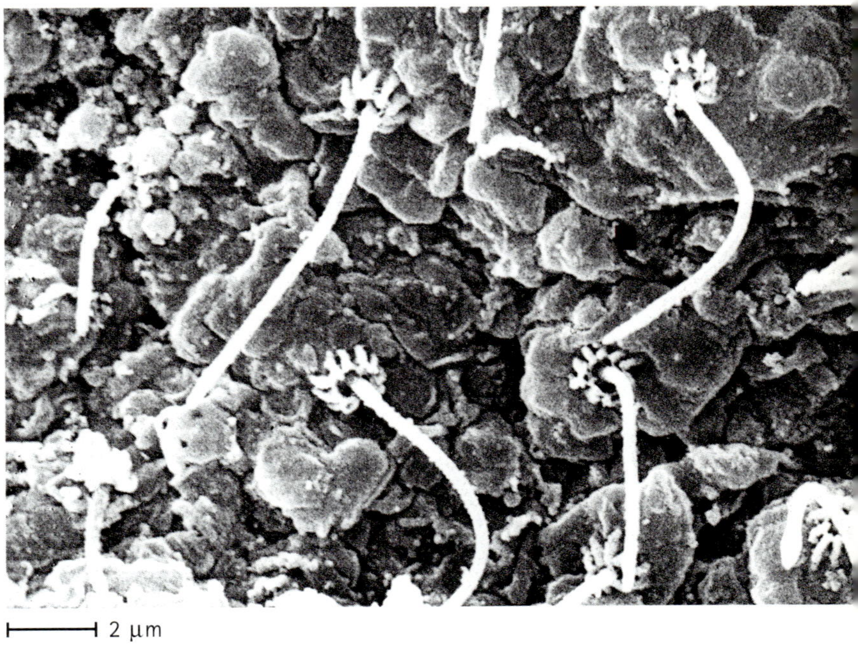

Der Scyphopolyp

Schon sein Name (griech. *scyphós* = Becher) erklärt seine Gestalt (Abb. 2-64). Er bleibt sein Leben lang auf hartem Substrat festgekittet und fristet ein Eremitendasein. Stockbildende Arten sind nur bei den Coronaten (Kranzquallen) bekannt. Der bis 9 cm lange Coronatenpolyp *Stephanoscyphus* hat eine weitere Besonderheit: Er kann mit den Zellen des Kragens, unterhalb des Tentakelkranzes, eine schützende, konische Röhre aus Chitin (Polysaccharid) synthetisieren. Bei Gefahr oder ungünstigen Bedingungen zieht er sich komplett in die Röhre zurück und verschließt sie oben mit einem feinen Häutchen (Abb. 2-7) [25, 26].

Die Gerüstsubstanz Chitin war eine wichtige Voraussetzung für Gliedertiere (Articulata), besonders natürlich für Insekten, ihr Außenskelett zu bilden. Erst mit diesem „Panzer" und seinem günstigen Gewicht-Stabilitätsverhältnis konnte die Eroberung des Festlandes begonnen werden. Chitin ist jedoch nicht die „Erfindung" höherer Tiere, sondern wird schon von Quallen eingesetzt.

Die kleinen, nur 2 bis 5 mm langen Polypen der Semaeostomea (Fahnenquallen) bezeichnet man als Scyphistomae. Sie bilden noch ein Chitinrudiment aus, das als zarter Röhrenrest die Basalplatte umgibt.

Die Tentakel der Scyphopolypen sind kranzförmig angeordnet und stehen abwechselnd nach oben oder unten. Dies vergrößert den Aktionsradius hinsichtlich der passiv filtrierenden Tentakel. Die Nesselzellen sind in Batterien gruppiert und über die gesamte Tentakeloberfläche verteilt.

Der Gastral- oder „Magenraum" ist durch vier Septen (Scheidewände) in ebensoviele Taschen gegliedert. Diese Aufgliederung gewährleistet zusätzliche Zelloberfläche, die Nahrungsteilchen aufnehmen kann. Das Kanalsystem über-

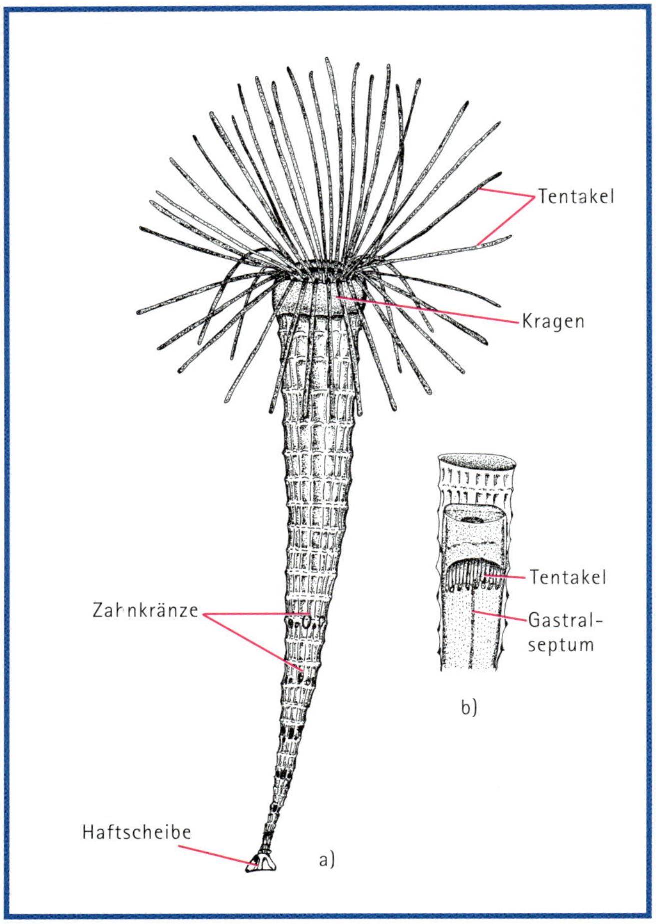

Abb. 2-7: Der Kranzquallenpolyp *Stephanoscyphus* mit voll ausgestrecktem Tentakelkranz und seiner typischen Peridermröhre aus Chitin (a). Die Röhre ist über eine Haftscheibe am Substrat verankert und trägt artspezifische Zahnkränze. Der Polyp kann sich bei Gefahr komplett in die Röhre zurückziehen (b).

nimmt die Verteilung der Nährstoffe und versorgt über einen Ring- und vier Radiärkanäle die Peripherie.
Die Muskulatur der Scyphopolypen ist noch primitiv und besteht aus Myocyten (Muskelzellen), die an den vier Septaltrichtern (Einsenkungen des Mundfeldes) ansetzen und sich bis zum basalen Teil hinziehen. *Stephanoscyphus* nimmt wieder eine Sonderstellung ein, denn er verfügt in den Tentakeln bereits über zusammenhängende Epithelmuskelzellen.
Das Nervensystem von Polypen ist das einfachste im Tierreich und doch schon leistungsfähig. Die Nervenzellen haben meist zwei oder mehrere impulsleitende Fortsätze. Sie liegen unter den Epithelien in der Nähe der Mesogloea und können Nervennetze bilden. Die Sinnesnervenzellen grenzen an die Oberfläche der Epithelzellen (Abb. 2-4).
Einzelheiten über das Nervensystem beim Scyphopolypen sind rar. Es darf vermutet werden, daß auch sie über ein diffuses Nervennetz mit entsprechendem Erregungsleitungsvermögen verfügen.

Der Cubopolyp

Cubopolypen sind „nackt" und haben keine Röhrenreste mehr um die Haftscheibe (Ausnahme: *Tripedalia*). Ein weiterer wichtiger Unterschied betrifft die Lage der Nesselzellen. Während sie beim Scyphopolyp gleichmäßig über die gesamte Tentakellänge verteilt sind, liegen sie bei den Cubopolypen, einzeln oder in Gruppen, ausschließlich an der Tentakelspitze. Nesselzellen, die an anderen Tentakelteilen angetroffen werden, sind gerade auf der Wanderung von der Produktionszone an der Tentakelbasis zur Spitze, um entladene Kapseln zu ersetzen.
Die Vielfalt der Nesselkapseltypen differiert stark von der der Scyphopolypen und unterstreicht die Klassenunterschiede (s. Kap. 2, S. 135 f.). Zudem besitzt der Polyp einen Nesselkapseltyp, der in der Medusengeneration nicht mehr präsent ist.
Die Cubopolypen sind bereits mit typischen Epithelmuskelzellen und glatten Fasern ausgerüstet. Die Tentakel enthalten sogar quergestreifte Muskelfilamente, die für die schnellen Kontraktionen der Tentakelspitzen verantwortlich zeichnen.
Auch das Nervensystem ist komplexer. Es besteht aus einem doppelten Nervenring um den Mundkegel, dicht oberhalb des Tentakelansatzes. Das Kanalsystem zur Versorgung der Gewebe verfügt über einen Ringkanal und vier Radiärkanäle.
Die superpotenten interstitiellen Zellen (I-Zellen), die bei Bedarf jeden anderen Zelltyp ersetzen können, fehlen ihm gänzlich.

Der Hydropolyp

Innerhalb der Klassen mit Generationswechsel steht der Hydrozoenpolyp auf höchster Organisationsstufe. Sein kleiner, 1 bis 2 mm langer Körper kann in einen Stiel mit Haftapparat und einen becherförmigen Oberteil mit Tentakeln gegliedert werden. Hinsichtlich des Baus

Abb. 2-8: Die Verdauungspolypen (Gastrozooide) der Portugiesischen Galeere *Physalia physalis* haben sehr wirksame Enzyme. Sobald Nahrung von den Fangtentakeln geliefert wird, dehnen sich die trichterförmigen Polypen aus, sekretieren ihre Verdauungssäfte und nehmen den Inhalt gierig auf. Unverdauliche Reste, wie die schwarzen „Kügelchen" in diesem Bild, werden einfach nach außen abgegeben.

und der Tentakelanzahl zeigen die Polypen eine enorme Variationsbreite. Das Spektrum reicht vom Tentakel, der aus einer einzigen Ektodermzelle besteht, wie beim Süßwasserpolypen *Calposoma*, über verzweigte Tentakel bei *Cladocoryne*, bis hin zur völligen Abwesenheit der Fangärmchen bei *Protohydra*.

Ein wesentlicher Unterschied zu den Polypen von Scyphozoen und Cubozoen besteht in der Muskulatur. Hydropolypen haben fast ausschließlich Epithelmuskelzellen mit glatten Filamente (Ausnahme: *Campalecium cirratum* mit quergestreiften Muskelfilamenten, während Scyphopolypen nur über einfache Muskelzellen verfügen).

Die Vielfalt der Nesselkapseltypen ist bei den Hydrozoen unübertroffen. Nach der aktuellen Literatur werden 20 Typen unterschieden

Abb. 2-9: Die Strahlenqualle *Porpita porpita* treibt als „Staatsform" an der Wasseroberfläche. Ein Segel besitzt sie nicht, doch sorgen luftgefüllte Chitinringe im Schwimmfloß für den nötigen Auftrieb. Cebu, Philippinen.

(s. Kap. 2, S. 135). Die Nesselzellen von *Cordylophora* oder *Hydractinia* sind auf die Tentakelspitzen konzentriert und nur vereinzelt auf den restlichen Tentakeln zu finden. Bei *Coryne* oder *Tubularia* bleiben sie allein auf die Tentakelspitze beschränkt.

Das Nervensystem ist als diffuses Nervennetz nachgewiesen worden. Experimente lassen allerdings auf Schrittmachersysteme und multiple Leitungsbahnen schließen. Es kommen zahlreiche Sinneszellen vor, die optische, chemische und mechanische Reize wahrnehmen können.

Nur etwa ein Viertel aller Hydrozoenarten bildet eine freilebende Meduse. Um diesen Nachteil auszugleichen, wurden von anderen Arten sessile (festsitzende) Kolonienstöcke entwikkelt. Sie wachsen aus einem ersten „Erzeuger-

Abb. 2-10: Die Veilchenqualle *Velella velella* hat ihren Namen von der veilchenblauen Färbung der Kolonie. Sie besitzt ein symmetrisches Segel, um gemütlich mit achterlichem Wind die Meeresoberfläche zu befahren. Falls der Wind zunehmen sollte, zieht sie den Saum zurück und refft ihr Segel. Batanes, Philippinen.

polypen", dann aus dessen Sekundärpolypen, es folgen Tertiärpolypen usw., und so kann die Kolonie zu meterhohen Stöcken heranwachsen. Bei den Trachylida dagegen kommen überhaupt keine Polypen mehr vor, sondern ausschließlich Medusenstadien. Raffiniert sind die Gesellschaftsformen der Porpitidae und Siphonophora, die sowohl Polypen- als auch Medusenformen im frei driftenden Tierstock vereinigen (S. 255) (Abb. 2-8 bis Abb. 2-11).

Der Anthozoenpolyp

Anthozoen bilden keine Medusenstadien aus, daher bleibt die Klasse Anthozoa weitgehend unberücksichtigt. Es soll nur erwähnt werden, daß die artenreichen Polypen der Blumentiere die emsigen Baumeister der Korallenriffe stellen. Ihre oft farbenprächtigen Kolonienstöcke prägen einen Großteil der Unterwasserlandschaften (Abb. 2-12 bis Abb. 2-14) [27, 28].

Grundbauplan der Medusen

Die Meduse ist stammesgeschichtlich gesehen nichts anderes als ein abgelöster, umgekehrter Polyp (Abb. 2-3). Die meisten Körperteile können daher von seinem Bauplan abgeleitet werden (Abb. 2-15). Medusen messen allgemein zwischen wenigen Millimetern (Abb. 2-16) und mehreren Metern im Durchmesser (Abb. 1-18 und Abb. 2-17).

Während der Umwandlung von der Polypengeneration zur Medusengeneration werden die Fußscheibe und der Rumpf des Polypen zur Schirmoberseite (Exumbrella), das Mundfeld mit seinem verlängerten Mundrohr (Manubrium) wird zur Schirmunterseite (Subumbrella). Die Tentakel bleiben, wo sie sind, nur werden sie fortan nicht mehr nach oben, sondern nach unten gerichtet. Bei großen Medusen sind sie hohl (Abb. 1-17).

Ein wesentlicher Unterschied zum Polypenbauplan besteht in der enorm vergrößerten Mesogloea, die eine dicke, solide Gallertschicht zwischen den beiden Epithelien bildet. Die Gallerte kann bei extrem großen Exemplaren (z. B. einigen Wurzelmundquallen) bis zu einem Meter Mächtigkeit erreichen (Abb. 2-18). Der Medusenmagen (= Gastralraum) wird durch die Mesogloea etwas eingeengt und zeigt eine linsenförmige Gestalt. In der Peripherie des Gastralraumes liegen Gastraltaschen mit den Verdauungszotten und den Gonaden. Vom Magenraum führen sternförmige Radialkanäle zum Schirmrand (nicht bei den Cubomedusen) und vereinigen sich dort mit dem Ringkanal. Das Kanalsystem (= Gastrovaskularsystem) versorgt den Medusenkörper mit Nährstoffen und entsorgt deren unverdauliche Reste.

Die zum Teil kräftig ausgebildete Muskulatur besteht aus quergestreiften Epithelmuskelzellen und liegt in der Subumbrella. Sie befähigt den voluminösen Schirm zur Kontraktion und somit

Abb. 2-11: Eine häufige Staatsqualle ist die Siphonophore *Bargmannia sp.* aus 775 m Tiefe des Golfs von Mexiko. Es ist gut zu sehen, wie das Pneumatophor der Kolonie Auftrieb verleiht.

Abb. 2-12: Herrlich gefärbte Polypenkolonie der Dörnchen- oder Peitschenkoralle (Antipatharia, Anthozoa, Cnidaria). An den durchscheinenden Tentakeln sind die Nesselbatterien als winzige Körnchen zu erkennen.

Abb. 2-13: Nahaufnahme der nachtaktiven Dörnchen- oder Peitschenkoralle (Antipatharia, Anthozoa, Cnidaria). Die Polypen bilden keine Medusenstadien aus, sondern bleiben auf die festsitzende Lebensweise angewiesen.

Abb. 2-14: Diese Polypenkolonie gehört zu den Rinden- oder Hornkorallen (Gorgonaria, Anthozoa). Sie bilden meist ein stabiles, verzweigtes Skelett aus Horn (Gorgonin), das starken Strömungen standhalten kann. Die Polypen filtern mit ihren Tentakeln kleine Zooplankter aus dem Wasser. Eine freischwimmende Medusengeneration kommt bei ihnen nicht vor.

zur Fortbewegung nach dem Rückstoßprinzip. Die Epithelmuskelzellen sind großflächig ausgebildet, denn das gelatinöse Widerlager Mesogloea ist ungeeignet, starken Spannungen auf konzentriertem Raum Halt zu geben.

Die Exumbrella und die Subumbrella

Als Exumbrella wird die Schirmoberseite bezeichnet. Ihre Zellen stammen aus vielen gleichartigen Zelltypen der Planula (= Larvenform der Nesseltiere). Sie tragen, außer bei Hydrozoen- und Anthozoenpolypen, alle eine Cilie. Dies charakterisiert eine der Hauptfunktionen des Deckepithels: Durch die Cilienbewegung induzieren sie einen Wasserstrom, der den Gasaustausch erleichtert, Nahrung transportiert und Schmutzpartikel zuverlässig beseitigt. Die Cilien werden zur Erzeugung des

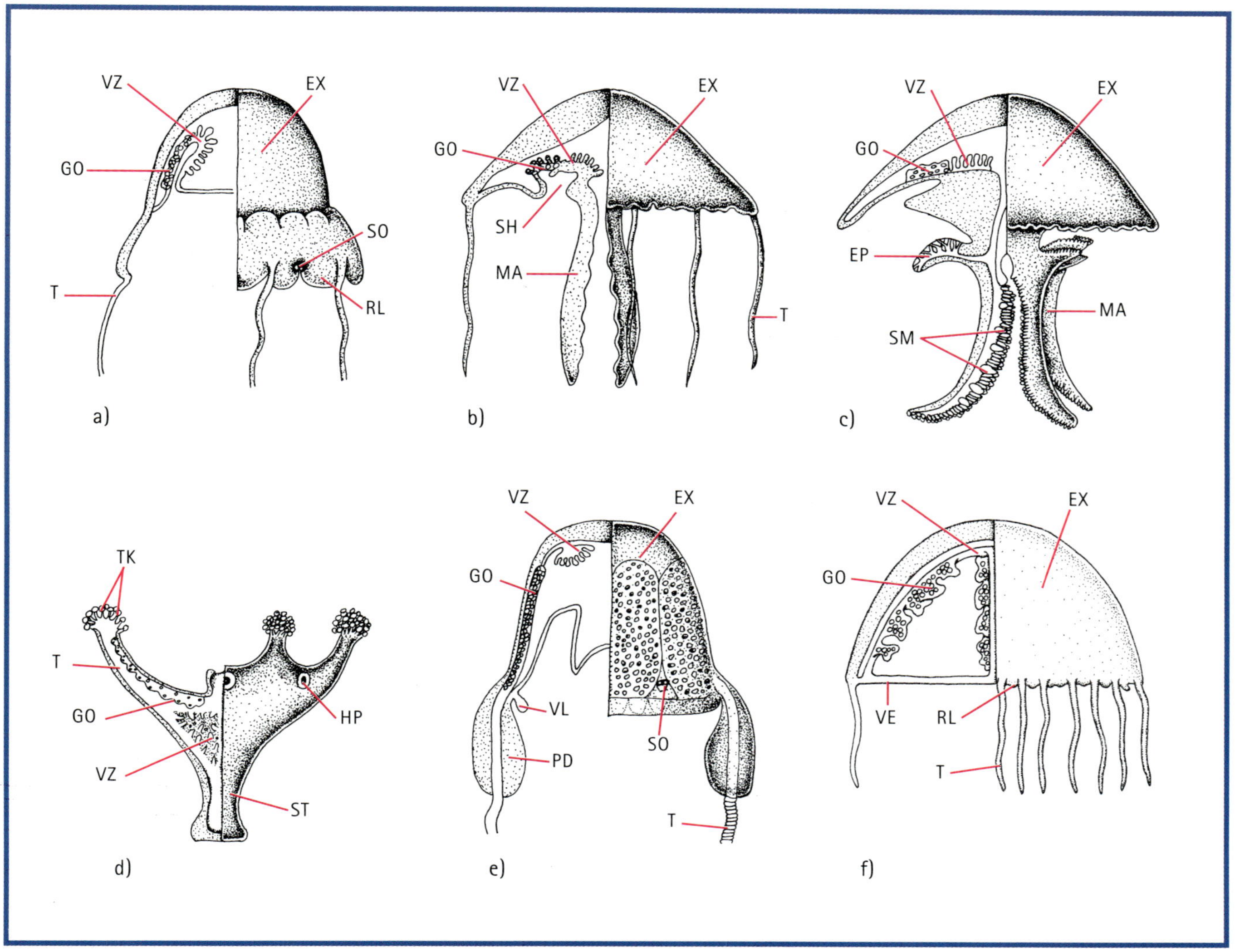

Abb. 2-15: Vergleich der Baupläne von Kranzquallen (Coronata, a), Fahnenquallen (Semaeostomae, b), Wurzelmundquallen (Rhizostomae, c), Stielquallen (Stauromedusae, d), Würfelquallen (Cubozoa e) und Hydrozoen (f).

EP = Epauletten
EX = Exumbrella
GO = Gonaden
HP = Haftpapille
MA = Mundarm
PD = Pedalium
RL = Randlappen
SH = Subumbrellarhöhle
SM = Sekundäre Mundöffnungen
SO = Sinnesorgan
TE = Tentakel
TK = Tentakelköpfchen
VE = Velum
VL = Velarium
VZ = Verdauungszotten

Abb. 2-16: Eine junge, recht häufige Wurzelmundqualle *(Mastigias papua)* durchstreift das offene Meer nach Beute. *M. papua* kann es sich nicht leisten, wählerisch zu sein, denn das klare, tiefblaue Wasser ist ein Zeichen für Nährstoffarmut und wenig Zooplankton. Bohol, Philippinen.

Abb. 2-17: Zu den Wurzelmundquallen gehören die größten und farbenprächtigsten Quallenarten der Meere. Die hier abgebildete Furchenqualle *Versuriga anadyomene* hat fast einen Meter Schirmdurchmesser. Ihr Nesselgift ist recht stark und tötet unvorsichtig schwimmende Begleitfische innerhalb weniger Minuten. Cebu, Philippinen.

Wasserstroms koordiniert und schlagen alle in die gleiche Richtung.

Die Zellen der Exumbrella zeigen bei Polypen eine typische Prismenform, bei Medusen gehen sie deutlich in die Breite und bilden ein dachziegelartiges Deckepithel. Typisch für den Zellverband sind sogenannte Desmosomen, die im oberen Drittel der Zellen Kontakte zu den Nachbarzellen knüpfen. Diese Verbindung sorgt für die Verzahnung durch granuläre Strukturen und festigt die hauchdünne Zellschicht. Ihre Oberfläche ist zusätzlich durch eine extrazelluläre Schicht (Cuticula) geschützt. Der gallertige Medusenschirm wird ausschließlich von diesem einschichtigen Verband zusammengehalten. Selbst Riesenquallen von mehr als 2 m Durchmesser und bis 1000 kg Gewicht werden von einer einschich-

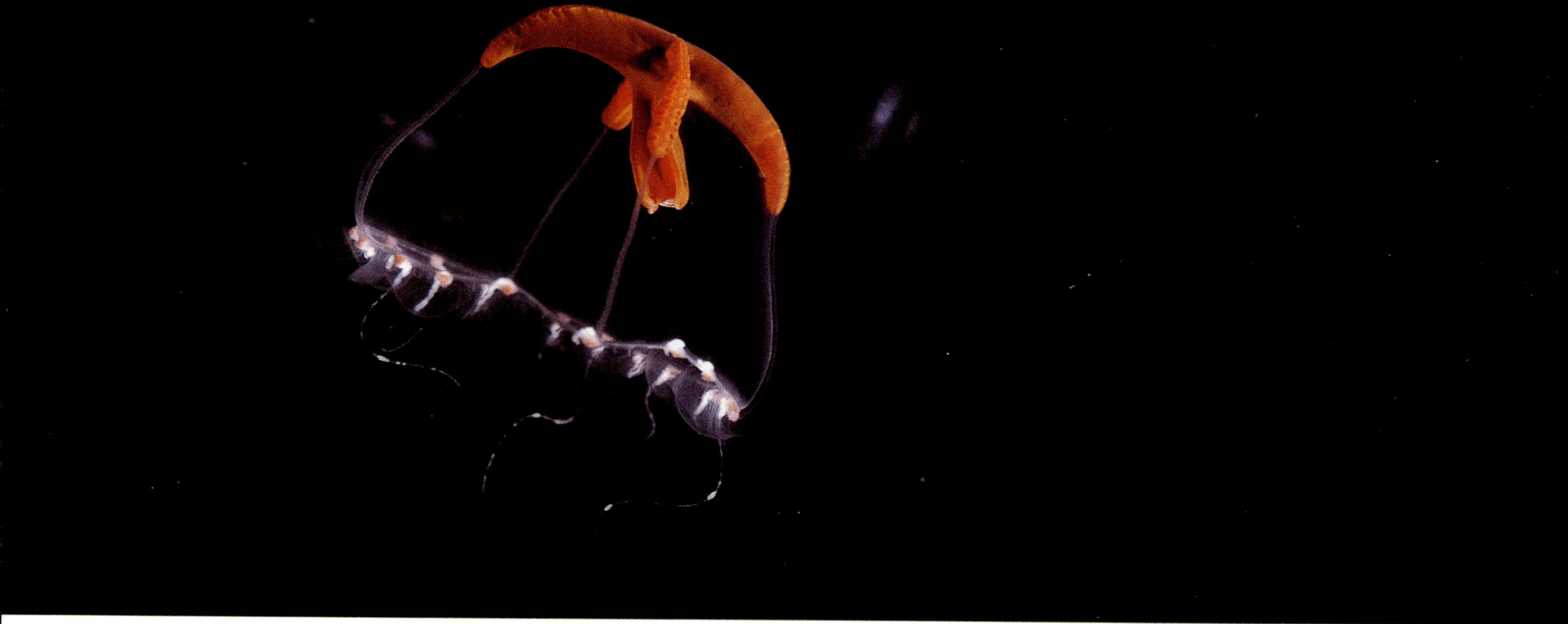

Abb. 2-18: Der helmförmige Schirm von *Chromatonema rubrum* (Leptomeduse) enthält eine dicke Schicht Mesogloea. Die Gonaden und das Mundrohr bilden mit ihrer tiefroten Färbung einen intensiven Kontrast zu dem transparenten Tier.

tigen Exumbrella umgrenzt, die selten eine Stärke von mehr als ein fünfzigstel Millimeter aufweist. Neben ihrer Funktion als Grenzschicht zum Außenmedium ist sie aktiv an der Beutejagd beteiligt. Die Nesselzellen sind in warzenförmigen, leicht erhöhten Inselchen konzentriert. Bei der Ohrenqualle *Aurelia aurita* sind sie in Abständen von etwa 1/5 Millimeter voneinander angeordnet, und bei Kontakt werden alle ins Beutespektrum passenden Kleinlebewesen genesselt, in Schleim gehüllt und zum Gastralraum abtransportiert (Abb. 2-19 bis Abb. 2-21).

Die Subumbrella besteht ebenfalls aus nur einer Zellschicht (Ausnahme: Hydromedusen können ein zweischichtiges Subumbrellarepithel bilden) und weist gegenüber der Exumbrella geringfügige Unterschiede bezüglich

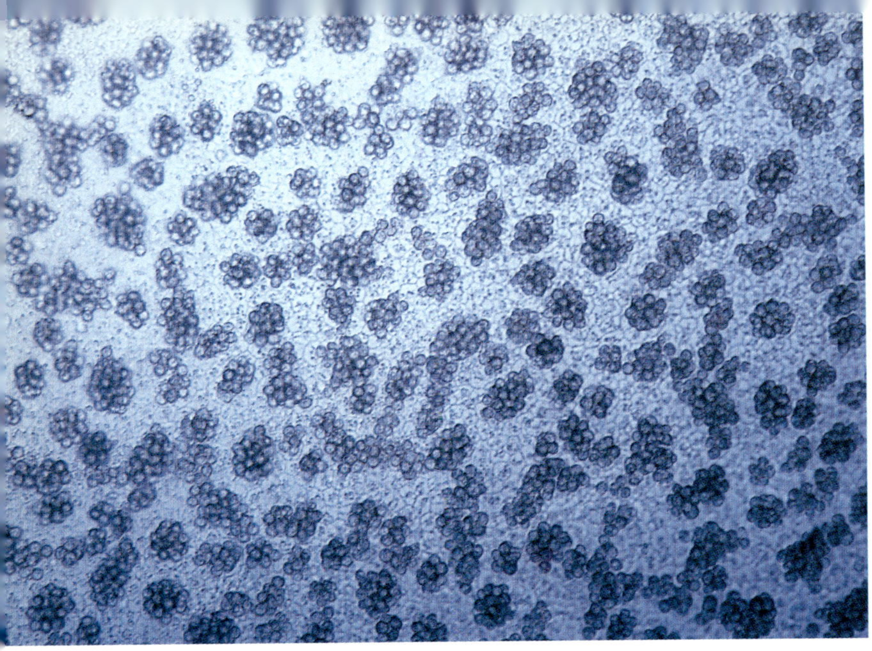

Abb. 2-19: Lichtmikroskopische Aufnahme der Schirmoberfläche von *Rhizostoma sp.* Die winzigen Nesselkapseln sind mit ihren Nesselzellen in kleinen Gruppen über die gesamte Oberfläche verteilt.

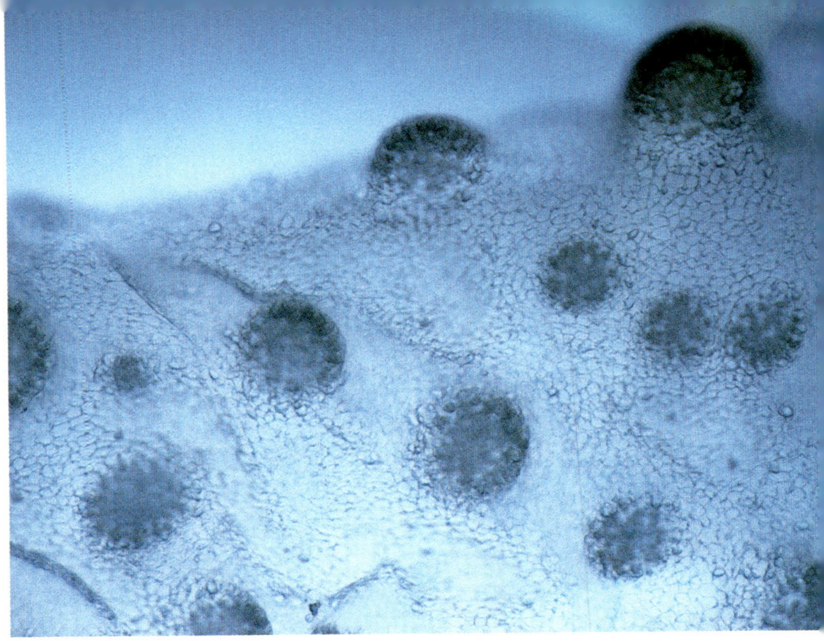

Abb. 2-20: Oberfläche eines Mundarms von *Chrysaora helvola*. In erhobenen Wärzchen werden viele Nesselzellen konzentriert, denn die langen Mundarme der Fahnenquallen unterstützen die Tentakel beim Beutefang. Lichtmikroskopische Aufnahme.

Abb. 2-21: Schirmoberfläche von *Mastigias papua*. Die Nesselgifte dieser Art sind für den Menschen harmlos. Für kleine Ruderfußkrebse kann schon eine sanfte Berührung den Tod bedeuten. Lichtmikroskopische Aufnahme.

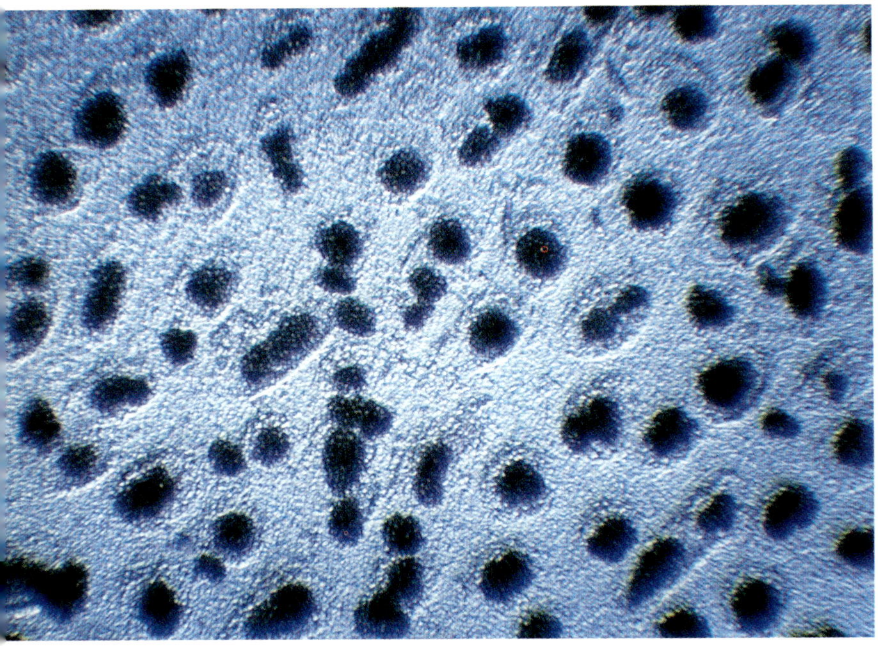

der vorhandenen Zelltypen auf. Es finden sich weit weniger Nesselzellen, dafür aber mehr Schleimzellen.

Die Tentakel

Die Tentakel der Polypen und Medusen sind hochspezialisierte Fangarme, die sich aus Ausstülpungen des Schirmrandes entwickelten. Im Polypenstadium erreichen sie meist nur eine Länge von wenigen Millimetern, während sie bei der Feuerqualle *Cyanea capillata* (Abb. 2-22) 30 m lang sein können und nur noch von der Portugiesischen Galeere *Physalia physalis* mit ihren 50 m langen, haarfeinen Dactylozooiden (= auf Beutefang spezialisierte Einzelpolypen) übertroffen werden. Bei den mei-

Was ist Mesogloea?

Die Mesogloea oder Stützgallerte kann weit über 90 % einer lebenden Meduse ausmachen. Hauptbestandteile sind Wasser, Salze und nur knapp 1 % organische Substanz. Man braucht schon die hochauflösende Leistung eines Elektronenmikroskops, um nicht nur strukturlose Matrix (Grundsubstanz) zu erkennen. Dann allerdings läßt sich ein System feinster Fibrillen und Filamente beobachten. Diese Elemente bestehen aus Kollagen, einem Protein, das im Tierreich so verbreitet ist wie die Zellulose bei Pflanzen. Es verdankt seine breitgefächerte Verwendung zwei besonderen Fähigkeiten: zum einen ist es wasserunlöslich und zum anderen außerordentlich zäh. Diese Eigenschaften machen es zur idealen Gerüstsubstanz der Mesogloea. Neben Kollagen sind noch weitere Gerüsteiweiße wie Elastin und Skleroproteine mit geringen Anteilen vertreten. Weiterhin hat man sulfathaltige Proteoglykane in der Gallerte nachgewiesen [30].

Die Mesogloea ist eine echte Stützschicht und übernimmt eine Art „Skelettfunktion" bei Medusen. Selbst wenn Quallen aus dem Wasser gehoben werden und somit ihr „Hydroskelett" verlieren, sorgt die Gallerte für Stabilität, gleich einem aus der Form gestürzten Schokoladenpudding.

Beim Schwimmen wirkt sie als Antagonist zur Schirmmuskulatur: Die Ring- und Radiärmuskulatur kontrahiert sich und verformt den Schirm mit der elastischen Mesogloea. Sobald die Kontraktion in der Entspannungsphase nachläßt, erreicht der Schirm wieder die ursprüngliche Gestalt.

Im allgemeinen ist die Mesogloea zellfrei, doch dient sie als Gleitlager für wandernde Zellen, wie z. B. Nesselzellen oder Amoebocyten. Um schnell zum Zielort zu gelangen, kann es vorkommen, daß diese Wanderzellen eine Abkürzung durch die Gallertschicht einschlagen. Dazu wird die Stützschicht aufgelöst und anschließend wieder synthetisiert.

sten Medusen haben die Tentakel eine durchschnittliche Länge zwischen 30 cm und 3 m. Die Epithelmuskelzellen ermöglichen innerhalb von Sekunden die rasche Kontraktion von voll ausgestreckten Tentakeln auf einen Bruchteil ihrer Länge. Die Oberfläche der Ten-

Abb. 2-22: Die Feuerqualle *(Cyanea capillata)* ist die größte bekannte Quallenart. An der isländischen Küste wurde einmal ein Exemplar mit 2,30 m Durchmesser an den Strand gespült. Ihre feinen, sehr dehnbaren Tentakel werden wie ein Stellnetz weit in das Wasser ausgestreckt und haben ihr auch den Namen „Haarqualle" eingetragen. Kieler Förde, Ostsee.

Abb. 2-23: Stark kontrahierte Tentakel der philippinischen Killerqualle *Chiropsalmus quadrigatus*. Die Nesselzellen sind in unterschiedlich dichter Besetzung auf den Tentakelringen angeordnet und die Ringe ineinander verschachtelt. Dieses typische „Leitermuster" spiegelt sich auch auf der Haut der Opfer wider. Gut zu erkennen sind die Kanäle, die in die hohlen Tentakel führen und sie versorgen. Mindanao, Philippinen.

takel ist dicht mit Nesselzellen besetzt. Sie können in Batterien konzentriert oder gleichmäßig verteilt sein (Abb. 2-23 bis Abb. 2-25). Ein Dactylozooid von *P. physalis* mit etwa 3 m Länge enthält „nur" eine knappe Viertelmillion Nesselzellen (Abb. 2-26 bis Abb. 2-28). Die geringere Zahl von Kapseln gegenüber den Tentakeln von Scyphozoen wird durch deren enormes Volumen ausgeglichen. Eine Nesselkapsel von *P. physalis* kann das Hundertfache an Volumen, verglichen mit den Kapseln von *C. capillata*, enthalten. Im maximal ausgestreckten Zustand der Tentakel sind die Nesselzellen weiter voneinander entfernt und die Anzahl pro Fläche ist niedriger.

Es gibt generell zwei unterschiedliche Bauprinzipien bei Tentakeln (Abb. 2-29). Die Scyphozoen haben inselförmige Erhebungen, die dicht mit Nesselzellen besetzt sind. Im kontrahierten Zustand liegen sie eng aneinandergedrängt (Abb. 2-30). Bei den meisten Cubozoen sind die Tentakel in ringförmige Einheiten gegliedert. Beim Kontrahieren schieben sie sich ineinander und nur die breitesten Ringe bleiben sichtbar [31]. Dies bedeutet, daß wesentlich weniger Nesselkapseln abgeschossen werden können als im ausgestreckten Zustand, weil die primären Ringe die anderen überdecken (Abb. 2-29). Da *Carybdea* (Abb. 2-31) gleich große Ringe trägt, stoßen sie bei Kontraktion ohne Verschachtelung aneinander.

Obwohl das Jagdprinzip aller Quallen gleich ist – mit giftgefüllten Nesselkapseln paralysieren oder töten sie Planktonorganismen –, gibt es eine Reihe von Variationen beim Beutefang. Im einfachsten Fall werden die Tentakel weit in das freie Wasser ausgestreckt, um möglichst viel Wasservolumen durchseihen zu können. Die sehr dehnungsfähigen Tentakel großwüchsiger Scheibenquallen „filtern" auf diese Weise mehrere Kubikmeter Wasser. Lassen sich die Tiere auf den Boden absinken, wird der Fangradius nochmals erweitert. Diese Technik gleicht einem passiven Netzstellen. Aktiver ist die „Fischerei" bei *Aurelia aurita* (Abb. 2-69). Mit regelmäßigen Schwimmstößen, deren Anzahl pro Minute durch steigende Wassertemperatur und reichliches Beutevorkommen erhöht wird, filtern die relativ kurzen Tentakel (10 bis 30 cm) das Wasser. Eine nur 5 cm große Ohrenqualle durchfischt mit ihren rund 500 Tentakeln in 24 Stunden hochgerechnet bis zu 190 Liter Wasser [32].

Die Coronaten oder Kranzquallen arbeiten nach dem „Reusenprinzip": Sie stellen die Tentakel einfach aufrecht, im rechten Winkel zur Exumbrella, und schwimmen nach oben. Beutetiere werden durch ein blitzschnelles Umschlagen der Tentakel und Randlappen zum Mund befördert. Auch die Meduse *Drymonema* entwickelte ein ausgeklügeltes Fangprinzip: Sie schwimmt in verschiedene Richtungen und entfaltet jeweils die Tentakel des gegenüberliegenden Sektors. Am Ende der „Netzstellung" befindet sich das tellergroße Tier wie eine Spinne in der Mitte und deckt eine Wasserfläche von 150 m^2 ab.

Abb. 2-24: Der leicht kontrahierte Tentakel von *Cyanea nozakii* zeigt im Durchlicht die dunkel pigmentierten Nesselzellinseln. Jede Insel enthält Tausende giftgefüllte Nesselkapseln.

Abb. 2-25: Der kontrahierte Tentakel der Süßwassermeduse *Craspedacusta sowerbii* zeigt deutlich die in warzenförmigen Batterien zusammengefaßten Nesselzellen.

Abb. 2-26: Wie aufgereihte Perlen an einer Kette baumeln die silbrigen Tentakel der Verdauungspolypen (Gastrozooide) unter dem Segel der Portugiesischen Galeere *(Physalia physalis)*. Ihre Hauptaufgabe liegt in der Übernahme und Ausrichtung der Beutetiere von den Fangtentakeln (Dactylozooide).

Abb. 2-27: Die tiefblauen Fangtentakel (Dactylozooide) der Portugiesischen Galeere *Physalia physalis* sind furchtbare Waffen. Sie können, maximal ausgestreckt, bis 50 m Länge erreichen. Kleine Fische, die gegen dieses „Treibnetz" schwimmen, sind verloren. Innerhalb weniger Sekunden setzt die lähmende Wirkung der Nesselgifte ein, die Tentakel kontrahieren sich und überlassen alles Weitere den Verdauungspolypen (Gastrozooiden).

Das Nervensystem

Das Nervensystem der Meduse ist mit einem doppelten Nervennetz und übergeordneter Koordination ausgestattet (s. Kap. 2, S. 187f.). Romanes hat dies in seinem klassischen Versuch von 1876 zum ersten Mal nachgewiesen [33]. Mit einem Spiralschnitt teilte er den Medusenschirm von *A. aurita* in einen schmalen Streifen, ähnlich dem Schälen eines Apfels. Er fügte noch zusätzliche Quereinschnitte hinzu und wollte so herausfinden, ob der Impuls vom einen Ende bis zum anderen Ende weitergeleitet wird. Tatsächlich durchlief der Impuls den Schirmstreifen und bewies damit die Existenz des diffusen Nervennetzes. Ein Nervennetz besteht aus großen, bipolaren motorischen Ganglienzellen und versorgt die Musku-

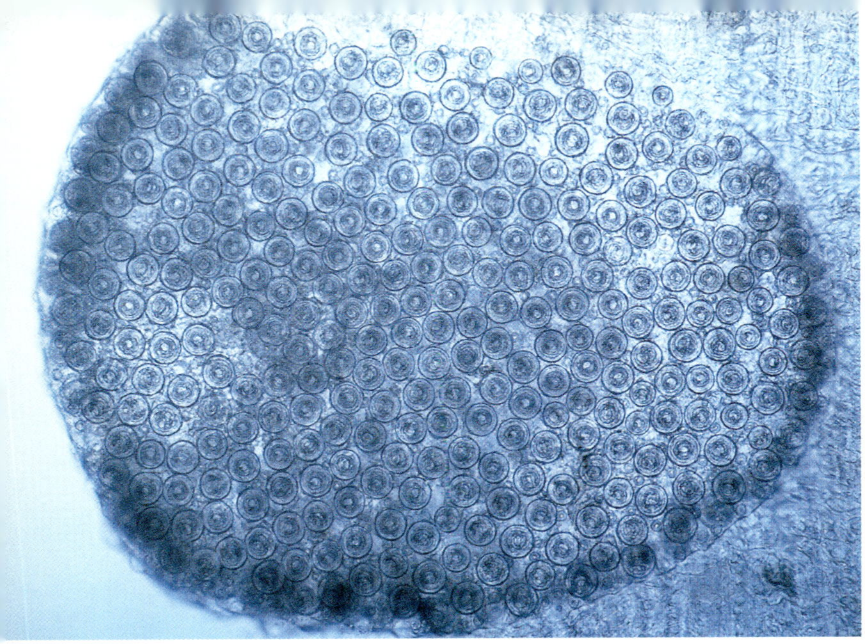

Abb. 2-28: Detailaufnahme eines Nesselköpfchens vom Tentakel der Portugiesischen Galeere *(Physalia utriculus)*. Zwei verschieden große Nesselkapseltypen warten dicht gepackt auf das Signal des Sinneshärchens (Cnidocil) zur Entladung. Jede Kapsel hat einen Durchmesser von etwa 1/100 Millimeter.

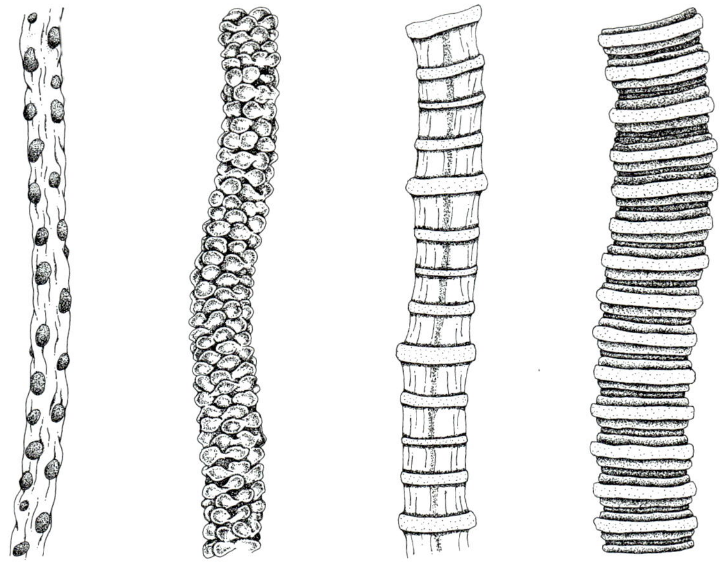

Abb. 2-29: Tentakel von Scheibenquallen und Würfelquallen in unterschiedlichen Stadien (a bis d). Die Tentakel der meisten Quallenarten sind außerordentlich dehnbar. Bei großen Exemplaren der Feuerqualle *(Cyanea capillata)* können sie voll ausgestreckt bis 30 m lang werden. Die haarfeinen Tentakel sind über die ganze Länge mit Nesselzellen besetzt (a). Im zusammengezogenen Zustand (b) liegen die Batterien dicht nebeneinander. Bei Berührung können sie sich problemlos entladen. Die Würfelquallen (hier: *Chiropsalmus quadrigatus*) haben Tentakelringe, die ungleichmäßig mit Nesselzellen besetzt sind. Im ausgestreckten Zustand (c) sind alle Ringe exponiert. Werden sie kontrahiert, schachteln sie sich ineinander, und nur noch die primären Ringe sind exponiert (d). Dies ist vermutlich der Grund, warum die Tiere mit zusammengezogenen Tentakeln wesentlich weniger nesseln als Tiere mit ausgestreckten Tentakeln.

latur, ein zweites aus kleinen multipolaren Ganglienzellen dient Impulsübertragungen in der direkten Umgebung.

Als Tribut an die freischwimmende Lebensweise der Medusen werden Sinnesorgane ausgebildet. Dies sind die einzigen echten Organe im Stamm der Cnidaria. Sie bestehen aus einer Ansammlung von Sinneszellen, die, verbunden mit akzessorischen Zellen, Licht- (Ocellen) und Schweresinnesorgane (Rhopalien) bilden (Abb. 2-32, Abb. 2-52 und Abb. 2-53). Bei den Polypen fehlen generell die Sinnesorgane, ebenso bei allen Anthozoen. Stielquallen sind von dieser Regel auszunehmen, denn sie vereinigen Polypen- und Medusenmerkmale und verfügen über Sinnesorgane am Schirmrand.

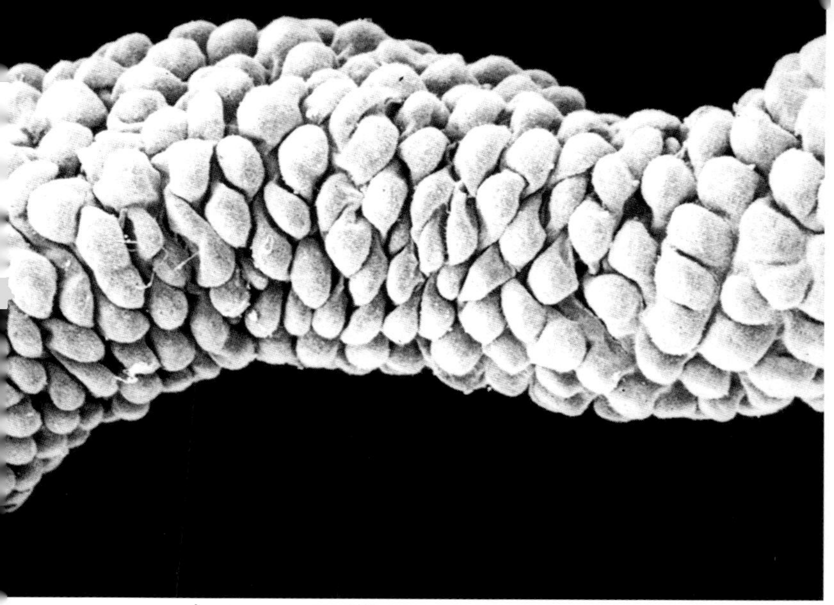

a) 200 µm

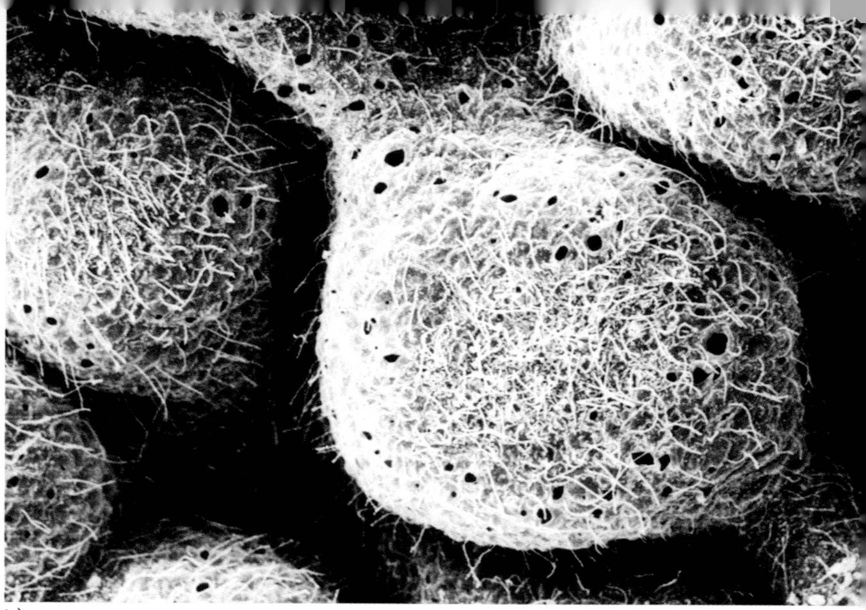

b) 20 µm

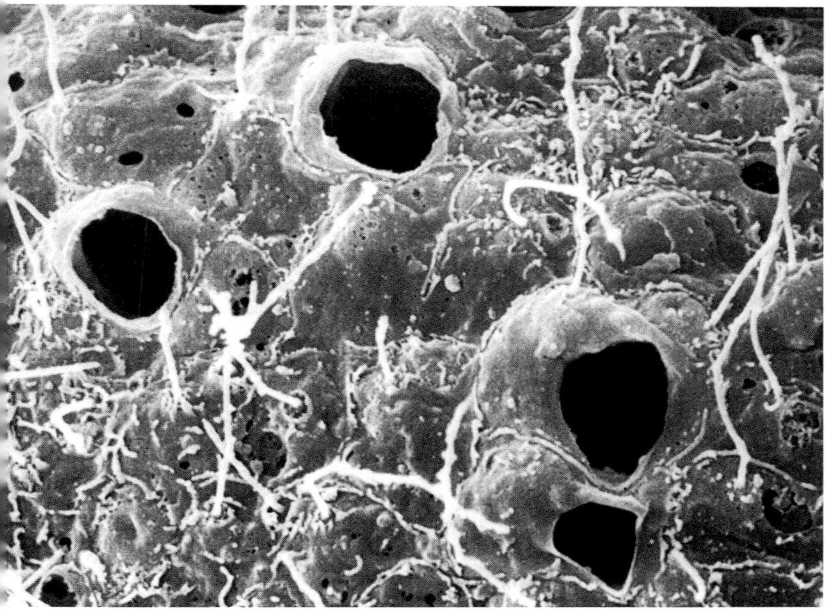

c) 5 µm

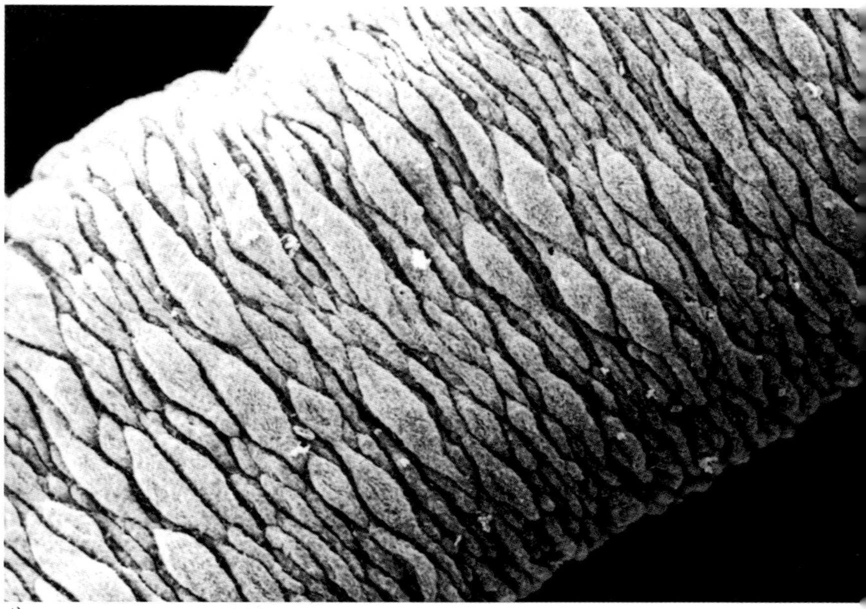

d) 200 µm

Abb. 2-30: Tentakel von Scyphozoen. a) Tentakel der Fahnenqualle *Cyanea nozakii.* Im Gegensatz zu den Tentakeln der Würfelquallen sind die Nesselbatterien in Inseln arrangiert und nicht in geschachtelten Ringen. Die Nesselfähigkeit bleibt hier auch im kontrahierten Zustand der Tentakel erhalten. Nach Beutekontakt entladen die Nesselkapseln, die einen Reiz über das Sinneshärchen erhalten haben (b). Anschließend bleiben die entladenen Kapseln auf der Beutetieroberfläche verankert. Die leere Nesselzelle degeneriert (c). d) Tentakel der Kompaßqualle *Chrysaora quinquecirrha.* Ähnlich den inselförmigen Nesselzellbatterien von *Cyanea* sind bei der Kompaßqualle die Nesselzellen auch im kontrahierten Zustand der Tentakel jederzeit frei zur Entladung und nicht überdacht wie bei den Würfelquallen. Der Detailausschnitt zeigt die erhöhte Position der Nesselzelle (e). REM-Aufnahmen, Maßstab a: 200 µm, b: 20 µm, c: 5 µm, d: 200 µm, e: 50 µm.

e) 50 µm

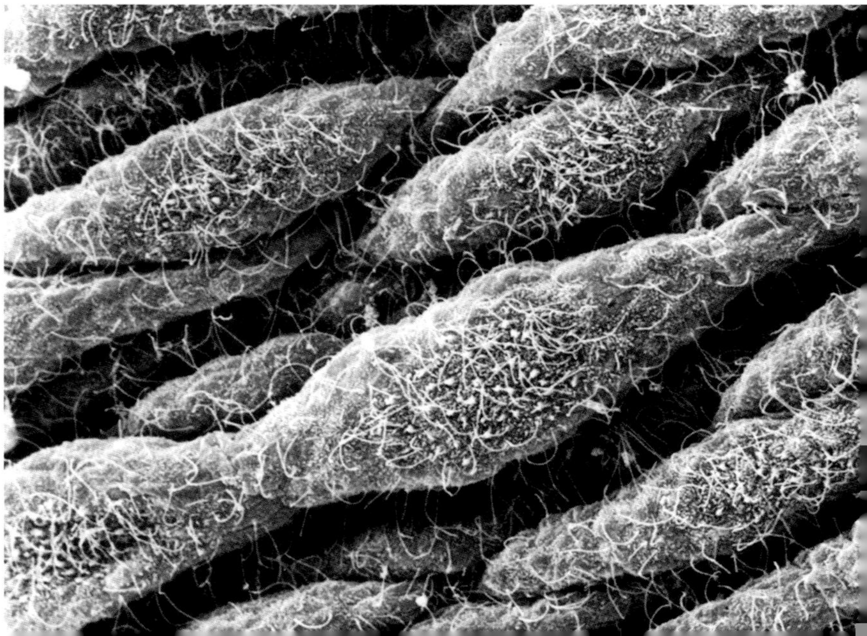

a) 50 µm

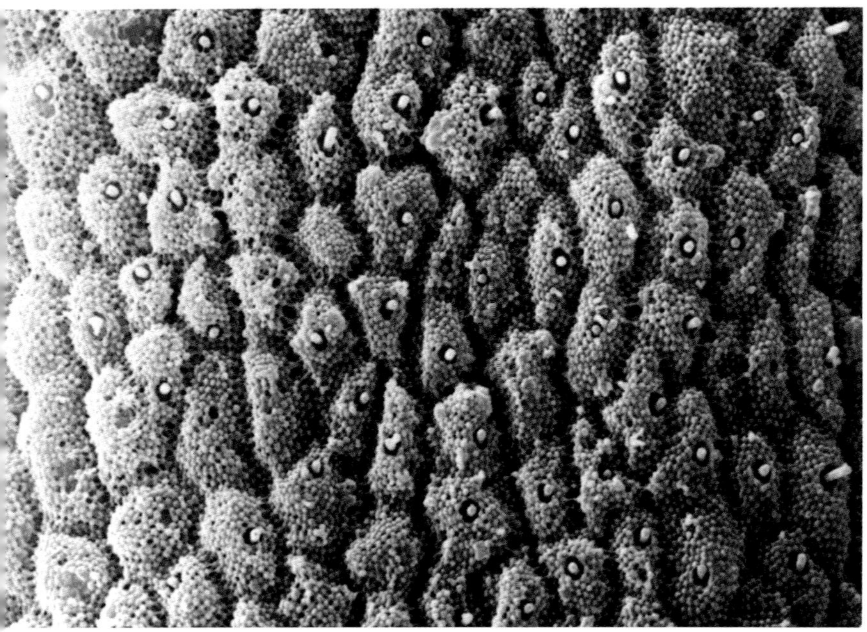

b) 5 µm

c) 5 µm

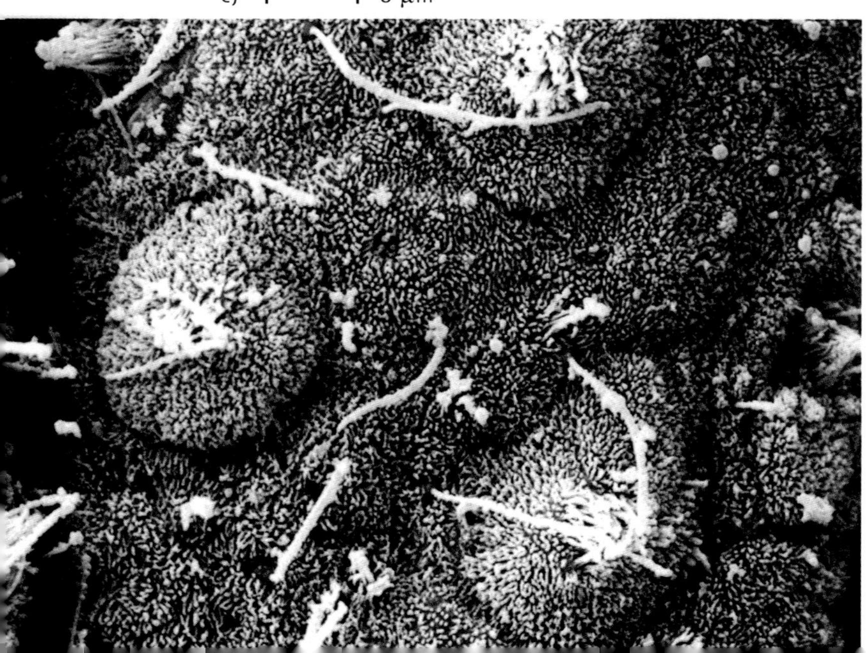

Die Verdauungszotten

Bei *Aurelia aurita* besteht der Verdauungsapparat aus vier hufeisenförmigen Gastralfilamenten, die vor den Gonaden am Rand des Gastralraums liegen. Jedes Filament besteht aus 70 bis 150 fingerförmigen Zotten, die in mehreren Reihen nebeneinander angeordnet sind. Interessant sind die anatomischen Unterschiede einzelner Zotten: Die obere Hälfte ist dicht mit Cilien besetzt und weist zahlreiche Nesselzellen auf. Die untere Hälfte unterscheidet sich durch zwei charakteristische Merkmale: reduzierte Cilienzahl und bis 6 µm große, runde Vesikel, die gleichmäßig verteilt sind. Es wird vermutet, daß diesen anatomischen Unterschieden im Verdauungsprozeß spezielle Funktionen zukommen (Abb. 2-86) [34].

Die Mundarme

Die fahnenartig verlängerten Lappen des vierkantigen Mundrohrs sind verantwortlich für

Abb. 2-31: Bei der Würfelqualle *Carybdea rastoni* sind die nesselzellbestückten Tentakelringe auch im kontrahierten Zustand kaum ineinandergeschachtelt (a). Die Cnidocilien stehen frei und lösen bei adäquaten Reizen die Entladung der Zelle aus (b, c).
REM-Aufnahmen, Maßstab a: 50 µm, b: 5 µm, c: 5 µm.

den Namen der Fahnenquallen (Semaeostomea). Bei einer *Chrysaora* von 18 cm Schirmdurchmesser werden die Mundlappen leicht bis 1 m lang (Abb. 2-33 und Abb. 2-34). Es handelt sich um stark vergrößerte Mundarme, deren seitliche Ränder weit ausgezogen sind und in gardinenähnlichen Falten enden. Am Ende der Ränder befinden sich kontraktile Papillen, die stark mit Nesselzellen und Cilien besetzt sind (Abb. 2-35). Die Außenfläche mit wenig Cilien und nur gelegentlichen Inseln von Nesselzellen ist eher unauffällig. Aus den morphologischen Unterschieden ergibt sich klar die Funktion: Die Beutetiere werden vom Schirmrand oder direkt von den Tentakeln in die Mundlappen übernommen und von der cilienübersäten Innenfläche sicher weitergeleitet. Die Papillen sind während dieser Aktion voll ausgestreckt und formen, wie die borstigen Blätter der fleischfressenden Pflanze *Dionaea muscipula* (Venusfliegenfalle), einen wirkungsvollen Fangkorb, aus dem die Flucht unmöglich erscheint. Zusätzlich können die Papillen immer noch aktive Beutetiere, die sich trotz Nesselung von den Tentakeln losreißen wollen, mit ihren Kapseln lähmen.

Anatomische Besonderheiten der Scyphomedusen

Die Medusenform der Scheibenquallen entwickelt sich durch Einschnürung (s. Kap. 2, Seite 90f.) und Ablösung vom Polypen. Die Jungmeduse, Ephyra genannt, wächst zur erwachsenen Meduse heran, ausgestattet mit allen Neuerungen und Anpassungen für eine freischwimmende Existenz (Abb. 2-16).

Abb. 2-32: Das Sinnesorgan (Rhopalium) mit einem Schweresinneskörper (Statolith) und einem Grubenauge liegt gut geschützt unter dem Schirmrand. Die Meduse, hier eine Wurzelmundqualle der Gattung *Phyllorhiza*, erhält vom Rhopalium Informationen über ihre relative Lage im Wasser und Hell-Dunkel-Verhältnisse.

Die ursprünglichste Ordnung in der Klasse der Scheibenquallen sind die Coronaten oder Kranzquallen. Sie vereinigen Polypen- und Medusenmerkmale in sich und bleiben hinsichtlich ihres Baus und ihrer physiologischen Leistungen auf dem Ephyra-Übergangsstadium stehen. Der Schirm von Kranzquallen ist arm an Mesogloea, stark abgeplattet und im Durchmesser meist nicht größer als 2 cm (Ausnahme: *Periphylla*). Zwischen den paarigen Randlappen entspringen acht solide Ten-

Abb. 2-33: Die Kompaßqualle *Chrysaora hysoscella* hat ihren Namen von der Zeichnung auf ihrer Schirmoberfläche, die an eine Kompaßrose erinnert. Sie kommt in der Nordsee recht häufig vor. Helgoland, Nordsee.

takel, die in Schwimmrichtung orientiert sind und so einen wirksamen Fangapparat bilden (Abb. 2-36). Die Beute wird in einem großen Zentralmagen verdaut, der sich mit seinen Ausläufern, dem sogenannten Kranzdarm, bis in die Randlappen ziehen kann. Stabilisiert wird der Gastralraum durch vier gebogene, gallertige Verwachsungsleisten, die Decke und Boden abstützen.

Typisch für Scheibenquallen ist die Ringmuskulatur, die regelmäßig durch Radialmuskeln der Randlappen unterbrochen sein kann.
Die Scyphomedusen sind mit einem doppelten Nervennetz ausgestattet. Ein Netz liegt peripher am Schirmrand und dient den schnellen Impulsleitungen, wie sie für die Schirmkontraktionen notwendig sind. Ein zweites Netz kleinerer Zellen in der Subumbrella sorgt für

Abb. 2-34: Die Kompaßqualle *Chrysaora hysoscella* gehört systematisch zu den Fahnenquallen (Semaeostomae). Ihre Mundarme sind zu langen Fahnen ausgezogen und aktiv am Beutefang beteiligt. Helgoland, Nordsee.

Einzelbewegungen der Randlappen, Tentakel oder Mundarme.

Die Medusenformen der Fahnen- (Semaeostomae) und Wurzelmundquallen (Rhizostomae) erreichen die größten Durchmesser aller Quallen. Ihr Gewicht kann dank der mächtigen Mesogloea deutlich über 1000 kg betragen. In diese beiden Ordnungen gehören die meisten prächtig gefärbten Großquallen der Weltmeere. Ihre Schirme sind mehr oder weniger scheibenförmig, einmal flach wie ein Suppenteller und einmal hoch gewölbt wie eine Domkuppel. Wie es der Name von Fahnenquallen vermuten läßt, erinnert das lang ausgezogene Mundrohr mit seinen schleierartigen Mundlappen an wehende Fahnen (Abb. 2-34). Die Exumbrella (Schirmoberseite) ist oft mit kleinen Nesselzellwärzchen übersät (Abb. 2-20

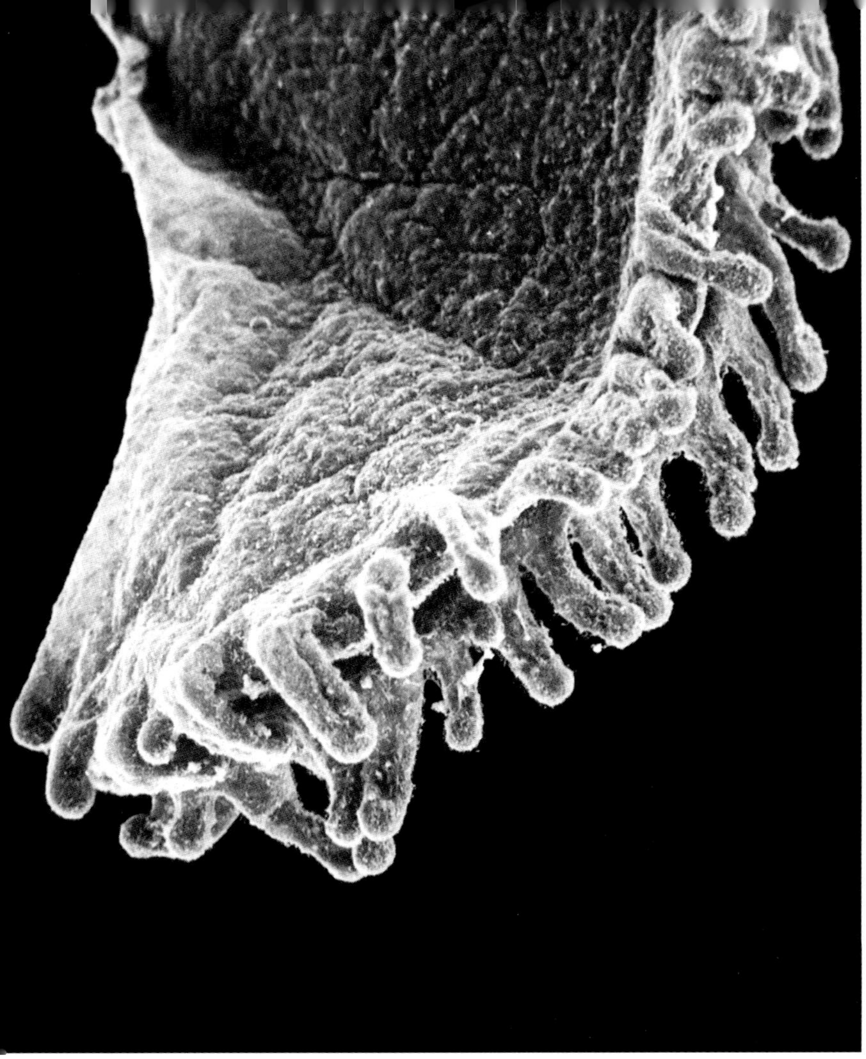

Abb. 2-35: Spitze eines Mundarms der Ohrenqualle *Aurelia aurita*. Beide Seiten der zweilappigen Mundarme werden von Papillen begrenzt, deren Spitze reichlich mit Nesselzellen ausgestattet sind. Die Mundarme biegen sich zum Schirmrand und übernehmen von den Tentakeln die gelähmte Beute. Dabei dehnen sich die Papillen und bilden ineinander verzahnt einen Fangkorb.
REM-Aufnahme, Maßstab: 300 µm (entspricht etwa der Papillenlänge!).

und Abb. 2-37). Auch die gesamte übrige Außenfläche trägt Nesselzellen, die sehr unterschiedlich verteilt sind: spärlich auf der Schirmunterseite und konzentriert an den Mundarmen. Diese ungleiche Nesselzellverteilung erklärt sich aus der Funktion. Die Schirmunterseite nimmt nur eine untergeordnete Rolle beim Beutefang ein, während Mundlappen die Beute von den Tentakeln übernehmen und durch zusätzliche Entladung von Nesselkapseln Fluchtversuche verhindern.

Die Tentakel am Schirmrand sind meistens solide (Ausnahme: bei großen Exemplaren) und können ein Vielfaches der Körperlänge erreichen. Im Extremfall werden die maximal ausgestreckten, haarfeinen Tentakel der Feuerqualle *Cyanea* bis 30 m lang (Abb. 2-22, Abb. 2-29 und Abb. 2-38). Zwischen den kleinen Randlappen sind abwechselnd Tentakel und Sinnesorgane anzutreffen. Die Schirmunterseite ist in vier Höhlen (= Subgenitalhöhlen) eingestülpt, über ihnen befinden sich die Verdauungszotten und die Gonaden (= Geschlechtsorgane). Bei manchen Arten sind die reifen Gonaden so stark entwickelt, daß sie im Gastralraum keinen Platz mehr finden und wie in Falten gelegte Vorhänge aus den Subgenitalhöhlen hängen (Abb. 2-33 und Abb. 2-38).

Bei den Wurzelmundquallen fehlen die Tentakel am Rand vollständig (Abb. 2-39), doch können dünne Filamente oder Fortsätze, mit zahlreichen Nesselzellen bestückt, zumindest funktionell die Tentakel ersetzen (Abb. 2-40

Abb. 2-36: Aus 2000 m Tiefe stammt die häufige Kranzqualle (Coronata) *Atolla vanhoeffeni*. Wie ein Fangkorb hat sie die Tentakel nach oben gerichtet.

bis Abb. 2-42). Ein wichtiges Unterscheidungsmerkmal ist die Verschmelzung des Mundrohres und der Mundlappen zu einem komplizierten System sekundärer Öffnungen (s. Kap. 2, Seite 114 ff., Abb. 2-84).

Das Kanalsystem entspricht der allgemeinen Grundform bei Medusen. Es steht über das Mundrohr mit dem Außenmedium in Verbindung. Verengt sich das Mundrohr, wird der Austausch verringert, weitet es sich, wird der Zentralmagen gespült.

Eine Sonderform des Medusenstadiums ist bei den Stielquallen (Stauromedusen) anzutreffen (Abb. 2-43 und Abb. 2-44). Sie verzichten auf eine freischwimmende Entwicklungsstufe und leben „halbsessil" (einige Arten obligatorisch sessil) am Boden. Halbsessil bedeutet, sie sind sehr wohl in der Lage, sich kriechend einen

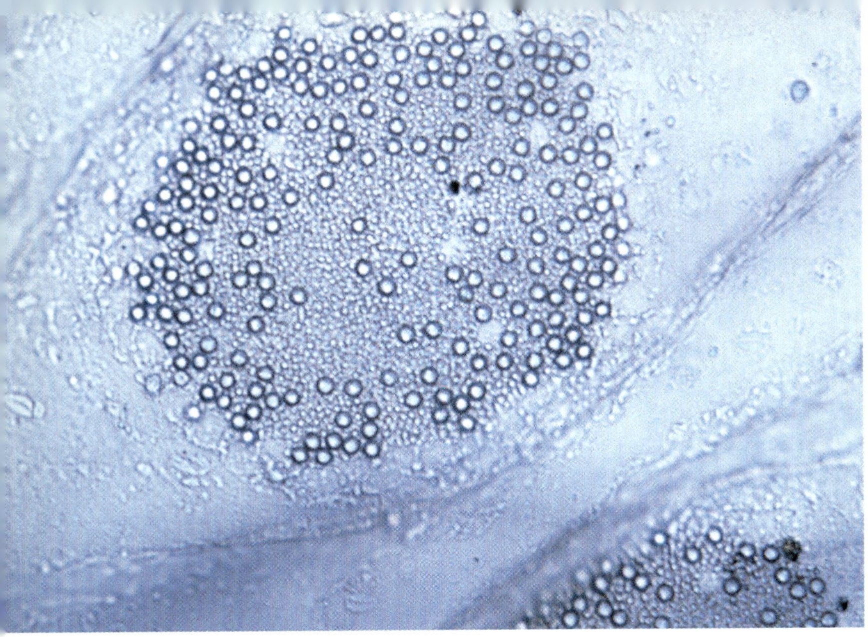

Abb. 2-37: Nesselwarze vom Mundarm der Fahnenqualle *Chrysaora quinquecirrha*. Die nur wenige Millimeter langen Wärzchen sind dicht mit verschieden großen Nesselkapseln bestückt.

anderen Standort zu suchen, falls die Futterbedingungen nicht mehr ihren Bedürfnissen entsprechen. Natürlich ist die Meduse der Stielquallen bestens an ihre Lebensweise angepaßt. Überflüssige Randsinnesorgane, wie sie für die Schwimmorientierung freilebender Medusen erforderlich sind, wurden zu sogenannten Randankern (= Haftpapillen) umgebildet. Sie sind reichlich mit Drüsenzellen bestückt, die ein klebriges Sekret synthetisieren können und so Haftfunktion erfüllen (Abb. 2-45).

Abb. 2-38: *Cyanea capillata*, die Feuerqualle, ist ein häufiger und meist ungeliebter Gast an europäischen Küsten. Besonders ablandige Winde spülen die Tiere in Strandnähe. Ihre starke Nesselwirkung belästigt Badegäste, die die bis 30 m langen, feinen Tentakel im Wasser nicht erkennen können. Kontakt mit Feuerquallen ist mehr als unangenehm. Es setzt an der betroffenen Stelle sofort ein starker, brennender Schmerz ein, der bis acht Stunden andauern kann. Bei sensiblen Personen, die zu allergischen Reaktionen neigen, sollte ein Arzt konsultiert werden. In die Ostsee werden die Tiere erst im Spätsommer aus der Nordsee eingespült, denn aufgrund des niedrigen Salzgehaltes können sie sich dort nicht gut entwickeln. Kiel, Ostsee.

Abb. 2-39: Nahaufnahme vom Schirmrand einer Furchenqualle *(Versuriga anadyomene)*. Sie gehört zu den Wurzelmundquallen (Rhizostomae), denen sämtliche Tentakel fehlen. Die zungenförmigen Randlappen sind mit zarten Häutchen verbunden, damit bei der Schirmkontraktion mehr Wasser herausgepreßt werden kann und die Effektivität erhöht wird. Bantayan, Philippinen.

Abb. 2-40: Der Name Wurzelmundqualle (Rhizostomae) stammt von ihren fein verwachsenen sekundären Mundöffnungen, die an das Wurzelwerk von Bäumen erinnern. Sie besitzen keine Tentakel, doch oft zahlreiche keulen- oder peitschenförmige Fortsätze an den Mundarmen, die dicht mit Nesselzellen besetzt sind und Tentakelfunktion ersetzen können. Visayas, Philippinen.

Abb. 2-41: Die Igelqualle *Lobonema smithi* erreicht mühelos 60 cm Durchmesser. Sie ist leicht an den bis 10 cm langen, fingerförmigen Papillen auf der Schirmoberseite zu erkennen. Die Randlappen sind zu feinen Strähnen ausgezogen, die Tentakelfunktion erfüllen. Schwimmer und Schnorchler sollten vorsichtig sein, ihr Nesselgift ist unangenehm. Am Ende der Regenzeit im Januar/Februar führen die durch Niederschlag eingetragenen Nährstoffe zu typischen Algen- und Zooplanktonblüten in Küstennähe. Besonders Wurzelmundquallen, die fast ausschließlich kleine Planktontiere fressen, reagieren sehr rasch und vermehren sich stark. Die Igelqualle kommt saisonal an den Küsten Palawans so häufig vor, daß sie kommerziell gefangen und zum Nahrungsmittel für die asiatische Küche verarbeitet wird. Palawan, Philippinen.

Anatomische Besonderheiten der Cubomedusen

Die Medusen der Würfelquallen sind ein schönes Beispiel für einen zutreffenden Namen. Ihr transparenter Schirm ist fast würfelförmig (Abb. 2-46), mit abgerundeten Kanten und verlängerten Seitenflächen. Die Schirmunterseite ist nur durch eine dünne Mesogloeaschicht von der Schirmoberseite getrennt, so entsteht eine tiefe Höhle, gleich einer umgedrehten Tasse (Abb. 2-16).

Die Cubomeduse unterscheidet sich durch ihren wesentlich komplizierteren Bauplan stark von ihrem Mutterpolypen. Sie ist streng tetraradial organisiert, das bedeutet, die Strukturen sind viermal vorhanden. Selbst das Mundrohr weist einen vierkantigen Querschnitt auf. Der Schirm ist ganzrandig und nicht gelappt wie bei den Scheibenquallen. Auf der Exumbrella befinden sich bei einigen Arten Inselchen mit Nesselwarzen (Abb. 2-47). Die weit geöffnete Schirmunterseite kann von einem muskulösen Hautfältchen (Velarium) wie

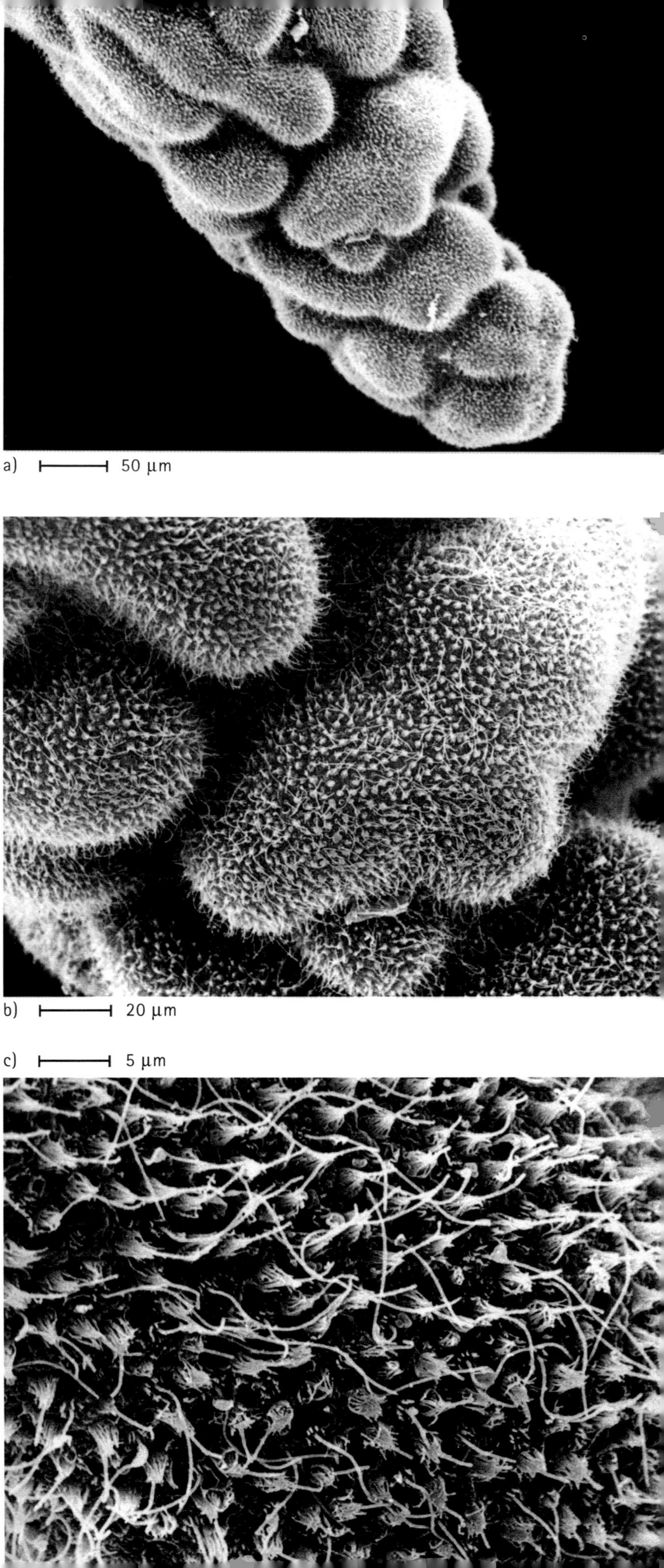

Abb. 2-42: Allen Wurzelmundquallen fehlen randständige Tentakel. Einen funktionellen Ersatz bilden die dicht mit Nesselzellen besetzten Fortsätze an und zwischen den Mundarmen. Sie nesseln vorwiegend kleine Zooplanktonorganismen, die dann von den winzigen Mundarmöffnungen aufgenommen werden.
REM-Aufnahmen, Maßstab a: 50 µm, b: 20 µm, c: 5 µm.

Abb. 2-43: Stielquallen (Stauromedusen) bleiben in ihrer Entwicklung auf einem polypenähnlichen Stadium stehen. Das abgebildete etwa 3 mm große Exemplar *Haliclystus stejnegeri* ist an Seegras *Phyllospadix scouleri* festgeheftet und in der Gezeitenzone Nordwestamerikas zu finden.

durch eine Ringblende verengt werden. Rhythmische Kontraktionen des Fältchens sorgen für wirkungsvollen Vortrieb nach dem Rückstoßprinzip. Zur Unterstützung der gallertigen Schirmkonstruktion sind T-trägerartige Vertikalleisten ausgebildet, die die Aufhängung der Magenwand mit dem Mundrohr im oberen Bereich verstärken und das Velarium im unteren Bereich am Schirmende stabilisieren. Die vier blattförmigen Gonaden setzen in den Gastraltaschen des Zentralmagens an und reichen bis auf Höhe der Sinnesorgane.

Abb. 2-44: Die Stielqualle (Stauromeduse) *Haliclystus auricula* liebt die Unterseite von Braunalgen und gemäßigte Wassertemperaturen. Sie verzichtet auf ein freischwimmendes Medusenstadium und bleibt ihr Leben lang an Substrat geheftet.

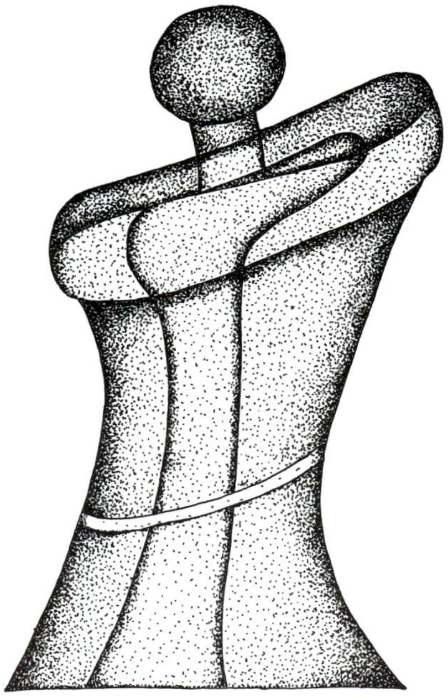

Abb. 2-45: Haftpapille bzw. Randanker der Stielqualle *Haliclystus salpinx*. Sie befinden sich zwischen den Tentakeln und sind mit vielen Drüsenzellen ausgestattet, welche ein klebriges Sekret ausscheiden können.

Abb. 2-46: Nomen est omen. Hier wird klar, woher die Würfelquallen ihren Namen haben *(Chiropsalmus quadrigatus)*. Der Blick in den Schirm zeigt, daß die Seitenwände fast quadratisch geformt sind. Palawan, Philippinen.

Abb.2-47: Eine der größten aller Würfelquallen, *Carybdea alata*, erreicht bis 22 cm Schirmhöhe. Sie gehört zu den wenigen Würfelquallen, bei denen der Schirm mit zahlreichen Nesselwärzchen überzogen ist. Vorwitzige Jungfische suchen Schutz in dem röhrenförmigen Schirm. Eine falsche Bewegung, und die Begleiter werden zur Beute.

Abb. 2-48: Wie ein Außerirdischer in der Sternenwelt schwebt diese daumengroße Würfelqualle *(Carybdea rastoni)* durch das Wasser. *Carybdea* hat im Gegensatz zu *Chironex* und *Chiropsalmus* nur vier einzelne Tentakel. Ihre Nesselwirkung ist heftig, aber nicht lebensgefährlich. Mindanao, Philippinen.

Abb. 2-49: Prachtexemplar einer fußballgroßen *Chiropsalmus quadrigatus*. Ihre Tentakel sind verkürzt, weil sie in „Fotoposition" geschoben wurde und auf Berührungen mit der sofortigen Kontraktion der Tentakel reagiert. Sehr schön ist die innere Anatomie des Magens (Gastralraum) zu erkennen. Palawan, Philippinen.

Beim Kanalsystem der Würfelqualle fehlen die sternförmig angelegten Radialkanäle, doch werden die Tentakel, das Velarium und die Sinnesorgane von einzelnen Kanälen versorgt.
Die hohlen Tentakel der Meduse unterscheiden sich wesentlich von den Tentakeln des Polypen. Sie entspringen einzeln oder in Büscheln an den ruderblattähnlichen Pedalien (Abb. 2-48 bis Abb. 2-50). *Carybdea rastoni* hat zusammen nur vier Tentakel, die gefährliche Seewespe *Chironex fleckeri* bis zu 15 Tentakel an jedem Pedalium, also insgesamt bis zu 60. Die Polypententakel sind mit wenigen Nesselzellen bestückt, bei den Tentakeln der Meduse sind die Nesselzellbatterien auf den Tentakelringen ungleichmäßig verteilt (Abb. 2-23). Die Ringe mit dem größten Durchmesser enthalten weniger Nesselzellen als Ringe

Abb. 2-50: Die hier abgebildete Würfelqualle hat bereits mehrere Quallenspezialisten verwirrt. Sie vereint charakteristische Merkmale von verschiedenen Arten und erlaubt keine einwandfreie Zuordnung. Es könnte sich um eine philippinische Ausgabe der hochtoxischen, in Nordostaustralien beheimateten Seewespe *Chironex fleckeri* handeln. Mindanao, Philippinen.

mit geringem Durchmesser. Bei der Kontraktion der Tentakel schachteln sich die Ringe ineinander und es können weniger Kapseln entladen werden (Abb. 2-51). Die Länge der Tentakel bleibt mit maximal 3 Meter weit hinter den Scheibenquallen zurück, die leicht das 10fache erreichen.

Eine wesentliche Neuentwicklung der Würfelquallen stellen die kolbenförmigen Sinnesorgane dar (Abb. 2-52 und Abb. 2-53). Die sogenannten Rhopalien sind die kompliziertesten Sinnesorgane aller Cnidaria. Sie liegen, durch einen Nervenring verbunden, in Gruben der Schirmseitenflächen. Die Rhopalien enthalten echte Linsenaugen mit Netzhaut und Glaskörper, sowie einen Statolithen (s. Kap. 2, S. 187f.).

a) 200 µm

b) 100 µm

c) 10 µm

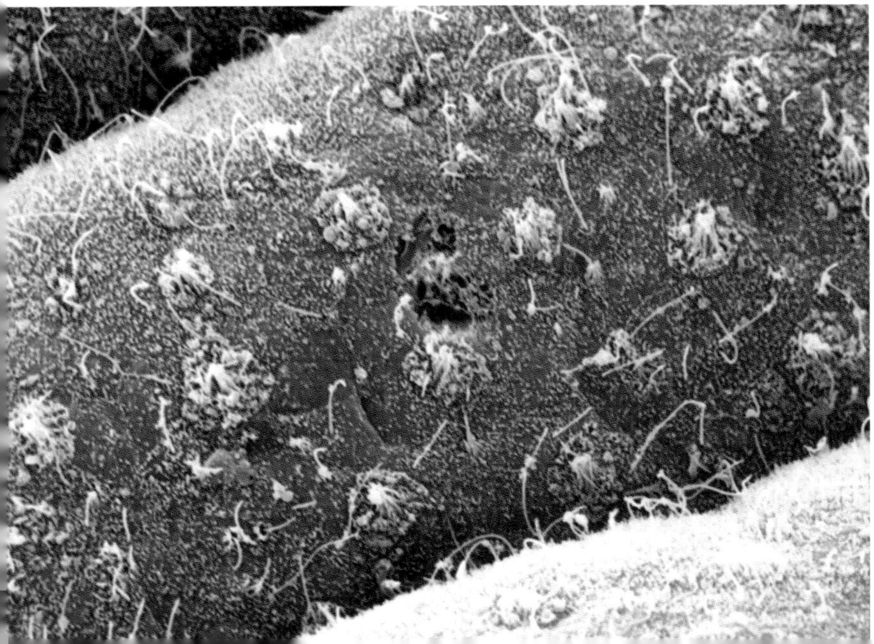

Abb. 2-51: Tentakel der Würfelqualle *Chiropsalmus quadrigatus.* Lange war unklar, warum Würfelquallen mit kontrahierten Tentakeln berührt werden können, ohne stark zu nesseln. Diese Abbildung zeigt, daß die stark nesselzellbesetzten Tentakelringe einen kleineren Umfang haben als die nesselzellarmen Ringe (a), b)). Bei extremer Kontraktion werden sie ineinandergeschachtelt und die Entladung der Zellen verhindert. Auf der Oberfläche eines kleinen Tentakelrings ist der dichte Rasen von Sinneshärchen (Cnidocilien) zu erkennen (c).
REM-Aufnahmen, Maßstab a: 200 µm, b: 100 µm, c: 10 µm.

Abb. 2-52: Das Sinnesorgan (Rhopalium) der Würfelquallen (hier: *Chiropsalmus quadrigatus*) ist hochkompliziert gebaut. Jedes der vier gestielten Organe liegt in einer geschützten Ausbuchtung der Schirmseiten und enthält vier bis sechs Augen sowie ein Schweresinnesorgan (Statocyste). Außerdem soll das Rhopalium noch chemorezeptorisch aktive Zellen beherbergen. Es ist nicht klar, warum alle Augen nach innen gerichtet sind. Vermutlich begutachten sie die erbeutete Nahrung visuell, bevor sie in den Magen weitergeleitet wird.

Abb. 2-53: Die Nahaufnahme zeigt die vorgewölbten, unterschiedlich großen Linsenaugen, flankiert von jeweils zwei weiteren Gruben- oder Becheraugen. Die Linsenaugen können fokussieren und möglicherweise sogar Farben erkennen. Fraglich bleibt, wo die komplexen Bildinformationen verarbeitet werden, denn ein Gehirn besitzen die Quallen nicht.

Anatomische Besonderheiten der Hydromedusen

Hydromedusen sind meist nur wenige Millimeter bis Zentimeter groß und bezüglich ihrer Schirmform ungeahnt einfallsreich. Die Palette reicht von verschiedenen Variationen der Glockenform über die Kugel- oder Halbkugelform bis hin zu spitzkegelig und konisch, mit einer figurbetonten Einschnürung auf „Hüfthöhe" (Abb. 2-54). Natürlich fehlen auch flache schüssel- oder scheibenförmige Exemplare nicht in dieser Modellreihe. Der gallertarme Schirm trägt ebenso wie bei den Würfelquallen ein Hautfältchen, das aufgrund anderen Ursprungs Velum genannt wird (es entsteht aus beiden epidermalen Schichten und nicht nur aus der Subumbrella wie das Velarium der Cubomedusen). Die Funktion des Velums entspricht der des Velariums: Vortrieb durch rhythmische Kontraktion und Verengung der Schirmöffnung zwecks effizienter Verdauung (Abb. 2-16).

Die Variationsbreite der Hydromedusen wird auch aus der Anzahl, Größe und Struktur der Tentakel ersichtlich. Sie sind vorwiegend hohl, können einzeln oder verzweigt und zu Büscheln zusammengefaßt sein. Die Jungmeduse verfügt meist über vier Tentakel, deren Anzahl während des Wachstums zunimmt (Abb. 2-55 und Abb. 2-56). Die Länge der Tentakel bleibt bei allen Quallen gleich, abgesehen von Kontraktionen beim Fangvorgang, Verlusten durch flüchtende Beutetiere, oder vollem Magen (Abb. 2-57). Bei der Familie Pandeidae gibt es eine interessante Ausnahme: Ihre Tentakel wachsen kontinuierlich, ähnlich den Finger- und Fußnägeln der Menschen, und müssen daher an der Spitze abgestoßen werden. Um diesen Nachschubbedarf an Nesselzellen zu

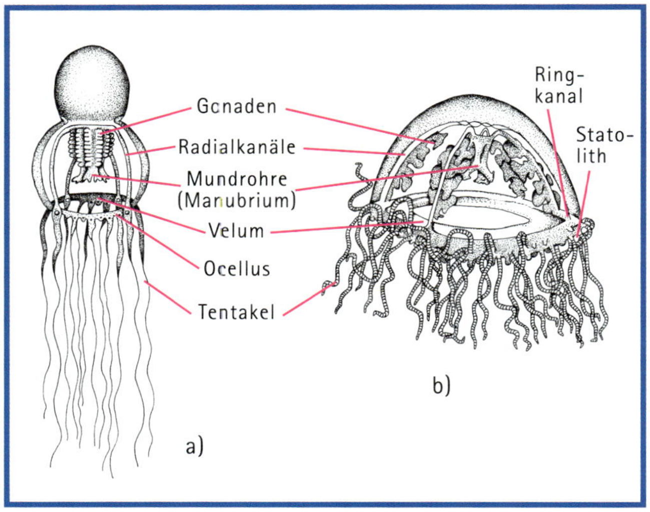

Abb. 2-54: Charakteristische Körperformen für Anthomedusen (a) und Leptomedusen (b).

Abb. 2-55: Tiefrot gefärbte Gonaden schmücken die Anthomeduse *Euphysa sp.* Sie ist mit 12 mm Schirmhöhe ein typischer Bestandteil von Frühjahrs- und Herbstplanktonfängen. Obwohl sie recht häufig vorkommt, kennt man ihren Polypen nicht.

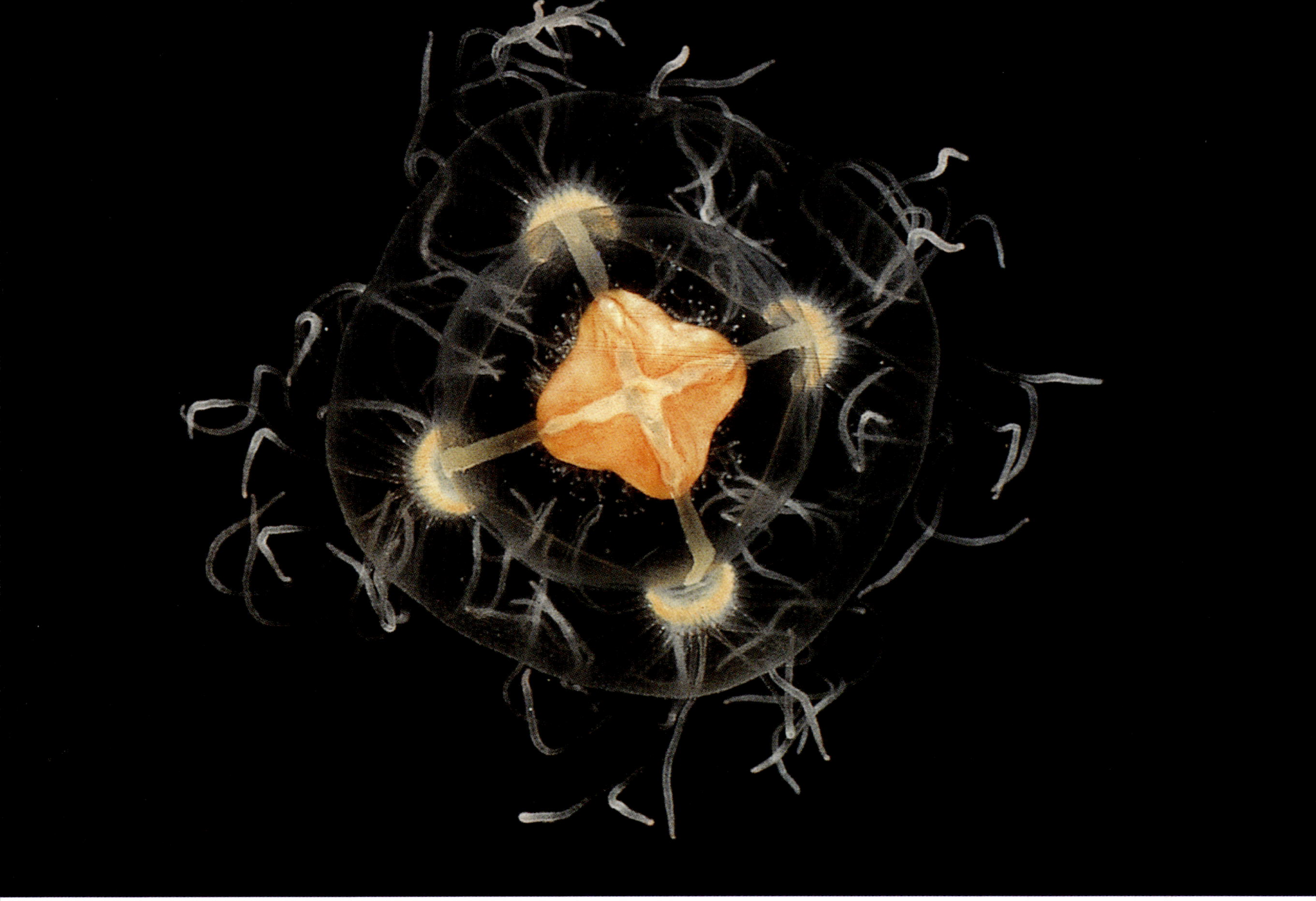

Abb. 2-56: Die Anthomeduse *Bougainvillia princeps* hat eine ungewöhnlich dicke Mesogloea. Ihre Tentakel sind an vier Stellen des Schirms in Bündel zusammengefaßt.

decken, sind an der Tentakelbasis verdickte Produktionszonen eingerichtet. Verständlich, daß die Lieferung neuer Nesselzellen fast ausschließlich von den Tentakeln ihren Tribut fordert: Bei den meisten Hydromedusen ist die Ex- und Subumbrella frei von Nesselzellen (Ausnahme: Medusen von *Velella velella*).

Die Anzahl der klassischen Nesselkapseltypen beträgt ein Mehrfaches der der Scyphomedusen (s. Kap. 2, S. 135). Es sind 26 verschiedene

Abb. 2-57: Nach der Regenzeit setzen die Planktonblüten ein. Nährstoffreiches Wasser bewirkt explosionsartige Vermehrung kleiner Zooplankter, die von Quallen erbeutet werden. Der Magen der hier abgebildeten Leptomeduse *(Aequorea sp.)* ist randvoll mit Futter. Fast alle Tentakel sind als Zeichen der Sättigung eingezogen. Palawan, Philippinen.

Typen bekannt, davon kommen 20 Kapseln nur bei den Hydrozoen vor.

Auch bei Hydromedusen trägt, wie bei anderen Medusen, der Schirmrand die Sinnesorgane. Sie bestehen entweder aus einfachen Pigmentzellen oder komplizierteren Anlagen mit einer Linse. Die Schweresinnesorgane (Statolithen) sind meist kugel- oder kolbenförmig und liegen zwischen den Tentakelansätzen.

Männliche oder weibliche Medusen lassen sich schwer unterscheiden. Erst mit reifen Gonaden, die sich aus I-Zellen entwickeln, besteht die Chance, zwischen den großen runden Eiern bei weiblichen und der durchscheinenden Masse von Spermien bei männlichen Medusen zu differenzieren. Jungen Medusen fehlen die Keimzellen vollständig. Sie reifen im Laufe des Wachstums am Mundrohr (bei den Athecata) oder an den Radialkanälen (bei den Thecata) heran. Das Kanalsystem entspricht weitgehend der Medusengrundform: Vom Mundrohr führt es in den engen Gastralraum und wird über Radialkanäle in einen peripheren Ringkanal geleitet.

Fortpflanzung und Entwicklung

Das wichtigste Charakteristikum in der Quallenfortpflanzung ist der metagenetische Generationswechsel vom Polypenstadium zum Medusenstadium (Tab. 2-1). Die Besiedelung eines gänzlich anderen Lebensraums, ihre ungleichen Nahrungsansprüche sowie die differenzierte Stellung im ozeanischen Gefüge sessiler Polypen und freischwimmender Medusen erklären einen Teil ihrer erfolgreichen Entwicklung. Diesem Kapitel wird besondere Aufmerksamkeit zuteil, denn die Kenntnis ihrer enormen Fortpflanzungsvariabilität ist der Schlüssel zum Verständnis ihrer Bedeutung im gesamten System des Zooplanktons.

Generell folgen die Generationen der medusenbildenden Cnidaria einem Prinzip (Abb. 2-58): Aus dem befruchteten Ei schlüpft eine bewimperte Planula-Larve (Abb. 2-59). Sie ist

Tab. 2-1: Vor- und Nachteile der Polypen- und Medusengeneration.

Vorteile		Nachteile	
Polyp	**Meduse**	**Polyp**	**Meduse**
▪ energetisch sparsam durch sessile Lebensweise	▪ weite Verbreitung durch planktische Lebensweise	▪ geringe Verbreitung durch sessile Lebensweise	▪ energetisch aufwendiger durch freischwimmende Lebensweise
▪ opportunistisches Wachstum bei günstigen Bedingungen	▪ erreicht schnell hohe Biomasse bei günstigen Bedingungen	▪ abhängig von abiotischen und biotischen Faktoren des Standortes	▪ abhängig von abiotischen und biotischen Faktoren des Wasserkörpers
▪ schnelle asexuelle Reproduktion mit hohen Reproduktionsraten	▪ sexuelle Reproduktion, mit genetischem Austausch	▪ kein genetischer Austausch bei asexueller Reproduktion	▪ Geschlechtsprodukte werden nur einmal gebildet
▪ potentiell unsterbliches Einzelindividuum	▪ Überleben gesichert durch patchiness Verteilung (keine Totalvernichtung durch Räuber)	▪ Totalvernichtung der Kolonie durch Räuber möglich	▪ kurzlebig, meist nur einjährig
▪ hohe Plastizität, extremes Regenerationsvermögen	▪ keine Gefährdung durch Sedimentation, ausreichend Reinigungskräfte	▪ bei starker Sedimentation keine ausreichenden Reinigungskräfte	▪ geringe Plastizität, schwächer ausgebildetes Regenerationsvermögen
▪ Bildung von Dauerstadien möglich und jederzeit Option auf Medusenbildung	▪ keine Raumkonkurrenz im freien Wasser	▪ kann leicht von Substratkonkurrenten überwachsen werden	▪ keine Bildung von Dauerstadien
▪ einfacher Bau, keine Sinnesorgane	▪ Zugriff auf andere Beutetiergruppen durch planktische Lebensweise	▪ Beutetiergruppen begrenzt durch sessile Lebensweise	▪ komplizierter Bau, Sinnesorgane

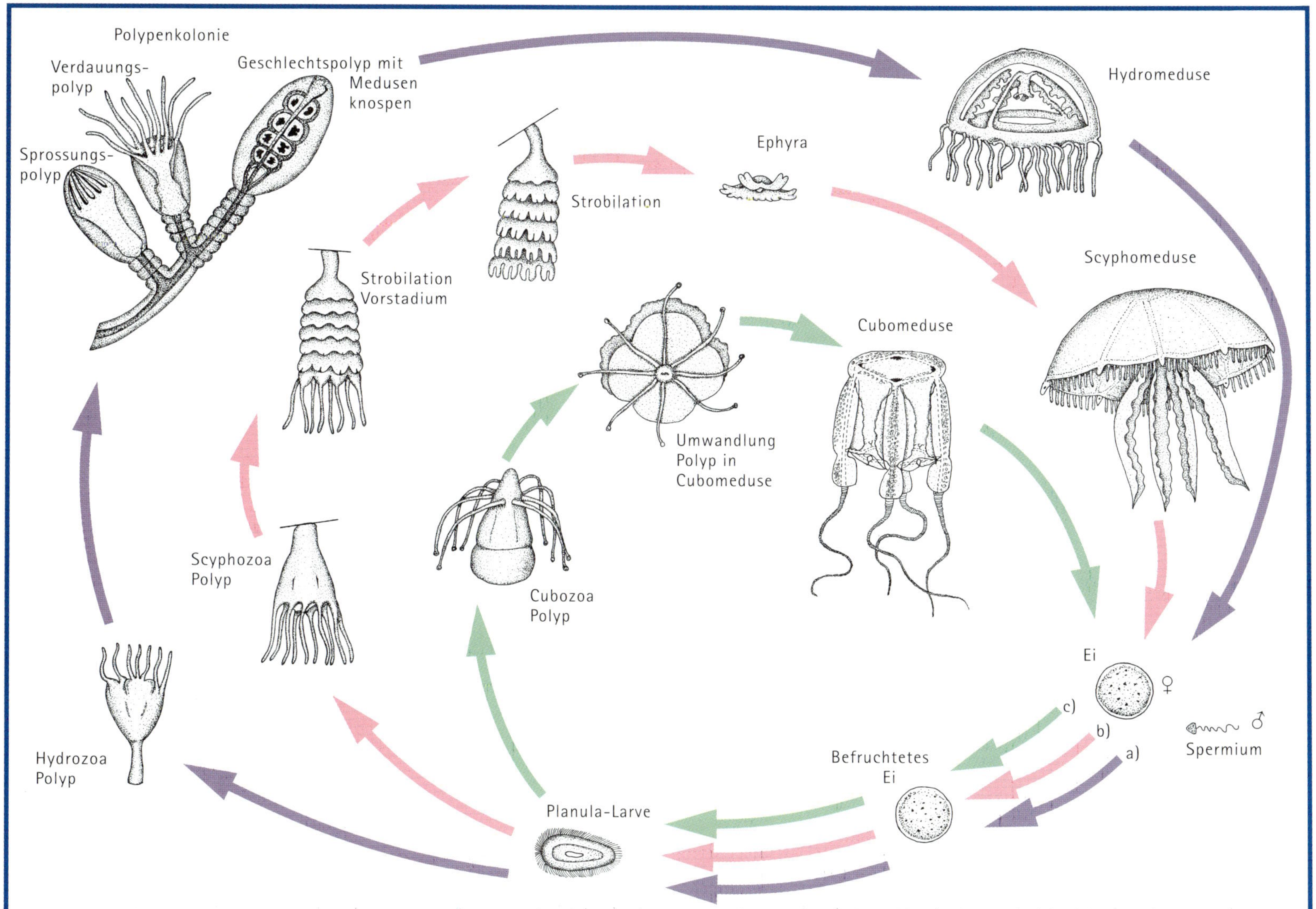

Abb. 2-58: Fortpflanzungszyklen von Quallen: Hydrozoa (a, violette Pfeile), Scheibenquallen (Scyphozoa, b, rosa Pfeile) und Würfelquallen (Cubozoa, c, grüne Pfeile). Die meisten Quallen geben ihre Geschlechtsprodukte (Eier und Spermien) einfach ins Wasser ab. Dort erfolgt die Befruchtung, und nach wenigen Tagen schlüpft die bewimperte Planula-Larve. Sie sucht ein passendes Plätzchen am Boden und entwickelt sich zum Polypen. Bei den Hydrozoen (a) entsteht durch asexuelle Knospung aus dem Gründerpolyp eine Kolonie mit spezialisierten Tieren. Die Geschlechtspolypen bilden kleinwüchsige Medusen, die sich sexuell fortpflanzen. Die Planula-Larve der Scheibenquallen (b) heftet sich mit Vorliebe an die Unterseite von Hartsubstraten und formt einen Polypen. Er wächst und beginnt mit der Abschnürung (Strobilation) kleiner Quallenscheibchen (Ephyra). Aus den Ephyren entwickelt sich die geschlechtsreife Meduse. Bei den Würfelquallen reift die Planula-Larve zu einem recht kleinen Polypen heran (c). Er gibt sein Polypendasein auf und verwandelt sich komplett in eine einzige Meduse, die sich wieder sexuell fortpflanzt.

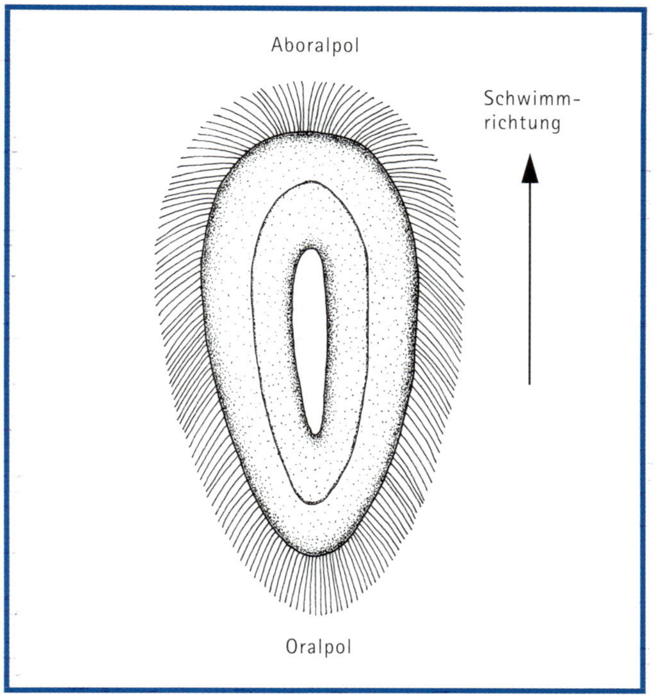

Abb. 2-59: Die Planula-Larve der Nesseltiere ist mit einem fünftel Millimeter recht klein. Ihre Zellen enthalten Reservestoffe, die sie während ihres freischwimmenden Stadiums ernähren (lecitotrophe Larve). Die Larve sucht geeignetes Hartsubstrat und scheidet ein klebriges Sekret aus den Zellen des aboralen Pols ab, um sich anzuheften.

mit 0,2 bis 0,3 mm gerade noch so groß, daß man sie mit dem bloßen Auge erkennen kann. Für ihre pelagische Phase ist die Planula reichlich mit Reservestoffen ausgestattet (lecithotroph = vom Dotter lebend). Außerdem ist denkbar, daß sie während der Schwimmphase gelöste organische Substanzen über ihre Oberfläche aufnimmt, um die Dotterreserven zu schonen. Experimentelle Beweise für eine solche Zusatzernährung stehen noch aus [37].

Planula-Larven werden offensichtlich nicht seekrank, denn ihr Wimpernschlag treibt sie zu regelmäßigen Rechtsspiralen und zusätzlich zur Rotation um die eigene Achse an. Dies gleicht einem Karussell mit vertikaler Drehrichtung. Das freischwimmende Stadium währt nur 8 bis 14 Tage, dann besiedelt sie geeignetes Hartsubstrat und konzentriert ihre Zellen zu einer dicken, linsenförmigen Masse, die einem Kuchenteig kurz vor dem Auswellen ähnelt. Gern besiedelt werden die Unterseiten von Steinen, Holzstücken, Pfählen der Sportboothäfen, Kiele von Yachten, Treibkörper jeder Art wie Bojen, Flaschen und Plastikabfall.

Für die Planula-Larve wird es jetzt spannend. Während der Metamorphose entsteht aus einem bilateralen Larvenstadium (= mit zwei spiegelbildlich identischen Körperhälften) ein radiärsymmetrischer Polyp (mehrere Symmetrieebenen verlaufen um die Körperachse). Das bedeutet die völlig neue Dimensionierung der Körperachsen! Heute erklärt man die Verlagerung der Körperachsen mit dem Übergang zur sessilen Lebensweise, wie es von Larve zu Polyp der Fall ist.

Ist die Larve einmal seßhaft geworden, gilt ihre ganze Aufmerksamkeit der Organisation von Fang- und Verdauungseinrichtungen. Der Mund bricht am ursprünglichen Hinterende durch und wird kreisförmig von Tentakelansätzen umgeben. Während des Tentakelwachstums werden voll funktionstüchtige Nesselzellen aus dem ursprünglichen Hinterende rasch an die kurzen und harmlosen Fangärmchen verteilt. Sobald die übrigen Körperteile einsatzbereit sind, gibt es für den Babypolypen nur noch ein Ziel: Wachsen und Kräfte

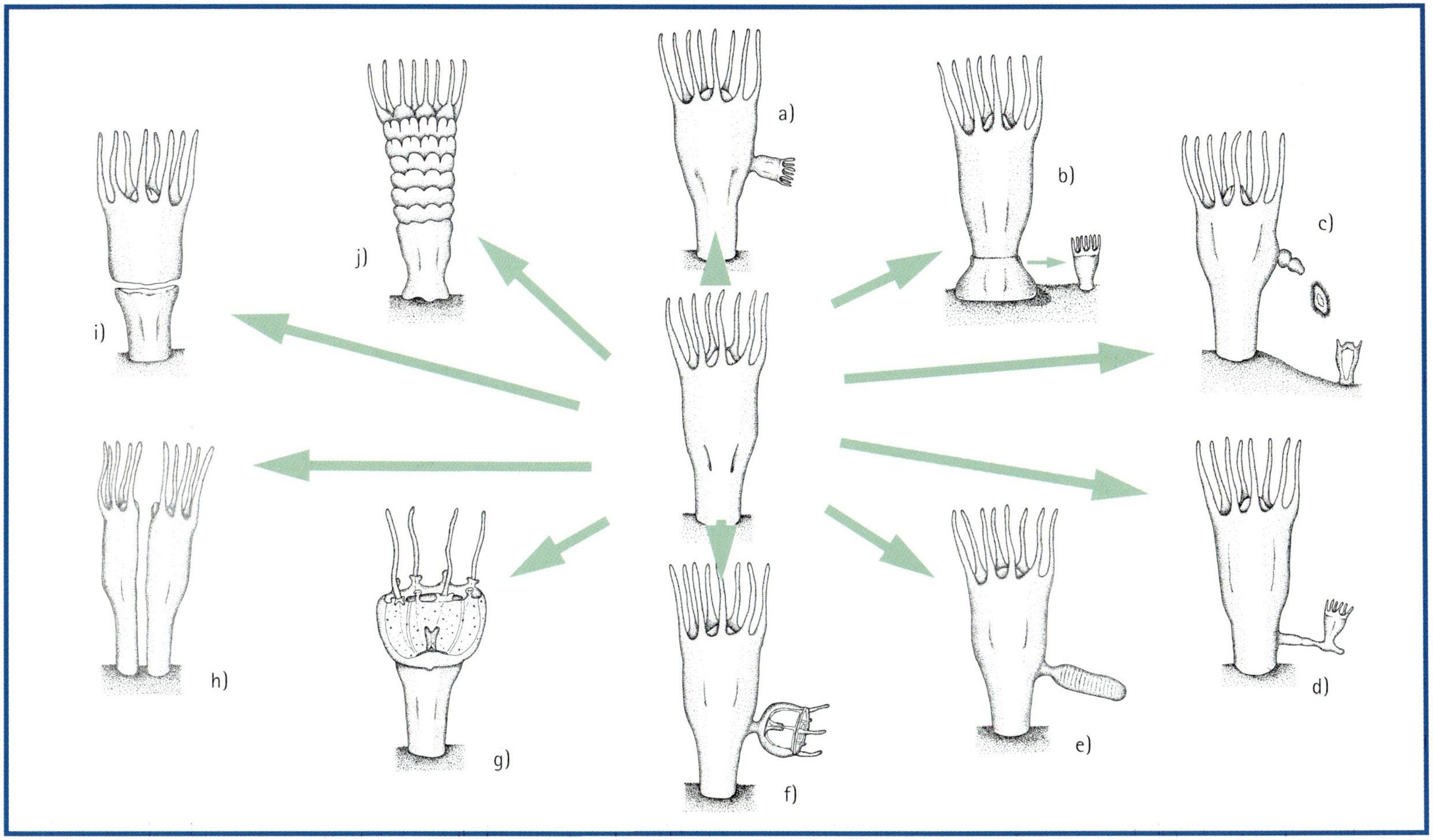

Abb. 2-60: Schematische Darstellung der ungeschlechtlichen (asexuellen) Fortpflanzung von Nesseltierpolypen. Die Ausgangsform ist stets ein gut genährter Polyp. Besonders die Scheibenquallen (Scyphozoa) entwickelten viele verschiedene Knospungsarten. Dabei ist das Prinzip fast identisch: Die Körperwand wölbt sich nach außen, differenziert sich in die entsprechende Knospungsform und wird schließlich abgelöst. Die Knospe wächst zum vollständigen Polypen heran. Bei Hydro- und Cubozoen (Würfelquallen) werden durch Knospung direkt Sekundärpolypen gebildet, die unmittelbar neben dem Erzeugerpolypen siedeln (a). Einige Scheibenquallen bilden ein Dauerstadium (Podocyste, Pfeil), aus dem bei günstigen Bedingungen ein neuer Polyp entsteht (b). Ein anderer Weg ist die Bildung von sogenannten Schwimmknospen (Planuloide), die einzeln oder in Ketten erzeugt werden (c). Sie schwimmen ein kurzes Stück, bevor sie sich ebenfalls an Substrat heften und einen Polypen formen. Besonders koloniale Arten vermehren sich über seitliche Ausläufer (Stolonen), aus denen Polypen gedeihen (d). Eine außergewöhnliche Form der Knospung ist die Kriechfrustelbildung der Limnohydrina (Hydrozoa). Ihre Frusteln lösen sich frühzeitig ab und kriechen über das Substrat auf der Suche nach einem geeigneten Plätzchen (e). Der Polyp der Süßwassermeduse *Craspedacusta* nimmt die Abkürzung in der asexuellen Fortpflanzung und knospt fertige Medusen (f). Auch die Polypen der Würfelquallen bringen Medusen hervor. Doch sie knospen nicht, sondern verwandeln sich komplett in Medusen (g). Zurück bleibt ein Schleimfleck, der aufgelöst wird. Verschiedene Teilungsformen kommen häufig bei einzellebenden Arten vor. Bei der Längs- (h) und Querteilung (i) regenerieren beide unterschiedlich großen Teile zu vollständigen Polypen. Eine Sonderform der Querteilung ist die Strobilation der Scheibenquallen. Ihr Polyp schnürt kleine Jungmedusen (Ephyren) ab, die zu Medusen reifen (j). Die Vielfalt asexueller Fortpflanzung ist biologisch sinnvoll, denn sie trägt zur Existenzsicherung in den unterschiedlichsten Lebensräumen bei.

sammeln für die bevorstehenden zehrenden Aufgaben im Polypenleben. Nahrungsaufnahme, gefolgt von Wachstum bis an die genetisch festgelegte Obergrenze bestimmen sein Leben. Alle Nährstoffe, die nicht für die Aufrechterhaltung des Stoffwechsels benötigt werden, wandern in die Reservelager der Zellen.

Es gibt wenige Ausnahmen, die von diesem Schema abweichen. Bei *Aurelia* kann die gerade frisch angeheftete Planula hektisch eine einzige Ephyra abschnüren (monodiske Strobilation). Danach regeneriert sich der Restpolyp und folgt dem üblichen Muster. Was kann der Auslöser einer solchen überhasteten Aktion sein? Es wird spekuliert, daß die plötzliche Verschlechterung der Lebensbedingungen für Polypen die Produktion einer einzigen Ephyra initiiert.

Der nächste Schritt in der Quallenentwicklung kann mehr oder weniger spektakulär sein, er ist in allen Fällen von höchster Tragweite. Der Polyp ist herangewachsen und steckt bis in die Tentakelspitzen voller Energie. Diese physiologische Basis ist wichtig für die von der Evolution vorgesehene Herstellung genetisch absolut identischer Kopien seiner selbst. Wie gelingt ihm das?

Die einfachste Möglichkeit ist die Knospung (Abb. 2-60). Zunächst bildet sich an der seitlichen Körperwand des Polypen eine hohle, nach außen gewölbte „Blase". Sie enthält bereits beide Epithelien, das Ektoderm und das beim Polypenwachstum bewährte Gastroderm.

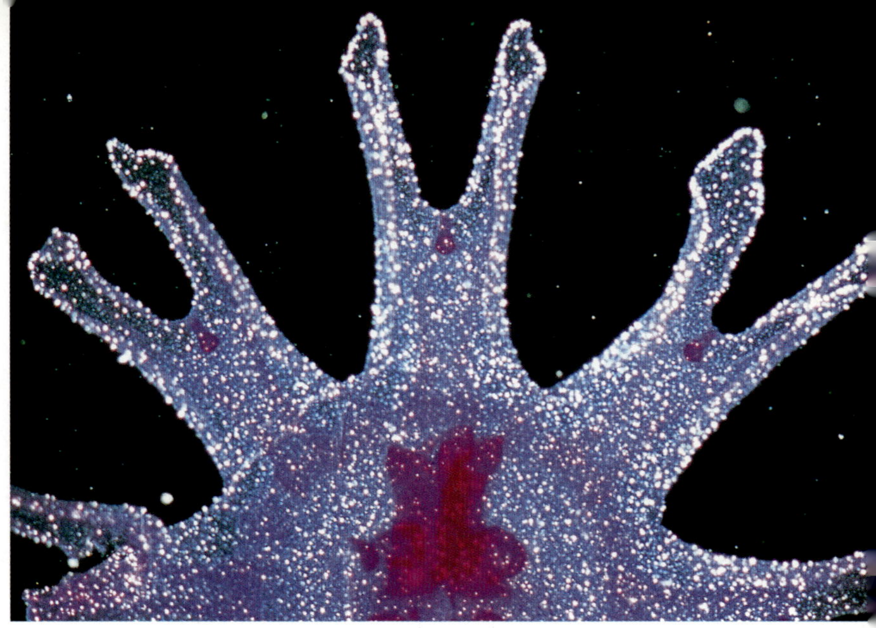

Abb. 2-61: Jungstadium (Ephyra) der Ohrenqualle *Aurelia aurita*. Das Tier wurde mit Farbstoffen behandelt, um den Magen und die Kanäle des Gastrovaskularsystems hervorzuheben (rot). Auch die Sinnesorgane (Rhopalien) sind als rote Punkte zwischen den Randlappen zu erkennen.

Mit diesem „geliehenen Magen" differenziert sie sich weiter, bis es zur Ablösung kommt. Das Zellhäufchen heftet sich in der Umgebung an und fertig ist die Kopie, die dem Original allerdings noch etwas in Größe und Anmut nachsteht. Es dauert jedoch nur wenige Stunden, abhängig vom Nahrungsangebot, bis dieser rein kosmetische Aspekt korrigiert wird und der Tochterpolyp seiner Mutter (es kann sich natürlich auch um ein Vater-Sohn-Verhältnis handeln) zum Verwechseln ähnlich sieht.

Mit dieser Technik vervielfacht der Polyp die Fang- und Ernährungseinrichtungen, so daß pro Zeiteinheit wesentlich schneller Biomasse aufgebaut werden kann. Damit schafft er die Voraussetzungen für die Strobilation (Abb. 2-61 und Abb. 2-62).

Es gibt auch Polypen, denen es nicht schnell genug geht: Sie strobilieren (griech. *strobilos*

Abb. 2-62: Ein Polyp der Ohrenqualle *(Aurelia aurita)* bei der Strobilation. Das oberste Scheibchen steht unmittelbar vor der Ablösung und bildet als freischwimmende Ephyra den Anfang der Medusengeneration. Am seitlichen Polypenstiel ist durch Knospung schon wieder ein neuer Polyp entstanden.

= Tannenzapfen) und bilden gleichzeitig seitliche Knospen aus. Wird im Experiment die Temperatur weiter erhöht, steigt die Stoffwechselrate, und der Polyp konzentriert sich wieder auf Strobilation allein [38]. Doch mit der Knospung sind die Fähigkeiten zur Vermehrung noch lange nicht erschöpft. Vorwiegend solitäre (= einzellebende) Arten können sich, immer gute Ernährungslage vorausgesetzt, jederzeit quer- oder längsteilen. Bei der Querteilung ist nicht die Strobilation gemeint, die Abschnürung kleiner Quallenscheibchen bei den Scyphozoen, sondern die Abspaltung von meist kleineren Polypenteilen, die sich vom Erzeugerorganismus ablösen und den jeweils fehlenden Teil reorganisieren (Abb. 2-60). Ein Basisrest regeneriert rasch den wichtigen Kopf-, Mund- und Tentakelteil, ein abgelöstes Kopfteil sorgt zuerst für Bodenkontakt und bildet dann die Haftscheibe. Beide Teilstücke entwickeln sich wieder zu einer genetisch identischen Kopie des Erzeugerpolypen. Bei der Längsteilung komplettiert eine linke Hälfte die rechte und umgekehrt. Allein die Temperatur entscheidet über die Rate bei Teilungs- oder Knospungsvorgängen. Viele Polypen der Hydrozoen und einige der Kranzquallen *(Linuche unguiculata, Nausithoë punctata)* sind in der Lage, Tierstöcke zu bilden, wenn sie ihre Sekundärpolypen nicht vollständig vom Basispolypen lösen.

Aurelia-Polypen sind wahre Lebenskünstler. Sie können neben den üblichen Teilungs- und Knospungsmultiplikationen seitliche Ausläufer (Stolonen) bilden, die nahe am Primärpolypen zum voll funktionstüchtigen Tochterpolypen heranwachsen (Abb. 2-60). Damit nicht genug: Falls erforderlich, schnürt sich unter der Haftscheibe ein kleines unscheinbares Häufchen embryonaler Zellen ab, wird in eine Peridermhülle verpackt und fertig ist ein höchst widerstandsfähiges Dauerstadium, die Podocyste (Abb. 2-60). Mit solchen Tricks kann ein Polyp weit über ein Jahr die ungünstigsten Natur- oder Laborbedingungen geduldig überstehen. Potentiell ist er ohnehin unsterblich, denn selbst die kümmerlichen Schleimfleckchen strobilierender Polypen differenzieren sich wieder zur kräftigen Ausgangsform. Die einzige Gefahr, die das abwechslungsreiche Leben der Polypen bedroht, besteht darin, von Feinden abgeweidet zu werden (Abb. 3-17).

Bei den „echten" Quallen (Scyphozoa) beginnt mit dem Generationswechsel (Heterogonie) erneut ein faszinierender Entwicklungsabschnitt. Günstige Bedingungen, wie reiches Nahrungsangebot, abgemildertes Licht der Novembersonne und sinkende Wassertemperaturen, lösen die Herbst-Strobilation aus. Zu dieser Zeit gehen den Wissenschaftlern bis zu zwei Ephyren pro durchfischten Kubikmeter Wassers in die feinmaschigen Planktonnetze [1, 2].

Es stellt sich die Frage, ob es sinnvoll ist, daß die Ephyrenproduktion genau dann einsetzt, wenn die Ernährungssituation kurz vor dem Zusammenbruch steht? In anderen Worten: Die besten Zeiten des Zooplanktons sind vorüber. Weiter verschärft sich die Situation für die frisch geborenen Jungquallen, denn ein kalter, langer Winter mit einem mageren Nahrungsangebot steht bevor.

Wie sie den Winter überstehen, ist nicht bekannt. Spekulationen reichen von einer Art Diapause (Ruhestadium mit reduziertem Stoffwechsel) bis zur kontinuierlichen Aufnahme gelöster Substanzen aus dem umgebenden Wasser, die sie über die Oberfläche resorbieren könnten. Rein rechnerisch dürfte diese Hungerration bei Minimalstoffwechsel gerade ausreichen. Kurzum, sie schnallen den Gürtel enger und wachsen nur in geringem Umfang. Ihre Durchschnittsgröße liegt bis in den März hinein bei nur 2 mm.

Die angespannte Ernährungslage hat auch Vorteile: Freßfeinde brauchen sie im Winter kaum zu fürchten, das übrige Zooplankton bewegt sich auf seinem Jahresminimum. Bis es gefährlich zu werden beginnt, haben die Jungmedusen bereits kräftig zugelegt und sind selbst Endglieder im Nahrungsnetz.

Eine weitere Erklärung für die Herbstproduktion könnte sein, daß die Ephyren zu Beginn des Frühjahrs in den Startlöchern stehen und sofort auf bessere Futtersituationen reagieren (die Ephyren von Spätherbststrobila und Frühjahrsstrobila lassen sich morphologisch leicht unterscheiden) (Abb. 2-63). Das Zooplankton dümpelt noch auf Höhe seiner Minimalbiomasse, da haben die Herbstephyren schon die Nase vorn, oder besser die Randlappen voll ausgestreckt.

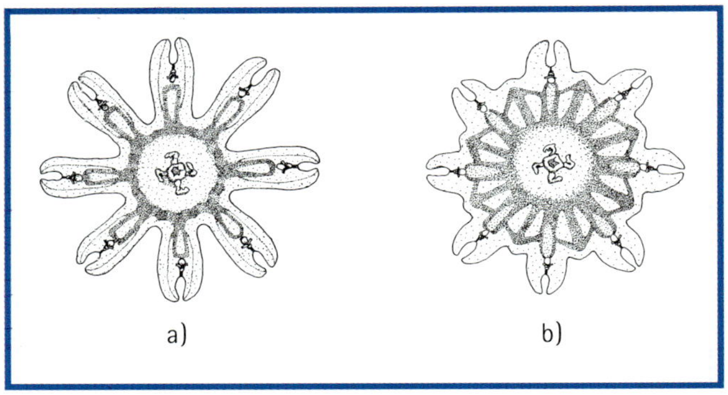

Abb. 2-63: Morphologisch unterschiedliche Jungstadien (Ephyren) von Ohrenquallen *(Aurelia aurita)* im Frühjahrsplankton. Die frisch abgeschnürten Frühjahrsephyren haben tiefe Einschnitte zwischen den Randlappen (a), während die Herbstephyren schon einen gut entwickelten Schirm aufweisen (b). Der Durchmesser beider Tiere beträgt etwa 5 Millimeter.

Im Frühjahr folgt der Hauptstrobilationsschub, und die Ephyrendichte erreicht in der Kieler Bucht fast 16 Individuen pro Kubikmeter [1, 2].

Die Strobilation

Was geschieht bei der Strobilation auf anatomischer Ebene?

Auf einen Nenner gebracht entstehen in kurzer Zeit aus einem relativ einfach gebauten Polypen zahlreiche hochentwickelte Medusen. Besitzt der bescheiden konstruierte Polyp noch glatte Muskulatur, ein unkompliziertes Nervennetz und eine fast primitive, neurophysiologische Struktur, so bilden sich bei den Medusen quergestreifte Muskulatur, ein doppeltes Nervennetz und leistungsfähige Sinnesorgane.

Die erforderliche Selbstorganisation der Zellen bei der Strobilation ist enorm. Zum zweiten Mal im abwechslungsreichen Leben einer Qualle wird die Grundstruktur des Körpers zur Bildung einer völlig anderen Lebensform aufgelöst und neu organisiert. Beim Übergang von der Larve zum Polypen war es wenig dramatisch, weil es sich im wesentlichen auf die Körperachsen bezog und die Zellen nur gering spezialisiert waren. Bei der Strobilation geben die Zellen ihre Identität auf und integrieren sich für übergeordnete Aufgaben.

Die einzelnen Phasen der Strobilation

Nachdem der Polyp seine Zellen mit Reservestoffen auf den kräftezehrenden Strobilati-

Abb. 2-64: Scyphistoma (Polypen) der Ohrenqualle *Aurelia aurita* zu Beginn des Strobilationsprozesses. Beide Polypen sind im Stadium der Einschnürung (a). In der Strobilationsphase (b) können bereits zehn Ephyren unterschieden werden, die wie Suppenteller ineinandergestapelt sind. Zusätzlich bildet sich an der Basis noch ein seitlicher Ausläufer. Sobald die Spitze des Ausläufers geeignetes Substrat berührt, löst er sich ebenfalls vom Mutterpolypen und entwickelt sich zu einem vollständigen, neuen Individuum. Die Abschnürphase wird mit dem ersten Lösen der Ephyra eingeleitet (c) und dauert an, bis die letzte Ephyra den Scyphistoma verlassen hat. Die Ephyra gibt die abhängige, festsitzende Lebensweise des Polypendaseins auf und wächst rasch zur Meduse heran. Bei der Ohrenqualle dauert das Ephyrenleben nur etwa acht bis zehn Tage, dann ist sie zur Jungmeduse herangewachsen.
Lichtmikroskopische Aufnahmen.

b)

a)

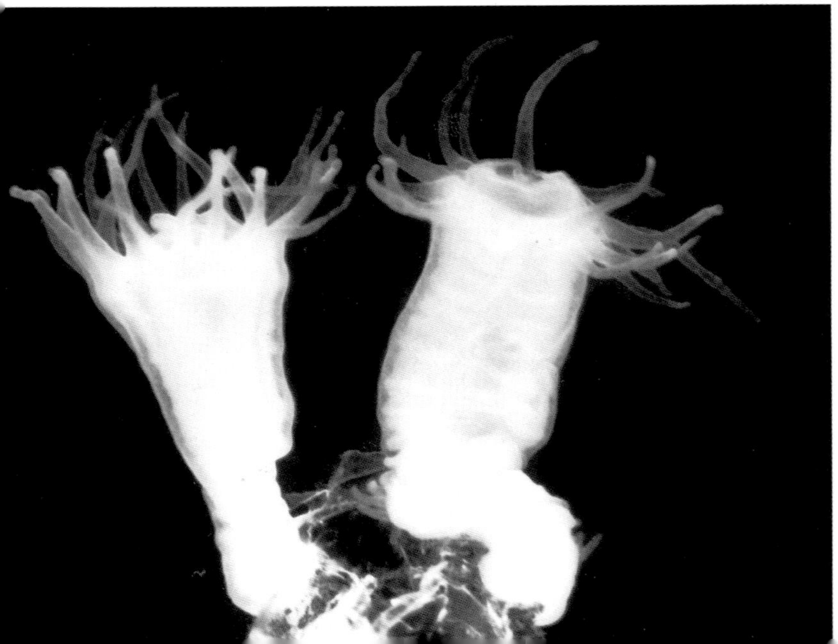

c)

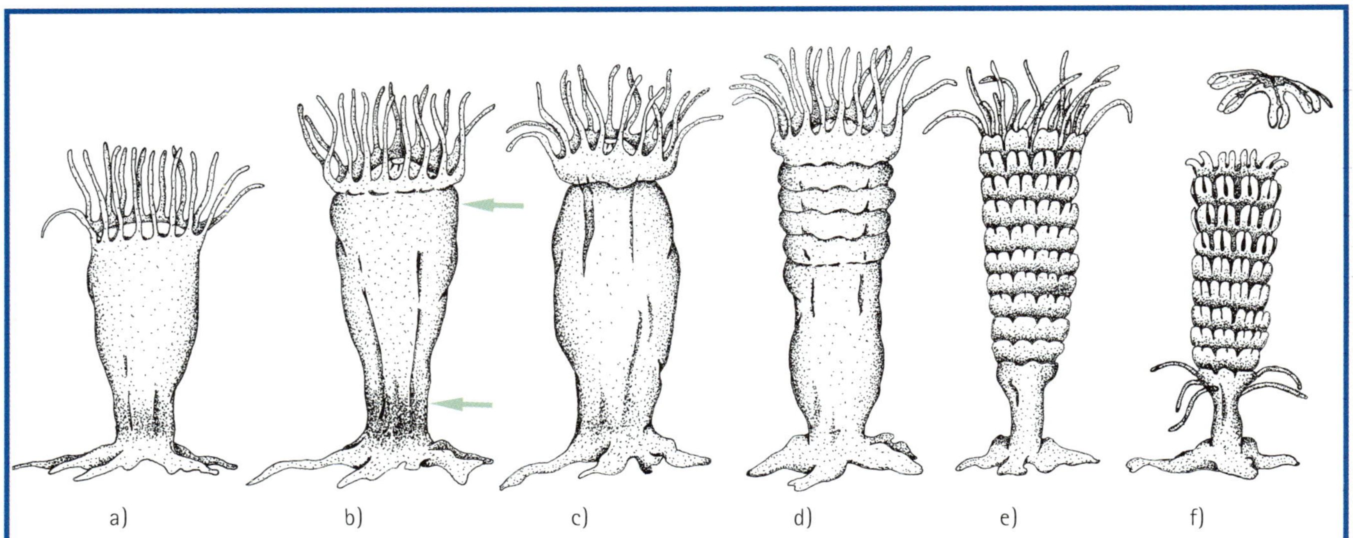

Abb. 2-65: Verschiedene Stadien der Strobilation bei der Ohrenqualle *Aurelia aurita*. Zunächst baut der Polyp Reserven in seine Zellen ein, um für die kräftezehrende Reproduktion gerüstet zu sein (a). Im nächsten Stadium schwillt die Basis der Tentakelregion an und die Pigmentierung konzentriert sich am Polypenfuß (Pfeile, b). Knapp unter dem Tentakelkranz (c) beginnt die Einschnürung, die sich in weiteren Schritten fast bis zur Fußscheibe vollzieht (d). Anschließend werden die Tentakel reduziert und jeder zweite zurückgebildet. Aus ihnen entstehen die Sinnesorgane (e). Im letzten Stadium wachsen dem untersten Polypenteil wieder Tentakel und ein Scheibchen nach dem anderen löst sich ab (f). Die Ephyra wächst zur geschlechtsreifen Meduse heran.

onsprozeß vorbereitet hat, streckt er sich in der wenige Tage andauernden ersten Phase in Längsrichtung (Abb. 2-64 und Abb. 2-65). Das zweite Stadium beginnt mit einer Konzentration des orange-braunen Pigments nahe der Basis. Gleichzeitig schwillt die Region direkt unter dem Tentakelkranz an. Spätestens in der dritten Phase ist für jeden ersichtlich, daß die Strobilation einsetzt, denn dicht unter dem Tentakelrand schnürt sich das erste Segment ringförmig ein. Dabei kann es bei der für Wurzelmundquallen typischen monodisken Strobilation bleiben; zum Beispiel entwickelt der Polyp von *Cassiopea andromeda* immer nur eine einzige Ephyra. In den meisten Fällen ist die Abschnürung polydisk, das heißt, es werden mehrere Ephyren gebildet (Abb. 2-61, Abb. 2-62 und Abb. 2-64).

Der obere Rand der ersten Einschnürung entwickelt acht Loben (= Läppchen), die sich später teilen und in ihrer Mitte die Rhopalien (s. Kap. 2, S. 187 ff.) bilden. Dieser Prozeß vollzieht sich ganz allmählich vom Kopfteil zur Fußscheibe. Beim obersten Scheibchen unterbleibt die Lobenbildung, denn die Position der Rhopalien ist durch die Tentakel bereits festgelegt. Das an der Basis konzentrierte Pigment löst sich auf und verteilt sich gleichmäßig im Polypen.

Der vierte Schritt beginnt mit der Rückbildung jedes zweiten Tentakels. Die Ansätze dieser reduzierten Tentakel entfalten später die insgesamt acht Rhopalien. Im fünften und letzten Stadium wird die Rückbildung aller Tentakel abgeschlossen. Die Krönung der Strobilation ist das erste Scheiden des obersten Segments vom Mutterpolypen. Die zarte, 1 bis 2 mm große Ephyra pulsiert mit aufgeregten, schnellen Schwimmstößen in eine ihr noch unbekannte Welt: Ein Quallenleben im offenen Ozean beginnt.

Fest steht, daß das zurückbleibende gallertige Zellhäufchen seine ganze Regenerationsfähigkeit und Organisationskraft zusammennimmt und tatsächlich bei guten Nahrungsbedingungen in wenigen Wochen nicht nur zum kräftigen Polypen heranwächst, sondern wieder zur nächsten Strobilationsrunde ansetzt. Eine Ausnahme machen Würfelquallen, bei ihnen lösen sich die übriggebliebenen Schleimflecken in Nichts auf.

Die Zahl der abgeschnürten Polypen hängt vom Alter und der Größe der Polypen ab. Junge Polypen schaffen gerade zwei Ephyren. Ältere Polypen bringen es bei *Aurelia* leicht auf zehn oder mehr pro Strobilation. Der Polyp von *Atorella* (Coronata) setzt auf Quantität und produziert am Fließband schon einmal 5.000 Ephyren.

Hochrechnungen haben ergeben, daß geeignetes Substrat von bis zu 152.000 *Aurelia*-Polypen pro Quadratmeter besiedelt sein kann [1, 2]. Wenn bei ihnen die Ephyrenproduktion einsetzt und jeder einzelne Polyp zwischen fünf und zehn Medusen abschnürt, können von einem Quadratmeter Fläche über 1,5 Millionen hungrige Ohrenquallen in das freie Wasser aufsteigen. Kein Wunder, daß die Elterngeneration von Jungheringen in der Kieler Bucht (und nicht nur an diesem Ort) ernsthaften Grund zur Sorge um das Überleben ihrer frisch geschlüpften Brut hat. Eine knapp markstückgroße Meduse kann gleichzeitig bis zu 20 Heringslarven mit Dottersäckchen in ih-

Abb. 2-66: In der Kieler Bucht setzt die Strobilation der Ohrenquallen *Aurelia aurita* genau dann ein, wenn die ersten Heringslarven aus ihren Eiern schlüpfen. Kaum haben die Jungquallen den Polypen verlassen, stürzen sie sich auf die leckeren Heringslarven im Dottersackstadium. Eine etwa markstückgroße Ohrenqualle kann in ihrem Magen bis zu 20 Fischlarven gleichzeitig verdauen.

Abb. 2-67: Die erbeuteten Heringslarven werden auf vier Gastraltaschen verteilt und von den Verdauungszotten umschlungen. Berechnungen haben ergeben, daß die gefräßigen Ohrenquallen *(Aurelia aurita)* die Heringsbestände pro Jahr um 50% reduzieren können.

rem Gastralraum verdauen (Abb. 2-66 und Abb. 2-67). Dabei arbeiten alle Fangeinrichtungen Hand in Hand. Die Tentakel liefern die Hauptarbeit, doch werden auch unvorsichtige Heringslarven gelähmt, die versehentlich gegen die Exumbrella schwimmen (Abb. 2-68). Selbst die Mundarme beteiligen sich an dem großen Fressen und setzen gezielt Nesselkapseln gegen Beutetierchen ein, die in zufälligen Kontakt mit den Papillen am Rand kommen. In Fütterungsversuchen wurde beobachtet, daß der Fischkopf schon von Verdauungszotten umschlungen war, während der Schwanz noch aus dem Mundrohr ragte und wild zappelte (Abb. 2-68 c).

Bei reich gedecktem Tisch entwickeln sich die Quallen prächtig. Japanische Wissenschaftler haben im Südosten ihres Meeres bis zu 596 heranwachsende Medusen pro Kubikmeter gezählt, mit einem stattlichen Gewicht von insgesamt 12,8 kg im gleichen Volumen [41]. Es bedarf keiner weiteren Erklärung, daß einer solchen Räuberdichte nur die winzigsten Einzeller entgehen können, das übrige Meer wird in der Größenskala von einem zwanzigstel Millimeter bis zwei Zentimeter intensiv befischt. Alle anderen Nahrungskonkurrenten haben geringe Chancen, sich gegen dieses radikale und effektive Freßengagement der Quallen zu behaupten. Nach einem Massenauftreten von Quallenaggregationen bleibt eine leergefischte Wasserwüste zurück [2, 4].

Andererseits können Medusen auch darben. Hungerperioden beantworten sie mit sofortiger Reduktion ihres Durchmessers. Es wird hauptsächlich die Mesogloea abgebaut, was ihnen eine gewisse Stabilität entzieht und sie leicht wabbelig werden läßt. In experimentellen Ansätzen mit gefiltertem Seewasser, um jegliche Fütterung auszuschließen, konnten die Versuchstiere ihren Durchmesser von 5 cm auf 4 cm innerhalb von 10 Tagen einschrumpfen [32]. Bei der anschließenden Fütterung kam es wieder zu deutlicher Zunahme des Schirmdurchmessers.

Was bedeutet einerseits die Hungerfähigkeit und andererseits die sofortige Umstellung des Stoffwechsels bei günstigen Nahrungsbedingungen für den Quallenalltag? Medusen können ausdauernd, kräftig und bestimmte Arten sogar relativ schnell schwimmen, doch sie sind nicht fähig, gegen kontinuierliche Wasserströmungen anzukommen. So haben sie recht wenig Einfluß auf die Gebiete, in die sie

Abb. 2-68: Selbst die Schirmoberfläche der Ohrenqualle *Aurelia aurita* kann zum Beutefang beitragen (a). Eine Heringslarve wurde von den Nesselkapseln in der Exumbrella gelähmt und über Cilienschlag zum Schirmrand transportiert. Die Mundarme biegen sich zum Schirmrand, übernehmen mit ihren Lippen die Beute von den Tentakeln und schleusen sie in den Magen (Gastralraum). Dort werden die Heringslarven von Gastralfilamenten umschlungen (b) und Verdauungsenzyme abgegeben. Die gesamte Fanghandlung bis zum Einschleusen in den Magen dauert nur wenige Minuten. Im Bild (c) ist zu sehen, daß der Kopf des Fisches schon verdaut wird, während die Schwanzspitze noch herausragt und zuckt. Die Qualle ist etwa so groß wie ein 2-Mark-Stück.

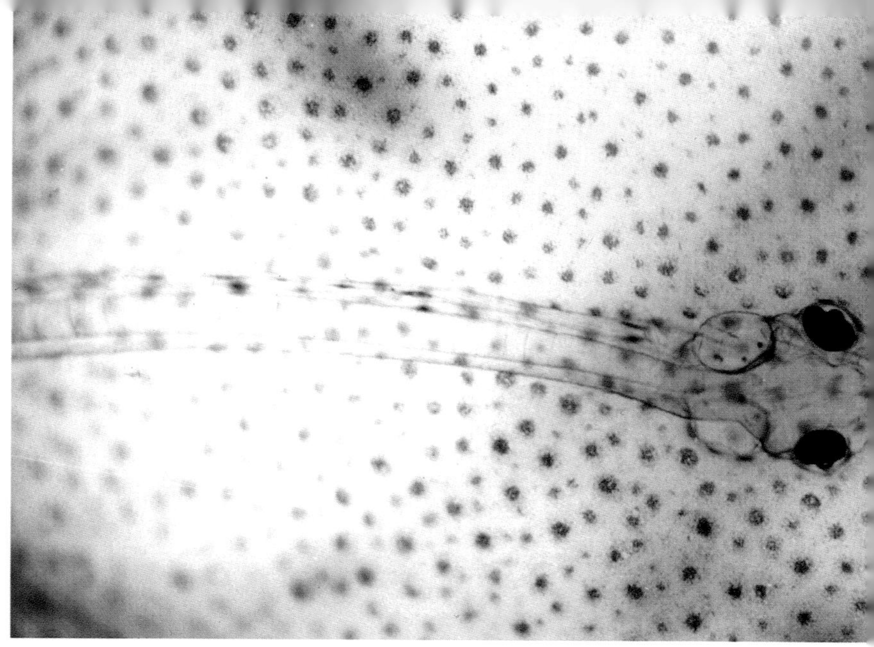

a)

b)

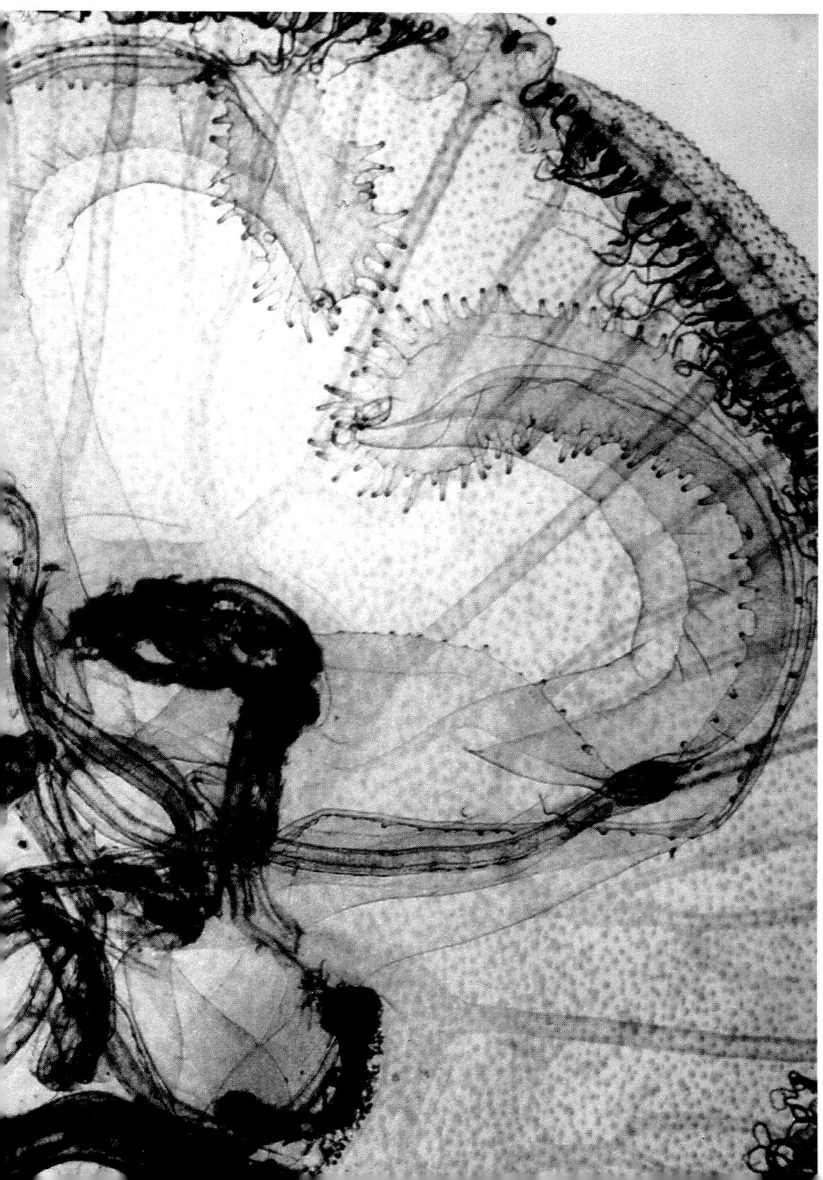

c)

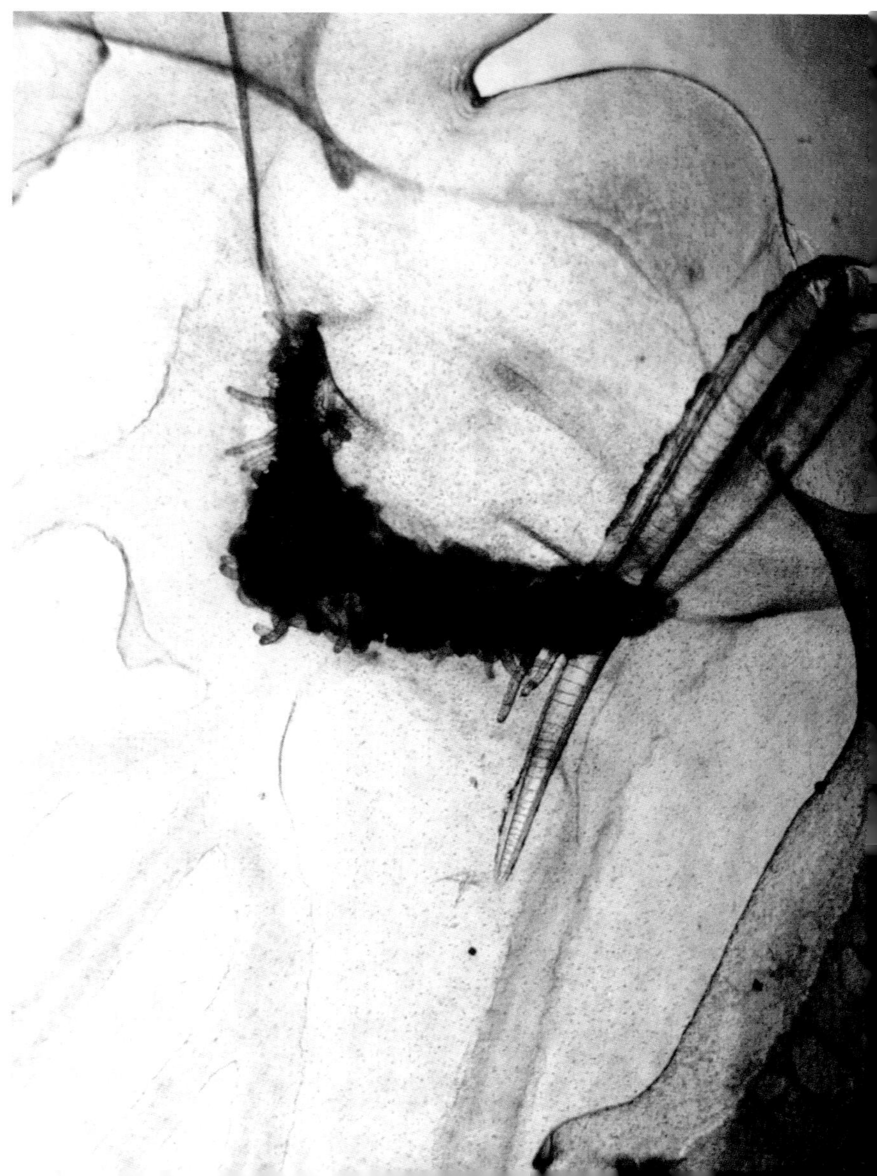

verdriftet werden, und damit auf ihre Nahrungspalette. Doch mit ihrer Fähigkeit, zu hungern sind die Quallen bestens auf solche Situationen vorbereitet. Sobald reichlich Beutetiere in das Tentakelnetz geraten, schaltet der Stoffwechsel auf Maximalleistung und schafft Reserven für die nächste Stufe in der Fortpflanzungsodyssee.

Die sexuelle Fortpflanzung

Das Medusenstadium verpflichtet die Quallen nicht nur zur Verbreitung der Art, sondern auch zur sexuellen Fortpflanzung, die den Austausch der Gene vorsieht. Doch die Hochzeit bei Quallen ist recht freudlos, einsam und anonym (Ausnahme: *Tripedalia cystophora*, S. 103). Sobald die getrenntgeschlechtlichen Tiere ausreichende Nahrungsbedingungen vorfinden, die nicht nur die Minimalanforderungen des Stoffwechsels befriedigen, wird die überschüssige Kraft in die Produktion männlicher Samen und weiblicher Eizellen investiert. Ein ausgeklügelter Synchronisationsmechanismus stimuliert die Tiere beiderlei Geschlechts, fast gleichzeitig ihre Produkte in das freie Wasser abzugeben. Es ist mehr ein passiver Prozeß, denn die reifen Eizellen und Samen gelangen bei den Scypho- und Cubozoen durch das Platzen der Epithelwand im Gastralraum über den Mund in das Wasser. Die Hydrozoen haben den direkten Weg nach außen gewählt, bei ihnen reißt die epidermale Deckschicht, und schon driften die Zellen auf gut Glück ihrer Befruchtung entgegen.
Wie sichern die Quallen das Überleben ihrer Art, wenn sie ihre mühsam entwickelten Geschlechtsprodukte so freizügig und optimistisch dem blauen Ozean überlassen? Die Quallen wären nicht so erfolgreich, wenn sie nicht auch dafür eine Lösung entwickelt hätten. Zum einen produzieren sie zahlreiche Keimzellen zeitsynchron, und zum anderen wird vermutet, daß die Massenansammlungen von Quallen nicht nur das Ergebnis windinduzierter Wasserströmungen sind, sondern das Ergebnis aktiver Schwarmbildung. Falls diese Theorie zutrifft, erhöhen sie so die Chance der Befruchtung um ein Vielfaches. Eine regelrechte Paarbildung ist bisher nur von der Cubomeduse *Tripedalia cystophora* [18] (S. 103) beschrieben worden. Der Entwicklungszyklus schließt sich wieder mit dem Schlüpfen der Planula-Larve.

Fortpflanzungsvariationen bei Scyphozoen

Es ist nicht überraschend, daß bei einer so vielfältigen Tiergruppe wie den Quallen reichlich interessante Abweichungen von den im vorherigen Kapitel beschriebenen Fortpflanzungsprinzipien vorkommen. Es beginnt schon bei der Dauer der freischwimmenden Phase von Planula-Larven. Ihre Freiheit kann direkt mit der Wassertemperatur korreliert werden. Je höher die Temperaturen, desto schneller legt sie sich auf ein Substrat fest. Natürlich stellt die Verfügbarkeit passenden Siedlungsgrundes einen weiteren wichtigen Faktor in der Dauer der Schwimmphase dar.

Manche Planula-Larven lassen sich bei der Substratwahl Hilfestellung leisten. Sie sind in der Lage, an den Ausscheidungen substratsiedelnder Bakterien zu erkennen, ob die neue Umgebung für sie vielversprechend erscheint, oder sich eher feindlich präsentiert.

Bei den Stielquallen (Stauromedusen) fehlen die Planula-Larven vollständig. Die Entwicklung der winzigen Eier von *Haliclystus auricula* (Abb. 2-44), nur etwa ein vierzigstel Millimeter groß, führt zu einer kriechenden, unbegeißelten „Zellwurst" mit einem kurzen, vagil-benthischen Stadium. Ihr fehlt noch der Gastralraum, doch besitzt sie schon die Fähigkeit zur Knospung. Wenig später entstehen der Mund und der Gastralraum durch Spaltbildung. Erst jetzt kann sie partikuläre Nahrung aufnehmen. Die Larve verwandelt sich nach dem Festheften aus ihrer polypoiden Form in die medusoide Form der Stielqualle.

Bei den Wurzelmundquallen bringt der Polyp in einer monodisken Strobilation nur eine Ephyra hervor. Hier läßt sich besonders gut die Umwandlung von Polypen- in die Medusenepithelien verfolgen. Das Peristom und Hypostom des Polypen wird zur Subumbrella beziehungsweise zum Mundrohr. Die ehemalige Seitenfläche wird zur Exumbrella, der Gastralraum bleibt, was er ist. Die Ansätze einiger Tentakel werden zum Aufbau der Sinnesorgane verwendet, die restlichen werden resorbiert.

Auch eine Form der Brutpflege (Larviparie) ist bei vielen Arten aller Klassen verbreitet. Dies hat den Vorteil, daß die Eier in der Meduse befruchtet werden und sie in „Mamis Schoß" weitaus bessere Überlebenschancen haben als im Meer, wo sie neben vielen anderen Räubern von einem Millionenheer filtrierender Kleinkrebse bedroht werden. Nachteil ist, daß die Spermien es wieder ein bißchen schwerer haben. Es reicht nicht, zufällig auf eine einsame, unbefruchtete Eizelle zu stoßen und in sie einzudringen. Bei larviparen Arten müssen sie ihre chemischen Sinne auf die Lockstoffe der Eier konzentrieren, um sie in der Muttermeduse gezielt anzuschwimmen. Nur den Spürhunden unter den Quallenspermien wird Befruchtungserfolg zuteil!

Selbst eine lebendgebärende (vivipare) Art ist entdeckt worden. Die erst 1959 beschriebene Fahnenqualle *Stygiomedusa* entläßt nach entsprechender Entwicklung voll ausgebildete Jungmedusen. Unklar ist allerdings, ob sie auf eine asexuelle, parthenogenetische, oder eine sexuelle Produktion zurückgehen. Durch ihr sehr seltenes Vorkommen im Nordatlantik und der Biskaya in Tiefen ab 2.000 m wird sie ihr Fortpflanzungsgeheimnis wohl noch ein bißchen hüten.

Die Kranzqualle *Nausithoë* hegt ihre Nachkommen besonders fürsorglich. Die Eier werden in kleinen Gruppen von Gallertmasse umhüllt, die vom Magen abgesondert wird. Doch

Abb. 2-69: Die Ohrenqualle *Aurelia aurita* aus der Fischeye-Perspektive. Im Spätsommer sind die Eier fürsorglich vom Gastralraum in spezielle Bruttaschen auf die Mundarme ausgelagert worden. So werden die Eier von sauerstoffreichem Wasser umgeben und reifen rasch heran. In wenigen Tagen schlüpfen die Planula-Larven. Kieler Förde, Ostsee.

damit nicht genug: Um die „lieben Kleinen" auch genügend zu schützen, spicken sie ihre Gallertverpackung mit funktionstüchtigen Nesselkapseln! Bis zum Schlüpfen der Larven wird sich kaum ein Feind an die wehrfähige Brut wagen.

Dagegen scheint die Mutterfürsorge bei den Ohren- und Feuerquallen sehr einfach. Sie schützen ihre Eier in Bruttaschen auf den Mundarmen, bis die Planula schlüpft (Abb. 2-69).

Im allgemeinen sind die Geschlechter ge-

Strobilation im Heimstudium

Mit einem Minimum an Aufwand läßt sich die Strobilation von *Aurelia*-Polypen in jeder Wohnung beobachten.

Dazu braucht man keine hochtechnisierten Aquarienausstattungen plus Sonderzubehör, sondern lediglich ein Glasgefäß (ein Marmeladenglas ist vom Volumen her schon ausreichend!) mit sauberer Sichtscheibe, ein Luftsteinchen mit Pumpe und ein Stückchen Hartsubstrat mit Polypen. Die Polypenbeschaffung ist das schwierigste Problem, doch bei steigenden Touristenzahlen an Nord- und Ostsee ist bestimmt ein Bekannter dabei, der sich bereiterklärt, die Polypen von einem Stein oder einer Holzmole mitzubringen. Er sollte auch ein oder zwei Liter Seewasser mitbringen, denn die Strobilation ist nur in Anwesenheit von Jod möglich, und dies ist im Seewasser in ausreichender Konzentration vorhanden. Das Glas kommt in den Keller, eine schwache 12h-Beleuchtung reicht völlig aus, und innerhalb von ein bis zwei Wochen sollten die ersten Segmente zu sehen sein. Nach insgesamt vier Wochen haben fast alle Polypen schon freischwimmende Ephyren produziert. Hier findet die einfache Haltung von Quallen ein rasches Ende. Mit Beginn des Medusenstadiums potenziert sich der erforderliche technische Aufwand. Selbst große öffentliche Schauaquarien haben nur selten die Möglichkeiten und die Ausstattung, Medusen mit Erfolg über mehrere Wochen am Leben zu halten. Die Quallen brauchen einen ständigen Aufstrom, ohne starke Wasserabsaugung und Eintrag von Luftblasen. Dazu wurde ein Planktonkreisel entwickelt, der alle Bedingungen erfüllt. Im Düsseldorfer Meeresaquarium und im Berliner Aquarium werden seit Jahren Medusenstadien von Quallen gezeigt.

trennt, doch bei der Fahnenqualle *Chrysaora hysoscella* (Abb. 2-33 und Abb. 2-34) wurde eine „protandrisch hermaphroditische" Fortpflanzung beobachtet. Dies bedeutet, daß zuerst die männlichen Samenzellen in den Gonaden produziert werden und anschließend im selben Tier die Eier. *Chrysaora* ist in Vermehrungsfragen völlig unabhängig und weder auf die Präsenz noch die Bereitschaft eines Geschlechtspartners angewiesen. In der ozeanischen Weite kann das seine Vorteile haben.

Warum gibt es einen Generationswechsel zwischen Polyp und Meduse?

Die Frage ist mehr als berechtigt. Man sollte annehmen, daß der Polyp mit seiner höchst flexiblen Zellpotenz, seinem opportunistischen Wachstum und seiner Fähigkeit, beliebige Kopien von sich selbst zu produzieren, optimal an wechselnde Umweltbedingungen angepaßt ist (Tab. 2-1). Warum findet dann die komplexe Form der Metamorphose vom Polypen zum Medusenstadium überhaupt statt? Es kostet Energie, und jede abgeschnürte Meduse bedeutet zunächst einen Verlust für die Polypengeneration. Hätte der Polyp selbst Larven produziert oder seitlich geknospt, so wäre der Erfolg sofort sichtbar. Eine Jungmeduse dagegen ist wechselnden Umweltbedingungen ausgesetzt und wird leicht Spielball von Wasserströmungen. Natürlich kann sie Glück haben und genügend Beute finden, während ihrer Reise keinen ernstzunehmenden Räubern begegnen, heranwachsen und schließlich zum richtigen Zeitpunkt ihre Spermien oder Eier in den freien Ozean entlassen. Doch der Zyklus ist damit keineswegs vollendet. Das befruchtete Ei und die sich entwickelnde Planula-Larve kommen ebenfalls nicht ohne präzises „timing" über die Runden. Zunächst muß es den Abermillionen netzstellenden, filtrierenden, strudelnden und allesamt gierigen Mäulern von Planktonorganismen entkommen, um dann innerhalb ein bis zwei Wochen einen geeigneten Platz fürs Leben in sonniger Lage zu finden. Dies ist keine leichte Aufgabe, denn die mittlere Tiefe der Ozeane beträgt 3.700 Meter, und für die Besiedelung kommen nur die obersten Küstenstriche der Kontinentalschelfgebiete in Frage. Diese bedecken allerdings nur magere 8 % der gesamten Meeresfläche. Gelingt es der Planula-Larve nicht, ein geeignetes Substrat zu finden, weil zum Beispiel ihre Entwicklung zu weit vom Ufer entfernt begann, hat sie ihre eingebauten Lipidreserven aufgebraucht (Planula-Larven sind lecithotrophisch, d. h. sie verzehren ihre Lipidreserven) und verendet, ohne das Ziel erreicht zu haben, im freien Wasser.

Das Argument der weiten Verbreitung durch das Medusenstadium ist nur zum Teil richtig. Bei Anthozoen, die noch nie ein Medusenstadium brauchten, überleben die Planula-Larven mehrere Monate im Plankton. Die Steinkoralle *Pocillophora damicornis* versorgt ihre Larvenform mit Lipidreserven, die für 100 Tage Drift in der offenen Ozeanwüste ausreichen. Diese Zeitspanne ist lange genug, um mit Wasserströmungen über den halben Pazifik verfrachtet zu werden. Innerhalb dieser drei Monate kann sich die Planula-Larve jederzeit an passendes Substrat anheften und die Metamorphose zum Polypen beginnen.

Die Nachteile der Polypengeneration liegen auf der Hand: Ein festsitzendes Stadium ist Freßfeinden hilflos ausgeliefert. So werden ganze Polypenansiedlungen der Ohrenqualle (*Aurelia aurita*) von der spezialisierten Nackt-

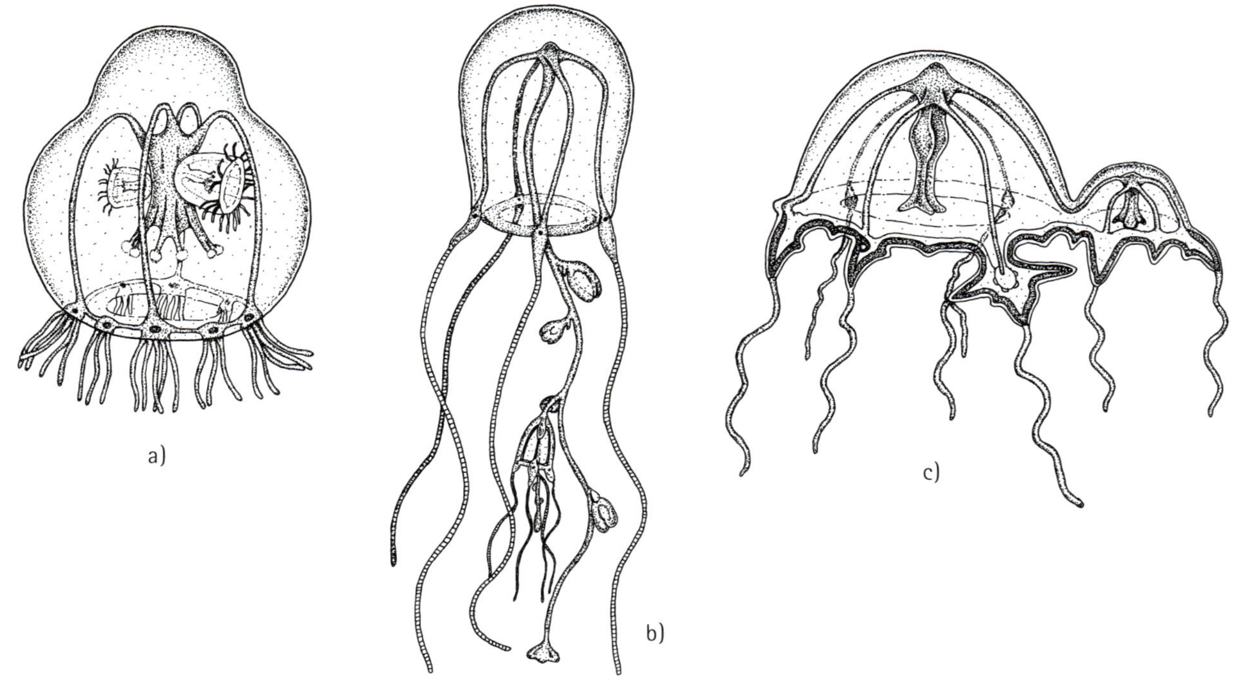

Abb. 2-71: Asexuelle Fortpflanzung bei Hydromedusen. Die Anthomeduse *Rathkea* knospt eine neue Meduse am Mundrohr (Manubrium, a). Ebenfalls am Manubrium, allerdings extrem verlängert, produziert *Sarsia* Nachwuchsmedusen. Noch an der Erzeugermeduse hängend, beginnt die gerade frisch entwickelte Meduse ihrerseits mit der Medusenbildung (b). *Niobia* knospt gleichzeitig mehrere Medusen an den Tentakelansätzen (c).

polypen und beginnt ihr freischwimmendes Stadium.

Die Trachylida verzichten ganz auf die Polypengeneration, denn aus ihren Larven entstehen wieder Medusen. Außerdem fällt bei ihnen und ein paar weiteren Hydromedusen das typische Planulastadium aus. Bei Ectopleura werden die großen dotterreichen Eier ausgestoßen und entwickeln sich zu einer Actinula-Larve. Sie unterscheidet sich von der üblichen Planula-Larve durch Tentakel und eine flache Sternform. Im Prinzip ist die Actinula-Larve ein polypenähnliches Stadium, das bei einigen Arten mit kurzer festsitzender Phase, bei anderen mit rein pelagischer Phase direkt zur Meduse heranwächst.

Es gibt wieder eine Reihe von Rückbildungen, die nur in morphologischer Hinsicht einen Rückschritt bedeuten. Vom entwicklungsgeschichtlichen Standpunkt aus gesehen ist es zweifellos ein Fortschritt. Anstatt freischwimmender Medusen werden sessile Gonophoren („Geschlechtsträger") am Polypenstock gebildet, die sich nur noch selten ablösen. Falls sie

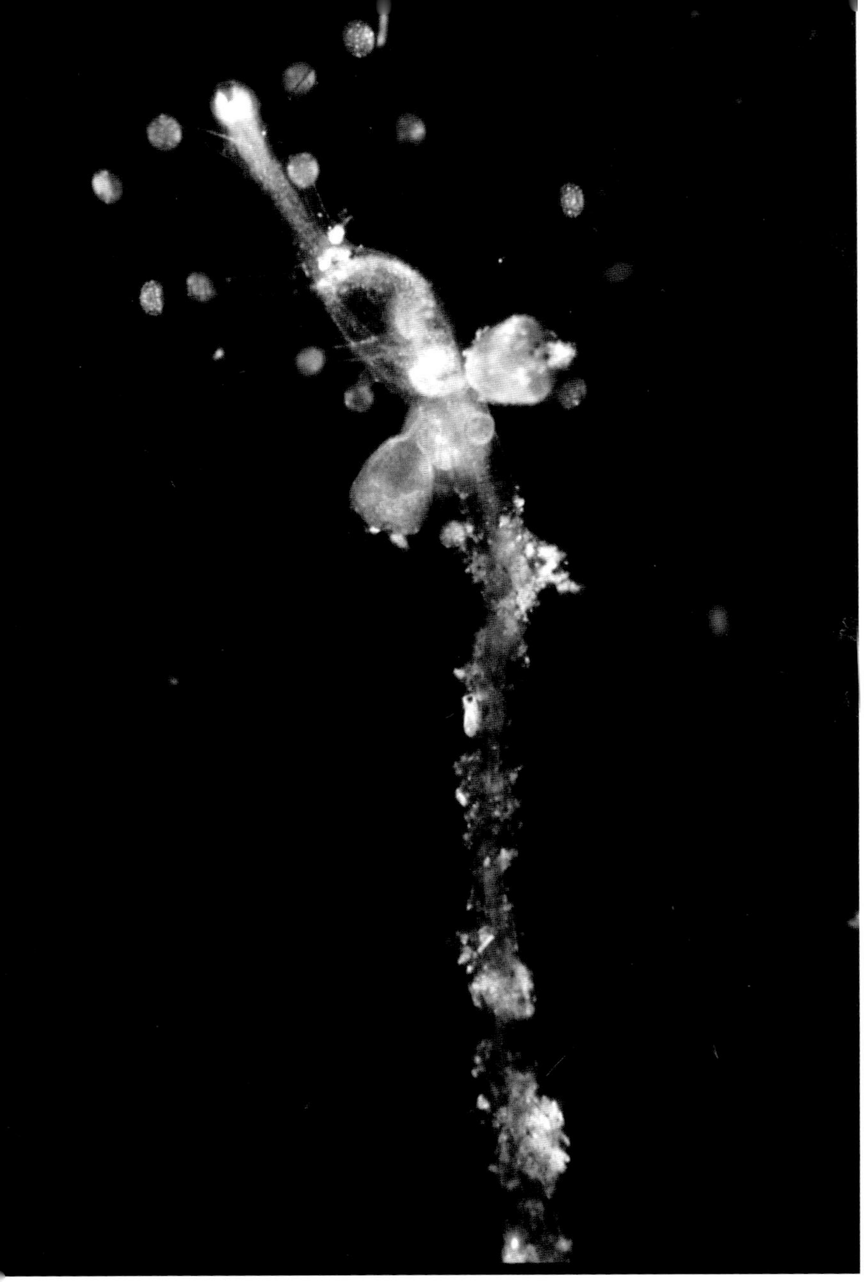

Abb. 2-72: Polyp von *Sarsia sp.* mit winzigen, etwa 0,5 mm großen, asexuell erzeugten Medusenknospen. Diese lösen sich nach Abschluß der Entwicklung ab und vermehren sich sexuell im Medusenstadium. Lichtmikroskopische Aufnahme.

sich doch ablösen, sind sie reine Transporteure reifer Keimzellen, die weder Nahrung aufnehmen noch mehr als drei Tage frei umherschwimmen.

Bei den Anthozoen entfällt das Medusenstadium, daher gibt sich der Polyp nicht mit der ungeschlechtlichen Vermehrung zufrieden sondern pflanzt sich auch selbst fort.

Voraussetzung für solche großartigen Leistungen ist die sessile Lebensweise sowie enorme Flexibilität und Regenerationsfähigkeit auf unterster Zellebene. Über all diese Eigenschaften und Fähigkeiten verfügen die Polypen der Cnidaria.

Regeneration

Die Fähigkeit zur Regeneration bedeutet nichts anderes, als verletzte, abgestorbene oder verlorene Körperteile vollständig zu ersetzen. Dieses Vermögen ist im Tierreich in unterschiedlichen Stufen ausgebildet. Der blaue Seestern *Linckia laevigata* vermag aus einem Arm alle anderen Körperteile nachzubilden, bis die fünfstrahlige Symmetrie wiederhergestellt ist. Höher entwickelte Tiere sind nur noch zu „Miniregenerationen" in der Lage, wie zum Beispiel der Wundheilung. Beim Menschen beschränkt sich die Regeneration auf vorwiegend physiologische Bereiche. Es werden ständig Hautschuppen abgestoßen und neue gebildet. Auch die Genese roter Blutkörperchen fällt unter diese Art der Regeneration. Gliedmaßen können nach Verlust leider nicht erneut gebildet werden. Generell lassen die Fähigkeiten zur Regeneration mit höheren Entwicklungsstufen nach. Besonders ausgeprägt sind sie dagegen auf niedrigem Niveau.

Die Polypen der Nesseltiere sind wahre Mei-

Abb. 2-73: Eine blau gefärbte Variation der Wurzelmundqualle *Mastigias papua* in einer Bucht an der Pazifikküste Mindanaos. Der verkürzte Mundarm ist vermutlich das Ergebnis eines Regenerationsprozesses, denn die Tiere sollen bei Bedrohung ihre Fortsätze abwerfen können. Philippinen.

ster in der Regeneration. Preßt man sie durch ein feines Sieb, schließen sich die Zellen wieder zu einem vollständigen Tier zusammen. Der Naturforscher Trembley führte 1744 ein spektakuläres Experiment durch [44]. Er zog einen Faden mit Knoten durch die Fußscheibe und stülpte so den Süßwasserpolypen Hydra von innen nach außen. Die epidermale, äußere Zellschicht war innen und die innere gastrodermale Zellschicht war außen. Zu seiner Freude überlebten die Tiere recht gut und ihre Zellen orientierten sich tatsächlich neu. Die

Gastrodermiszellen wanderten nach innen, die Epidermiszellen nach außen, und beide Zellschichten erfüllten ihre Funktion wie vorher.

Die beiden Experimente zeigen, daß ein paar Körperfragmente der Epi- oder Gastrodermis allein genügen, um lebensfrohe Polypen heranwachsen zu lassen, die die gleichen Fähigkeiten wie ihre Mutterpolypen besitzen.

Der Grund für die außergewöhnliche Plastizität der Zellen ist die Begabung, ihre Identität aufzugeben und sich vom spezialisierten Zustand wieder in eine embryonale Form zurückzuentwickeln. Anschließend können sie sich in jeden beliebigen neuen Zelltyp differenzieren. Aber es gibt auch Grenzen: Für die hochspezialisierten Keim-, Sinnes,- Nerven- und Nesselzellen führt kein Weg zurück, sie bleiben, was sie sind.

Die Hydrozoen haben ein begrenztes Zellkontingent auf Abruf. Die sogenannten interstitiellen Zellen (I-Zellen) der Epidermis, selten auch in der Gastrodermis, repräsentieren die „Soforthilfe" bei erhöhtem Bedarf an bestimmten Zellen. Wenn beispielsweise ein Polyp durch reichliches Nahrungsangebot in jagdlicher Hinsicht erfolgreich war und viele seiner Nesselkapseln aufgebraucht hat, kommen die I-Zellen zum Einsatz. Sie differenzieren sich in Nesselzellen aus und helfen, das kleine logistische Problem zu lösen. Bei den anderen Cnidariern erfüllen die Amoebocyten eine ähnliche Funktion.

Die Multipotenz der Nesseltierzellen ist der Grund für die vorstellbare Unsterblichkeit der Polypen. Selbst das kümmerliche Gallerthäufchen, das nach der energiezehrenden Strobilation übrigbleibt, wächst in der Regel wieder zum kräftigen Mutterpolypen heran. Blumentierpolypen wurden in der Gefangenschaft schon über 60 Jahre alt, ohne Alterserscheinungen irgendwelcher Art zu zeigen.

Die Regenerationseigenschaften von Medusen sind allgemein geringer als die der Polypen, doch können sie problemlos Defekte des Schirms ausbessern und sogar abgerissene bzw. selbst abgetrennte Tentakel neu bilden (Abb. 1-4 und Abb. 2-73).

Überraschend sind die beschränkten regenerativen Fähigkeiten bei den staatenbildenden Quallen *(Physalia, Porpita, Velella)*. Innerhalb der Knospungszone kann alles ersetzt werden, außerhalb der spezialisierten Polypen sind größere Reparaturen aber nicht möglich. Fressen Feinde Teile der Kolonie ab, können sie nicht ersetzt werden.

Woran sterben Quallen?

Im allgemeinen wird ein Lebenszyklus mit erfolgreicher Reproduktion von Nachkommen abgeschlossen und die Elterngeneration stirbt ab. Bei den Quallen ist es ähnlich, doch gibt es weitere mögliche Ursachen, die für das Absterben der Medusengeneration verantwortlich sein könnten.

Die Ohrenqualle *(Aurelia aurita)* wird in deutschen Küstengewässern nur eine Saison, etwa sieben bis neun Monate, alt. Nach Abgabe der

Geschlechtsprodukte werden Tentakel und Sinnesorgane am Schirmrand zurückgebildet sowie die Mundarme aufgelöst. Schließlich bleibt nur noch eine Gallertscheibe übrig, die auf den Meeresboden absinkt und dort aufgefressen wird. Dieser Ablauf spricht für einen genetisch fixierten Alterstod, der bei verschiedenen Rassen voneinander abweichen kann. In Japan soll *A. aurita* zwei Jahre alt werden [46].

Eine andere interessante Theorie für das Absterben beruht auf einem Vergleich hochgerechneter Futteransprüche und tatsächlichem Futterangebot. Die Analyse für die Kieler Bucht ergibt, daß sich die Quallenmassen durch ihren enormen Bedarf selbst die Nahrungsgrundlage entziehen und verhungern [1, 2]. Diese Erklärung hat einen Haken: In Aquarienexperimenten konnte gezeigt werden, daß die Ohrenquallen bei schlechten Futterbedingungen ihr Wachstum einstellen und auf einen Bruchteil des ursprünglichen Gewichtes schrumpfen können. Übertragen auf die freie Natur würde dies bedeuten, daß hungernde Quallen ihren Umfang deutlich reduzieren und folglich nur geschrumpfte Quallen zu finden sein dürften. Die absterbenden Tiere sind allerdings voll ausgewachsen und eine leichte Schrumpfung setzt erst mit der Degeneration von Tentakel und Mundarmen ein.

Eine weitere Todesursache könnte die heftige Parasitierung durch den Quallenfloh *Hyperia galba* sein. Manchmal entern mehrere hundert Tiere eine einzige Qualle. Sie fressen Tentakel, Mundarme und Verdauungszotten, kurzum lebenswichtige Teile der Meduse. Doch selbst wenn in einigen Gebieten über 98 % einer Art befallen sind, werden nicht alle Quallenarten parasitiert.

Alle Erkenntnisse zusammengetragen unterstützen den genetischen Alterstod als Hauptursache für das Ende der Medusengeneration. Futterbedingungen und Parasitierung mögen die Lebensspanne verlängern oder verkürzen, sind generell jedoch keine limitierenden Faktoren für das Quallenleben.

Ernährung

Wie fressen Polypen?

Nahrungsaufnahme bei Scyphopolypen

Generell werden zwei Ernährungstypen unterschieden: Die festsitzenden Polypen lauern passiv, mit weit ausgestreckten Tentakeln auf vorbeitreibende Nahrung. Die freischwimmenden Medusen betreiben größeren Aufwand: sie spreizen im typischen Fall ihre ausgedehnten Tentakel in das Wasser, wie Fahrradspeichen um eine Radnabe, und durchfischen aktiv die Umgebung.

Gemeinsam sind Polyp und Meduse mit giftgefüllten Nesselkapseln ausgestattet, die wiederum in Nesselzellen gelagert sind und auf spezifische Reize entladen werden (s. Kap. 2, S. 129 ff.). Die Nesselfäden der Kapseln durchschlagen die Oberfläche der Beutetiere und paralysieren oder töten sie in Sekundenbruchteilen.

Auf dem Speiseplan der Polypen steht tierisches Plankton, wie Ruderfußkrebse (Copepoden) und die Larven zahlreicher benthonischer Wirbelloser. Die Größe erbeuteter Organismen ist unterhalb von etwa 1 mm wenig limitierend. Selbst wenn „fette Beute" die Größe des Polypen übertrifft, dehnt er sich entsprechend und läßt sich Zeit beim Verdauen. Den Polypen der Kranzquallen (Coronatae) werden hier durch die festen Peridermröhren Grenzen gesetzt. Ihr Umfang definiert die Ausmaße potentieller Nahrungspartikel. Dies trifft ebenso für thecate Hydropolypen zu, deren Theca (= chitinartige ektodermale Becherstrukturen um die Polypenbasis) das Ausdehnen begrenzt. Sobald ein Krebs die Tentakelaußenfläche berührt, wird er vom giftigen Inhalt der Nesselkapseln fluchtunfähig. Die angrenzenden Tentakel helfen dem beutebeladenen Nachbarn und biegen sich sofort zu ihm hin. Nun ist das Entrinnen gänzlich unmöglich geworden. Alle am Beutefang beteiligten Tentakel kontrahieren sich und führen die Beute zum Mundfeld. Die Übernahme und Weiterleitung der Nahrung wird durch koordinierten Cilienschlag und Absonderung von Schleim erleichtert. Das Mundfeld öffnet sich, nimmt die Nahrung auf und schließt sich wieder. Interessant ist, daß das Mundfeld über eine Reihe von Chemorezeptoren verfügt, die das Öffnen veranlassen, wenn sie durch bestimmte Aminosäuren und Peptide der Beutetiere stimuliert werden.

Per definitionem handelt es sich um eine extrazelluläre Verdauung, das bedeutet, der Magenraum steht in Austausch mit dem Außenmedium. Angenommen, der Polyp ist sehr erfolgreich und leitet fast kontinuierlich neue Futtermengen in seinen Magen, wie können

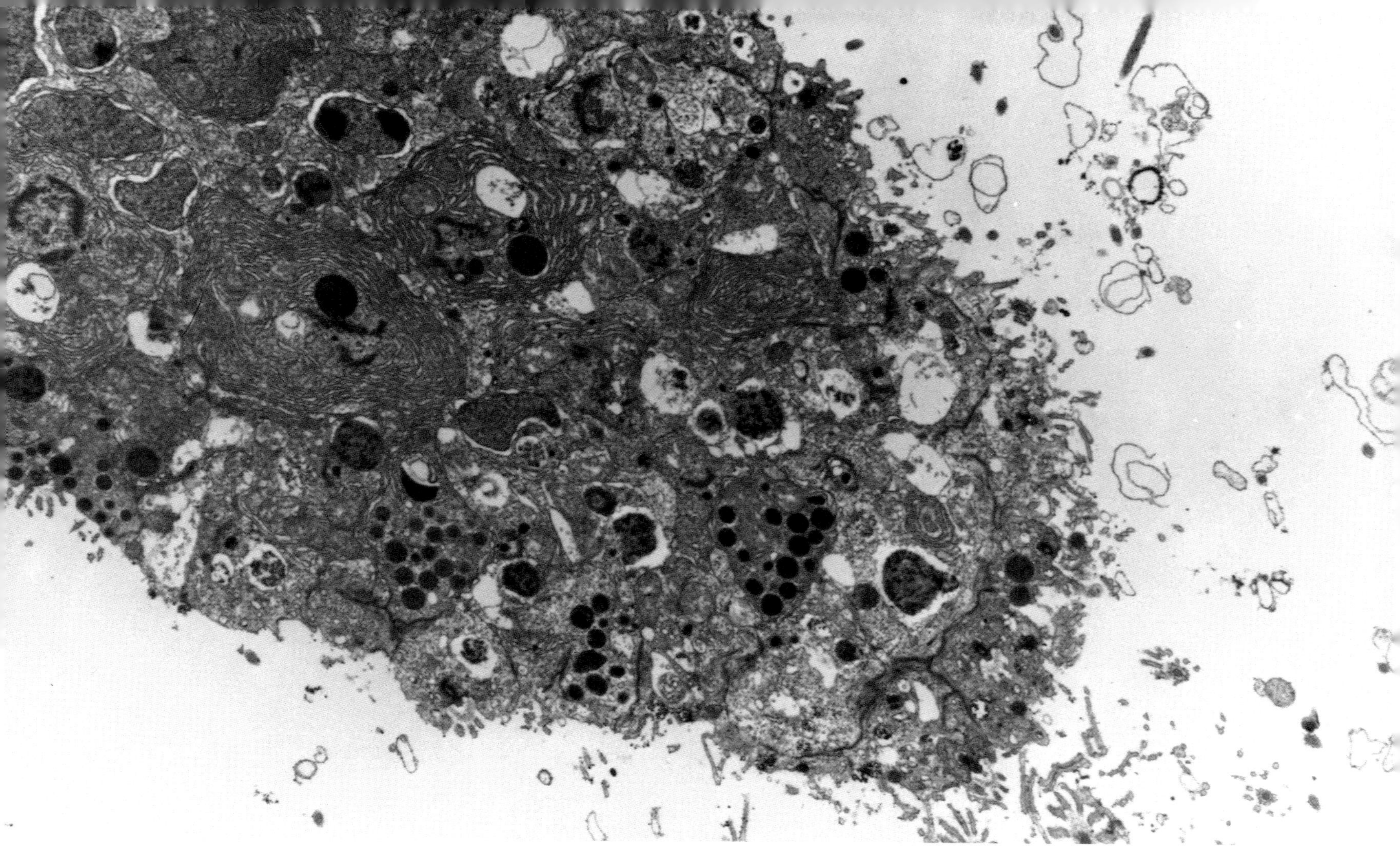

Abb. 2-74: Tangentialschnitt durch eine Verdauungszotte (Gastralfilament) der Ohrenqualle *Aurelia aurita*. Die Schnittebene im unteren Teil der Verdauungszotte zeigt mehrere Sekretzellen, die für Produktion der Verdauungsenzyme sorgen. Unterstützt werden sie bei dieser Aktivität von stark entwickeltem endoplasmatischem Retikulum und dem Golgi Apparat.
TEM-Aufnahme, Vergrößerung: 2400 ×.

dann die Enzyme (Amylasen, Lipasen, Proteasen, Peptidasen etc.) den Verdauungsprozeß beginnen, ohne ständig verdünnt und wirkungslos zu werden? Zum einen ist dies davon abhängig, wie gut das Mundfeld gegenüber dem Außenmedium abschottet. Zum anderen wird das Problem über die Orientierung der Beutetiere im Magen gelöst. Sie flottieren nicht, wie man vermuten könnte, in einer „Suppe" von Verdauungssäften, sondern werden dicht an die Drüsenzellen des Gastroderms plaziert (Abb. 2-4 und Abb. 2-74). Durch den engen Kontakt kann die Wirksamkeit der Enzyme voll entfaltet und ökonomisch eingesetzt werden, trotz ständigen Wasseraustausches. Die Enzyme brechen die Nahrungsteile

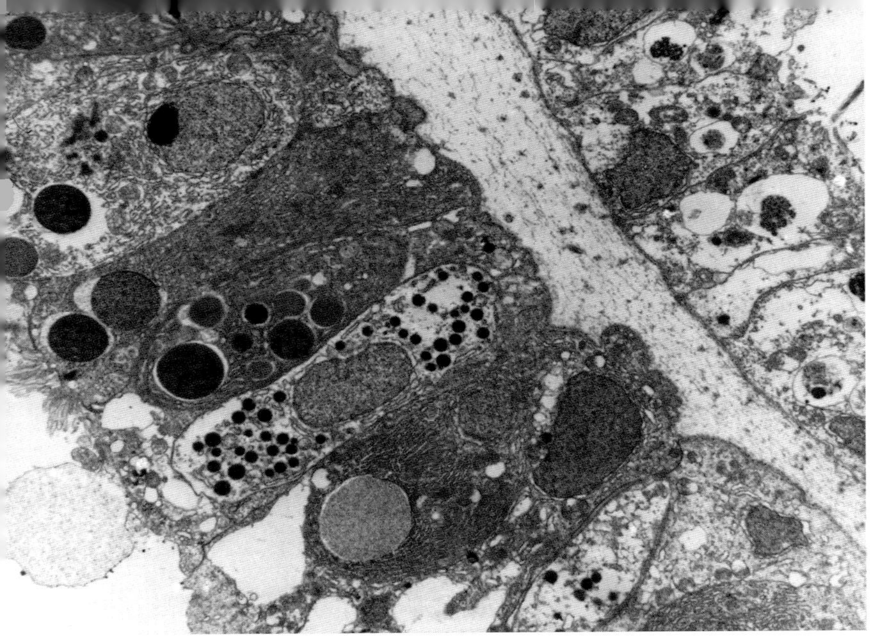

a)

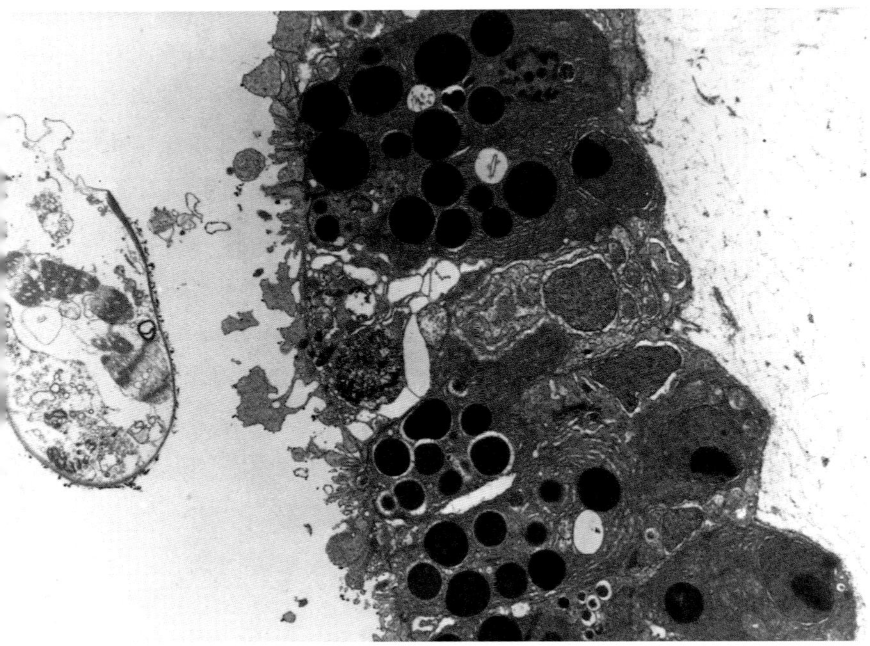

b)

c)

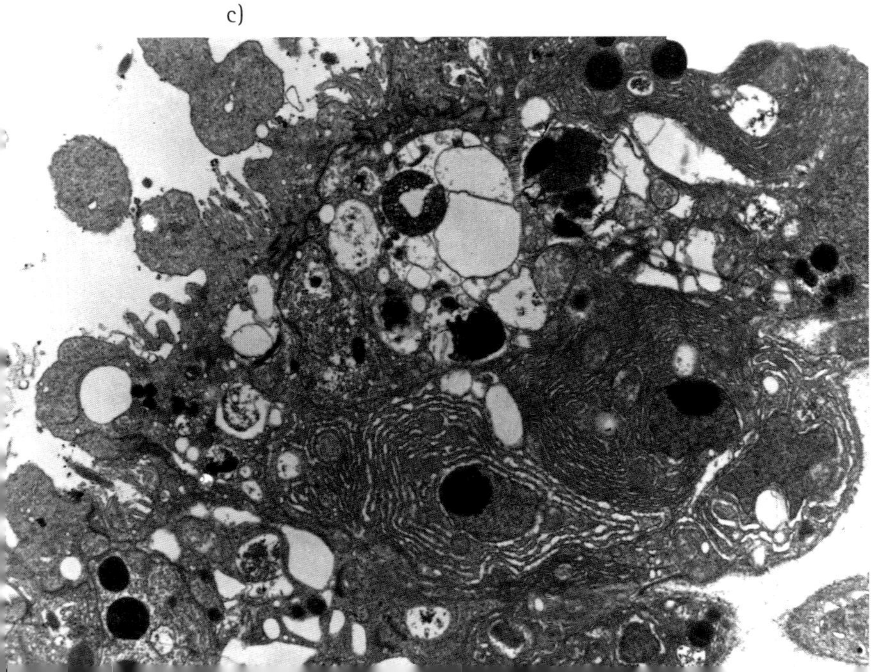

auf und bereiten sie für die Aufnahme (Phagozytose = Resorption von Nahrungspartikeln, und Pinocytose = Resorption gelöster Nährstoffe) durch die Resorptionszellen vor. Mechanische Zerkleinerungsvorrichtungen wie Zähne, Raspeln oder Scheren fehlen den Nesseltieren.

Sobald alle verdaulichen Teile von den Zellen resorbiert sind, werden die unverdaulichen Reste nach außen abgegeben.

Die Dauer des Verdauungsprozesses ist natürlich temperaturabhängig und wird darüber hinaus vom Nahrungsangebot beeinflußt. Generell sind die Verdauungszeiten bei höherer Temperatur und reichlichem Nahrungsangebot kürzer, bei Hydro- und Scyphopolypen etwa zwei bis vier Stunden. Es kommt vor, daß auch brauchbare Nahrungsreste abgegeben werden, nur um wieder freie Kapazitäten zu schaffen und aufnahmebereit für „wertvollere" Futterkomponenten zu sein, die rascher resorbiert werden können. Im umgekehrten Fall lassen sich die Polypen bei schlechter Ernährungslage mehr Zeit und verdauen alles, was die Enzyme aufschließen können.

Abb. 2-75: Schnitte durch die Verdauungszotten (Gastralfilamente) der Ohrenqualle *Aurelia aurita*. Sobald die Beutetiere in den Gastralraum gelangen, werden sie von den Verdauungszotten umschlungen. Die Zellen sekretieren Enzyme (a), die mit der extrazellulären Verdauung beginnen und die Beute in kleinere Partikel aufschließen (b). Die Oberfächen der Zellen phagozytieren die Nahrungsteile. Im Innern verschmelzen Lysosomen (Vesikel mit Enzymen) mit den Nahrungsvakuolen und bauen sie weiter ab (c).
TEM-Aufnahmen, Vergrößerung a: 2400 ×, b: 2400 ×, c: 3000 ×.

Die komplette Verdauung in den Zellen nimmt meist mehrere Tage in Anspruch. Im elektronenmikroskopischen Bild kann man den Abbau der Nahrungspartikel von der resorbierenden Zelloberfläche bis zur Zellbasis verfolgen (Abb. 2-75). Die gelösten Nährstoffe werden durch Amoebocyten zur Epidermis transportiert.
Die feinabgestimmten Einzelvorgänge des Fangablaufs lassen auf Koordination durch das Nervensystem schließen. Bei den Polypen von *Aurelia* konnte im Labor unter ungünstigen Futterbedingungen Kannibalismus beobachtet werden. Zuerst wächst ein Polyp ungewöhnlich stark, indem sich sein Stiel verlängert und verdickt. Dann stülpt er das mit vielen Nesselkapseln nachgerüstete Mundfeld über seinen Nachbarn und frißt ihn auf. Interessant ist, daß bei Klonen (identische Geschwister) kein Kannibalismus auftritt, während bei fremden Polypen schnell mal der Nachbar verzehrt wird. Offensichtlich ist der Polyp von *Aurelia aurita* in der Lage, den Verwandtschaftsgrad zu erkennen und zu respektieren [47].

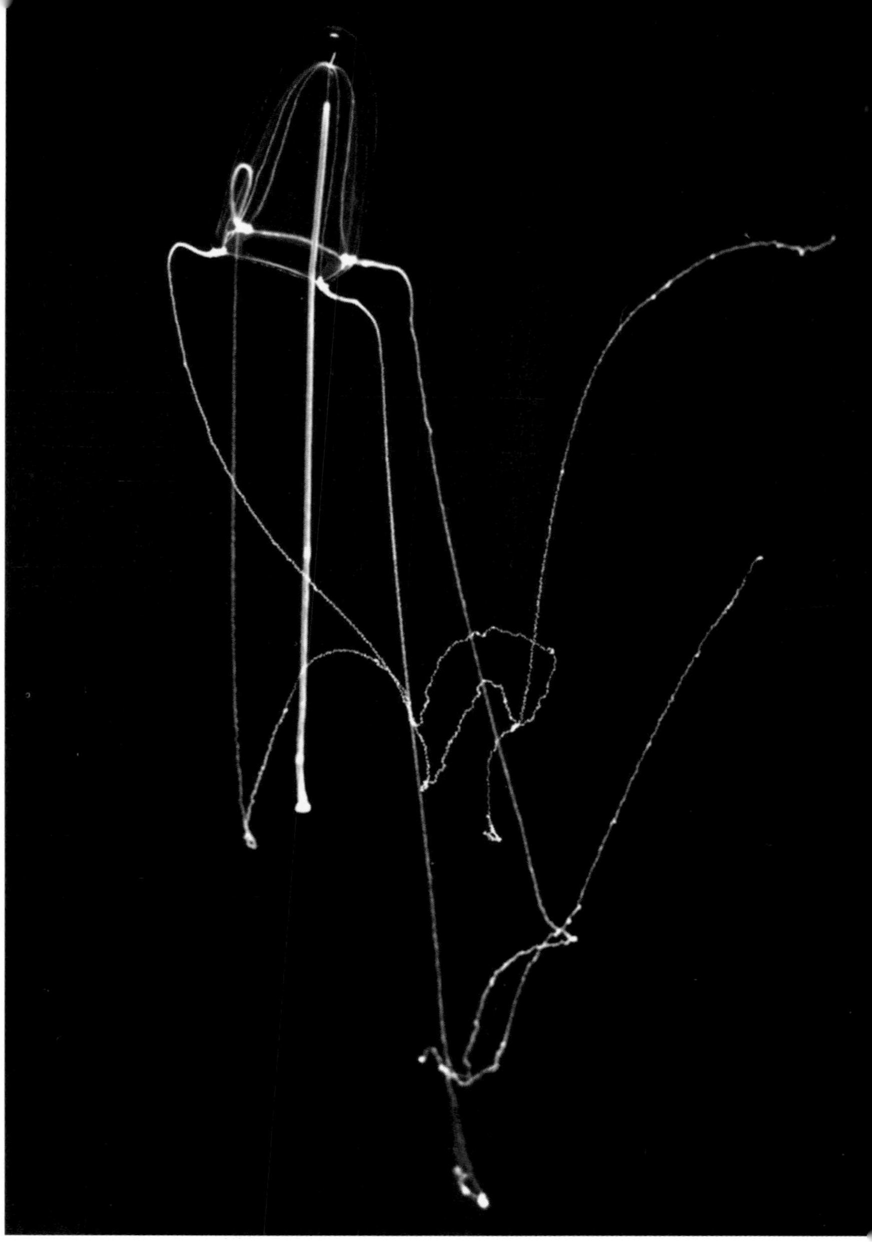

Abb. 2-76: Die Anthomeduse *Sarsia princeps* mit langem Manubrium und weit ausgestreckten Tentakeln auf Beutefang. Lichtmikroskopische Aufnahme.

Nahrungsaufnahme bei Cubopolypen

Die Polypen der Würfelquallen verfügen über wesentlich mehr Möglichkeiten, sich aktiv an der Nahrungssuche zu beteiligen. Damit unterscheiden sie sich, abgesehen vom ungewöhnlichen und bisher nur im Labor beobachteten Kannibalismus, von den passiven Scyphopolypen, die auf den Zufallskontakt mit der Beute angewiesen sind. Im Experiment kann das Verhalten des Polypen mit Muschelfiltrat anschaulich beeinflußt werden. Der Polypenkörper streckt sich nach der Zugabe verlockender Substanzen, und das Mundrohr verlängert sich stark. Es biegt sich zum Boden hin und tastet systematisch das Substrat nach Nahrung ab. Die „Rüsselspitze" kann sich so-

Abb. 2-77: *Cassiopea andromeda* heftet sich mittels einer Einbuchtung der Exumbrella auf Sandböden flacher Küstenbereiche an. Sie pulsiert rhythmisch, um einen Wasserstrom zu erzeugen, aus dem sie Nahrungspartikel herausfiltert. Mindanao, Philippinen.

Abb. 2-78: Wird *Cassiopea andromeda* belästigt, schwimmt sie auf und sucht sich ein neues sonniges Plätzchen ein paar Meter weiter. Selbst wenn der Platz schon besetzt sein sollte, gibt es keinen Streit. Jede Qualle rückt ein bißchen zur Seite, und das Problem ist gelöst. Die Zusatzernährung von symbiontischen Algen garantiert ausreichend Futter, auch auf engstem Raum. Mindanao, Philippinen.

gar an Beutetieren festsaugen und der Polyp, falls erforderlich, den Standort wechseln. Das Nahrungsspektrum entspricht in etwa dem der Scyphopolypen.

Nahrungsaufnahme bei Hydropolypen

Sie unterscheiden sich in der Nahrungsaufnahme kaum von den Scyphopolypen. Aufgrund ihrer Größe bevorzugen sie Mikrozooplankton. Polypen ohne Theca (Athecata) können Beuteorganismen bis an die Dehnungsgrenze des Körpers aufnehmen.

Wie fressen Medusen?

Nahrungsaufnahme bei Scyphomedusen

Die Ernährung der Scyphomedusen unterscheidet sich von den Polypen durch ein viel breiteres Beutespektrum und die aktive Teilnahme am Futtererwerb. Die meisten Quallen sind mikrophag und carnivor, das heißt, sie fressen Tiere unter 1/10 mm Größe. Überraschend ist, daß auch die großwüchsigen Wurzelmundquallen keine größeren Tiere verzehren. Ihre verschmolzenen Mundöffnungen gehen in ein tausendfach gewundenes Faltensystem über.
Eine Sonderform der Ernährung kann bei der Mangrovequalle *Cassiopea* beobachtet werden. Sie saugt sich, nach dem Unterdruckprinzip, mittels einer kleinen Einsenkung der Schirmoberseite auf weichen Sandböden in flachem Wasser fest (Abb. 2-77 und Abb. 2-78). Dabei pulsiert sie unentwegt und erzeugt einen Wasserstrom, der durch ihre Sekundäröffnungen fließt und sie mit Nahrung

Millionen Münder zum Fressen

Wurzelmundquallen gehören zu den größten und farbenprächtigsten Medusen der Weltmeere. Ihr Name bezieht sich auf das filigrane Faltensystem, das an fein verflochtenes Wurzelwerk erinnert. Mit diesem „Superfilter" ausgerüstet driften sie, unterstützt von Schirmkontraktionen, durch das Wasser und erbeuten Kleinkrebschen, Larven sowie Eier verschiedenster Tierstämme. Die Falten bilden mäanderförmige Ausbuchtungen, die sich wie einzelne Münder öffnen (Abb. 2-80 und Abb. 2-81). Eine ausgewachsene Meduse von 60 cm Schirmdurchmesser kann hochgerechnet bis zu 10 Millionen Sekundäröffnungen besitzen (Abb. 2-82 bis Abb. 2-85). Junge Wurzelmundquallen von 2 cm Durchmesser haben etwa 20.000 Öffnungen, 12 cm große Medusen bringen es bereits auf 1 Million. Die einzelnen Öffnungen werden 50 bis 100 µm groß und von Papillen umsäumt. Am oberen Ende sind diese keulenförmig verdickt und tragen zahlreiche Nesselzellen. Cilien übersäen sämtliche Außenstrukturen und das Innere der Falten. Sie sorgen für reibungslosen Transport der Nahrung bis zu den Gastralfilamenten (Abb. 2-86).

Interessant ist die Fanghandlung der Minimäuler: Sobald das Beutetier eine oder mehrere Papillen berührt, werden Nesselzellen stimuliert und Kapseln ausgelöst (Abb. 2-87). Die Giftwirkung paralysiert die Beute. Sofort biegen sich die Papillen nach innen und alle anderen folgen. So bilden sie eine faustartige Umklammerung, aus der kein Entkommen möglich ist (Abb. 2-81). Wenn die Cilien die Beute weitergeleitet haben, strecken sich die Papillen wieder nach außen und sind bereit, neue Beute zu schlagen. Die Wurzelmundqualle *Stomolophus meleagris* vertilgt pro Tag bis zu 65.000 Beutetierchen.

versorgt. Außerdem nutzt sie noch eine weitere Nahrungsquelle: einzellige Algen (z. B. Zooxanthellen aus der Klasse der Dinoflagellaten, Abb. 2-79), deren Stoffwechselprodukte sie kostenlos für ihr Wachstum einsetzt.

Andere Quallen, wie die gut untersuchte Ohrenqualle *Aurelia aurita*, ernähren sich von Beutetieren, die kleiner als ein zehntel Millimeter sind, bis hin zu 2 cm großen Heringslarven bzw. Jungheringen (Abb. 2-67 und 2-68). Die Hauptlast des Beuteerwerbs liegt bei den Tentakeln. Alle Tentakel, die von Beutetieren gleich welcher Art berührt werden, ziehen sich sofort zusammen und biegen sich zum

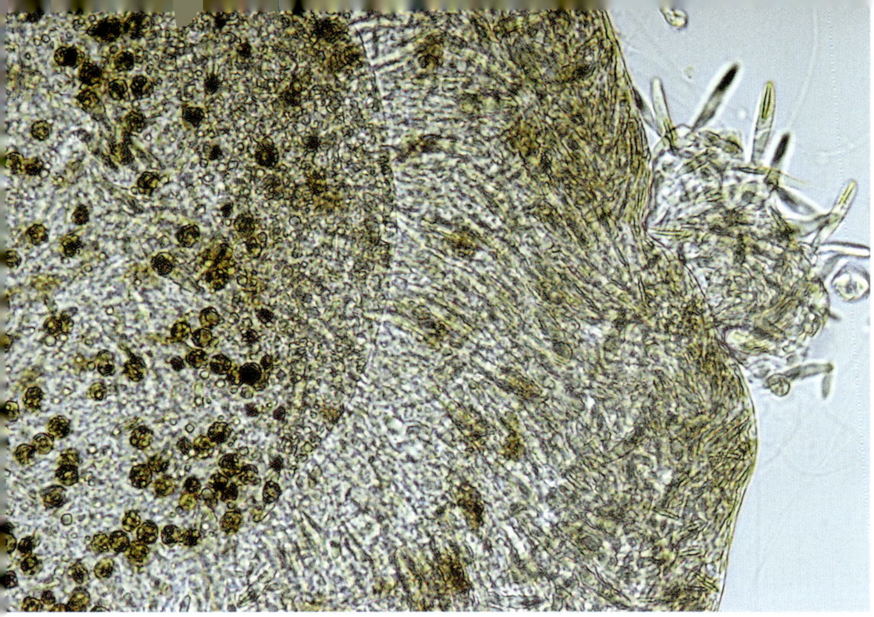

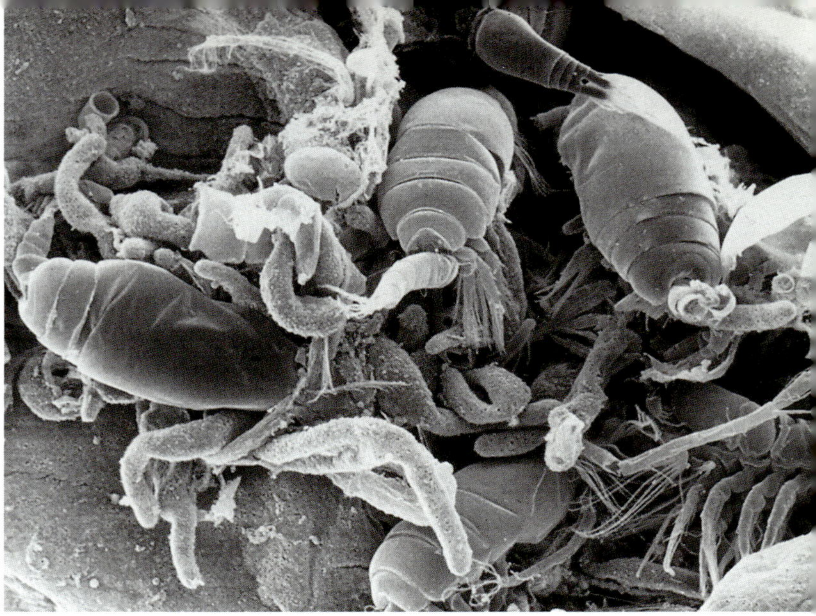

a) 200 µm

Abb. 2-79: Bei Korallen ist die symbiontische Beziehung mit Zooxanthellen bestens untersucht. Neben den Stoffwechselprodukten, die die Algen ihren Wirten zur Verfügung stellen, erleichtern sie die Kalkabsonderung und ermöglichen schnelle Wachstumsraten. Auch die Quallen mit symbiontischen Algen nutzen deren Stoffwechselprodukte für das eigene Wachstum. Die lichtmikroskopische Aufnahme vom Epithel der Steinkoralle *Fungia sp.* zeigt symbiontische Algen (Zooxanthellen) im Entoderm. Im Ektoderm sind ruhende Nesselzellen zu erkennen, auf der Oberfläche entladene Kapseln.

Abb. 2-80: Verdauung von Ruderfußkrebsen in den Magenräumen (Gastralräumen) von *Catostylus townsendi* und *Aurelia aurita* (a bis h).
Bei hoher Futterdichte sind die Mägen der Quallen wohlgefüllt (a). Wenige Nesselkapseln genügen, um die kleinen Zooplankter zu lähmen (b). Die Krebschen werden von den Verdauungszotten eng umschlungen und Enzyme abgegeben (c, d). Dabei ist es gleich, ob die Ruderfußkrebse mit Kopf oder Schwanz zuerst verdaut werden (e, f). Nachdem die Verdauungssäfte die Verbindungen der äußeren Strukturen aufge-

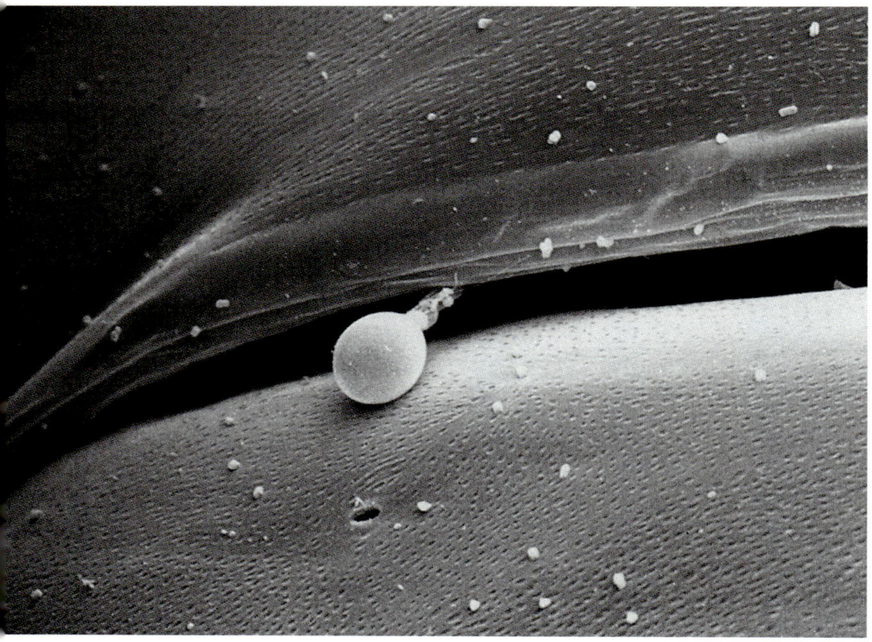

b) 5 µm

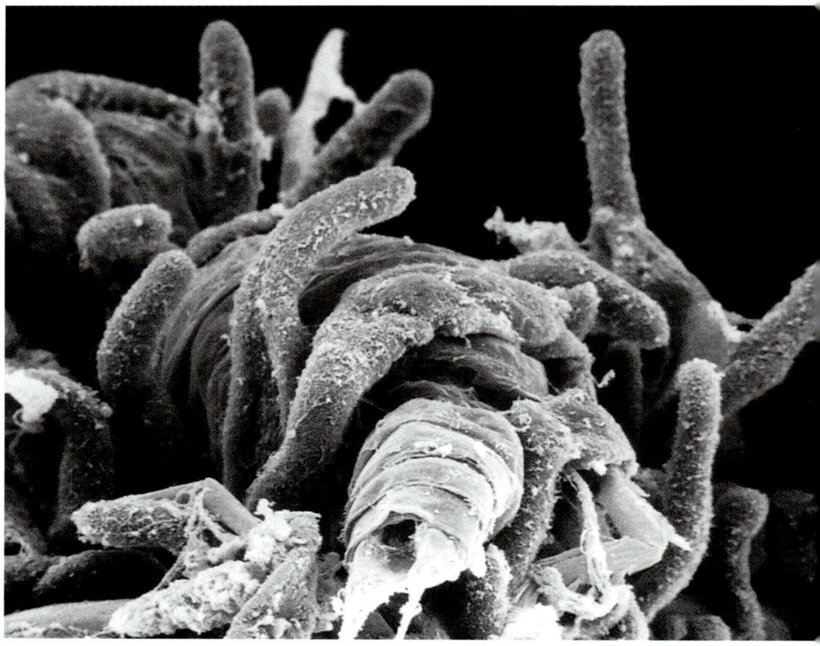

c)

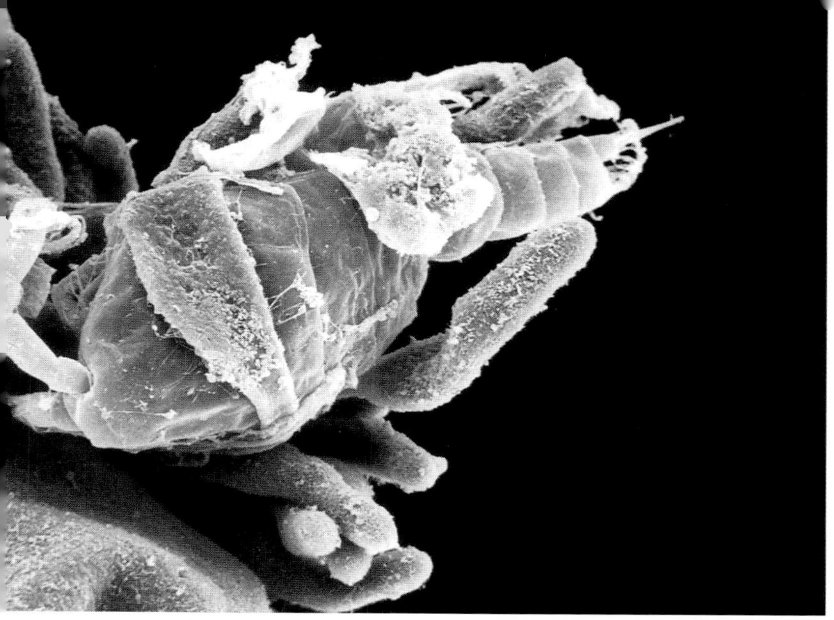

d)

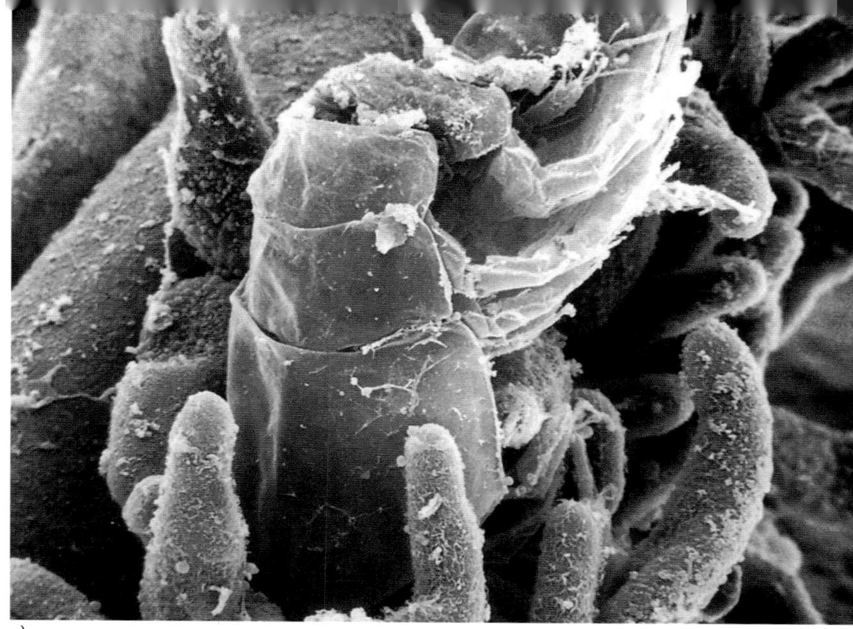

e)

löst haben, zwängen einzelne Zotten die Chitinsegmente auseinander (g). Unverdauliche Reste werden zusammengepackt und abgegeben (h).
REM-Aufnahmen, Maßstab a: 200 µm, b: 5 µm.

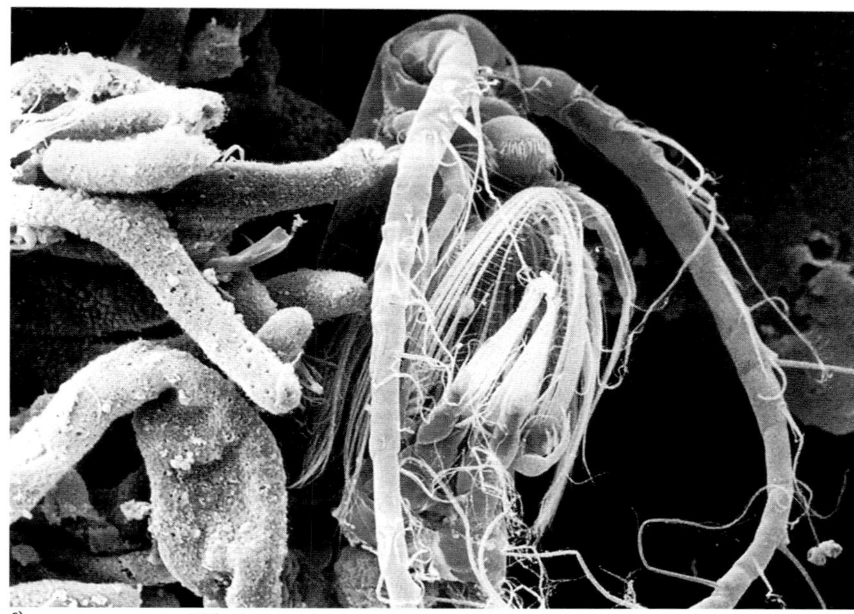

f) 100 µm

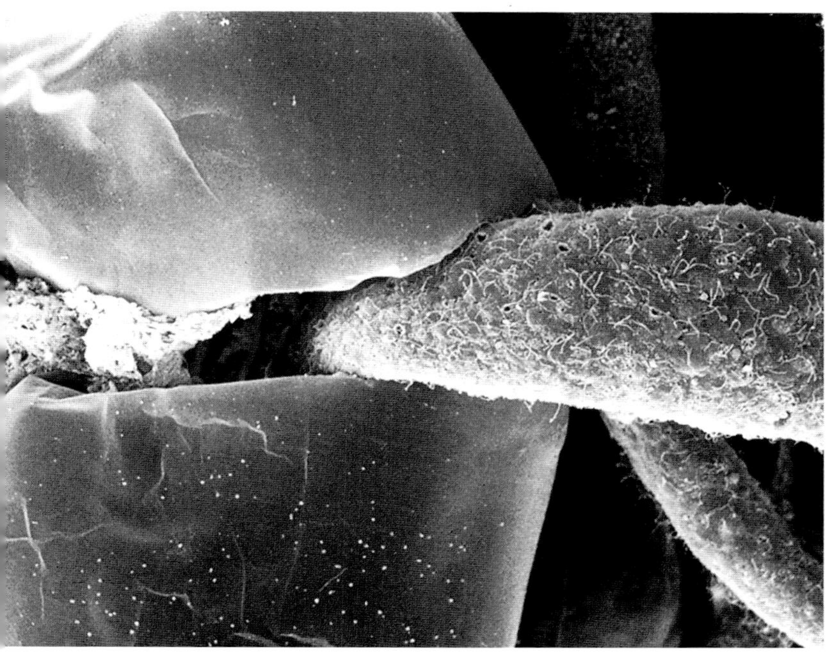

g) 50 µm

h) 100 µm

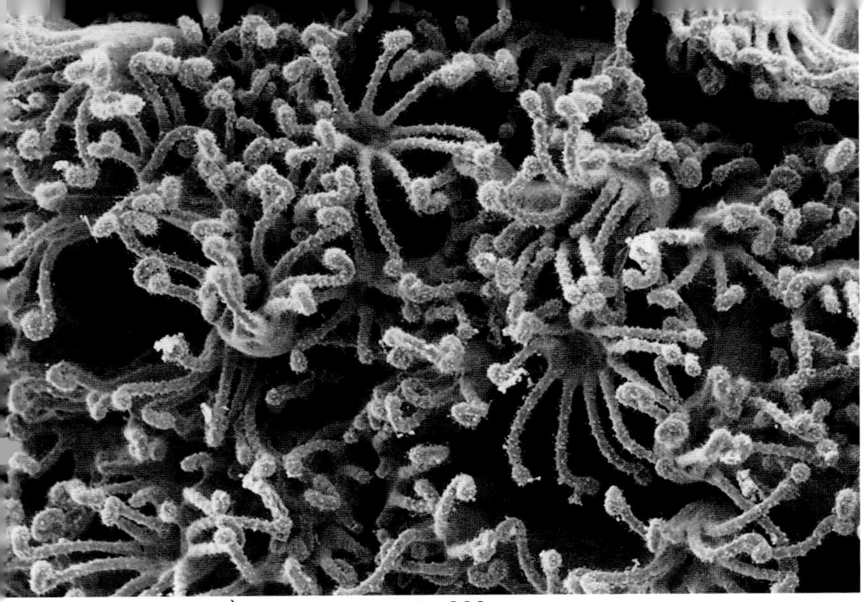

a) 200 µm

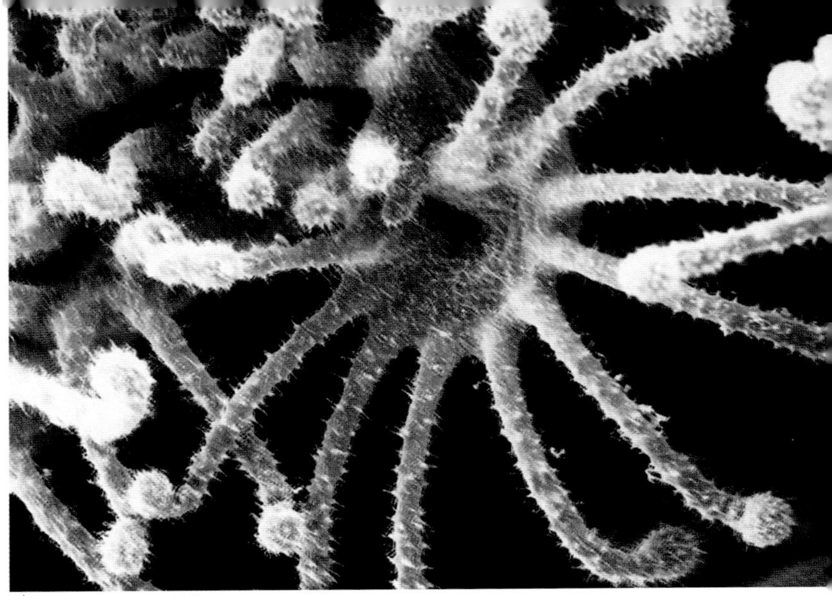

b) 50 µm

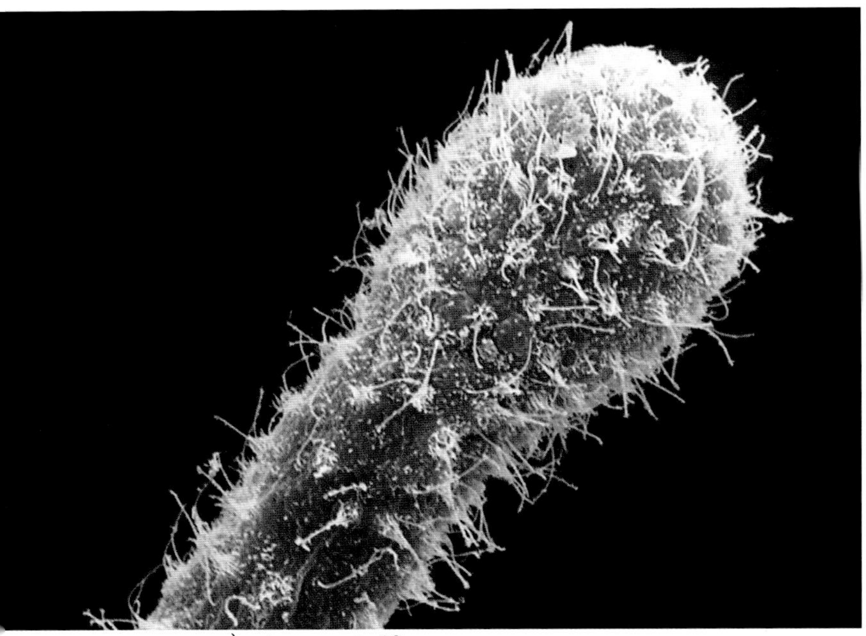

c) 10 µm

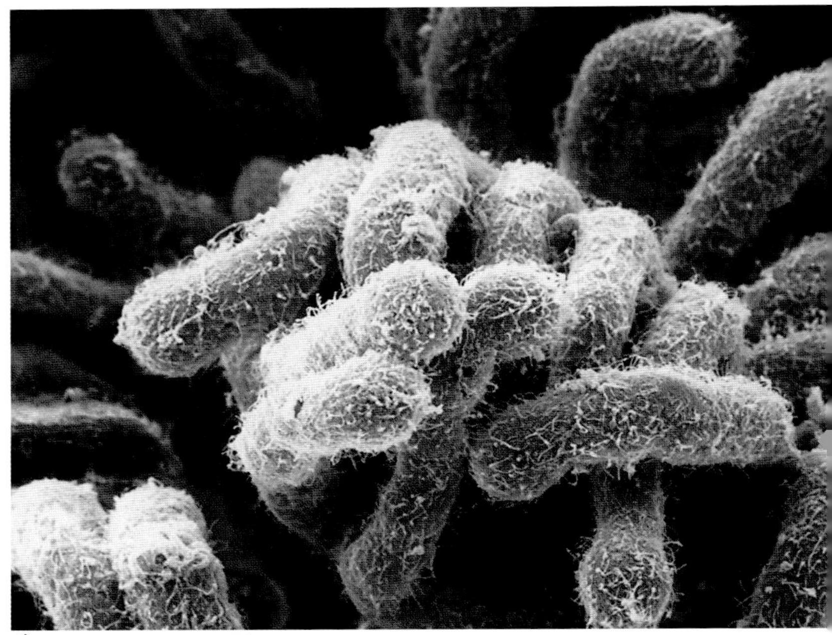

d) 50 µm

e) 20 µm

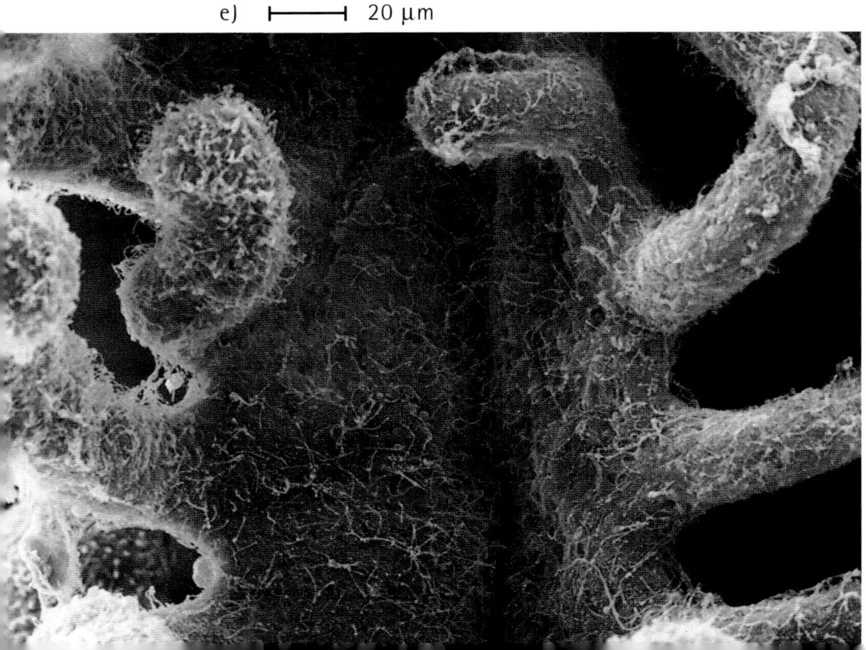

f) 100 µm

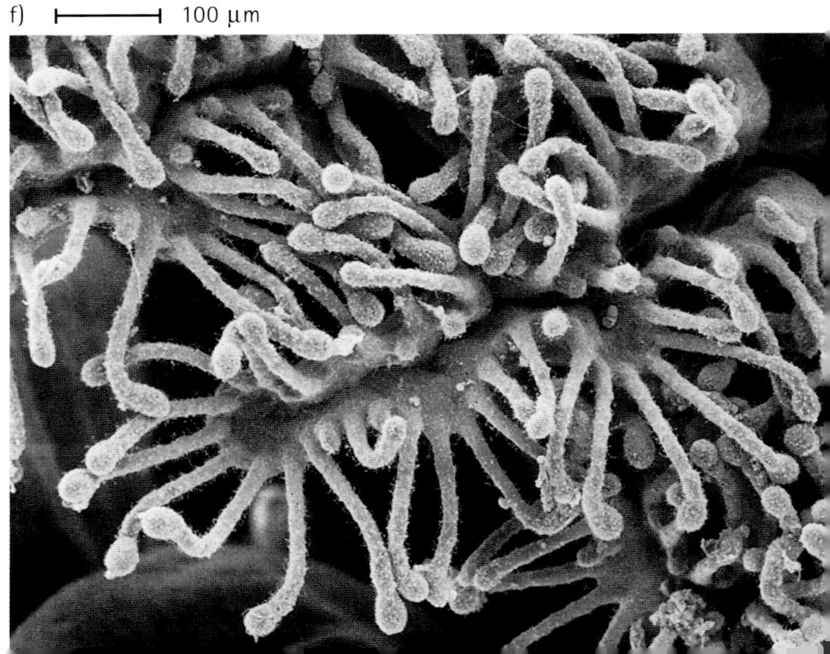

Abb. 2-82: Die Spiegeleiqualle *Cotylorhiza tuberculata* wird meist von jungen Stöckern *(Trachurus mediterraneus)* begleitet. Bei Gefahr flüchten sie zwischen die Mundarme. Dabei müssen sie sich vorsehen, denn immun gegen die Nesselgifte sind die Fische nicht. Mittelmeer, Spanien.

Abb. 2-81: Die Wurzelmundqualle *Phyllorhiza punctata* streckt ihre „Mäuler" millionenfach in das Wasser und versucht, kleine Beutetiere zu fangen (a). Ähnlich den Polypen mit weit ausgestreckten Tentakeln öffnet sie ihre Sekundärmünder, deren Ränder von kreisförmig angeordneten Papillen umgrenzt sind (b). Sie sind an der Spitze keulenförmig verdickt und dicht mit Nesselzellen besetzt (c). Berühren Zooplankter diese Sinneshärchen (Cnidocilien), werden die Nesselkapseln entladen und die Opfer gelähmt. Gleichzeitig biegen sich die Papillen zur Mitte und umklammern ihre Beute im Faustgriff (d). Alle Öffnungen sind durch ein weit verzweigtes System untereinander verbunden und münden in Rinnen (e), die in Sammelkanäle übergehen und zum Magenraum führen (f).
REM-Aufnahmen, Maßstab a: 200 µm, b: 50 µm, c: 10 µm, d: 50 µm, e: 20 µm, f: 100 µm.

Schirmrand (Abb. 2-88). Dort übernehmen wieder die Mundarme den weiteren Transport zum „Magen" (Abb. 2-75 und Abb. 2-78). Der Name Semaeostomae (= Fahnenquallen) stammt von sehr dehnbaren Mundarmen, die fahnenartig ausgezogene Mundlappen des vierkantigen Mundrohrs darstellen. Viele Medusen sind in der Lage, mit der übrigen Außenfläche ihres Körpers Nahrung zu erbeuten (Abb. 2-68). Dies bedeutet, daß die komplette

Abb. 2-83: Die herrlich gefärbte Wurzelmundqualle *Cephea cephea* kommt in den Herbstmonaten, kurz nach Einsetzen der Regenzeit in philippinischen Gewässern, sehr häufig vor. Wie alle Wurzelmundquallen besitzt sie keine Tentakel, doch übernehmen ihre dicht mit Nesselkapseln bestückten Mundarmanhänge diese Funktion. Der Schirm gilt als Delikatesse und wird auf den Philippinen roh oder in Essig mariniert gegessen. Bohol, Philippinen.

Oberfläche mit Nesselzellen bestückt sein muß. In der relativen Verteilung zeigen sich deutliche Unterschiede: Die Tentakel enthalten sehr dicht gedrängte Nesselzellen, während die Schirmunterseite nur schwach bestückt ist. Dennoch konnte in Aquarienexperimenten beobachtet werden, daß Ohrenquallen Heringslarven am Beckenboden erbeuten, die versehentlich gegen ihre Subumbrella schwimmen. Im gleichen Versuch wurde ebenfalls gezeigt, daß sich bei Zugabe von Nahrungsextrakt die Anzahl der Schirmkontraktionen verdoppelt. Hungrige Quallen äußern durch verstärktes Schwimmen ihr stimuliertes Such- und Jagdverhalten [34, 48].

Werden auf der Exumbrella von *A. aurita* Nah-

Abb. 2-84: Wie alle Wurzelmundquallen trägt auch die Sternhimmelqualle *(Phyllorhiza punctata)* ein fein verfilztes System verwachsener Mundarmöffnungen unter dem Schirm. Die winzigen Öffnungen sieben wie ein Sammelfilter kleinste Beutetiere aus dem Wasser. Negros, Philippinen.

rungsorganismen erbeutet, bekommen die Zellen der Exumbrella Unterstützung von epidermalen Schleimzellen. Diese sezernieren ein klebriges Produkt, das die Nahrung einhüllt. Emsiger Cilienschlag transportiert die gleitfähigen Schleimbällchen zur Futterrinne am Schirmrand. Die Mundlappen biegen sich zum Rand, nehmen sie auf und führen sie über „Cilienförderbänder" zum Gastralraum. Dort werden die Beutetiere an die Verdauungszotten angelegt und von ihnen eng umschlungen. Der Transport ist in wenigen Minuten beendet.

Die Tentakel der Scyphozoen durchfischen das Meer sehr effizient nach Beute. Eine große Feuerqualle von einem Meter Durchmesser und 30 m langen Tentakeln kann, rein rechne-

Abb. 2-85: Ein Schwarm Stachelmakrelen (Carangidae) begleitet die Furchenqualle *Versuriga anadyomene*. Sobald Gefahr droht, flitzen die Fische zwischen die Mundarme und manövrieren um ihr Leben, denn sie sind nicht immun gegen die Nesselgifte. Mindanao, Philippinen.

risch, auf einer Strecke von nur 10 m über 7.000 m^3 Wasser durchforsten (vorausgesetzt, die Tentakel werden in einem Winkel von etwa 45 Grad abgespreizt). Dies entspricht dem Wasservolumen von zwei großen Schwimmbädern. Dabei frißt sie so ziemlich alles, was ihr begegnet und einigermaßen verdaulich erscheint. Ihre Freßlust scheint nicht einmal durch nahen Verwandtschaftsgrad gebremst zu werden. Im September können in der Kieler Bucht Feuerquallen beobachtet werden, die zahlreiche Ohrenquallen in ihren Tentakeln gefangen haben (Abb. 2-89).

Bei der Kranzqualle *Linuche* sind die Tentakel extrem kurz (Abb. 2-147) und kaum in der Lage, einen wesentlichen Beitrag zum Beute-

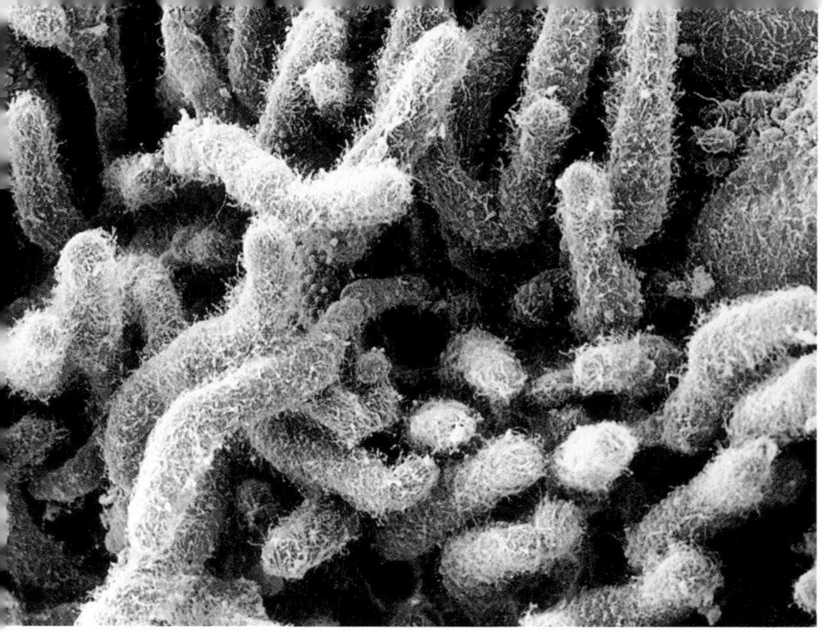

a) 50 μm

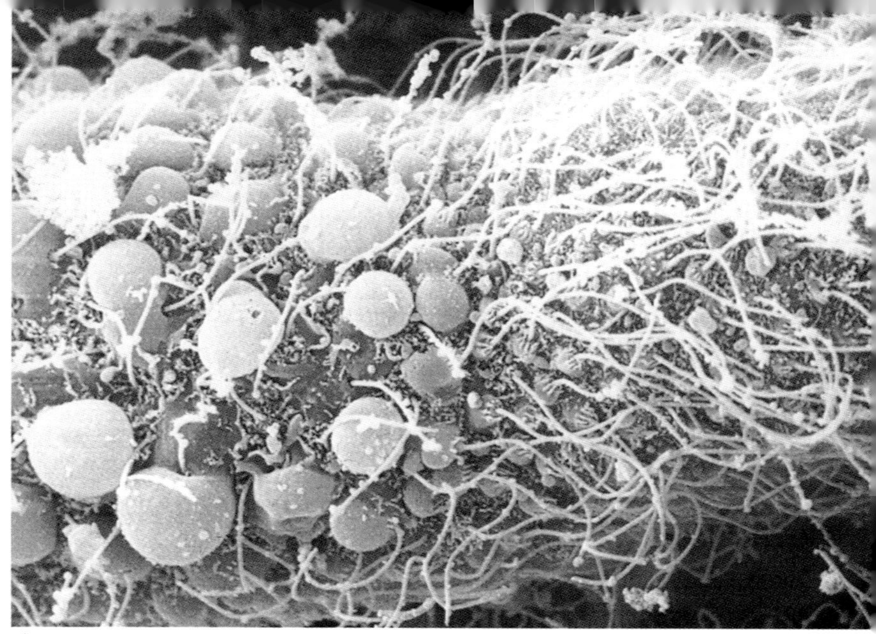

b) 5 μm

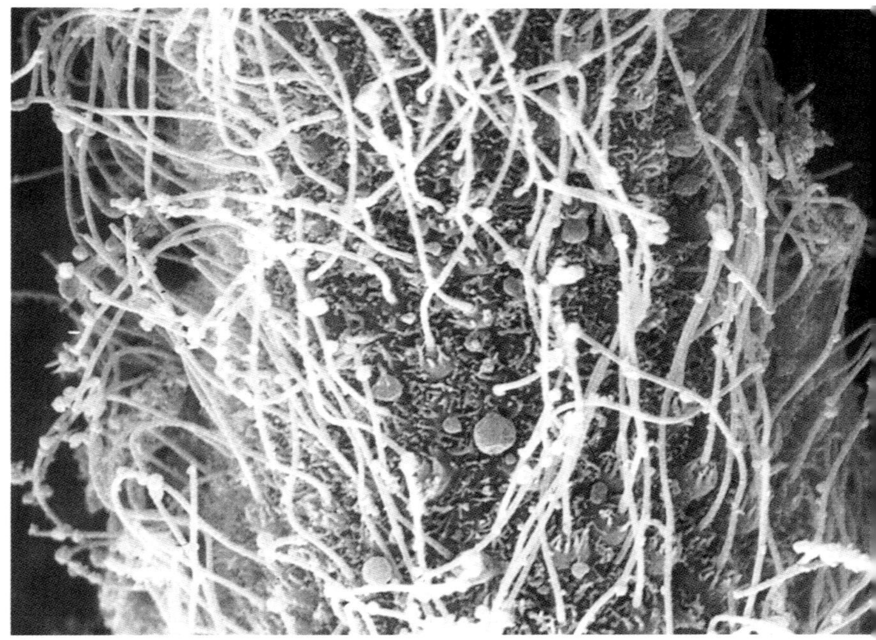

c) 5 μm

d) 5 μm

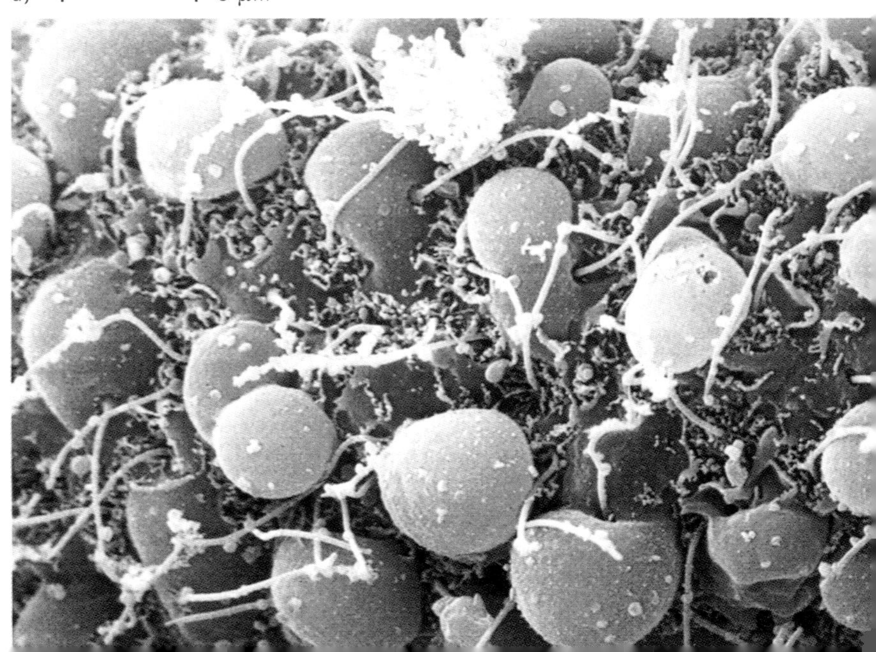

Abb. 2-86: Magen mit Verdauungsfilamenten von der Wurzelmundqualle *Anomalorhiza shawi*. Alle Beutetiere, die den Magen erreichen, müssen eng an die Verdauungsfilamente angelegt werden, damit die Enzyme wirken können (a). Zu diesem Zweck sind die Verdauungszotten funktionell streng geteilt (b). Das obere Ende (apikal) ist von Cilien übersät, die für Transport und Orientierung erbeuteter Zooplankter zuständig sind (c). Im unteren Teil (basal) befinden sich vorwiegend Drüsenzellen, die Enzyme sekretieren und die Nahrung in kleinere Einheiten vorverdauen (d).
REM-Aufnahmen, Maßstab a: 50 μm, b: 5 μm, c: 5 μm, d: 5 μm.

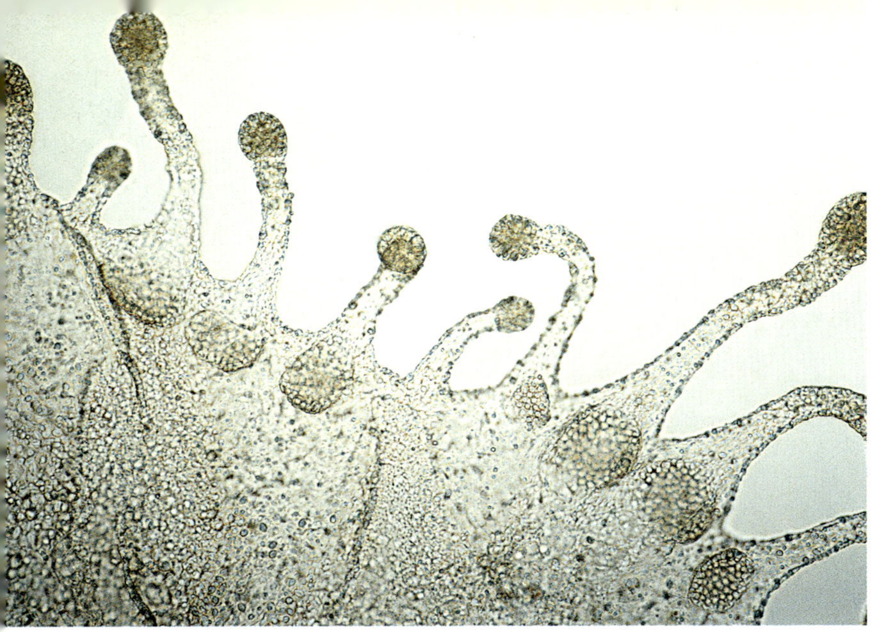

Abb. 2-87: Die Papillen der verwachsenen Mundarme von der Sternhimmelqualle *(Phyllorhiza punctata)* enthalten in der keulenförmigen Spitze viele Nesselzellen. Alle Wurzelmundquallen erbeuten kleine Zooplanktonorganismen, die in Kontakt mit den Sinneshärchen geraten und von giftgefüllten Nesselkapseln gelähmt werden.

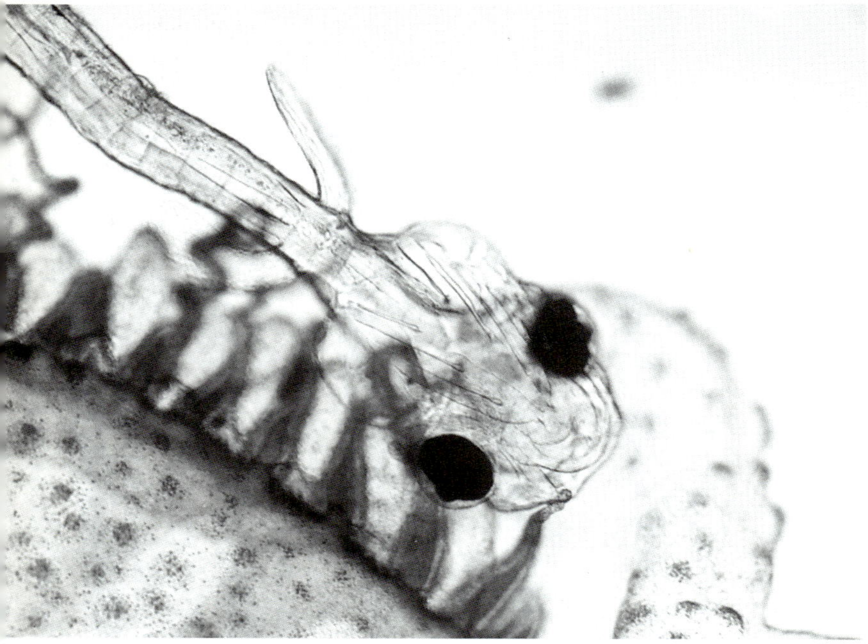

Abb. 2-88: Die Ohrenqualle *Aurelia aurita* hat eine Heringslarve erbeutet. Alle am Fang beteiligten Tentakel sind stark kontrahiert und halten die durch Nesselgifte gelähmte Beute fest, bis sie an die Mundarme übergeben werden kann. Lichtmikroskopische Aufnahme.

fang zu leisten. Sie gleicht diesen Nachteil durch große breite Randlappen aus, deren Oberflächen dicht mit Nesselzellen besetzt sind. Schnelle Schwimmbewegungen sorgen trotz unterentwickelter Tentakellänge für ausreichend viele Chancen, auf Beute zu stoßen.

Die Stielquallen (Stauromedusae) ernähren sich hauptsächlich von kleinen Zooplanktern und Wirbellosen. Sie verzehren Fadenwürmer, Kleinkrebse, allerlei Weichtierlarven und verschmähen nicht einmal Schlangensterne. Wie schaffen sie es, bodenlebende Beute zu ergattern, mit einem Mundrohr, das 2 bis 10 cm über dem Substrat liegt? Die Antwort gibt die besondere Anatomie des Stiels: Dieser ist ungewöhnlich muskulös und ermöglicht eine Biegung des Mundrohres samt Tentakelbüscheln, um die Umgebung nach Beute abzusuchen. Zudem sind viele Arten hemisessil, das heißt, sie können sich bei entsprechenden Reizen ablösen, Nahrung aufnehmen und wieder anheften (Abb. 2-43 und Abb. 2-44).

Hungern ist kein ernsthaftes Problem für Quallen. In Zeiten knappen Futterangebotes stellen *Aurelia* und *Pleurobrachia* (Rippenqualle, Ctenophora) das Wachstum ein oder schrumpfen sogar [49 bis 51]. Bei anschließender Fütterung nehmen sie ihre alten Wachstumsraten wieder auf. Doch es gibt Strategien, um selbst in Notzeiten „leere Mägen" zu vermeiden. *Aurelia*-Ephyren sind in der Lage, die freie Aminosäure Glyzin aufzunehmen [52]. Auch die Hydrozoenmeduse *Tiaropsis multicirrata* zeigt sich nicht einfallslos:

Abb. 2-89: Die Feuer- oder Haarqualle *(Cyanea capillata)* mit vielen Ohrenquallen (*Aurelia aurita*) im Schlepptau (Ostsee). Bisher ist nicht klar, ob die Ohrenquallen sich einfach nur im Tentakelgestrüpp Cyaneas verfangen haben oder die Feuerqualle tatsächlich Aurelien erbeutet und verzehrt.

Im Experiment konnte nachgewiesen werden, daß *T. multicirrata* C^{14}-markierte Stoffwechselprodukte der Braunalge *Fucus* aufnehmen und für ihre Zwecke nutzen kann [53].

Nahrungsaufnahme bei Cubomedusen

Würfelquallen sind äußerst aktive, gefräßige Jäger. Die Voraussetzung dafür sind schnelle Schwimmbewegungen und gut entwickelte Manövrierfähigkeiten. Beide Bedingungen erfüllen die Cubomedusen leicht. Ihr wirkungsvolles energiesparendes Rückstoßprinzip sorgt für große Reichweite. Die vier Pedalien sind hervorragende Ruder, die jede Bewegung im dreidimensionalen Raum exakt ausführen. Das Bild des perfekten Räubers wird vollstän-

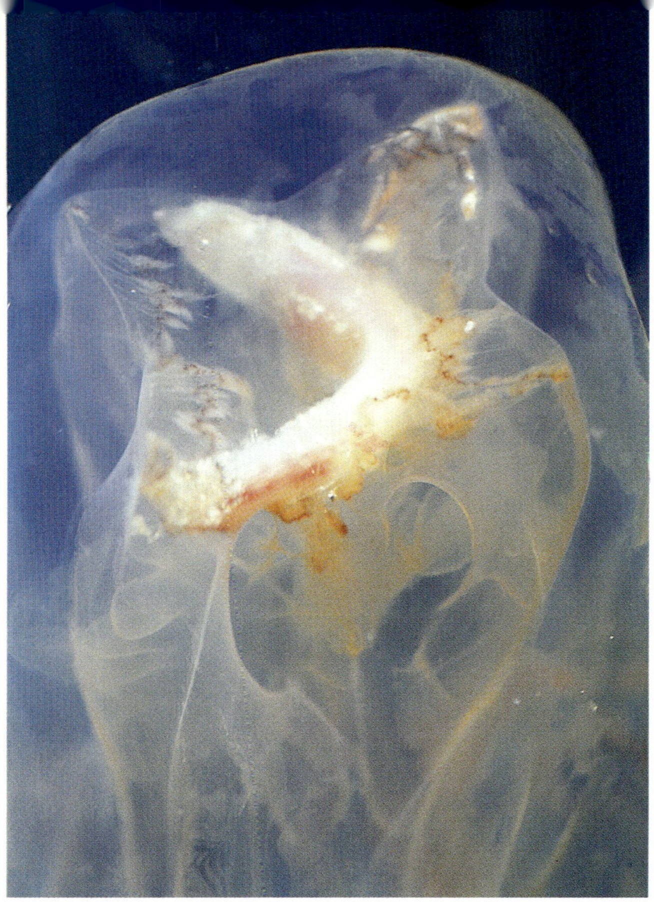

Abb. 2-90: Die Würfelqualle *Chiropsalmus quadrigatus* hat einen etwa heringsgroßen Fisch erbeutet und bereits angedaut. Der Fisch mußte gebogen werden, um noch in den Magen zu passen. Bei Beutetieren dieser Größenklasse wird klar, warum die Nesselgifte sofort lähmend wirken müssen. Die heftige Fluchtreaktion eines solchen Fisches könnte mühelos die feinen Tentakel der Qualle beschädigen oder gar abreißen. Doch so weit kommt es meist nicht mehr...

Abb. 2-91: Eine fünfmarkstückgroße Würfelqualle *(Carybdea sp.)*, die pünktlich zwischen sechs Uhr und acht Uhr morgens auf ihrem Beutezug an der Oberfläche beobachtet werden konnte. Das abgebildete Exemplar ist gerade mit der Eiabgabe beschäftigt. Luzon, Philippinen.

dig, wenn man die gefährlichen Nesselgifte der dicht gepackten Tentakel in Betracht zieht (s. Kap. 2, S. 151ff.). So ausgerüstet, überwältigen sie pelagische Krebse, Garnelen und sogar Fische. Ein ausgewachsenes Exemplar *Chiropsalmus quadrigatus* wurde, kurz nachdem es einen etwa 16 cm langen Fisch erbeutete, von Wissenschaftlern selbst gefangen (Abb. 2-90). Der Fisch war so groß, daß er U-förmig im Gastralraum angelegt werden mußte, um ihn überhaupt verdauen zu können.

Bei *Chironex* und *Carybdea* sind abenteuerliche Verhaltensweisen während der Beutejagd beobachtet worden. Paare beider Arten kooperieren eng zusammen bei der Jagd auf Kleinkrebschen. Sie treiben die Schwärme zusammen wie Schäferhunde eine Herde Schafe. Wenn die Beutetiere dicht genug beieinander sind, schwimmen die Quallen in die Mitte und schöpfen mit ihren Tentakeln aus dem vollen. Besonders aktiv sind die Räuber in der Morgen- und Abenddämmerung nahe der Wasseroberfläche (Abb. 2-91). Nachts können einige Arten mit künstlichen Lichtquellen angelockt werden. Tagsüber halten sie sich in Bodennähe auf. Der Inhalt ihres „Magens" deutet darauf hin, daß sie auch während dieser Zeit fressen.

Nahrungsaufnahme bei Hydromedusen

Das Freßverhalten der Hydromedusen unterscheidet sich nur gering von dem der Scyphomedusen. Sie sind weniger aktiv, schwimmen langsamer, und ihr Verhalten gleicht dem lauernder Räubern. Größere Arten können neben dem üblichen Spektrum auch Flohkrebse, Pfeilwürmer oder Fischlarven erbeuten (Abb. 2-76, Abb. 2-92 und Abb. 2-93) [54].

Exkretion und Osmoregulation

Die Quallen besitzen kein unabhängiges, geschlossenes Kreislaufsystem wie höhere Tiere. Durch den Magenraum gelangen Nährstoffe an fast jeden Ort. Stoffwechselendprodukte werden von den Zellen einfach ausgeschleust und weggespült. Die Mundöffnung erledigt die Grobarbeit und gibt größere, unverdauliche Nahrungsteile nach außen ab. Völlig unproblematisch ist die Entsorgung bei den Quallen jedoch nicht: Besonders bei großwüchsigen Scheibenquallen, die ein ungünstiges Oberflächen-Volumen-Verhältnis aufweisen, könnten sich ernsthafte Schwierigkeiten einstellen. Doch im Nesseltier-Bauplan ist bereits eine Lösung vorgesehen. Das Gastrovaskularsystem mit seinen fein verzweigten Radialkanälchen und einem Radiärkanal (kann bei manchen Arten fehlen) versorgt sehr effizient selbst Randbereiche größter Medusen. Die Verbindungen und Verschmelzungen (Anastomosen) einzelner Kanäle mit dem Gastralraum, dem Radiärkanal und anderen Radialkanälen ist bei den schwer unterscheidbaren Wurzelmundquallen wichtige Identifikationshilfe.

Auch der Gasaustausch wird durch die besondere Anatomie der Quallen erleichtert. Sauer-

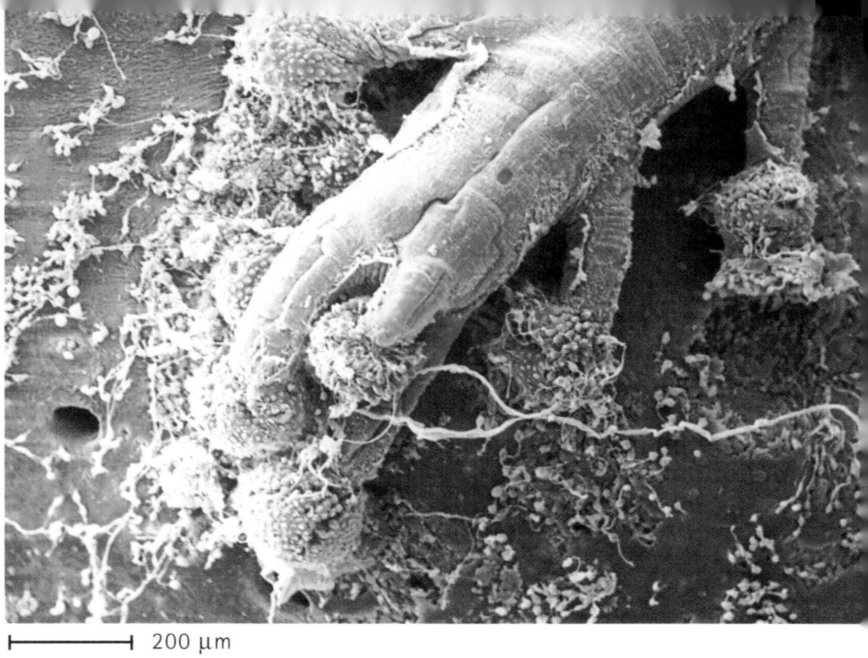

Abb. 2-92: Die staatenbildende Anthomeduse *Porpita porpita* hat mit ihren Dactylozooiden eine Fischlarve erbeutet. Die Tentakelköpfchen werden durch die Entladung vieler hundert Nesselkapseln auf der Oberfläche verankert. Ihr Gift lähmt das Opfer.
REM-Aufnahme: Maßstab 200 µm.

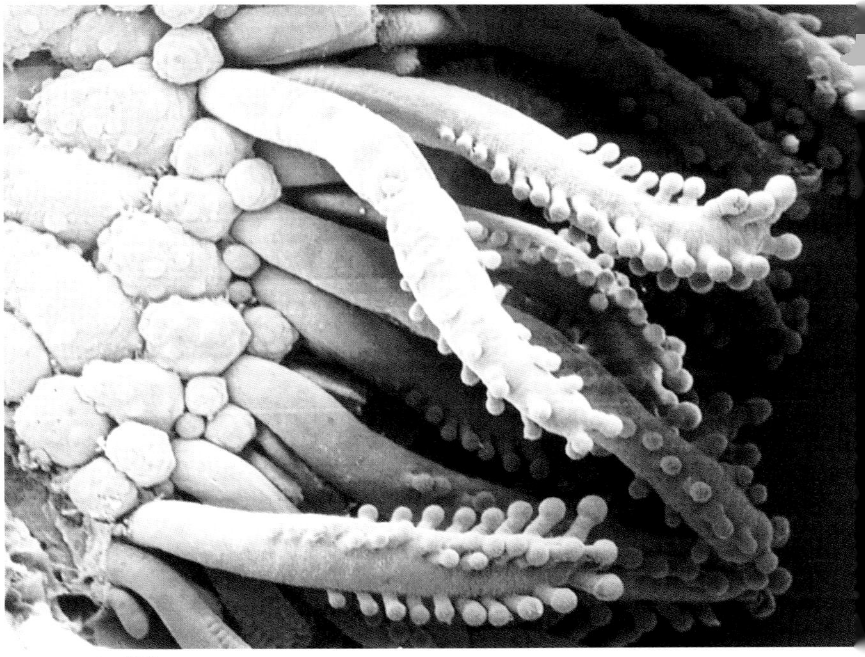

Abb. 2-93: Unterseite des Schwimmfloßes von *Porpita porpita*. Die Kolonie enthält zentrale Gastrozooide (Verdauungspolypen) und randständige Dactylozooide (Fangpolypen).
REM-Aufnahme: Maßstab 500 µm.

stoff diffundiert über extrem kurze Wege einfach in die Zellen des Ekto- und Entoderms. Mit stickstoffhaltigen Abfallprodukten wird umgekehrt verfahren: Besonders Ammonium diffundiert entweder gleich nach außen oder in das Gastrovaskularsystem und wird dann entsorgt [36].

Nesselzellen

An einem strahlenden warmen Frühjahrsmorgen badet eine Gruppe Kinder im trüben Wasser des Adelaide River in der Nähe von Darwin (Australien). Die 6jährige Susan war gerade in hüfttiefes Wasser gelaufen, als sie plötzlich gellend aufschreit. Die anderen eilen ihr sofort zu Hilfe, doch Susan hört sie bereits nicht mehr. Am Ufer kann nur noch ihr Tod festgestellt werden. Ein Arzt notiert gerötete, peitschenähnliche Verletzungen im Unterbauchbereich. Was war geschehen?

Das Kind hatte Kontakt mit einem der giftigsten Meerestiere überhaupt, mit *Chironex fleckeri* (Abb. 2-94 und Abb. 2-95), der Australischen Seewespe. Der Unfall läßt viele Fragen offen. Wieso ist die Giftwirkung so stark, daß selbst hundertfach größere Organismen in Sekundenschnelle getötet werden? Welche biologischen, chemischen und physikalischen Vorgänge ermöglichen die Bildung eines solch wirkungsvollen Waffensystems?

Die Antwort gibt eine der spektakulärsten Entwicklungen auf Zellebene: Nesselzellen (Nematocyten) oder Cnidocyten. Diese typischen Charakteristika aller Nesseltiere sind hochspezialisierte Zellen mit außergewöhnlichen Fähigkeiten. Sie sind in der Lage, das komplizierteste uns bekannte Sekret im Tierreich zu bilden: die Nesselkapseln (Nematocysten, Cnidocysten oder Cniden). Ihr Nesselschlauch wird, nach entsprechenden Signalen, mit ungeheuren Energien ausgeschleudert und durchschlägt die Oberfläche von Beutetieren. Dabei werden Gifte freigesetzt, die die wichtigsten funktionellen Einheiten der Opfer blockieren oder sogar zerstören (Abb. 2-96).

Berichte über Quallenverletzungen sind rar. Dennoch wurden in einem Zeitraum von 25 Jahren an der australischen Nordostküste allein mehr Menschen durch Quallen getötet als weltweit durch Haie. Von Mitte des 18. Jahrhunderts bis 1960 wurden genau 502 Berichte von Quallenverletzungen in der ganzen Welt gesammelt, davon endeten 46 tödlich [55]. Für Australien allein werden bis 1993 insgesamt 61 und weltweit 72 Todesfälle durch die Seewespe *(Chironex fleckeri)* und ihre engen Verwandten (Chirodropida) beschrieben [56]. Auf den Philippinen wissen Fischer um die Gefahren durch Quallen. Sie können häufig von Todesfällen berichten und Narben vorzeigen (Abb. 2-123 bis 2-126). Leider gehen diese Fälle nicht in offizielle Statistiken ein, denn auf dem Philippinischen Archipel braucht kein Totenschein vorzuliegen, um jemanden beerdigen zu können. Nach eigenen Schätzungen dürfte die Dunkelziffer tödlicher Quallenverletzungen, von denen hauptsächlich Kinder betroffen sind, im indopazifischen Raum eine zweistellige Zahl pro Jahr erreichen.

Abb. 2-94: Aquarienaufnahme der gefürchteten Seewespe *Chironex fleckeri*. Gerade hat sie einen 10 cm langen Fisch mit ihren extrem starken Nesselgiften gelähmt, und die Tentakel befördern ihn zum Mundrohr. Im Magen wird er an die Verdauungszotten angelegt und innerhalb weniger Stunden verdaut.

Morphologie und Genese der Nesselzellen

Ganz neu im Tierreich sind Zellelemente, die ausgestoßen oder entladen werden, nicht. Schon Einzeller (Protozoa), wie zum Beispiel der häufige Ciliat *Paramecium*, haben Strukturen entwickelt, die in Bau und Funktion an Nesselkapseln erinnern (Abb. 2-97). Sie sind fähig, sogenannte Extrusome (Vesikel, die ihren Inhalt nach außen abgeben können) zu bilden, die sich nach bestimmten mechanischen, chemischen oder elektrischen Stimuli in weniger als einer Sekunde entladen [57]. Interessant ist, daß die Extrusome artspezifisch sind. Ihre Vielfalt erreicht nicht ganz die der

Abb. 2-95: Die Seewespe *Chironex fleckeri* wird so groß wie ein Fußball. Ihre mehr als 60 Tentakel werden voll ausgestreckt über 3 m lang. Aufgrund ihrer auch für den Menschen hochtoxischen Nesselgifte herrscht an den schönsten Stränden Nordostaustraliens von Oktober bis Mai Alarmbereitschaft bei den Lebensrettungsorganisationen. Die Surf Live Saving Association Queensland (SLSQ) kann aktuelle Informationen über Vorkommen, Erste Hilfe und Schutzmaßnahmen gegen Quallennesselungen geben.

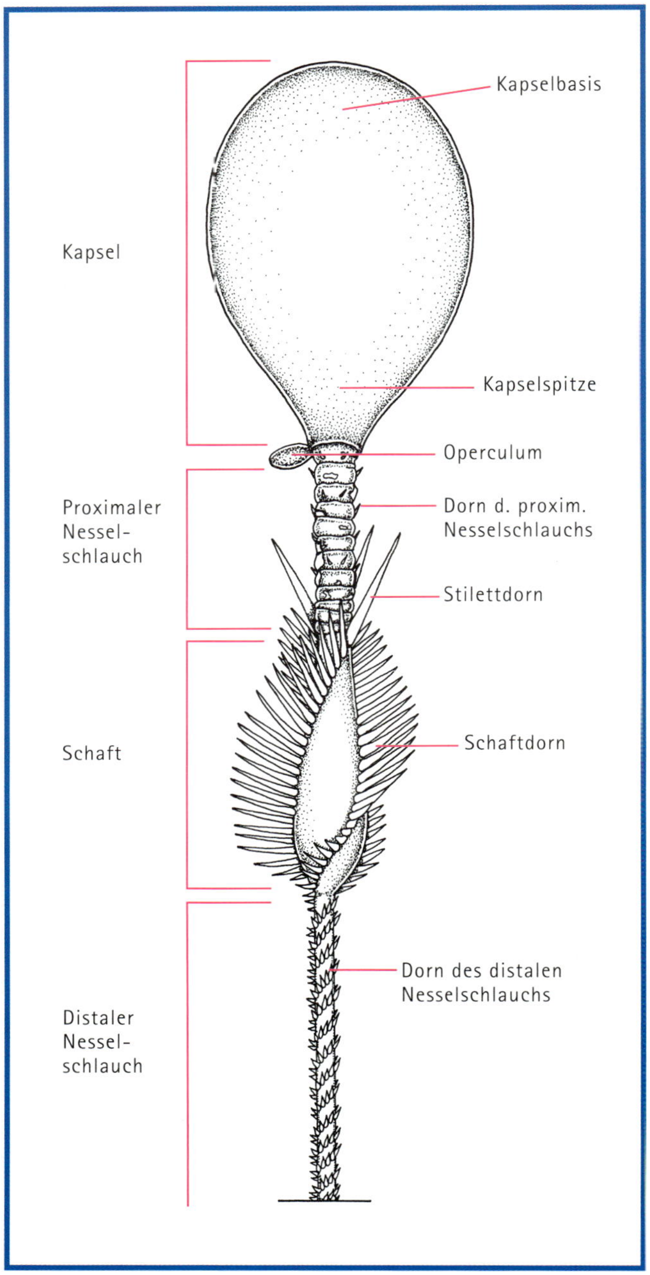

Abb. 2-96: Charakteristischer Aufbau einer entladenen Nesselkapsel.

Nesselkapseln: Etwa ein Dutzend verschiedener Extrusome sind bekannt. Ihre Funktionen sind allerdings eindeutig. Die Toxicysten einiger Ciliaten und Flagellaten (Protozoa) werden zum Beutefang und zur Verteidigung eingesetzt. Dabei wird der innere Schlauch teleskopartig verlängert oder wie bei den Nesseltieren ausgeschleudert. Das Toxin lähmt oder tötet die Opfer. Die harmloseren Trichocysten enthalten Proteine, die Räuber abschrecken sollen (Abb. 2-98). Mucocysten ähneln den Trichocysten und unterstützen mit ihren Schleimsekretionen vermutlich die Fortbewegung von Flagellaten und Ciliaten. Bei all diesen ausgefeilten Techniken gerät leicht in Vergessenheit, daß der gesamte Organismus aus einer einzigen Zelle besteht.

Van Leuwenhoek sah 1704 zum ersten Mal die merkwürdigen Sekretprodukte bei dem Süßwasserpolypen *Hydra* und bezeichnete sie als Verteidigungswaffen. Es sollte mehr als 100 Jahre dauern, bevor Doyère (1842) den Entladungsprozeß in richtigen Zusammenhang brachte und den Nesselschlauch als Ausstülpung der Kapsel beschrieb.

In der Literatur werden, je nach Autor, zwischen 25 und 30 Nesselkapseltypen unterschieden (Abb. 2-99). Die Merkmale betreffen im wesentlichen den Feinbau des Nesselschlauchs und die Kapselform. Bis heute beruht die Klassifikation noch auf den hervorragenden Arbeiten des französischen Biologen Weill. Es stand ihm bei seinen Forschungen vor dem zweiten Weltkrieg noch kein Rasterelektronenmikroskop zur Verfügung, so daß es für ihn mitunter schwierig war, die Strukturen der 3 µm bis 100 µm großen Kapseln und deren Schläuche im lichtmikroskopischen Bild zu interpretieren. Moderne Arbeiten lassen vermuten, daß die gültige Nesselkapselsystematik in naher Zukunft noch ergänzt wird (Abb. 2-100, Tab. 2-2).

Die Anzahl der Kapseltypen ist ungleich verteilt. Hydrozoen verfügen über die breite Vielfalt von 23 verschiedener Typen, von denen 17 nur bei ihnen anzutreffen sind. Die anderen beiden Klassen, Scyphozoa und Cubozoa, haben vier bzw. sechs verschiedene Nesselkapseltypen, allerdings keine, die nur exklusiv bei ihnen vorkommen [63]. Die einfachsten Nesselkapseln sind bei den Octocorallia (Anthozoa) zu finden.

Die Nesselzellen differenzieren sich bei den Hydrozoen aus den sogenannten interstitiellen Zellen (I-Zellen), bei den Scypho- und Cubozoen aus Amoebocyten („Wanderzellen"). Beide Zelltypen können den gerade benötigten Zelltyp, z. B. Nessel-, Keim- oder Nervenzelle bilden.

Da die Nesselzellen durch den Nahrungserwerb aufgebraucht werden, muß ständig für Nachschub gesorgt sein. Strenggenommen sind die Nesseltiere hauptsächlich mit der aufwendigen Produktion von Nesselzellen beschäftigt. Schon beim einfach gebauten *Hydra*-Polypen sind von rund 100.000 Zellen ein Viertel reife, funktionstüchtige Nesselzellen und nochmal 40 % auf dem Weg, heranzureifen. Fast zwei Drittel aller Zellen eines *Hydra*-Polypen sind also Nesselzellen.

Die Differenzierung der I-Zelle oder Amoebocyte zur funktionstüchtigen Nesselzelle ist ein

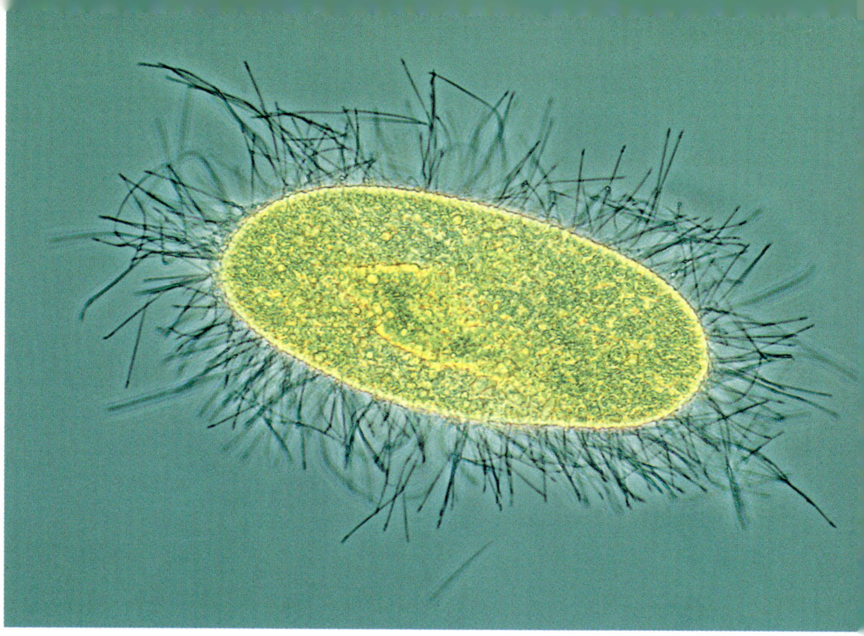

Abb. 2-97: Der zu den Einzellern (Protozoa) zählende Ciliat *Paramecium* hat entladungsfähige Organellen (Extrusome), deren Inhalt er im Verteidigungsfall tausendfach ausstößt. Die Trichocysten können in fünf bis acht Stunden wieder ersetzt werden. Sie erinnern in Aufbau und Funktion an die Nesselkapseln der Cnidaria.
Vergrößerung 500fach.

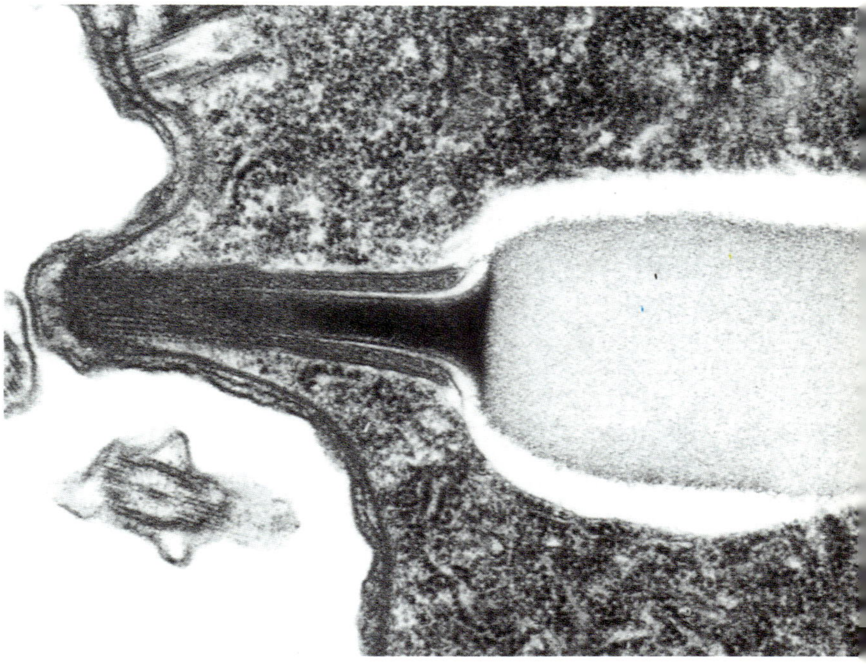

Abb. 2-98: Längsschnitt einer Trichocyste von dem Einzeller *Paramecium*. Zur Entladung verschmilzt die Trichocystenmembran mit der Zellmembran und stößt den Inhalt in Millisekunden nach außen. TEM-Aufnahme.

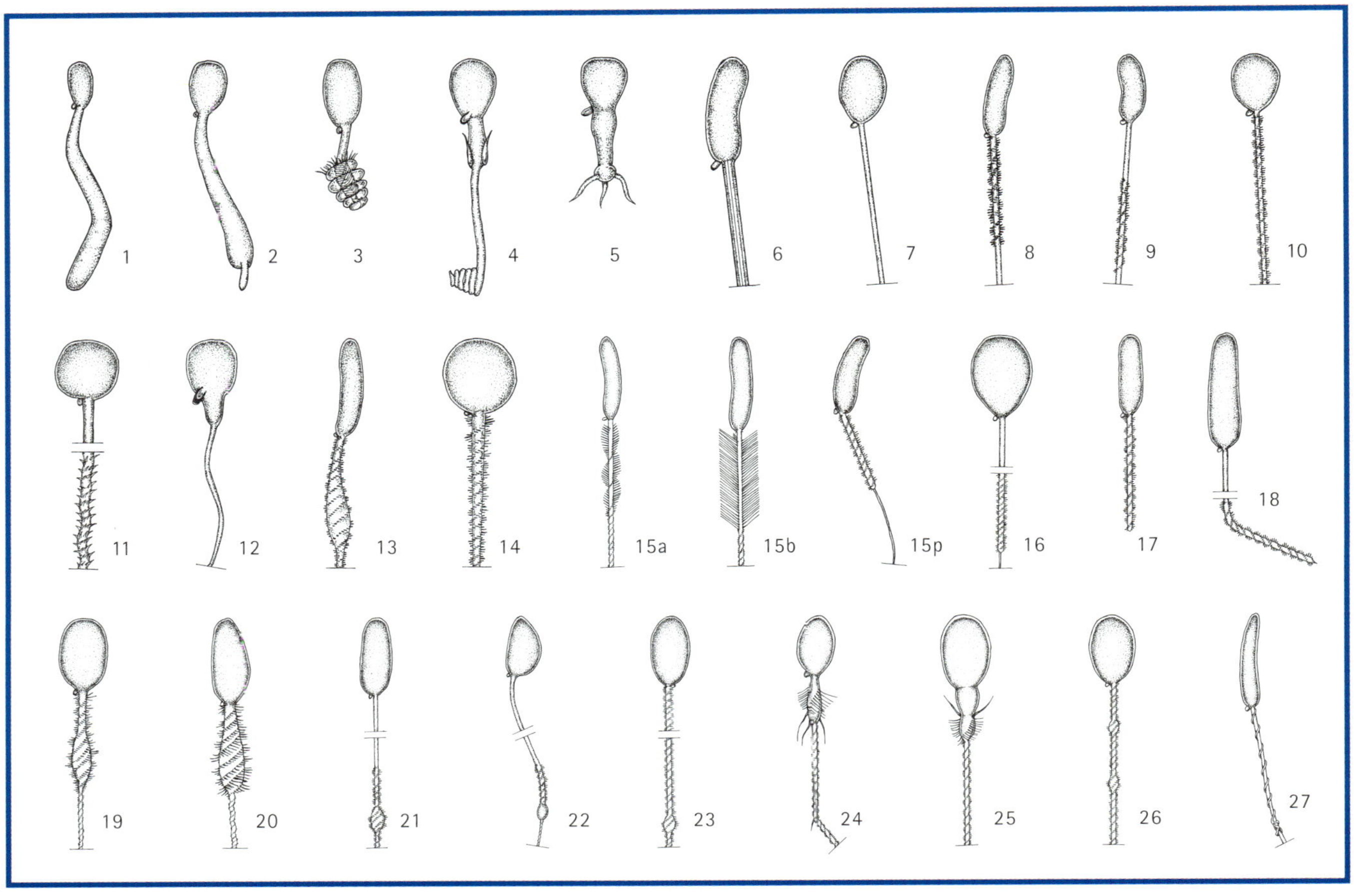

Abb. 2-99: Illustration bekannter Nesselkapseltypen und Spirocyste der Nesseltiere (Cnidaria). Dargestellt sind die entladenen Kapseln. Die Kapselform und -größe kann stark variieren und ist hier nicht berücksichtigt.

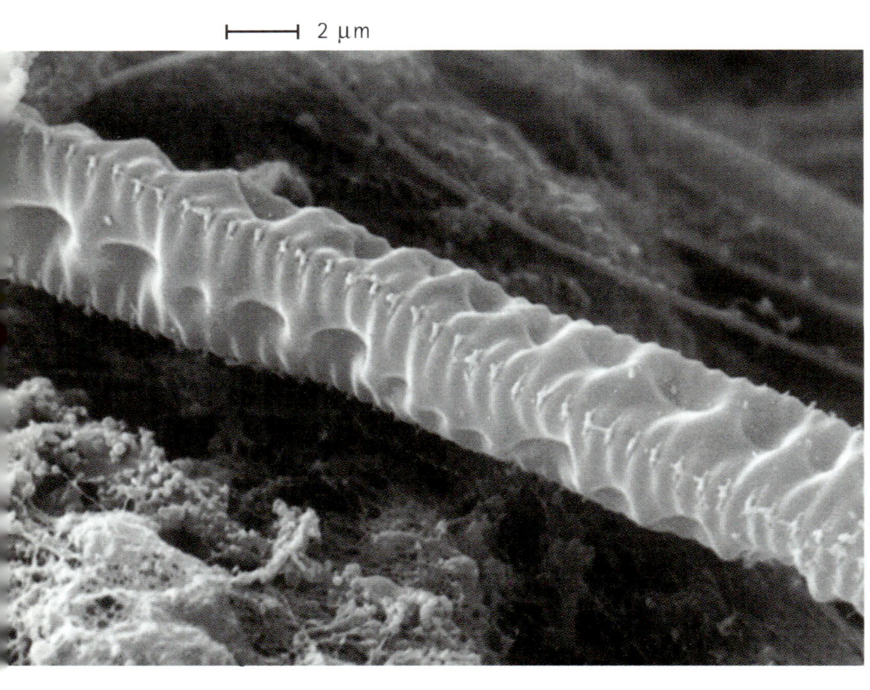

langer, komplizierter Prozeß (Abb. 2-101 und Abb. 2-102). Zunächst werden die an der Synthese beteiligten Zellorganellen aktiv. In dieser ersten Phase nehmen das endoplasmatische Reticulum (ER) und der Golgi-Apparat

Abb. 2-100: Lange wurde dieser Nesselkapseltyp der Portugiesischen Galeere *Physalia utriculus* als „dornenlos" bezeichnet. Im lichtmikroskopischen Bild ist die feine Bedornung nicht zu erkennen, doch die präzise Auflösung des Rasterelektronenmikroskops macht sie sichtbar. REM-Aufnahme, Maßstab: 2 µm.

Tab. 2-2: Klassifikation der Nesselkapseltypen und der Spirocyste bei Nesseltieren.

I. Nesselkapsel (Nematocyste)	Definition	Vorkommen	Typ
Astomocnide	Nesselschlauch ohne Öffnung an der Spitze (terminal)		
Rhopaloneme	Nesselschlauch keulenförmig verdickt		
▪ Anacrophore	ohne wurmförmigen Fortsatz am Schlauchende	Hydrozoa	1
▪ Acrophore	mit wurmförmigem Fortsatz am Schlauchende	Hydrozoa	2
Desmoneme	Schlauch spiralig aufgewunden und verdickt	Hydrozoa	3
Spirotele	Nesselschlauch am Schaft mit drei Dornen und kurzem, spiralig aufgewundenem Ende	Hydrozoa	4
Aspirotele	Nesselschlauch auf Schaft reduziert, mit drei Dornen	Hydrozoa	5
Ptychoneme	Nesselschlauch längs gefaltet	Anthozoa	6
Stomocnide	Nesselschlauch mit Öffnung an der Spitze (terminal)		
Haploneme	Nesselschlauch ohne Schaft		
Isorhiza	Nesselschlauch auf ganzer Länge gleich dick (isodiametrisch)		
▪ atriche Isorhiza	Nesselschlauch auf ganzer Länge unbedornt	alle Klassen	7
▪ basitriche Isorhiza	Nesselschlauch an der Basis mit Dörnchen	Cubozoa Hydrozoa Anthozoa	8
▪ merotriche Isorhiza	Nesselschlauch im Zwischenteil nahe der Basis mit Dörnchen	Hydrozoa	9
▪ holotriche Isorhiza	Nesselschlauch auf ganzer Länge mit Dörnchen	alle Klassen	10
▪ apotriche Isorhiza	Nesselschlauch nur am Ende mit Dörnchen (distal)	Hydrozoa	11
Anisorhiza	Nesselschlauch an der Basis dicker als an der Spitze, auch keulenförmig verdickt		
▪ atriche Anisorhiza	Nesselschlauch ohne Dörnchen	Hydrozoa	12
▪ homotriche Anisorhiza	Nesselschlauch auf ganzer Länge mit gleichlangen Dörnchen	Hydrozoa	13
▪ heterotriche Anisorhiza	Nesselschlauch mit Dörnchen, an der Fadenbasis sind die Dörnchen länger	Hydrozoa	14
Heteroneme	Nesselschlauch mit abgesetztem Schaft, oder Schaft ohne Faden		
Rhabdoide	Nesselschlauch von gleicher Dicke (isodiametrisch)		
a) Mastigophore	Schaft verjüngt sich in einen dünnen Nesselschlauch		
▪ microbasische Mastigophore	Schaft kurz, ≤ dreifache Kapsellänge Schaftdornen spiralig (a) b-Mastigophore: Schaftdornen gerade, Schaft geht allmählich in den Nesselschlauch über (b) p-Mastigophore: Schaft geht abrupt in Nesselschlauch über (p)	alle Klassen	 15 a 15 b 15 p

Tab. 2-2: Klassifikation der Nesselkapseltypen und der Spirocyste bei Nesseltieren (Fortsetzung).

I. Nesselkapsel (Nematocyste)	Definition	Vorkommen	Typ
▪ macrobasische Mastigophore	Schaft lang, ≥ vierfache Kapsellänge	Hydrozoa	**16**
b) Amastigophore	Schaft ohne Faden		
▪ microbasische Amastigophore	Schaft kurz, ≤ dreifache Kapsellänge	Anthozoa	**17**
▪ macrobasische Amastigophore	Schaft lang, ≥ vierfache Kapsellänge	Anthozoa	**18**
Rhopaloide	Schaft keulenförmig, Nesselschlauch verschieden dick (anisodiametrisch)		
a) Eurytele	Schaft am vorderen Ende erweitert (distal)		
▪ microbasische Eurytele	Schaft kurz, ≤ dreifache Kapsellänge homotrich = Dörnchen am Schaft gleich lang heterotrich = Dörnchen am Schaft ungleich lang	Scyphozoa Cubozoa Hydrozoa	 **19** **20**
▪ macrobasische Eurytele	Schaft lang, ≥ vierfache Kapsellänge telotrich = nur Endteil mit Dörnchen merotrich = Zwischenstück mit Dörnchen besetzt holotrich = auf ganzer Länge mit Dörnchen besetzt	Hydrozoa	 **21** **22** **23**
b) Semiophore	Nesselschlauch an einer Knickstelle abgebogen und mit einem kräftigen Dorn versehen	Hydrozoa	**24**
c) Stenotele	Schaft an der Basis erweitert, an der Spitze (distal) mit drei Stilettdornen	Cubozoa Hydrozoa	**25**
Birhopaloide	Schaft mit zwei Verdickungen, hantelförmig	Hydrozoa	**26**
II. Spirocyste	Kapselschlauch mit Quellfaden	Anthozoa	**27**

(GA) einen Großteil des Zellvolumens ein. Das ER und der GA, gewissermaßen die Konstrukteure der Nesselkapsel, arbeiten Hand in Hand. Das ER produziert Protein- und Lipidbausteine, die vom GA chemisch weiter verändert, komplettiert und zum Aufbau der Nesselkapsel samt Schlauch verwendet werden (Abb. 2-102). Kurz danach sind die Syntheseleistungen der beiden Organellen sichtbar, denn die Kapselwand ist schon in der Zelle zu erkennen. Sie ist ein wesentliches Element in der komplexen Nesselkapselentwicklung, denn erst ihre mechanische Stabilität ermöglicht den Aufbau hohen osmotischen Drucks, wie er zur Entladung benötigt wird.

Die Arbeiten von Holstein und Mitarbeitern [65, 66] haben gezeigt, daß die innere Wand aus einer neuen Klasse von Kollagenen besteht, den sogenannten Minikollagenen. Sie unterscheiden sich von bekannten Kollagenen

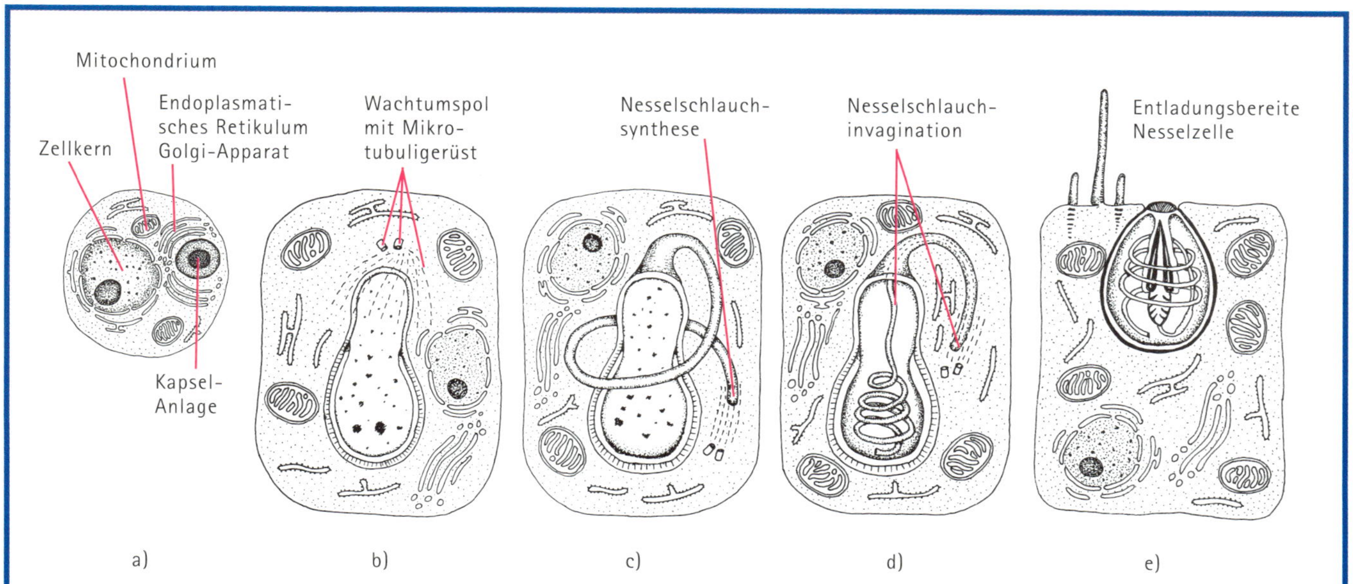

Abb. 2-101: Entstehungs- und Reifeprozeß einer Nesselzelle. Die Morphogenese beginnt im sogenannten Cnidoblasten (a). Die junge Zelle ist durch gut entwickeltes endoplasmatisches Retikulum und den Golgi Apparat charakterisiert. In diesem Bereich wird die kugelförmige Kapselanlage synthetisiert. Außerhalb der Kapsel beginnt der Aufbau des Nesselschlauchs (b), dabei gestaltet das Mikrotubuligerüst die zukünftige Kapselform. Sobald der Nesselschlauch vollständig entwickelt ist (c), beginnt die Einstülpung (Invagination, d). Noch bevor die Kapsel fertig ausgereift ist, wird sie zum Einsatzort transportiert. Die an der Oberfläche positionierte Zelle ist zur Entladung bereit (e).

vor allem durch charakteristische Cysteinmuster, über die eine starke intermolekulare Vernetzung (Schwefel-Doppelbrücken) möglich wird. Diese molekularen Verbindungen schaffen die Voraussetzung für die außergewöhnlich hohe Reißfestigkeit, die der von Stahl gleichkommt.

Die Kapselwand ist mit 1 µm noch relativ dick und wird im Laufe der weiteren Ausdifferenzierung auf etwa ein Fünftel reduziert (Abb. 2-102 f). Sie besteht aus zwei Schichten: eine dünne äußere Schicht, die auch den Deckel, das Operculum, bildet. Es handelt sich um eine Art Stopfen, der die Kapseln im Ruhestadium verschließt. Nach entsprechender Stimulation klappt das Operculum explosionsartig auf und gibt die Kapselöffnung frei. Die chemische Natur der äußeren Kapselwand zeigt, daß sie aus hochmolekularen Polypeptiden aufgebaut ist. Die innere Wand ist knapp 0,2 µm dick und setzt sich in den Nesselschlauch fort. Im frühen Stadium der Kapselentwicklung liegt der Schlauch noch außerhalb der Kapsel und wird „vormontiert". Bis zu diesem Zeitpunkt ist der Schlauch nackt, Häkchen oder stilettartige Fortsätze fehlen. Die Feinfertigung der Bedornung erfolgt erst später in der Kapsel selbst. Obwohl der Nesselfaden noch nicht seine End-

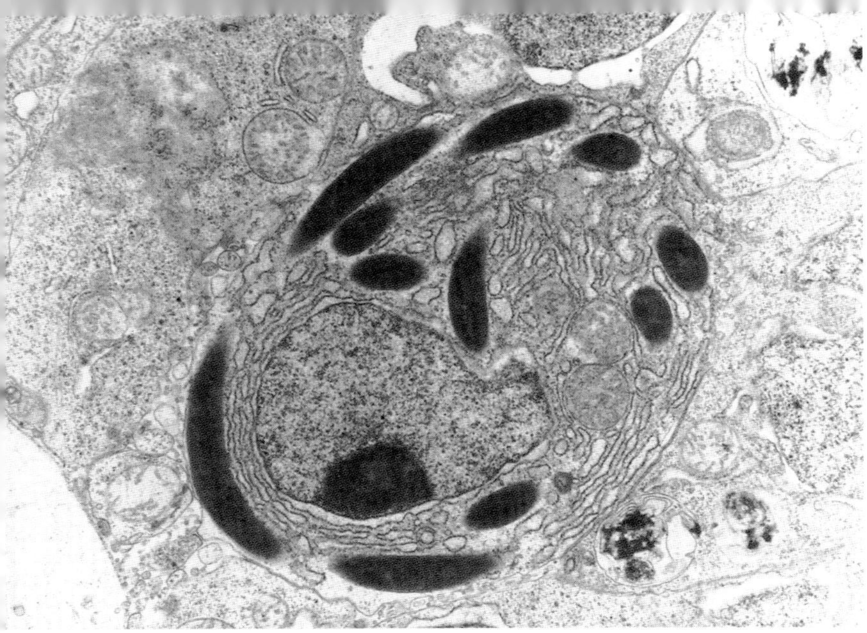

a)

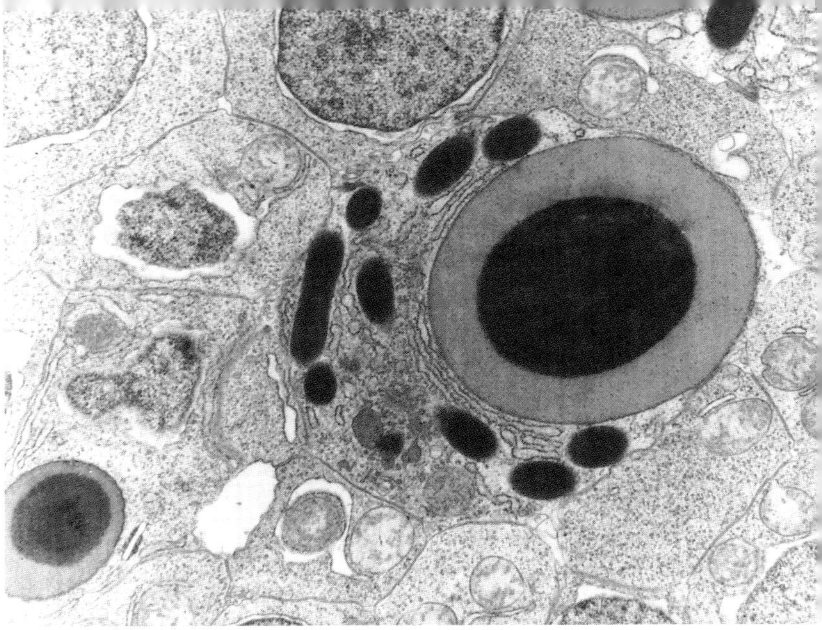

b)

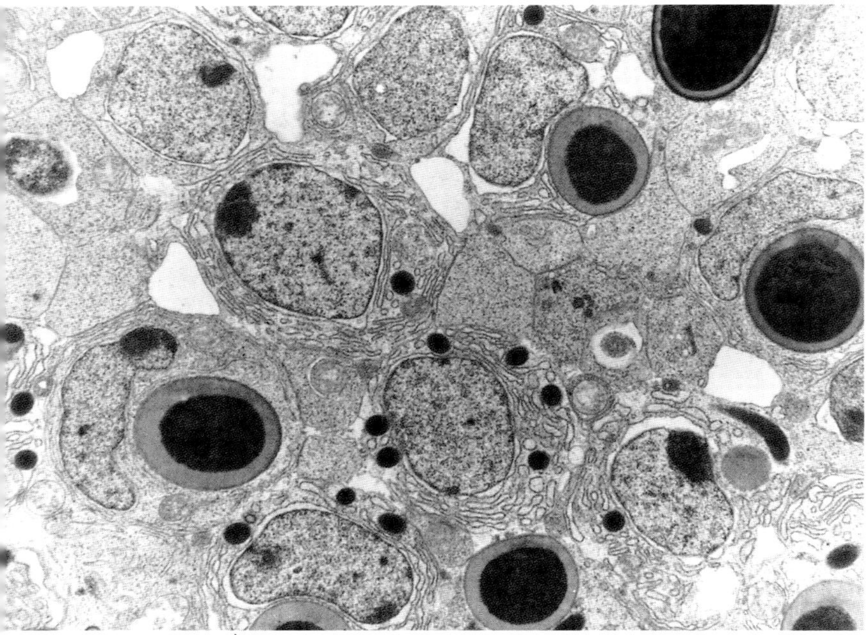

c)

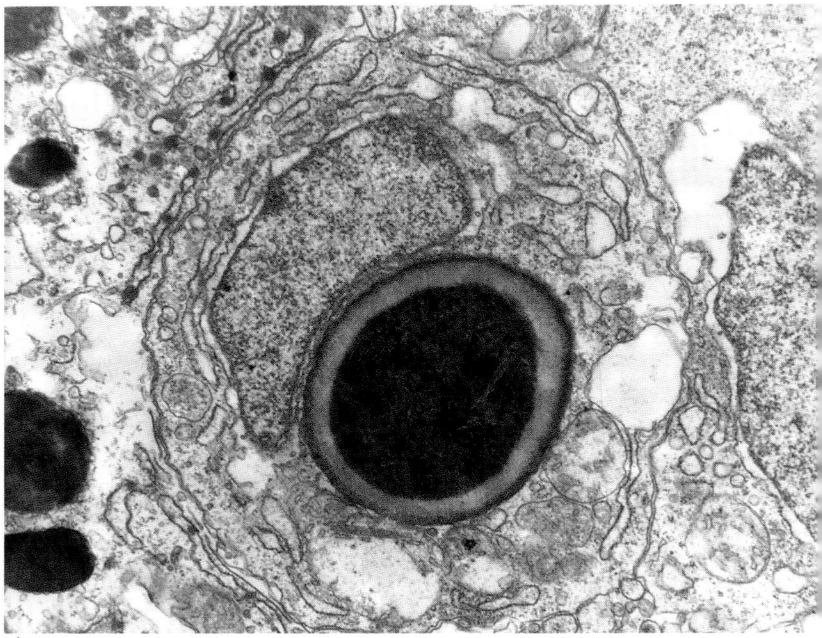

d)

e)

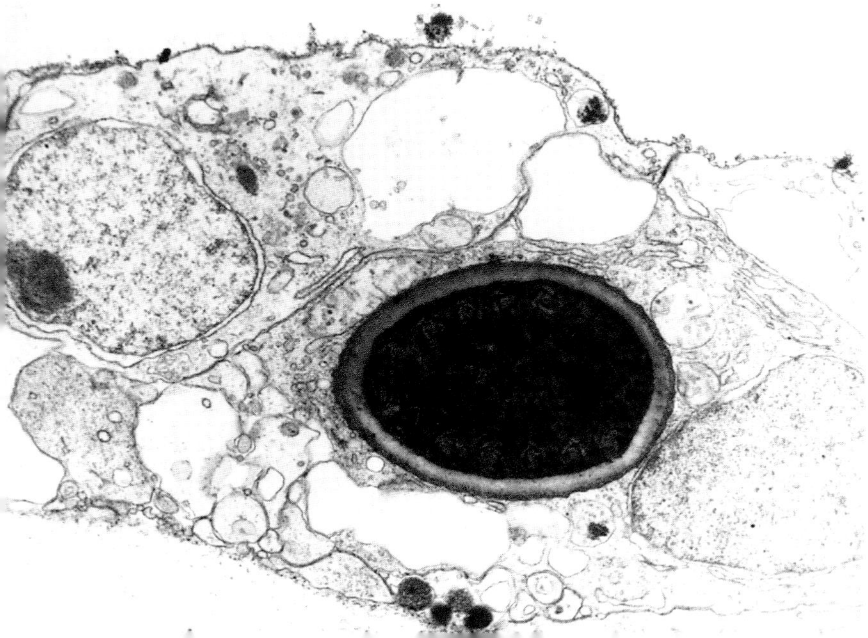

f)

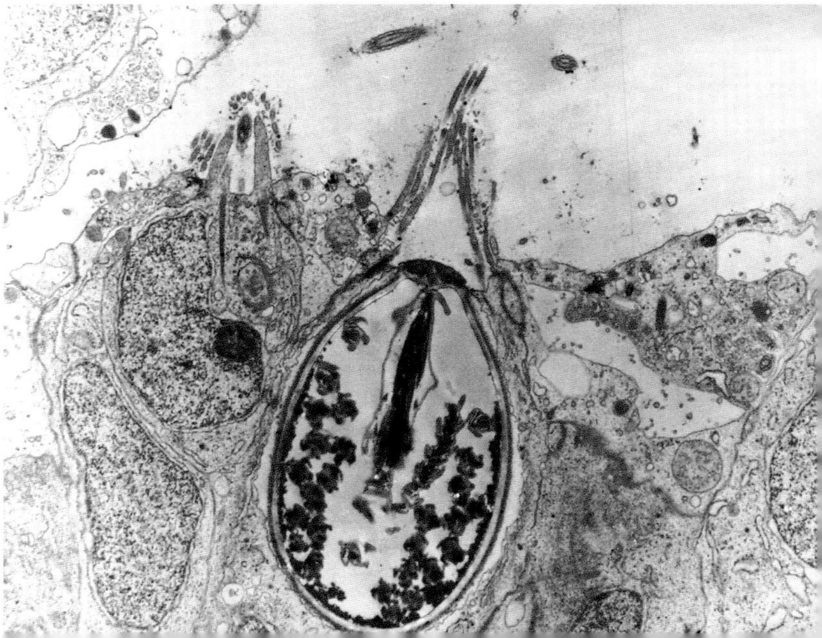

länge erreicht hat, beginnt die Einstülpung oder Invagination. Der Schlauch wird wie ein Handschuhfinger in die Kapseln gestülpt, schraubig entlang der Kapselwand aufgerollt (Abb. 2-102) und die Kapselöffnung mit dem Operculum verschlossen. Im nächsten Schritt wird ein Teil der ungeheuren Energie aufgebaut, die zur Exocytose des Nesselschlauches benötigt wird. In der Kapsel werden hochmolekulare Polyanionen (Poly-γ-glutaminsäure) eingelagert. Sie können in außergewöhnlich hohen Konzentrationen Kationen (Ca^{++} und Na^{+}) binden. Diese Kombination sorgt für einen osmotischen Kapselinnendruck, der bis 153 bar erreichen kann [67]. Der Druck entspricht bereits einem guten Viertel des Berstdrucks von Stahlflaschen, wie sie beim Sporttauchen verwendet werden.

Abb. 2-102: Entstehung von Nesselkapseln (Cnidogenese). Transelektronenmikroskopische Querschnitte der Tentakelbasis von der Ohrenqualle *Aurelia aurita*. Während aller Phasen der Nesselkapselbildung sind das endoplasmatische Retikulum (ER) und der Golgi Apparat (GA) gut entwickelt. Sie synthetisieren die Bausteine für die Kapsel und den Schlauch. Im frühen Stadium ist die Kapselanlage zu erkennen (a). Nachdem ihre dicke Kapselwand entstanden ist, beginnt außerhalb der Kapsel die Herstellung des Nesselschlauches (b). Die Nesselzellen werden unabhängig voneinander vorwiegend in den Ansatzstellen der Tentakel gebildet (c). Sobald der Schlauch fertiggestellt ist, beginnt seine Einstülpung (Invagination) und spiralige Aufrollung im Innern der Kapsel. Die Wandstärke der Kapsel wird reduziert und durch Disulfidbrücken ausgehärtet (d). Noch bevor die Differenzierung der Kapsel vollends abgeschlossen ist, wird sie zur Einsatzstelle transportiert (e). Dort reift sie kurze Zeit nach, erst dann ist sie zur Reizaufnahme und Entladung bereit (f).
TEM-Aufnahmen, Vergrößerung a: 6000 ×, b: 6000 ×, c: 4000 ×, d: 10.000 ×, e: 7000 ×, f: 5000 ×.

Noch bevor die Nesselzellen mit amoeboiden Bewegungen zu ihrem Einsatzort wandern, finden weitere Differenzierungen statt. Der Schlauch bekommt typische Merkmale (Dornen, Häkchen, Stilett) und erreicht seine Endlänge, die meist weniger als 2 mm beträgt. Auch die Synthese der Grundsubstanz in der Kapsel läuft weiter auf Hochtouren. Welche

Abb. 2-103: Zwei Nesselkapseln der philippinischen Killerqualle *(Chiropsalmus quadrigatus)* auf der Brustflosse einer jungen Stachelmakrele (Carangidae). Die Kapseln sind von einer fibrillären Hülle umgeben und bleiben auch nach der Entladung über sehr dehnbare Stränge mit der Zellbasis verbunden. Wie an Gummisträngen wird die Beute Sekundenbruchteile festgehalten, bis die Giftwirkung einsetzt. Dieser Augenblick entscheidet über Jagderfolg oder Verlust des Beutefisches. Solche Einrichtungen werden nur bei Würfelquallen und einigen Hydrozoen angetroffen und erklären, warum die Tentakel der Tiere auf der Haut so extrem gut haften.
REM-Aufnahme, Maßstab: 10 µm.

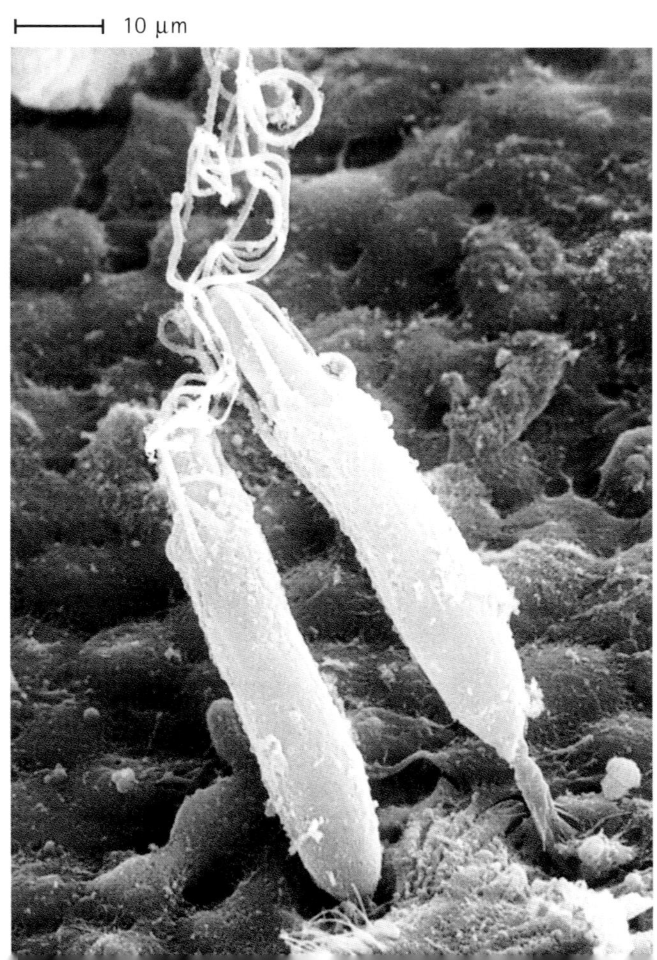

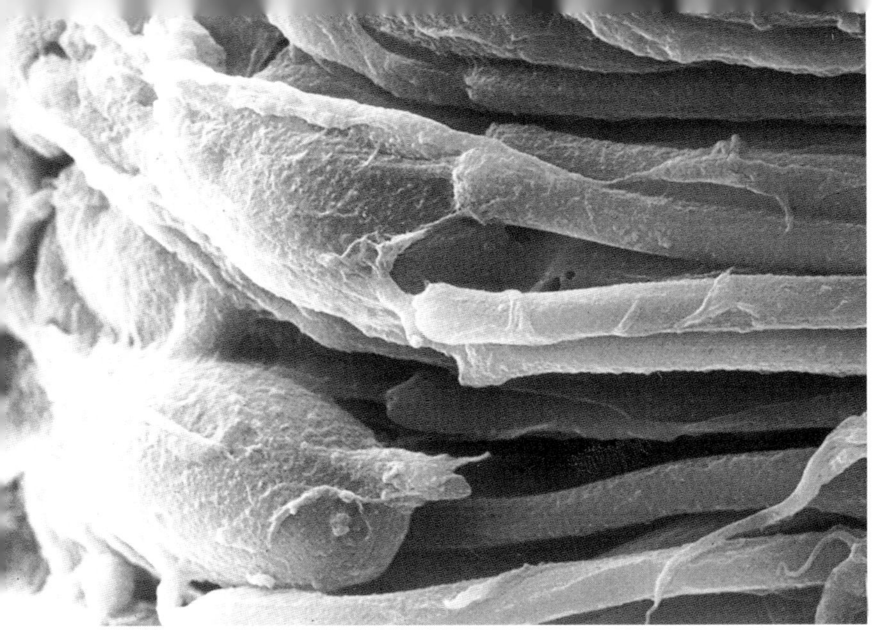

a) 5 µm

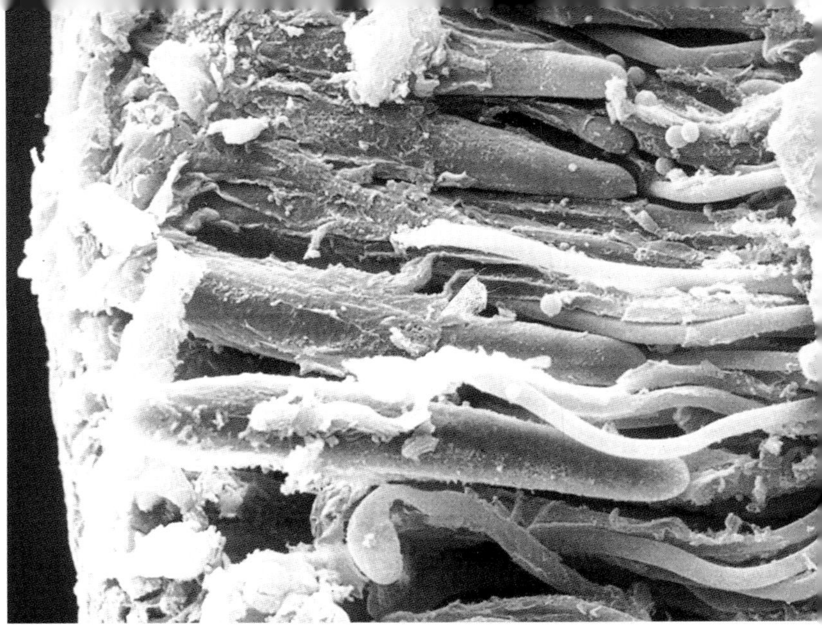

b) 10 µm

Abb. 2-104: Im Querschnitt durch die Tentakel von Würfelquallen (*Carybdea rastoni*, a, und *Chiropsalmus quadrigatus*, b) sind dichtgepackte Nesselzellen zu erkennen. Bei beiden Quallenarten werden die Nesselkapseln durch enorm dehnungsfähige Filamente an der Zellbasis verankert. Dies ist vermutlich der Grund für die guten Hafteigenschaften der Tentakel auf der Oberfläche von Beutetieren. REM-Aufnahmen, Maßstab a: 5 µm, b: 10 µm.

Vorgänge sich genau abspielen und welche Steuerfaktoren beteiligt sind, ist bis heute noch ungeklärt.

Die Kapseln selbst sind in der Zelle durch Mikrotubuli, die sie wie ein Korb eine italienische Rotweinflasche umgeben, an der Zellbasis verankert (Abb. 2-103). Die voll funktionstüchtige Nesselzelle wird im Zellverband so orientiert, daß die Öffnung der Kapsel zur Oberfläche zeigt (Abb. 2-104).

Auf der Zellaußenseite befindet sich ein Sensor (Cnidocil), der bei adäquaten Reizen die Nesselkapsel auslöst. Das empfindliche Cnidocil oder Sinneshaar ist von einem Ring kürzerer Mikrovilli umgeben. Der gesamte Reifungsprozeß soll etwa vier bis fünf Tage dauern. Dabei nimmt die Synthese und Sekretion der Kapsel und des Schlauches mit zwei bis drei Tagen die meiste Zeit in Anspruch. Das Einstülpen des Nesselschlauchs ist in ein bis zwei Stunden vollbracht, und die Wanderung vom Produktionsort bis zur Einsatzstelle dauert nur unwesentlich länger (zwei bis fünf Stunden). Einen ganzen Tag benötigt die Endreifung, in der die Zelle einen startklaren Zustand erreicht (Abb. 2-105).

Dynamik der Nesselzellentladung

Generationen von Wissenschaftlern haben zum Teil abenteuerliche Erkenntnisse über einen der schnellsten bekannten Prozesse auf Zellebene zusammengetragen [71 bis 74]. Man vergißt dabei leicht, daß es sich um ein Se-

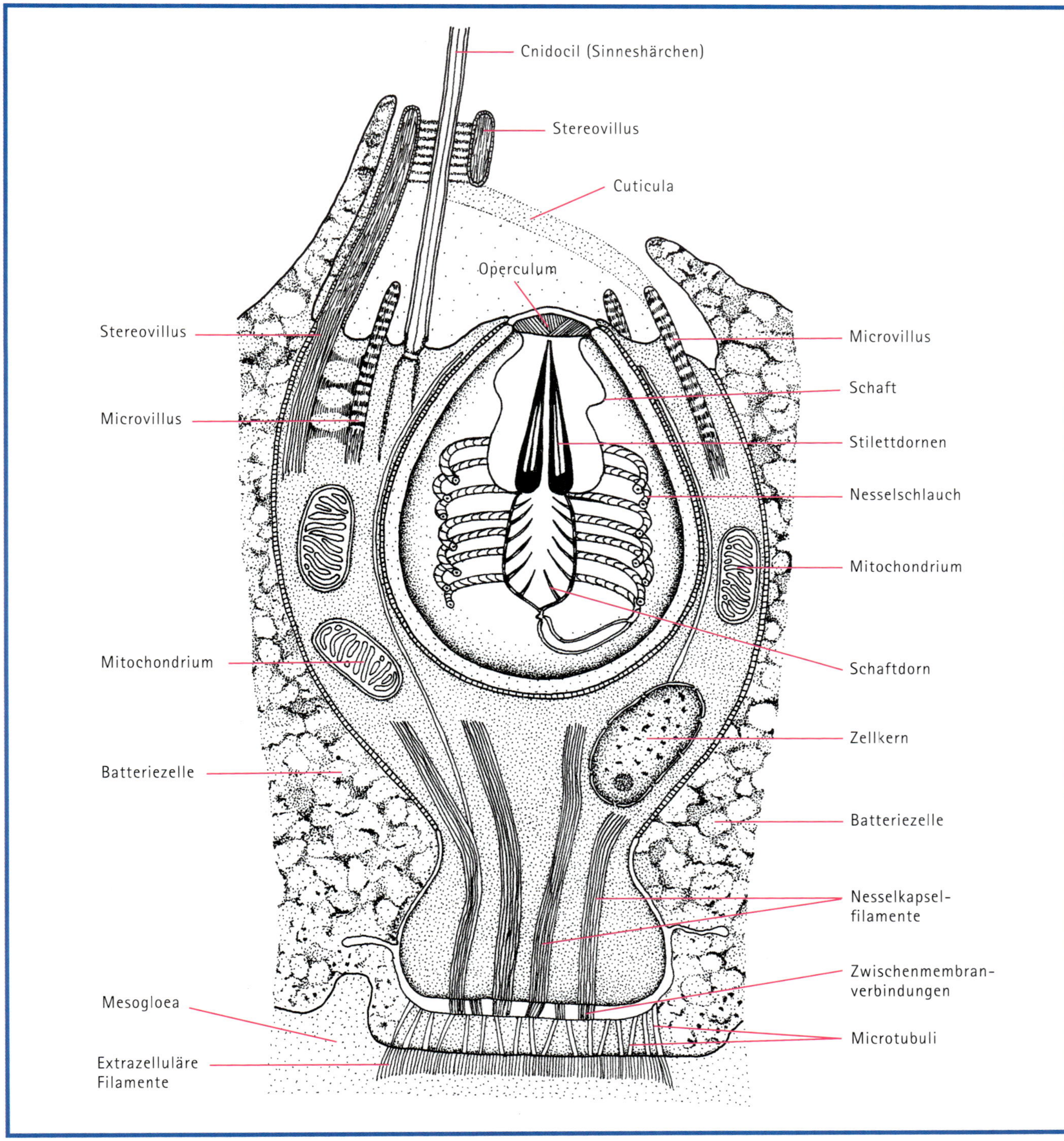

Abb. 2-105: Schematische Darstellung eines Längsschnitts durch eine ruhende Nesselkapsel (Stenotele) des Hydropolypen *Hydra vulgaris*. Unter dem Deckel (Operculum) lauern alle funktionellen Kapselteile auf das Signal zur Entladung. Das Stilett ist zu einer Spitze geformt und der Faden wie ein Harpunenseil spiralig aufgerollt, um die Ausstülpung nicht zu behindern. Das Gift gelangt durch den Nesselschlauch in das Opfer. Nachdem die Kapsel die Zelle verlassen hat, wird sie abgebaut und ersetzt. Der Stielteil mit den Nesselkapselfilamenten ist verkürzt wiedergegeben. Die Kapsellänge beträgt etwa ein hundertstel Millimeter.

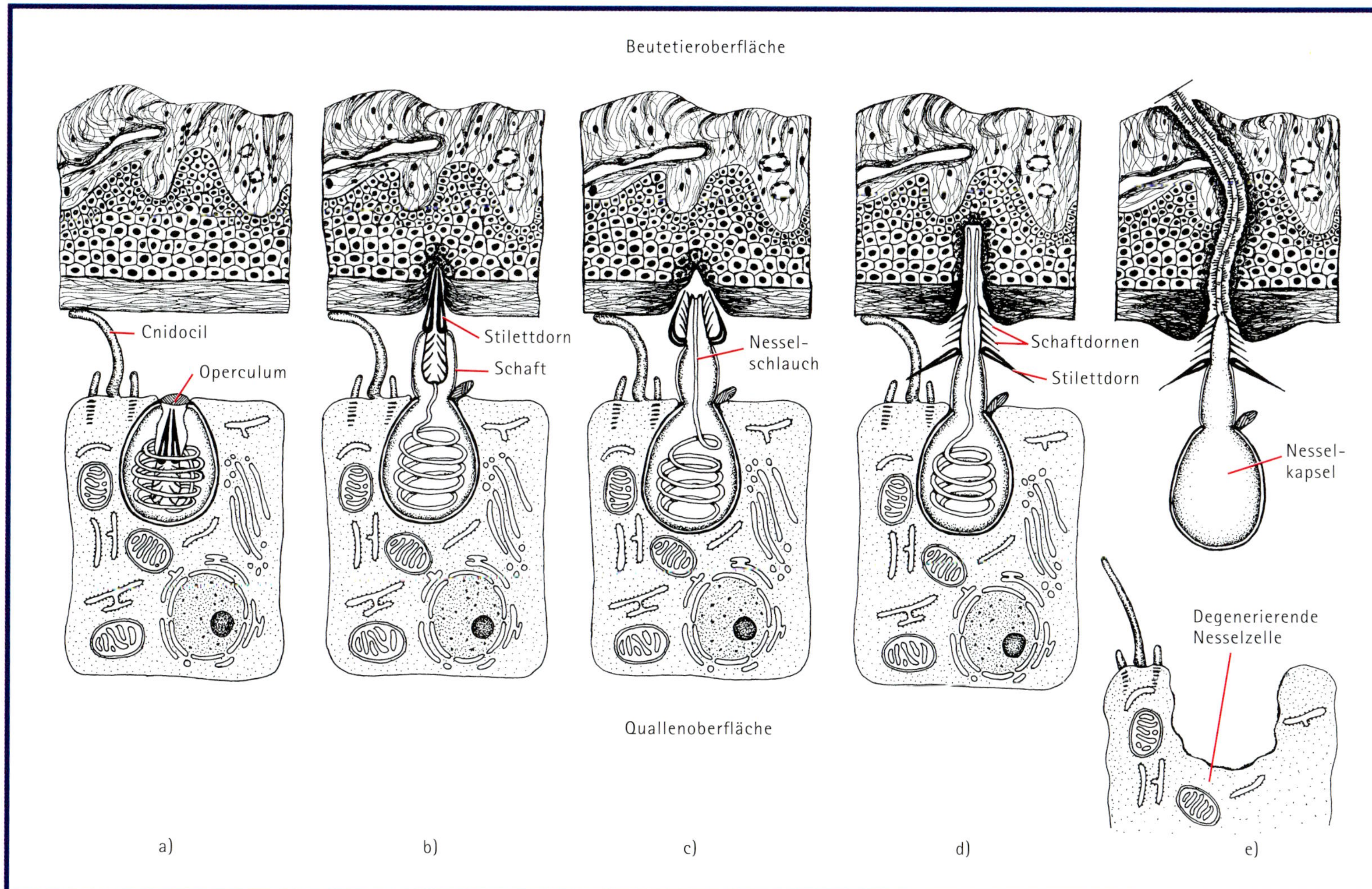

Abb. 2-106: Entladungsvorgang einer Nesselzelle: Ausgereifte Nesselzellen sind über die gesamte Außenfläche von Quallen verteilt. Bei entsprechender Stimulation durch das Sinneshärchen (Cnidocil) werden physiologische Prozesse aktiviert, die den Kapselinnendruck enorm ansteigen lassen (a). Nur zehn Mikrosekunden später springt das Kapseldeckelchen (Operculum) auf und der Schaft des Nesselschlauches wird mit schnellen Drehbewegungen ausgeschleudert. Die Spitze der aneinandergelegten Stilettdornen werden bis zu 40.000 g beschleunigt und durchschlagen selbst gepanzerte Oberflächen von Beutetieren (b). Dann werden die Dornen zurückgebogen und sorgen zusammen mit den Schaftdornen für sichere Verankerung der Kapsel auf der Oberfläche (c). Der übrige Nesselschlauch dringt tiefer in die weiche Haut ein und gibt kontinuierlich Toxine ab (d). Im letzten Schritt wird die Kapsel gelöst und die Zelle degeneriert (e). Die Kapsel ist knapp ein hundertstel Millimeter breit.

kretprodukt einer einzigen, winzigen Zelle handelt, das die verschiedensten Fähigkeiten in sich vereint. Es wird nicht nur das Herzstück, die Nesselkapsel, synthetisiert, sondern auch die Injektionsnadel in Form des Schlauches, das Gift, bestehend aus vielen Einzelkomponenten, und schließlich die Abschußanlage selbst (Abb. 2-106).

Die Wissenschaftler versuchten vor allem, den Ursprung der enormen Energieentfaltung zu klären, der diesem Hochgeschwindigkeitsprozeß zugrunde liegen muß. Jahrzehntelang gab es widersprüchliche, hoch spekulative Ideen über die Herkunft der erforderlichen Energien zur Kapselentladung. In den letzten 15 Jahren kristallisierten sich die drei folgenden Hypothesen heraus:

- Kontraktionshypothese: Es wird davon ausgegangen, daß die Energie für die Nesselkapselentladung vom Zusammenziehen kontraktiler Elemente, die in der Zellmembran oder der Zelle selbst gelagert sind, stammen muß.

  Zwei Argumente sprechen offensichtlich gegen diese Hypothese: Zum einen schlugen alle Versuche fehl, kontraktile Elemente nachzuweisen, und zum anderen schleudern auch isolierte Kapseln die Nesselfäden aus, wenn sie punktiert werden.
- Sprungfederhypothese: Befürworter dieser Hypothese ziehen die Ergebnisse isolierter Kapseln heran, um zu erklären, daß bereits während der Nesselkapselbildung bestimmte Beschleunigungskräfte in der Kapselwand eingelagert sein müssen. Bei künstlicher Verletzung der Kapsel wird der Schlauch wie durch eine Sprungfeder herausgeschleudert. Das System ist zwar kurz vor der Auslösung noch im Gleichgewicht, befindet sich wohl aber in einem Zustand der „Vorspannung".
- Osmosehypothese: Die von vielen akzeptierte Hypothese beinhaltet, daß unmittelbar vor oder während des Entladungsvorganges die Grundsubstanz in der Kapsel anschwillt und so in Sekundenbruchteilen enormen Druck aufbaut.

In zahlreichen Experimenten wurde gezeigt, daß tatsächlich eine Kombination der Sprungfeder- und Osmosehypothese vorliegen muß. Der Nesselschlauch ist schraubig aufgerollt und zusätzlich um seine Längsachse gewunden. Außerdem verfügt die Kapsel bereits vor Beginn der Entladung über einen hohen Anfangsdruck, der vermutlich im letzten Stadium der Kapselentwicklung durch Einlagerung von Poly-γ-glutaminsäure aufgebaut wird. Dies erklärt auch, warum bei isolierten Kapseln der Schlauch herausschnellt. Kontraktile Elemente in der Zelle, wie in der Kontraktionshypothese vorgeschlagen, würden rein rechnerisch nicht genügen, die benötigten Energien bereitzustellen, und hätten auch Probleme mit der Supergeschwindigkeit des Prozesses.

Sobald die Zelle ihre endgültige Position an der Oberfläche eingenommen hat, warten alle perfekt aufeinander abgestimmten Komponenten auf das Signal zur Entladung (Abb.

2-106). Diese Schlüsselaufgabe wird vom Cnidocil übernommen, und sobald das Muster chemischer und mechanischer Reizung zusammenpaßt, erfolgt ohne Verzögerung das Auslösesignal [75]. Bei *Hydra* hat man den Entladungsvorgang von Stenotelen (bestimmter Nesselzelltyp) elektrisch stimuliert, mit einer Hochgeschwindigkeitskamera (40.000 Bilder pro Sekunde) verfolgt und erstaunliche Erkenntnisse gewonnen (Abb. 2-107):

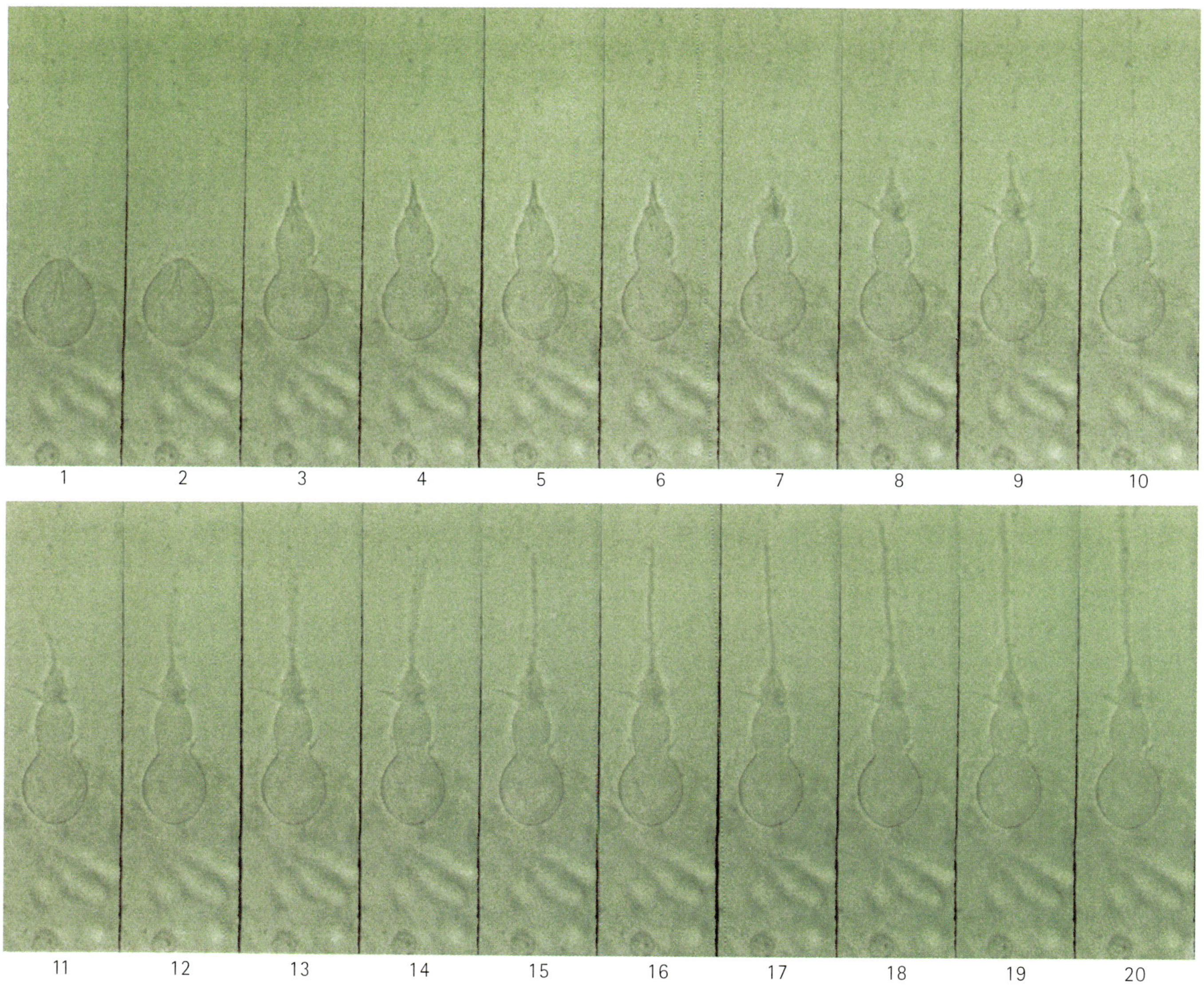

Abb. 2-107: Entladungssequenz einer Nesselkapsel. Die Nesselkapsel wurde künstlich stimuliert und mit Hilfe einer Hochgeschwindigkeitskamera dokumentiert. Der gesamte Entladungsprozeß dauert nicht länger als drei Millisekunden. Der Kapselinnendruck steigt auf über 150 bar an (1), das Deckelchen (Operculum) springt auf (2) und der Schaft wird ausgestülpt (3 bis 6). Bevor der Nesselschlauch in die Oberfläche eines Beutetiers eindringt, klappen die Stilettdornen zurück (7 bis 9) und verankern die Kapsel. Der Schlauch wird mit enormer Energie ausgestülpt (10 bis 20), die der 40.000fachen Erdbeschleunigung entspricht.

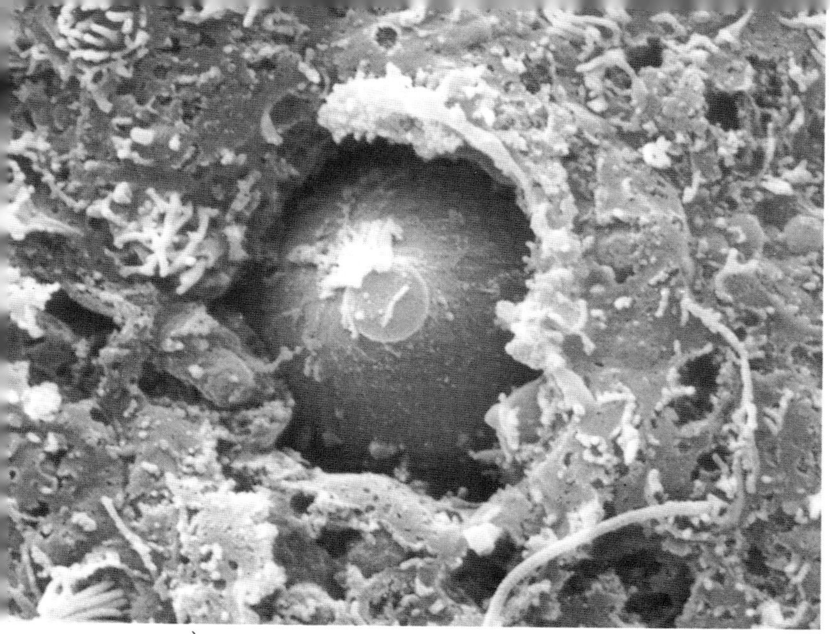

a) 2 µm

b) 2 µm

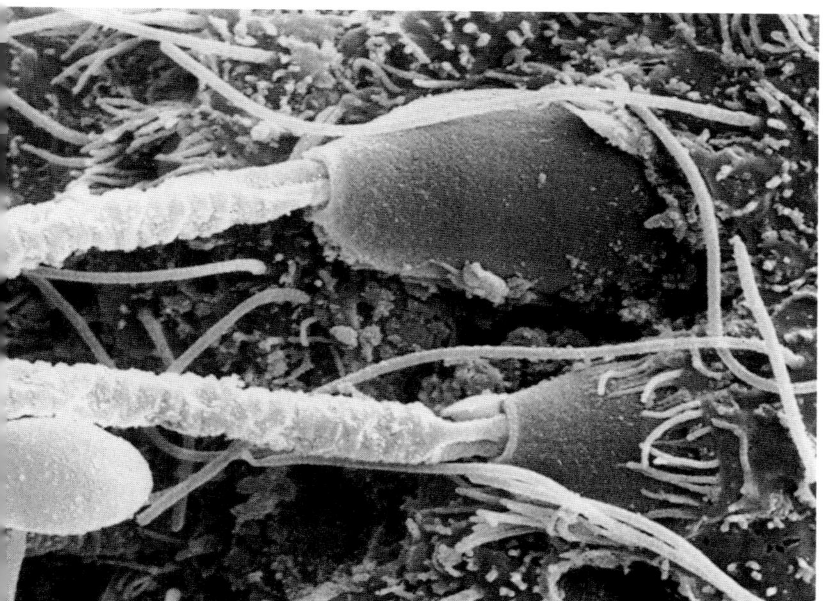

c) 2 µm

d) 10 µm

e) 20 µm

Abb. 2-108: In der ersten Phase der Nesselkapselentladung nimmt das Sinneshärchen (Cnidocil) den Reiz auf und stimuliert die Kapsel über die Zelle zur Entladung. Im Innern der Kapsel wird der Druck erhöht, das Operculum bleibt noch geschlossen (a). Die zweite Phase beginnt mit dem explosionsartig aufspringenden Operculum und dem Ausstülpen des Nesselschlauchs (b). Die Kapsel selbst verbleibt noch in der Zelle (c). Bei starken Reizen werden fast gleichzeitig Tausende Kapseln aus den Nesselbatterien entladen (d). In der dritten Phase ist der Faden tief in das Beutetier eingedrungen und die Kapseln werden aus der Zelle gelöst. Die Größe der hier abgebildeten genesselten Fläche entspricht der Größe einer Nesselbatterie auf dem Tentakel (e). REM-Aufnahmen, Maßstab a: 2 µm, b: 2 µm, c: 2 µm, d: 10 µm, e: 20 µm.

⊢—⊣ 5 µm

Abb. 2-109: Detail des Schaftes einer Nesselkapsel der philippinischen Killerqualle *Chiropsalmus quadrigatus* auf der Oberfläche eines Korallenwelses *Plotosus lineatus*. Der Schaft samt Dornen ist noch von der Drehung während der Entladung stark gewunden. Jetzt verankert er die Kapsel auf der Haut. REM-Aufnahme, Maßstab: 5 µm.

In der ersten Phase kommt es zu einem drastischen Volumenanstieg in der Kapsel durch Veränderung der Ionenverhältnisse, der Druck im Kapselinnern steigt weiter, das System wird instabil und löst eine Kettenreaktion aus (Abb. 2-106 und Abb. 2-108). Der Deckel des Operculums klappt auf, fast gleichzeitig entfaltet sich der Schaft mit den nach vorne zusammengelegten Stilettdornen (Abb. 2-96). Dieser Vorgang dauert gerade einmal 10 Mikrosekunden, entsprechend dem 100.000. Teil einer einzigen Sekunde! Dabei erreicht das Stilett die ungeheure Beschleunigung von 40.000 g. Solche außergewöhnlichen Energien werden vergleichsweise nur beim Abfeuern von Geschossen frei.

Das „Timing" ist perfekt: Genau beim Auftreffen auf die Oberfläche des Opfers erreicht die Stilettspitze ihre maximale Kraft. Es ist klar, daß selbst verkalkte Krebspanzer solchen Energien nicht standhalten können.

Die zweite Phase beginnt mit einer winzigen Pause von 150 Mikrosekunden (Abb. 2-106).

⊢—⊣ 2 µm

Abb. 2-110: Detailaufnahme des Schaftbereichs einer Nesselkapsel der Feuerqualle *Cyanea capillata*. Die gleichlangen Schaftdornen sind während der Entladung nach vorne gerichtet und bilden zusammen mit der Drehbewegung des Schlauchs eine wirksame Bohreinrichtung. Sobald der Schlauch in das Epithel eingedrungen ist, klappen sie zurück und verankern die Kapsel auf der Oberfläche. REM-Aufnahme, Maßstab: 2 µm.

Das ist genau die Zeit, die benötigt wird, um die Stilettdornen zurückzubiegen und die vorbereitete Öffnung für den Nesselschlauch freizugeben. Die Dornen verankern nun zuverlässig die Kapsel auf der Oberfläche (Abb. 2-109). Bei vielen Nesselkapseltypen ist der Schlauch ziehharmonikaartig gewunden, um seine eigene Achse gezwirbelt und über weite Teile mit feinen Dornen versehen. Während der Ausstülpung sind die Dörnchen nach vorne gerichtet und der Schlauch entspannt sich mit einer Drehbewegung. Dies ist am besten mit einem Drillbohrer zu vergleichen. Beim Ausstülpen gelangen immer neue, unverbrauchte „Bohrzähnchen" nach vorne, die durch den Drall des Schlauchs butterweich eindringen (Abb. 2-110 bis Abb. 2-112).

Das Gift wird im Laufe der Entladung entweder kontinuierlich aus der Spitze abgegeben oder zeitgleich über seitliche Öffnungen in der Schlauchwand verteilt. Nachweise seitlicher Schlauchöffnungen sind bisher allerdings fehlgeschlagen (Abb. 2-113). Die gleichmäßige Verteilung des Giftes von Beginn an ist natürlich effektiver als die Injektion der gesamten Giftmenge auf einen Schlag. Es würde einige Zeit in Anspruch nehmen, bevor das Gift in das umgebende Gewebe diffundiert wäre und wirken könnte. Auch ein geübter Arzt injiziert

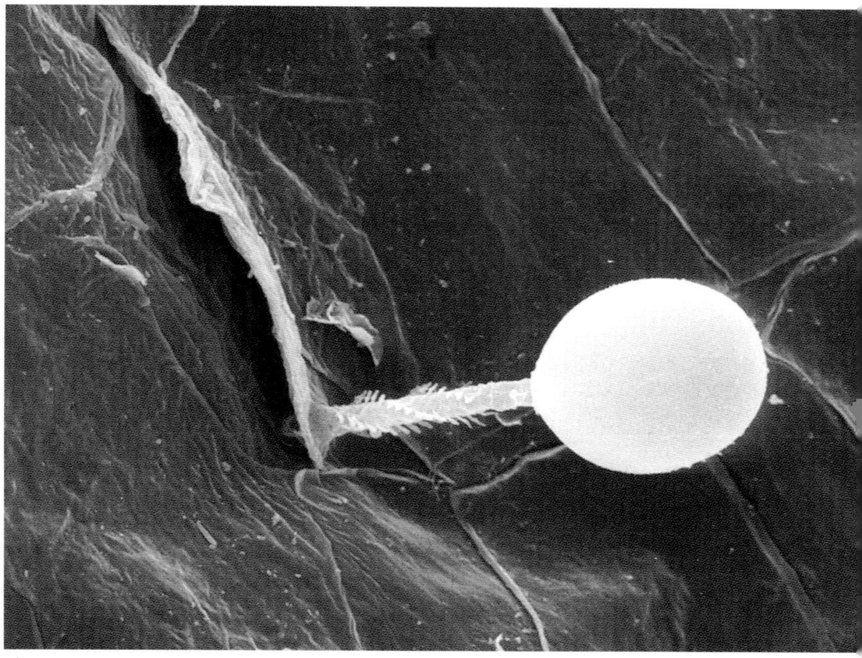

a) 5 μm

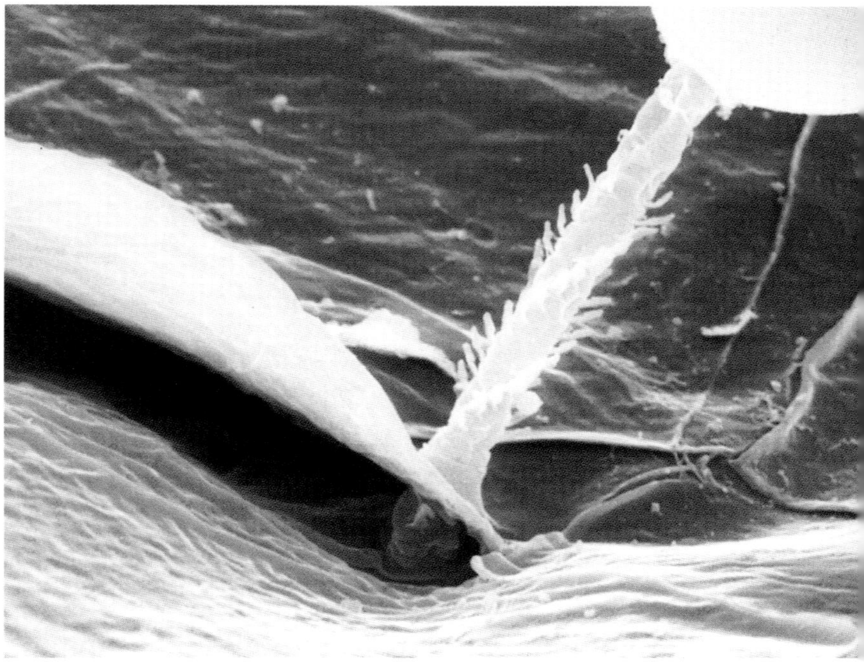

b) 2 μm

Abb. 2-111: Eine Nesselkapsel der Feuerqualle *Cyanea capillata* ist in eine lebende menschliche Hautzelle eingedrungen. Im kontinuierlichen Prozeß der Hauterneuerung beginnt sich eine Schuppe abzulösen (a). Die Detailaufnahme zeigt, daß der Nesselschlauch in tiefere Schichten eindringt (b). REM-Aufnahmen, Maßstab a: 5 μm, b: 2 μm.

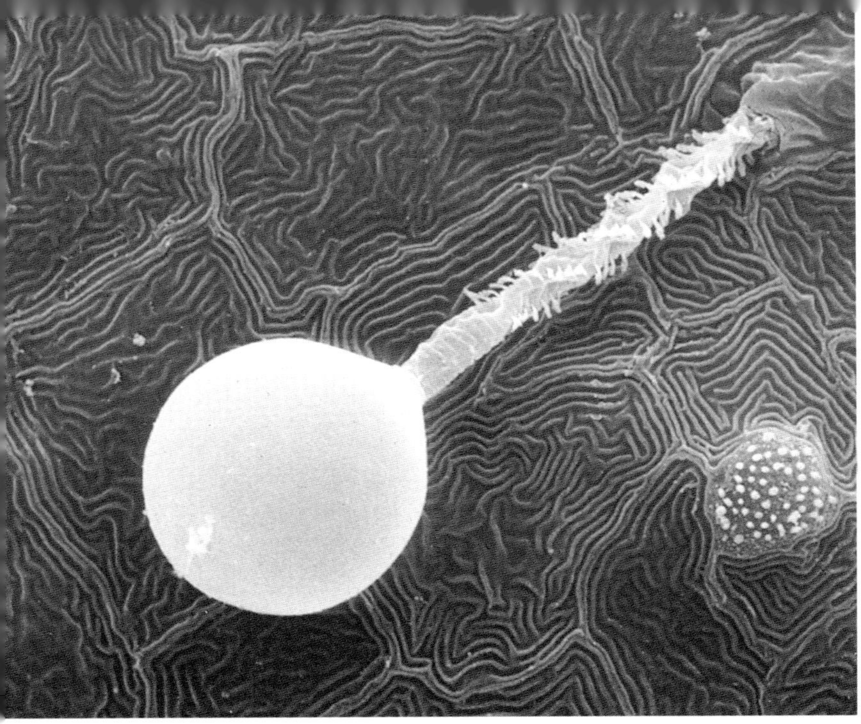

a) ⊢—⊣ 5 µm

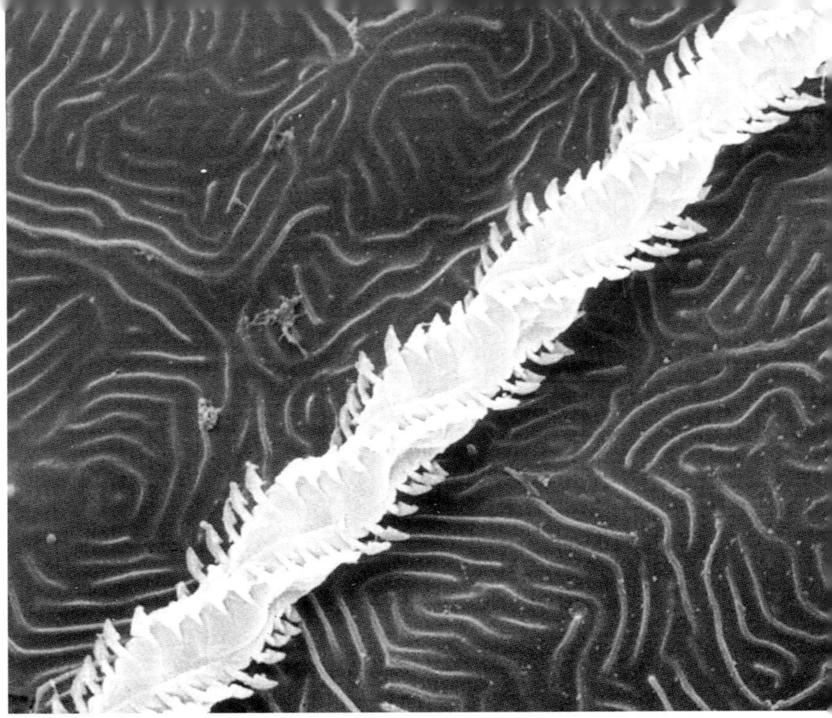

b) ⊢—⊣ 5 µm

Abb. 2-112: Nesselkapsel der Leuchtqualle *Pelagia panopyra* auf der Fischhaut des Korallenwelses *Plotosus lineatus*. Bei entsprechender Stimulation dringen auch Nesselkapseltypen ohne Stilett oder ausgeprägte Schaftdornen problemlos in die Oberfläche von Beutetieren und applizieren Gift (a). Dabei werden sie von drei Reihen spiralig um den Schlauch angeordneten Dörnchen unterstützt (b). REM-Aufnahmen, Maßstab a: 5 µm, b: 5 µm.

tief und zieht dann die Spritze, mit gleichbleibendem Druck auf den Kolben, langsam aus der Einstichstelle, um eine rasche Verteilung des Medikamentes zu gewährleisten.

Sobald das Ausstülpen des Nesselschlauchs beginnt, verliert die Kapsel den hohen osmotischen Druck. Während der 150 Mikrosekunden Pause, in der das Stilett aus der eingeschossenen Öffnung zurückgezogen wird, nimmt die Basis des Nesselschlauches Wasser aus dem umgebenden Medium auf. Berechnungen des Kapselvolumens haben ergeben, daß die Menge der tatsächlich applizierten Giftflüssigkeit dem Zehnfachen des Kapselvolumens entspricht. Diese „Selbstladetechnik" der Wasseraufnahme hat zwei entscheidende Vorteile: Zum einen wird für andauernden osmotischen Druck gesorgt, um die gesamte Ausstülpung des Schlauches sicherzustellen, und zum anderen hilft die „Wasserspülung", den gelösten und kolloiden Kapselinhalt über den Schlauch auszuschwemmen.

Physikalisch hochinteressant ist die Minimierung der Reibung bei der Evagination. Der bereits ausgestülpte Schlauch hat eine zylindrische Gestalt angenommen, während der innere Nesselschlauch wie ein Dreiblattpropeller zusammengelegt ist und nur an den Spitzen die Schlauchwand berührt (Abb. 2-114).

Der gesamte Exocytosevorgang vom Öffnen

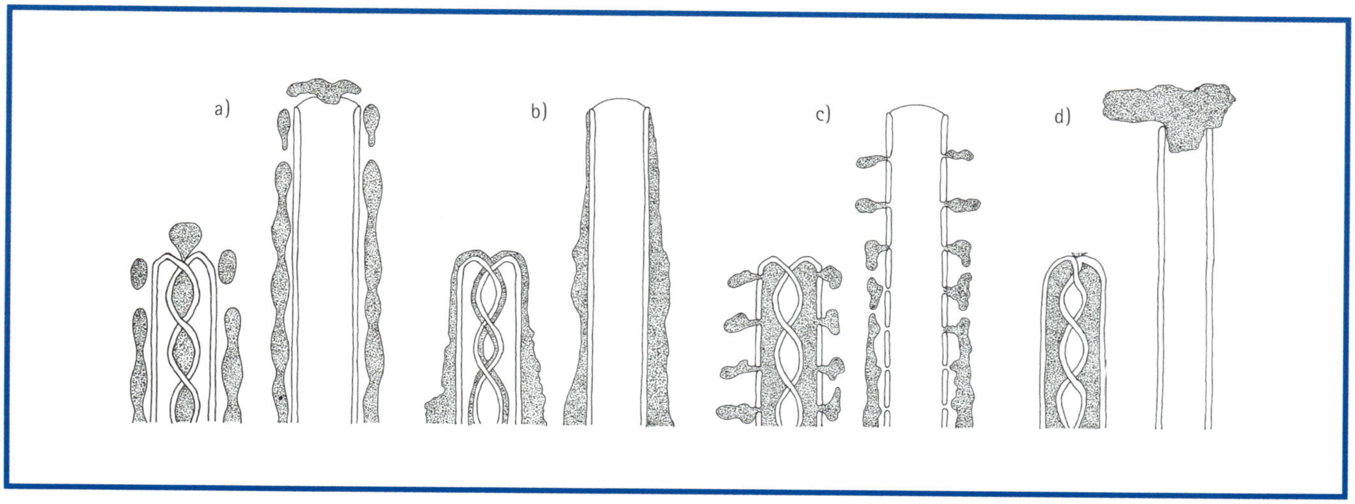

Abb. 2-113: Vier Theorien der Giftapplikation des Nesselschlauchs (a-d).
Während des Entladungsvorgangs penetriert der Nesselschlauch die Oberfläche des Beutetiers und gibt Toxine ab. Eine Möglichkeit ist die kontinuierliche Abgabe des Giftes aus dem Lumen des Schlauchs (a). Das Gift könnte auch auf der Außenfläche des eingestülpten Schlauchs haften und beim Eindringen gleichmäßig abgegeben werden (b). Die dritte Theorie (c) geht davon aus, daß das Gift in der Kapsel gelagert ist und durch seitliche Öffnungen im Nesselschlauch während der Entladung gleichmäßig in das Gewebe injiziert wird. Bei der letzten Möglichkeit (d) befindet sich das Gift ebenfalls in der Kapsel und wird zur Schlauchspitze gedrückt. Das Gift kann erst aus der Öffnung austreten, wenn der Schlauch voll ausgestülpt ist. Neue Untersuchungen unterstützen die Theorien (a) und (b), denn Mikroporen sind bisher noch nicht nachgewiesen worden (c). Sicher ist, daß das Gift kontinuierlich abgegeben wird, somit entfällt auch Theorie (d).

des Operculums bis zum kompletten Eindringen des Schlauchs in das Opfer dauert nur drei Millisekunden. Zum Vergleich: das explosionsartige Aufblasen eines Airbags im Auto braucht mit 30 Millisekunden die zehnfache Zeit (Abb. 2-115).
Die oben beschriebene Nesselkapselentladung ist natürlich kein Einzelfall. Sie findet hunderttausendfach statt, wenn die dazugehörigen Cnidocilien (Sinneshärchen) entsprechend

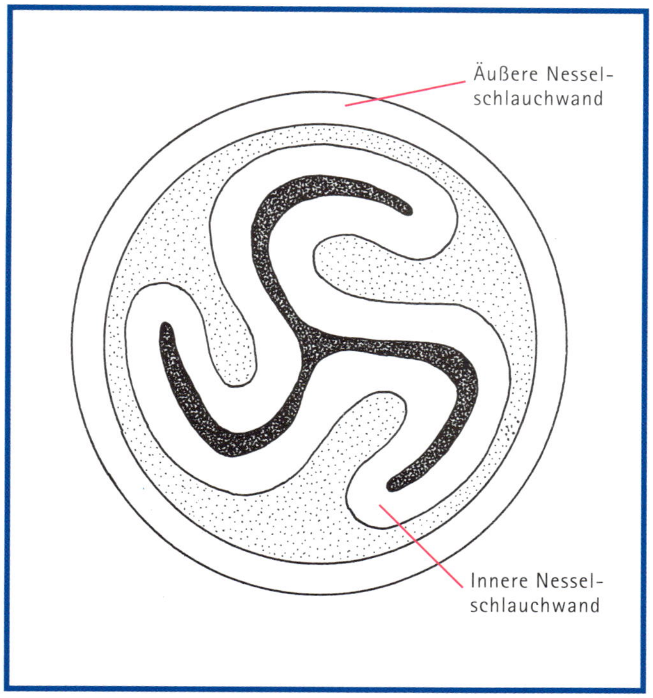

Abb. 2-114: Querschnitt durch einen Nesselschlauch während der Ausstülpung. Um die Reibung zu reduzieren, ist der Nesselschlauch wie ein Propeller geformt, und nur die Spitzen berühren die Schlauchinnenwände. Der Durchmesser des Schlauches beträgt etwa ein tausendstel Millimeter.

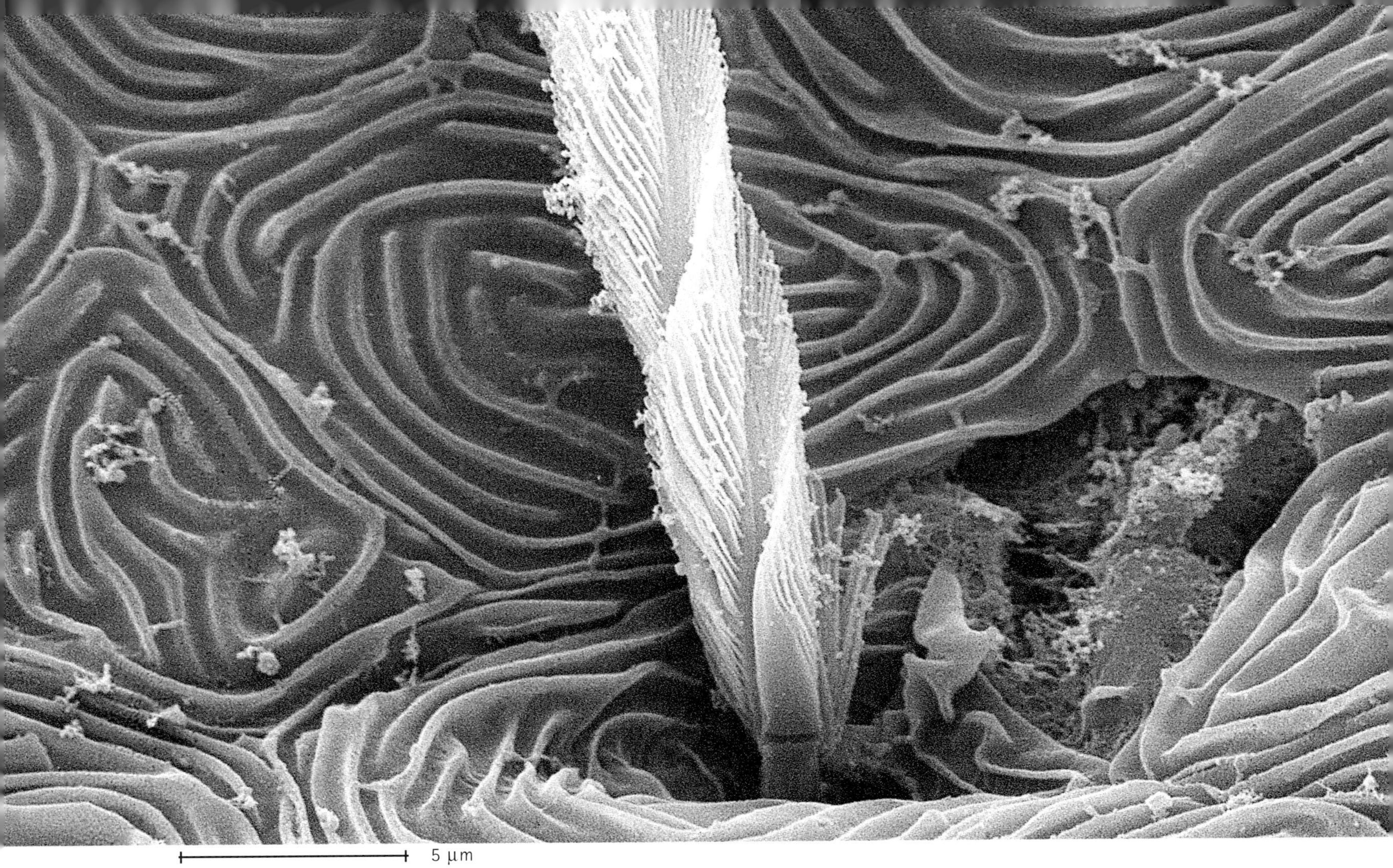

Abb. 2-115: Mit ungeheurer Energie hat dieser Nesselschlauch einer Nesselkapsel der Seewespe *(Chironex fleckeri)* eine Epithelzelle des Korallenwelses *Plotosus lineatus* durchschlagen. Die langen Schaftdornen verankern die Nesselkapsel sicher auf der Fischhaut, bis die Giftwirkung einsetzt. REM-Aufnahme, Maßstab: 5 µm.

stimuliert werden (Abb. 2-116). Zwischen Nesselzellen in den Tentakeln der Quallen und Beutetieroberfläche ketten Tausende von Nesselschläuchen die Beute an den Räuber. Welche Mechanismen werden nun in Gang gesetzt, um diese stabile Verbindung zu lösen und die frisch erlegte Beute über Cilientransport sicher in den Gastralraum zu befördern? Hier tappt die Wissenschaft im dunkeln. Fest steht, daß die Kapseln aus den Zellen im Quallengewebe gelöst werden und an der Oberfläche der Beute verankert bleiben. Denkbar wäre, daß der fibrilläre Korb um die Kapsel seine Verankerung aufgibt und die glatte Kapsel aus der Zelle gleiten kann. Es muß einen Ablösungsprozeß des fibrillären Korbes von der Kapsel geben, denn alle Isolationsversuche von Nesselkapseln zeigen, daß die Fibrillen

fest an der Kapsel haften und proteolytisch abgetrennt werden müssen.
Sobald die verbliebene Restzelle im Quallenepithel ihrer Nesselkapsel entledigt wurde, degeneriert sie und wird vollständig abgebaut (Abb. 2-106).

Nesselgifte

Die Nesselgifte der Cnidaria gehören zu den stärksten Toxinen im Tierreich [79]. Ihr komplizierter Aufbau aus vielen Einzelkomponenten ergibt einen hochgiftigen Cocktail, dessen chemische und pharmakologische Charakterisierung einige Probleme aufwirft. Bis heute ist es nur bei einer Handvoll Quallen halbwegs gelungen, die Toxine biochemisch in den Griff zu bekommen. Die dabei angewandten Methoden haben grundlegende Fragen aufgeworfen, z. B. wie rein und stabil das Gift zum Zeitpunkt der Tests tatsächlich war. Diese Unsicherheiten führten zu unterschiedlichen Ergebnissen über Toxizität einzelner Quallenarten. Fest steht allerdings, daß die vielfältigen zerstörerischen Effekte der Gifte schon in winzigen Mengen tödliche Wirkung haben können.
Wie stark die Reaktionen sind, hängt von vielen Faktoren ab. In erster Linie kommt es auf die Quallenart an, denn die Wirkung der Gifte reicht von harmlos (z. B. *Aurelia aurita*, Abb. 2-69) bis extrem gefährlich (z. B. *Chironex fleckeri*, Abb. 2-94) [80 bis 82]. Die persönliche Konstitution, beeinflußt von Alter und Gewicht, sowie die Dauer und Intensität des

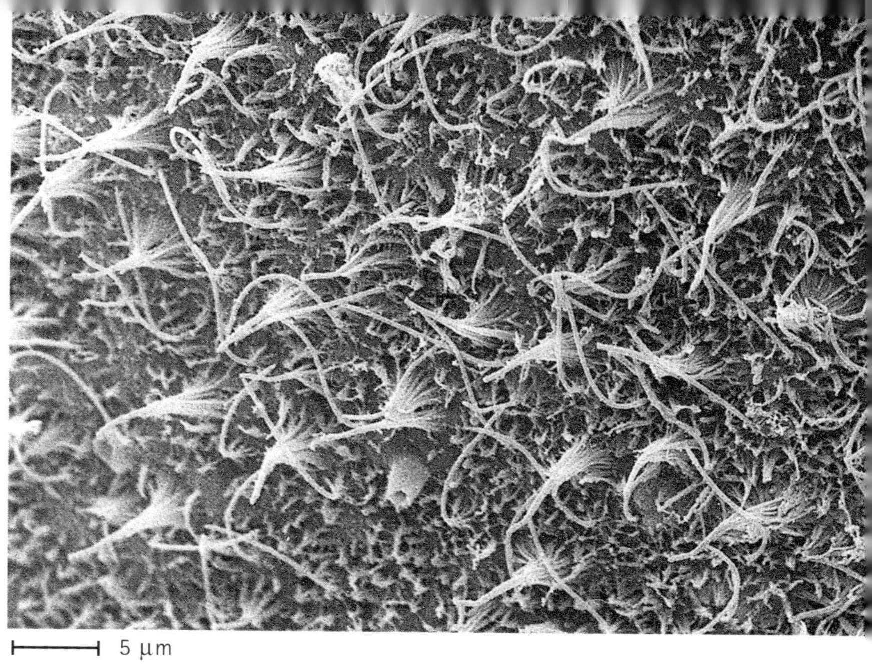

Abb. 2-116: Die kurzen Tentakel der Däumchenqualle *Linuche aquila* haben es in sich. Dicht an dicht stehen die Sinneshärchen, unter denen sich abschußbereite Nesselzellen befinden. Eine kleine Berührung des Beutetiers genügt, um Hunderte von Entladungen auszulösen.
REM-Aufnahme, Maßstab: 5 µm.

Kontaktes (Größe der Fläche, Anzahl ausgelöster Kapseln) können entscheidende Bedeutung für den Grad der Vergiftung haben. Wichtig ist zudem die individuelle Disposition des Opfers hinsichtlich der Quallentoxine (Abb. 2-117). Grundsätzlich bestehen bessere Chancen, die Verletzung zu überstehen, wenn nur die Extremitäten betroffen sind und nicht Gesichts-, Brust-, Bauch-, Rücken- oder Genitalbereiche.

Struktur und Funktion der Gifte

Leider ist über die chemische Zusammensetzung der Gifte wenig bekannt. Es kommen neben Proteinen hauptsächlich Amine, Ammoniumverbindungen und Mucopolysaccharide vor sowie eine Reihe von nicht identifizierten Substanzen. Meist haben sie nicht einmal to-

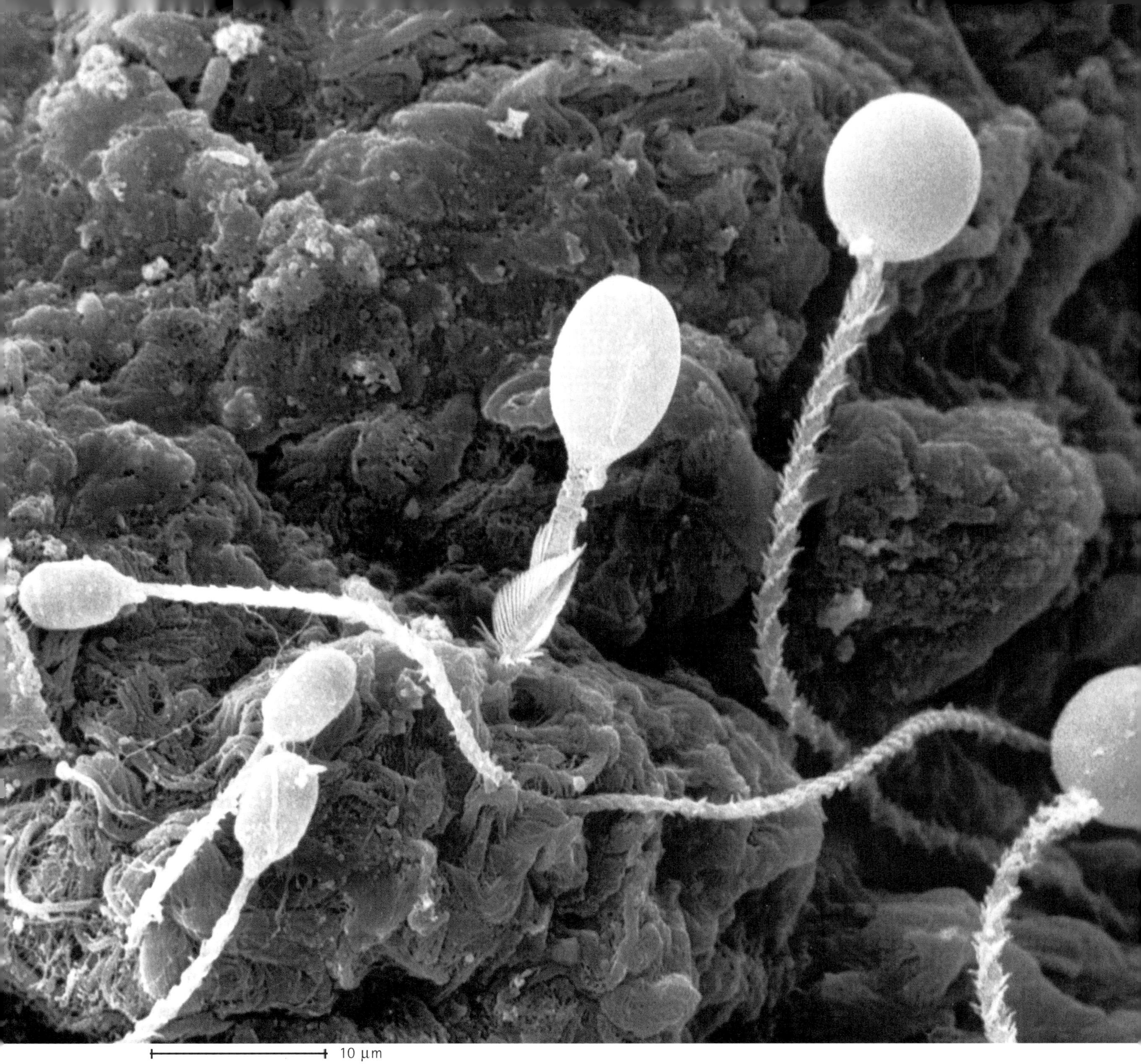

Abb. 2-117: Menschliche Hautoberfläche, die von drei verschiedenen Nesselkapseltypen der Feuerqualle *Cyanea capillata* durchschlagen wurde. Das Gift ist stark, doch nur bei empfindlichen Personen kann es zu gefährlichen Reaktionen kommen.
REM-Aufnahme, Maßstab: 10 µm.

xische Wirkung, verstärken aber die Effektivität der tatsächlich giftigen Einzelkomponenten.

Grundsätzlich lassen sich folgende generelle Aussagen über die Nesselgifte treffen:

- Sie agieren sehr schnell.
- Fast alle verändern die Zellmembran.
- Die meisten bestehen aus Proteinen.

Der Grund, warum sie ihre Wirkung blitzschnell entfalten müssen, liegt auf der Hand: Die Beutetiere sind relativ unempfindlich gegen Gifte und speziell bei Würfelquallen recht groß. Bei Fischen von Heringsgröße könnten heftige Fluchtreaktionen Tentakelteile abreißen und möglicherweise noch den Schirm beschädigen. Dem wird durch eine genau abgestimmte Giftkomposition vorgebeugt, die auf myotoxische (Muskelzellen zerstörende), hämolytische (Blutzellen zerstörende) und kardiovaskuläre (Herzgefäße angreifende) Effekte spezialisiert ist und die Beute sofort lähmt. Die Fische sind allenfalls noch zu unkontrollierten Zuckungen fähig, die weitere Nesselzellentladungen stimulieren und das Schicksal der Beute besiegeln.

Übrigens ist die relative Unempfindlichkeit von niederen Wirbeltieren, zu denen auch die Fische gehören, gegenüber Giften bekannt [83]. Diese Tatsache soll auch der Grund sein, warum Seeschlangen so viel potentere Gifte als ihre landlebenden Verwandten entwickelten. Die Königskobra *(Ophiophagus hannah)* braucht mehr als die dreizehnfache Giftmenge (1,86 mg $\times$ kg^{-1}), verglichen mit der aggressiven Seeschlange *Enhydrina schistosa*, die nur 0,14 mg $\times$ kg^{-1} benötigt, um im Experiment die Hälfte aller Versuchsmäuse zu töten.

Die Nesselgifte der Quallen haben zunächst das Ziel, die Zellmembranen anzugreifen und die Kontrolle des Beuteorganismus über wesentliche Stoffwechselvorgänge zu stören. Die Nesselgifte bilden Poren und Löcher in den Zellmembranen, durch die Ionen ungehindert ein- und ausströmen können. Dies verändert das osmotische Gleichgewicht der Zelle und bedeutet ihren Untergang. Der massive Eingriff umfaßt die Regulation des Metabolismus, den Transport, den Austausch sowie die Erkennung von Stoffen und schließlich die Charakteristika der Zelle selbst. Mit einem Wort: die Zelle erkennt weder ihre Identität noch ihre Aufgabe.

Warum sind die meisten Komponenten des Nesselgiftes Proteine? Die Antwort auf diese Frage ist reichlich spekulativ. Eiweißgifte mögen für Nesseltiere besonders geeignet sein, weil sie im allgemeinen die fünffache Wirkung, verglichen mit anderen Toxinen, haben. Dabei ist ihre Speicherung einfach, denn sie liegen im inaktiven Zustand vor und werden erst am Einsatzort aktiviert. Proteine können weiter so aufgebaut sein, daß sie spezifisch mit jeder Art molekularer Oberfläche reagieren. Einige Proteine besitzen zudem enzymatische Fähigkeiten, die so weit reichen, daß sie ihre Wirkung vervielfachen, indem sie Stoffe der betroffenen Zelle für sich selbst und ihre

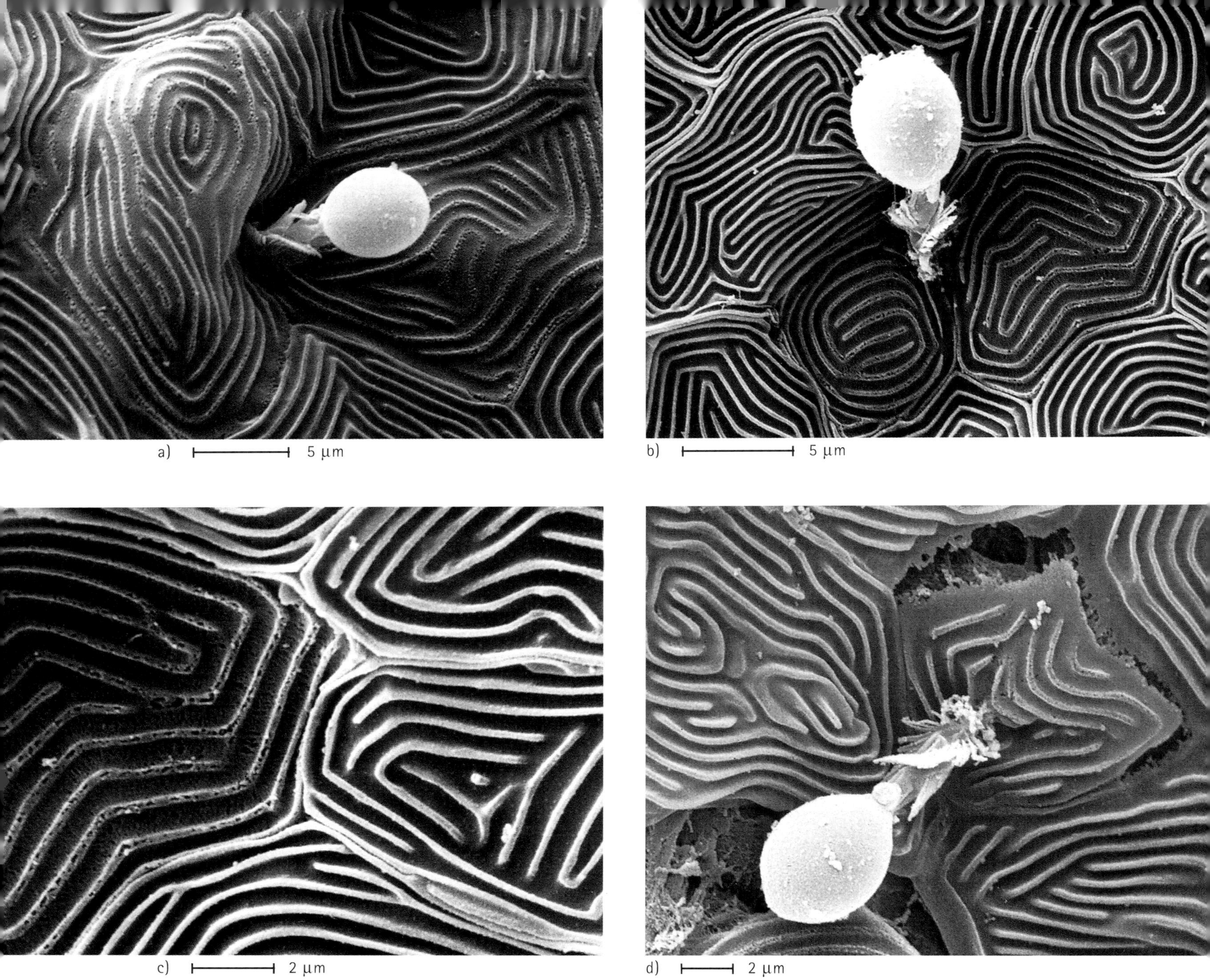

Abb. 2-118: Eine Nesselkapsel der Wurzelmundqualle *Catostylus purpurus* durchschlägt die Epithelzellen des Korallenwelses *Plotosus lineatus*. Die ungeheure Wucht des Aufpralls führt zur Einsenkung umliegender Zellen (a). Unmittelbar nach dem Eindringen des Nesselschlauchs setzt die Giftwirkung ein. In dieser Aufnahme (b) dringt der Schlauch genau zwischen zwei Epithelzellen ein. Schon 30 Sekunden nach der Entladung zeigen die Oberflächen der betroffenen Zellen Degenerationserscheinungen (c). Weitere 10 Sekunden später lösen sich die Zellen aus dem Epithelverband und können spätestens zu diesem Zeitpunkt nicht mehr ihre Aufgaben erfüllen (d).
REM-Aufnahmen, Maßstab a: 5 µm, b: 5 µm, c: 2 µm, d: 2 µm.

zerstörerische Funktion nutzen. Zusätzlich sollen die Toxine mit ihren Enzymen bereits vorverdauende Funktion erfüllen und die Resorption der Beute erleichtern.

Von allen Versuchen in der Literatur, die Nesselkapseltoxine aufzutrennen und zu charakterisieren, waren nur zwei erfolgreich, weil die Wirkstoffe während ihrer Isolierung sehr leicht denaturieren [84]. Dazu gehören die Gifte der Portugiesischen Galeere *Physalia physalis* und der Seeanemone *Aiptasia pallida*. Die chromatographischen und Gel-elektrophoretischen Auftrennungsverfahren zeigen bei Physalia 19 unterschiedliche Substanzen, von denen 10 giftig sind. Die Funktion der ungiftigen Komponenten liegt in ihrem synergistischen Effekt, die Giftwirkung der anderen Substanzen noch zu erhöhen und den Beginn ihrer Aktivität zu beeinflussen.

Gemeinsam ist allen Nesselgiften, daß sie extrem potent sind (Abb. 2-118, Tab. 2-3 und Tab. 2-4). Wenn man die Sterblichkeitsrate ge-

Tab. 2-3: Toxizität und Effekte der Nesselgifte von *Chironex fleckeri* (Seewespe), *Physalia physalis* (Portugiesische Galeere) und *Chrysaora quinquecirrha* (Kompaßqualle).

Art	Molekulargewicht (Quelle)	LD_{50} [$\mu g \cdot kg^{-1}$] (Quelle)	Effekte [Referenz]	Symptome [Referenz]	Referenz
Chironex fleckeri	150.000-600.000 (Extrakt isolierter Nesselkapseln)	**11** (Gewebeextrakt)	■ kardiotoxisch [85] ■ neurotoxisch [86] ■ hämolytisch [86] ■ Blockade des Membrantransports, bes. Aufnahme von Kalzium [85]	(bei Mäusen) ■ extreme Schmerzen ■ Atemlähmungen ■ Muskelspasmen ■ Bewußtlosigkeit ■ Schock, Tod [87]	[88]
Physalia physalis	240.000 Physalitoxin (Extrakt isolierter Nesselkapseln)	**32** (Extrakt isolierter Nesselkapseln)	■ kardiotoxisch [89] ■ neurotoxisch [90] ■ hämolytisch [91] ■ Blockade des Membrantransports, bes. Aufnahme von Kalzium und Natrium [85]	(bei Mäusen) ■ extreme Schmerzen ■ Atemlähmungen ■ Muskelspasmen ■ Bewußtlosigkeit ■ innere Blutungen ■ Schock, Tod [84]	[84]
Chrysaora quinquecirrha	100.000-190.000 (Extrakt isolierter Nesselkapseln)	**1400** (Extrakt isolierter Nesselkapseln)	■ kardiotoxisch [92] ■ neurotoxisch [93] ■ hämolytisch [94] ■ Blockade des Membrantransports, bes. Aufnahme von Kalzium und Glukose [95]	(bei der Winkerkrabbe *Uca*) ■ Zittern der Beine ■ Muskelspasmen ■ Paralyse [96]	[97]

Tab. 2-4: Gefährliche Quallenarten.

Art	Vorkommen	Nesselwirkung
1. Scyphozoa		
Linuche unguiculata	trop. Pazifik	moderat
Chrysaora helvola	N-Pazifik, Philippinen	heftig
Chrysaora hysoscella	O-Atlantik, Mittelmeer	heftig
Chrysaora quinquecirrha	trop. u. subtrop. Atlantik und Pazifik	heftig
Pelagia noctiluca	trop. u. subtrop. Atlantik	moderat bis heftig
Pelagia panopyra	trop. Pazifik und Indik	moderat bis heftig
Cyanea capillata	borealer Atlantik u. Pazifik	heftig
Cyanea nozakii	trop. u. subtrop. Pazifik	heftig
Cassiopea andromeda	trop. Indik u. Pazifik	moderat
Versuriga anadyomene	trop. Pazifik	heftig
Thysanostoma thysanura	trop. u. subtrop. Pazifik	moderat bis heftig
Thysanostoma loriferum	trop. Pazifik	moderat
Catostylus purpurus	Philippinen	moderat bis heftig
Catostylus mosaicus	O-Australien bis Philippinen	heftig
Lobonema smithi	Indik, Philippinen	moderat
Rhizostoma pulmo	europ. Atlantik, Mittelmeer, Schw. Meer	moderat
Stomolophus meleagris	trop. u. subtrop. Atlantik u. Pazifik	moderat bis heftig
2. Cubozoa		
Carybdea marsupialis	trop. Atlantik, Mittelmeer	heftig
Carybdea alata	trop. Atlantik, Pazifik, Indik	heftig
Carybdea rastoni	trop. Pazifik	heftig
Tamoya haplonema	trop. Atlantik	heftig
Tamoya gargantua	trop. Pazifik, Indik	heftig
Chirodropus gorilla	O-Atlantik	heftig
Chironex fleckeri	NO-Australien, Philippinen	extrem stark bis tödlich
Chiropsalmus quadrigatus	NO-Australien, Philippinen, Indik	extrem stark bis tödlich
Chiropsalmus quadrumanus	trop. Atlantik u. Pazifik	heftig
3. Hydrozoa		
Gonionemus vertens	NW-Amerika (ungefährlich), W-Pazifik	heftig
Olindioides formosa	Japan	heftig
Halicreas rotundatum	trop. Atlantik, Indik	moderat
Physalia physalis	trop. u. subtrop. Atlantik, O-Australien	extrem stark bis tödlich
Physalia utriculus	trop. u. subtrop. Pazifik	heftig

gen die Zeitdauer mit verschiedenen Giftmengen in einem Diagramm aufträgt, stellt man fest, daß nur ein minimaler Unterschied in der Dosis zwischen nicht tödlicher und tödlicher Wirkung besteht. Dies deutet auf eine Art Schwellenwert hin: Es muß erst einmal eine bestimmte Giftmenge injiziert werden, bevor letale Effekte auftreten. Wird sie überschritten, ist die Grenze zur tödlichen Wirkung schnell erreicht.

Diese Minidosis kann aus nur zwei einzelnen Nesselkapseln bestehen. Zwei Kapseln des Süßwasserpolypen *Hydra* vom Typ „Stenotele" reichten aus, um im Experiment eine Moskitolarve *(Aedes)*

Gift für 250 Menschen

Eine ausgewachsene *Chironex fleckeri* (Abb. 2-94 und Abb. 2-95) kann so groß wie ein Fußball werden und leicht 150 m Gesamttentakellänge erreichen (4 × 15 Tentakel an jedem Pedalium, jeder etwa 2 bis 3 m lang). Im kontrahierten Zustand sind die Tentakel im Schnitt ungefähr 15 cm lang und 3 mm breit. In diesem Fall haben sie eine Oberfläche von insgesamt 54.000 mm^2 (150 mm × 3 mm × 2 Tentakelseiten × 60 Einzeltentakel = 54.000 mm^2 Oberfläche). Pro Quadratmillimeter können zwischen 3.000 und 4.000 Nesselzellen gezählt werden (54.000 mm^2 × 3.000 Nesselzellen = 162.000.000 Nesselzellen oder 54.000 mm^2 × 4000 Nesselzellen = 216.000.000 Nesselzellen). Eine adulte *C. fleckeri* verfügt nach dieser Hochrechnung über rund 150 bis 200 Millionen Nesselkapseln. Wenn man nun weiterrechnet und für die Kapseln (verschiedene Kapseltypen von 10 µm Länge bis 70 µm Länge und 3 µm bis 5 µm Radius) einen Durchschnittswert von 40 µm Länge und 4 µm Radius annimmt, so hat eine einzige Kapsel ein Volumen von knapp 1.800 μm^3 (die Volumina von Kapselwand und Unregelmäßigkeiten im Durchmesser der Kapsel sind bereits berücksichtigt) (Abb. 2-119). In der Literatur werden 22 µg kg^{-1} als tödliche Dosis angegeben. Ein erwachsener Mensch wiegt etwa 70 kg, eine winzige Dosis von 1,54 mg Toxin (zum Vergleich: ein durchschnittlicher Wassertropfen wiegt 30 mg) würde genügen, seine Lebensfunktionen zu sabotieren. Dazu genügt die Giftinjektion von etwa 800.000 Nesselkapseln. Die Giftmenge der mehr als 200 Millionen Nesselkapseln einer einzigen *Chironex* reicht aus, um 250 erwachsene Menschen zu töten (Abb. 2-120).

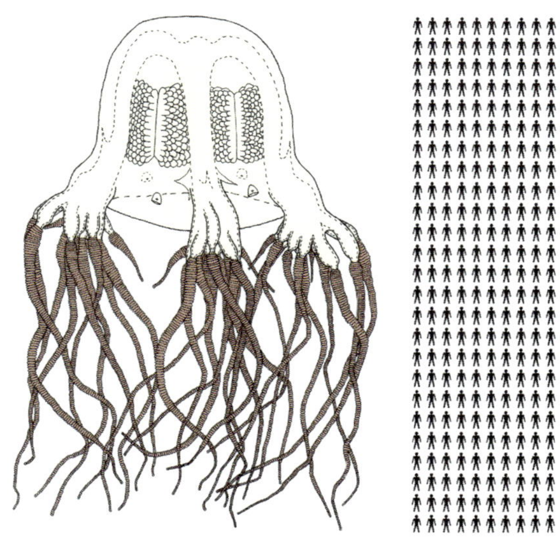

Abb. 2-120: Die Giftmenge einer einzigen Seewespe *Chironex fleckeri* reicht aus, um 250 erwachsene Menschen zu töten.

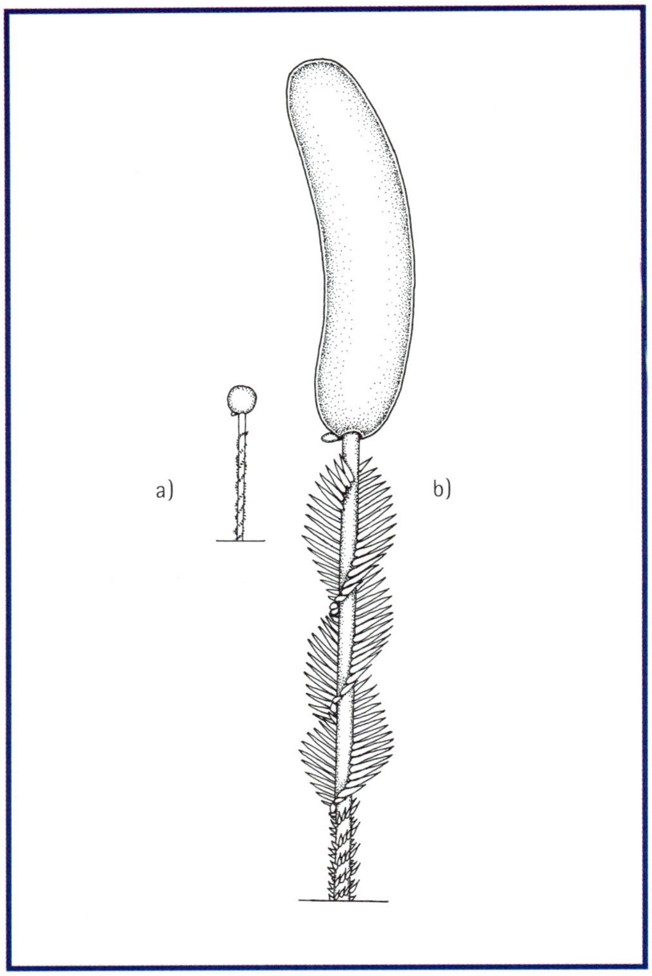

Abb. 2-119: Maßstabgetreue Darstellung einer 5 µm großen Nesselkapsel (a) einer Wurzelmundqualle *(Cassiopea ndrosia)* und einer 70 µm großen Nesselkapsel (b) der gefährlichen Würfelqualle *Chironex fleckeri*. Eine einzige Kapsel von *C. fleckeri* enthält mehr als das 120fache Giftvolumen im Vergleich zu *C. ndrosia!*

binnen Sekunden zu töten [68, 98]. In anderen Versuchen wurde gezeigt, daß die in Mäuse injizierte LD_{50} (LD_{50} ist die Dosis, die im Experiment in definierter Zeit die Hälfte aller Versuchstiere tötet) von *Physalia*-Toxin 50% der Tiere über einen Zeitraum von 30 Minuten tötete, die doppelte Menge Gift aber alle Mäuse innerhalb weniger Sekunden. Die LD_{50}-Giftmenge für die Portugiesische Galeere beträgt 0,032 mg × kg^{-1} [84]. Das giftigste Tier auf unserer Erde ist die australische Seewespe *Chironex fleckeri*. Ihre LD_{50}-Menge liegt bei nur 0,011 mg × kg^{-1} [88]! Für den Menschen ist die letale Dosis schwerer zu berechnen, doch geben australische Ärzte [88a] für ein Kind etwa 2 m Tentakelkontakt mit der Seewespe *(Chironex fleckeri)* als lebensbedrohlich an. Beim Erwachsenen sollen 8 bis 10 m Tentakelkontakt tödlich sein.

Quallenverletzungen

Symptome

Die meisten Verletzungen durch zufällige Quallenkontakte beim Baden verlaufen harmlos. Ein mehr oder weniger starkes Brennen, das in ein paar Stunden nachläßt und am nächsten Morgen nur noch durch leicht gerötete Hautstellen an die unangenehme Begegnung erinnert, ist alles, was zurückbleibt.

Bei einigen Arten (besonders den Würfelquallen) läuft es weniger glimpflich ab und ist in vielen Fällen sogar lebensgefährlich (Abb. 2-121). Bei Kontakt mit der Australischen Seewespe *(Chironex fleckeri)* (Abb. 2-94) oder der philippinischen Killerqualle *(Chiropsalmus quadrigatus)* besteht grundsätzlich Gefahr für Leib und Leben (Abb. 2-122 bis Abb. 2-126). Alle Opfer nannten übereinstimmend sofort beginnende, extrem starke Schmerzen, die sich in den ersten 30 min nach Kontakt mit

C. fleckeri noch verstärken sollen. Es können sich Atembeschwerden einstellen, der Herzschlag wird schwach und unregelmäßig, die Atmung kann komplett aussetzen. In vielen Fällen werden die Opfer ohnmächtig. Lebensgefahr besteht immer dann, wenn Atemlähmungen und Bewußtlosigkeit eintreten. Selbst sofortige medizinische Versorgung in Hospitälern kann das Überleben nach einem schweren Kontakt nicht garantieren.

Auf der Haut erscheint ein typisches „gefrorenes Leitermuster" (Abb. 2-127), das die Charakteristika der Nesselzellverteilung in den Tentakeln widerspiegelt (Abb. 2-128 und Abb. 2-132). Nach acht Stunden bilden sich rote Blasen auf der Haut, ähnlich Verbrennungen 2. und 3. Grades. Narbenbildung ist bei diesen schweren Nesselungen unvermeidbar. Die Statistik zeigt, daß Frauen und Kinder wesentlich stärker genesselt werden als Männer [99], vermutlich aufgrund geringerer Körperbehaarung. Die Haare sorgen solange für Distanz zu den Tentakelrezeptoren, bis die Tentakel Gliedmaßen umwickeln und so engen Kontakt bekommen. Dann helfen auch Haare nichts mehr (Abb. 2-124).

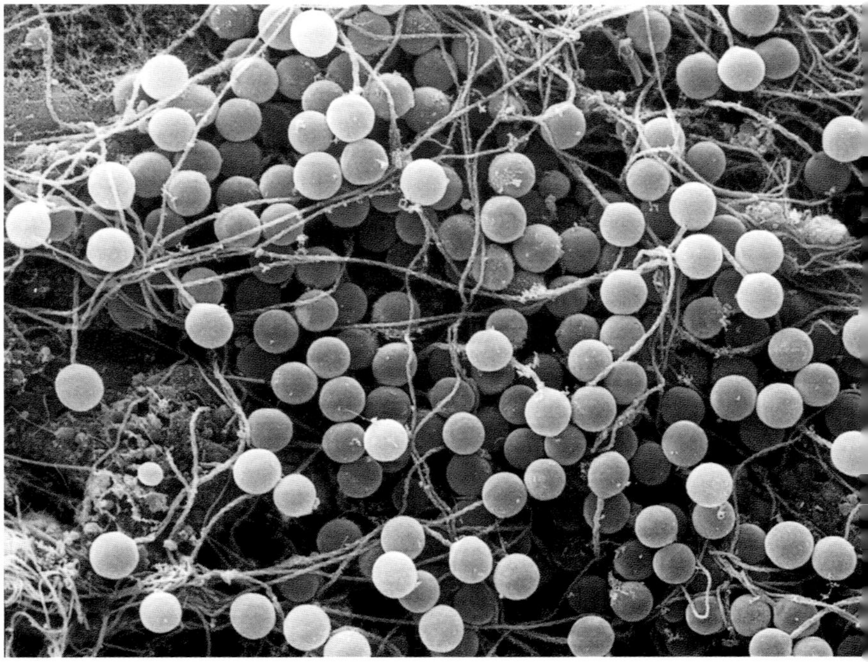

Abb. Abb. 2-121: Hunderte entladener Nesselkapseln auf der Oberfläche des Korallenwelses *Plotosus lineatus* nach nur 10 Sekunden Kontakt mit der Furchenqualle *Versuriga anadyomene*. Im Gegensatz zu anderen Rhizostomeen ist ihr Gift außerordentlich wirksam und ruft auch bei Menschen heftige Hautreaktionen hervor.
REM-Aufnahme, Maßstab: 20 µm.

a) 2 µm

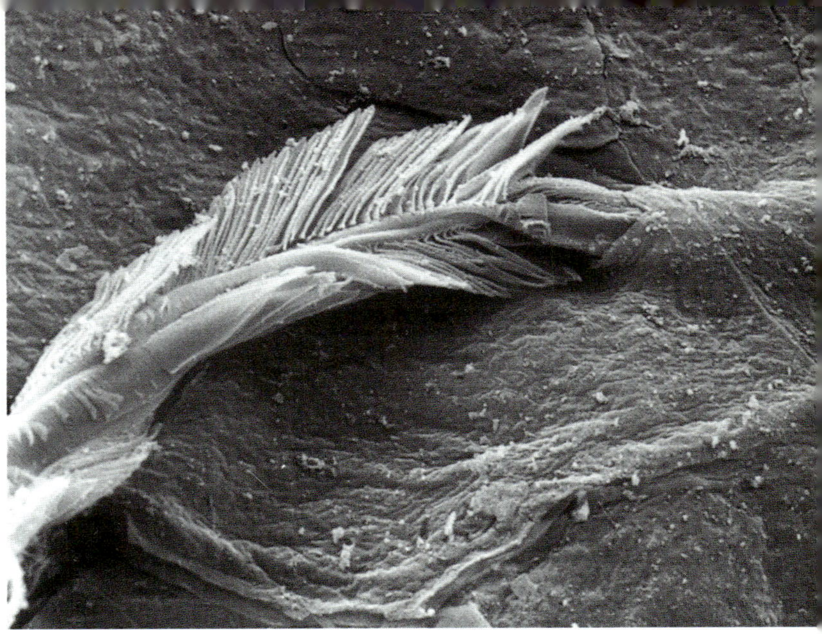

b) 5 µm

Abb. 2-122: Nesselkapsel der Würfelqualle *Chiropsalmus quadrigatus* beim Eindringen in die Hautzellen des Hausschweins (*Sus scrofa*). Die Penetration kann unter verschiedenen Winkeln erfolgen, senkrecht von oben (a) oder fast auf Horizontalebene (b). Die Haut von Schweinen eignet sich sehr gut für die Untersuchung von Nesselwirkungen, denn sie ist der menschlichen Haut sehr ähnlich.
REM-Aufnahmen, Maßstab a: 2 µm, b: 5 µm.

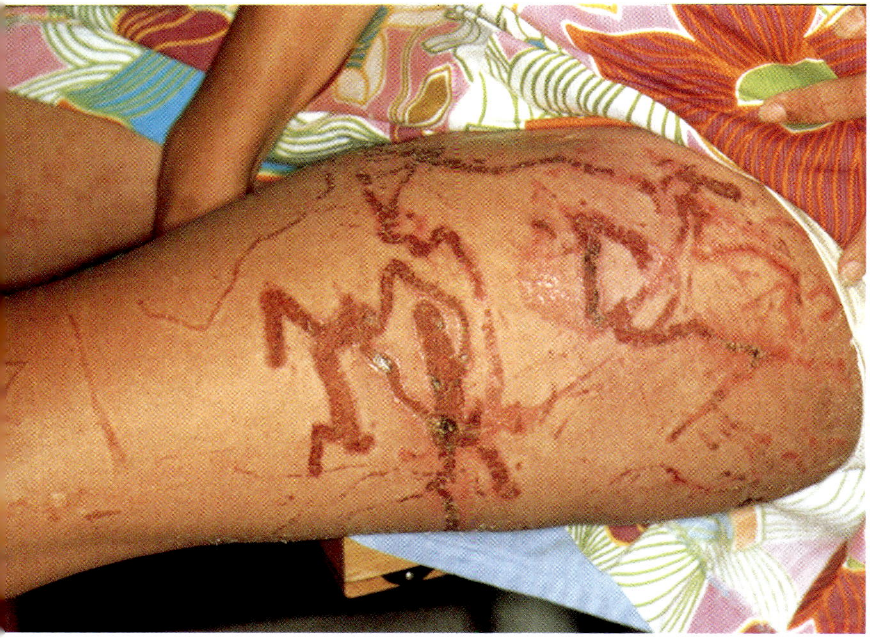

Abb. 2-123: Furchtbare Narben auf dem Oberschenkel eines Opfers der gefährlichen Seewespe *Chironex fleckeri*. Beim Schwimmen kam die junge Frau in Kontakt mit der hochtoxischen Würfelqualle. Sofortige fachmännische Hilfe konnte die akute Lebensgefahr abwenden. Die tiefen Narben werden allerdings immer sichtbar bleiben.

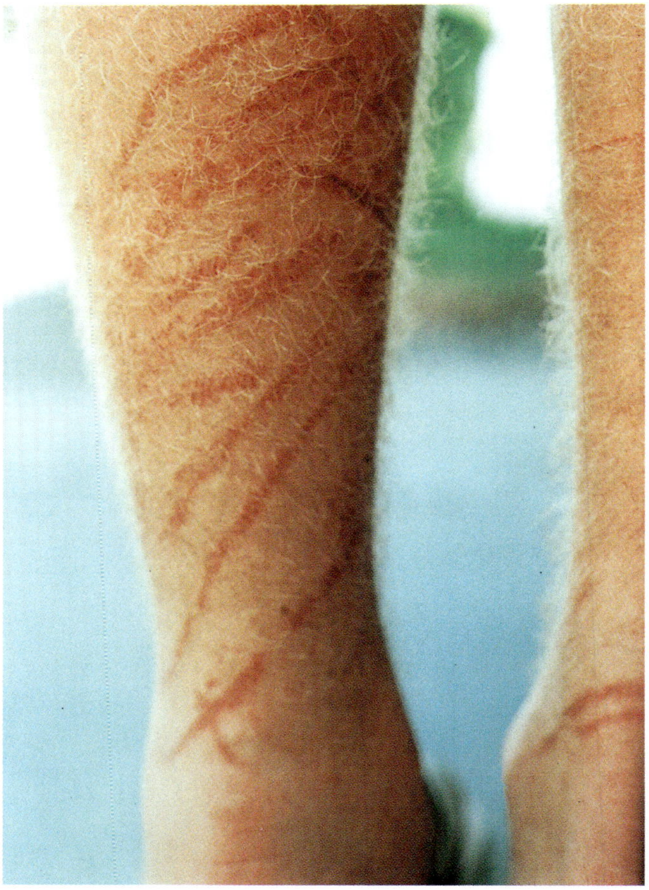

Abb. 2-124: Nicht alle Verletzungen durch die Seewespe *Chironex fleckeri* sind tödlich. Vermutlich schützte die starke Behaarung des Opfers vor schlimmeren Auswirkungen. Frauen und Kinder mit schwacher Körperbehaarung sind bei Kontakt mit Würfelquallen erhöhtem Risiko ausgesetzt. Die Statistik zeigt, daß von allen Personen, die Unfälle mit Würfelquallen hatten, Kinder und Frauen häufiger an *Chironex*-Verletzungen sterben als Männer.

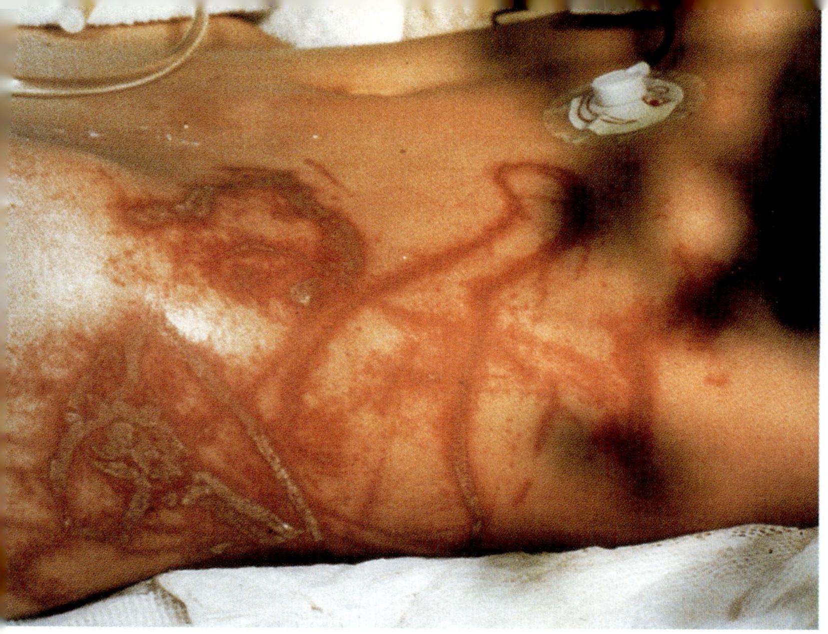

Abb. 2-125: Weibliches Opfer einer intensiven Nesselung durch die Seewespe *Chironex fleckeri*. Der Kontakt war lebensgefährlich, und die Patientin überlebte nur durch sofortige medizinische Hilfe.

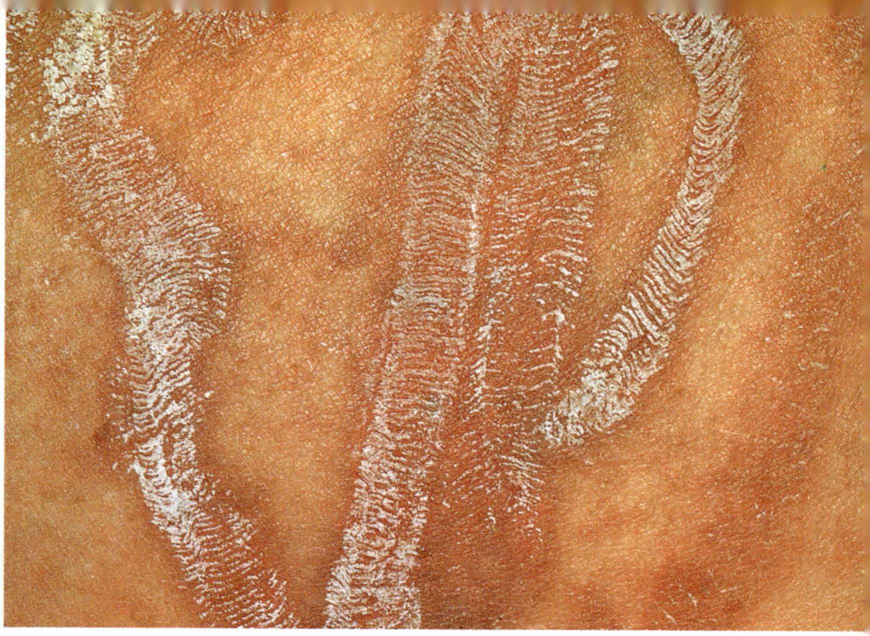

Abb. 2-127: Frische Nesselungen durch die Seewespe *Chironex fleckeri* hinterlassen ein typisches Leitermuster auf der Haut. Die Abstände der „Leitersprossen" stimmen mit den Abständen der Tentakelringe überein.

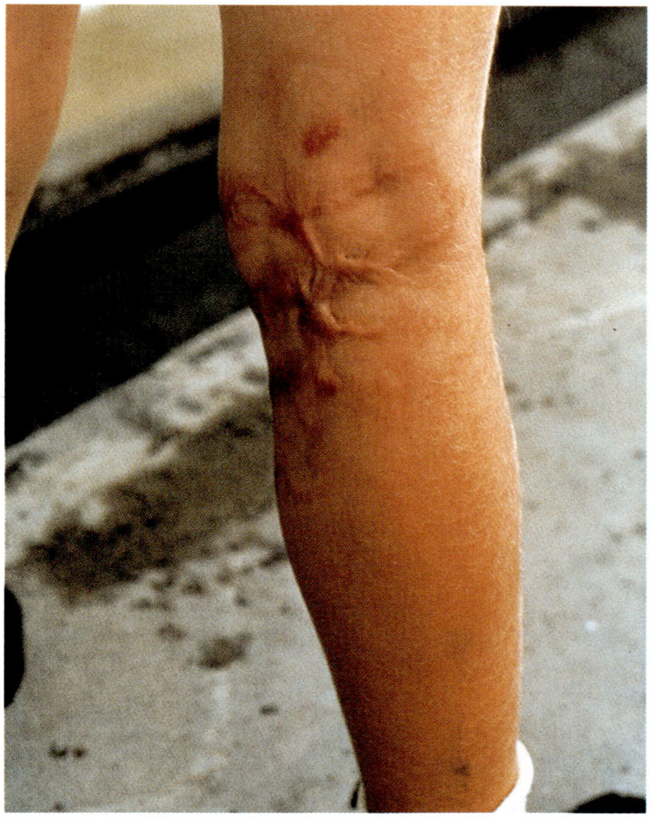

Abb. 2-126: Verletzungen durch die Seewespe *Chironex fleckeri* sind mit Verbrennungen vergleichbar. Es setzt sofort ein intensiver Schmerz ein, der Stunden, in schweren Fällen sogar Tage andauern kann. Die abgebildete Nesselung gleicht einer Brandmarkung durch heißes Eisen.

Gefährlich wird es auch bei Sensibilisierungen durch mehrfache Quallenkontakte über längere Zeiträume. Dann können bereits leichte Nesselungen schwere allergische Reaktionen mit Schocksymptomatik hervorrufen.

Große Mengen injizierter Toxine sorgen für Vasokonstriktion der Herzkranzgefäße und führen schließlich zum Herzstillstand (Abb. 2-129). Kleinere Dosen greifen bereits das zentrale Nervensystem an und bewirken Atemlähmungen. Selbst wenn das Herz des Opfers den Angriff übersteht, können die Fehlfunktionen der respiratorischen Organe zum Tod führen. Auch eine relativ niedrige

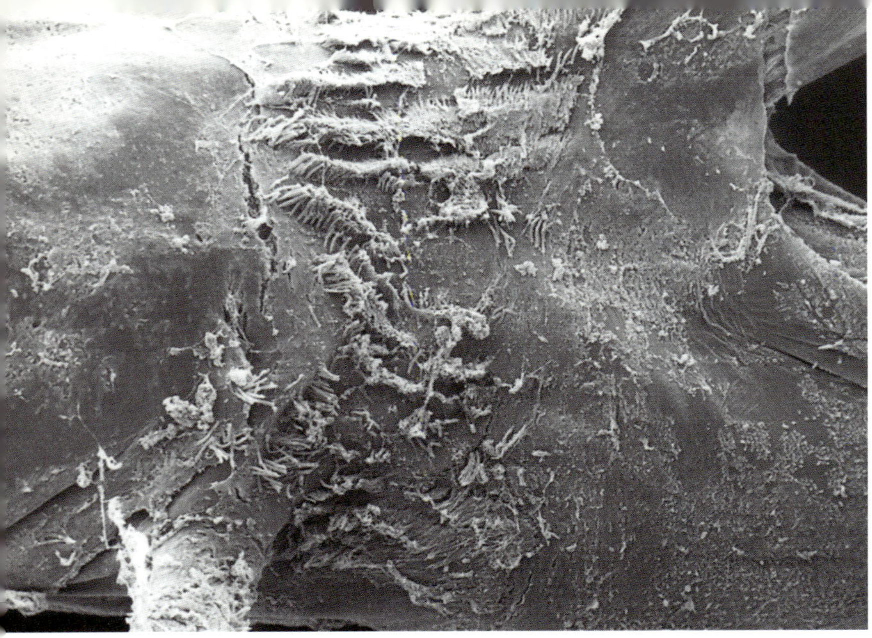

500 µm

Abb. 2-128: Die Nesselringe vom Tentakel einer ausgewachsenen Würfelqualle *(Chiropsalmus quadrigatus)* hinterlassen ein typisches Leitermuster auf der Haut von Opfern, hier beim Korallenwels *Plotosus lineatus*.
REM-Aufnahme, Maßstab: 500 µm.

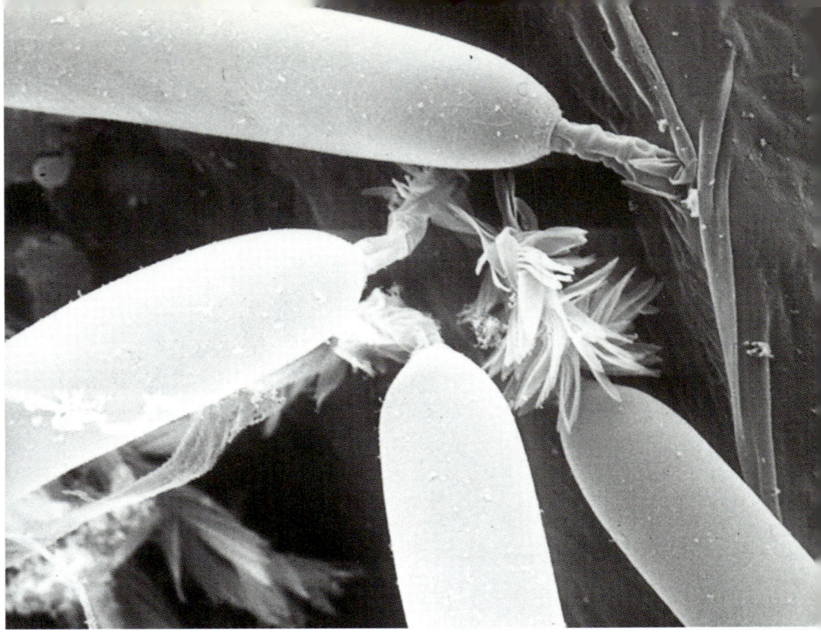

5 µm

Abb. 2-129: Großvolumige Nesselkapseln der philippinischen Killerqualle *Chiropsalmus quadrigatus* injizieren pro Kapsel die 120fache Giftmenge im Vergleich zu vielen harmlosen Quallen. Dies ist einer der Hauptgründe für ihre lebensbedrohlichen Nesselungen.
REM-Aufnahme, Maßstab: 5 µm.

Abb. 2-130: Vorsicht mit angespülten Quallen! Selbst weit degenerierte und scheinbar ausgetrocknete Exemplare können noch unangenehme Verletzungen verursachen. Diese beiden Kinder sind vom Fach, denn sie spielen ausschließlich mit den harmlosen Ohrenquallen *(Aurelia aurita)*. Wehe, es gerät im Sammeleifer eine Feuerqualle dazwischen...

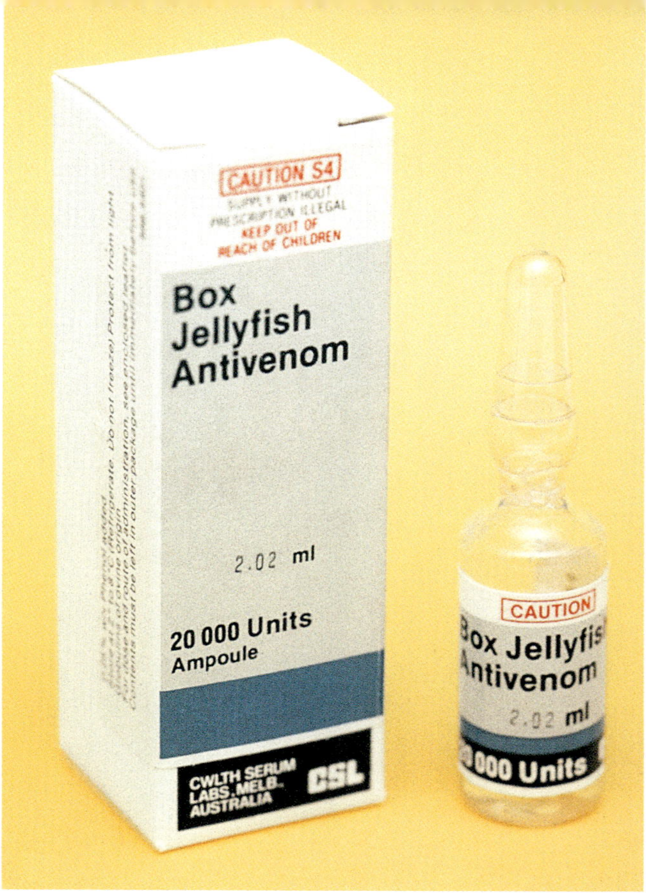

Abb. 2-131: Seit 1966 stellt das Commonwealth Serum Laboratory in Melburne (Australien) ein Gegengift für Verletzungen durch die Seewespe *Chironex fleckeri* her. Es sollte nur unter ärztlicher Aufsicht verabreicht werden, denn es kann leicht zu Gegenreaktionen kommen. Grundsätzlich bestehen für Quallenopfer die besten Überlebenschancen, wenn sofort das nächste Hospital aufgesucht wird.

Abb. 2-132: Verschiedene Warnschilder an den schönen Badestränden Nordostaustraliens. Es wird mit einfachen Symbolen oder präzisen, umfassenden Informationen auf ernsthafte Verletzungen durch Würfelquallen hingewiesen. Einige Tafeln sind sogar mit Essigkanistern ausgerüstet, die zur Ersten Hilfe genutzt werden sollen. Der beste Schutz ist immer noch, in der Quallensaison auf das Meer zu verzichten und ...

... im Pool zu schwimmen. Wer es absolut nicht lassen will, sollte einen Tauchanzug oder einen „Anti-Stinger-Suit" tragen, um sich wenigstens am Körper zu schützen. Townsville und Darwin, Australien.

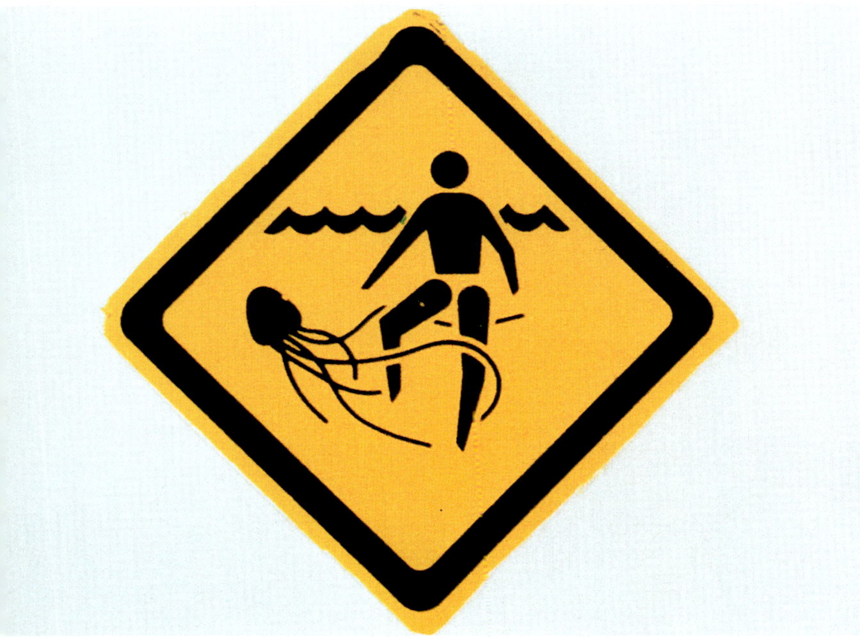

Giftdosis kann letale Folgen haben, wenn die Nieren aufgrund nekrotischer Nierenkörperchen ausfallen.

Hochinteressant ist auch die sogenannte „delayed reaction" (verzögerte Reaktion) nach Quallenverletzungen. Sie tritt bei einer Reihe von Arten auf. Meist wiederholen sich 24 Stunden bis sechs Tage nach Kontakt dieselben Symptome. Die betroffene Stelle rötet

Abb. 2-133: Ähnlich den Warnschildern in Australien weisen auch die Autoritäten der Bermudas mit Tafeln auf die gefährlich nesselnde Portugiesische Galeere *Physalia physalis* hin. Besonders Badegäste und Strandwanderer sind durch die Toxine der staatenbildenden Polypenkolonie gefährdet. Bermudas, Großbritannien.

Tab. 2-5: Erste-Hilfe-Maßnahmen bei Verletzungen durch Quallen (nach [101]).

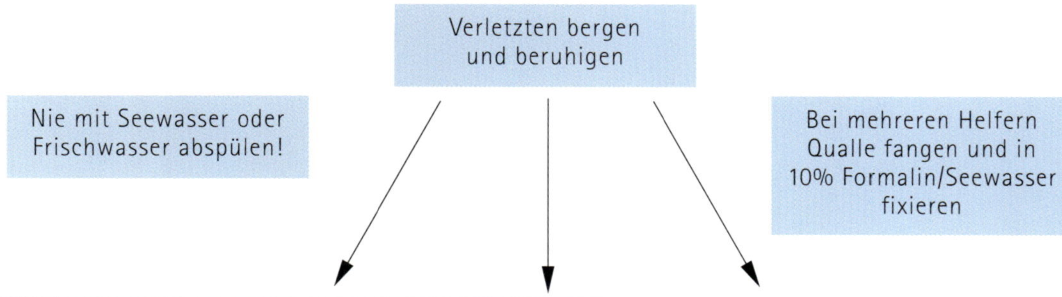

	Unfallstelle abgelegen (keine ärztliche Hilfe innerhalb von 15 min möglich)	ärztliche Hilfe vor Ort	Klinik vor Ort
Sofortmaßnahmen	▪ unnötige Bewegung vermeiden ▪ Sand/Urin/zuckergesättigter Kokosnußsaft auf verletzte Stelle ▪ antrocknen lassen ▪ Tentakelreste mit scharfem Gegenstand abschaben ▪ Schockbekämpfung, falls erforderlich	▪ unnötige Bewegung vermeiden ▪ Essig (nicht bei *Physalia*) oder Isopropylalkohol, oder Ammoniumchlorid 10%ig auf die verletzte Stelle ▪ Tentakelreste mit Pinzette entfernen ▪ Schockbekämpfung, falls erforderlich	▪ unnötige Bewegung vermeiden ▪ Nesselzellen in den Tentakelresten fixieren ▪ Shave-Behandlung in Lokalanästhesie ▪ Schockbekämpfung, falls erforderlich
Weitere Therapie	▪ Papayafruchtfleisch auf die Wunde, falls verfügbar ▪ Monitoring von Herz- und Kreislauf	▪ Kalzium intravenös bei Muskelkrämpfen ▪ Antihistaminika ▪ Glucocorticoid-Externa ▪ Morphium bei extremen Schmerzen ▪ Monitoring von Herz- und Kreislauf	▪ Adrenalin ▪ Morphium ▪ Antihistaminika ▪ Glucocorticoid-Externa ▪ Kalzium i. v. ▪ Antivenin bei *Chironex*-Verletzungen ▪ Monitoring von Herz- und Kreislauf

sich, schmerzt oder juckt heftig. Dies ist auf allergische Reaktionen zurückzuführen, die individuell stark variieren können. Sensible Personen können ernsthafte Symptome bei Kontakt mit Quallen entwickeln, andere spüren nur ein leichtes Kribbeln.

Erste Hilfe bei Quallenverletzungen

Leider gibt es gegen die komplizierten Giftmischungen und deren vielfältige Effekte kein Allheilmittel [100]. Die Sofortmaßnahmen beziehen sich auf allgemeine Regeln und Aufrechterhaltung lebenswichtiger Funktionen (Tab. 2-5). Es kann lebensrettend sein, binnen einer Stunde ein gut ausgestattetes Hospital und kompetente Ärzte zu erreichen [102].

Grundsätzlich gilt es, den Verletzten zu bergen (dabei Vorsicht walten lassen, um sich nicht selbst der Nesselung auszusetzen!), der durch Schock oder Bewußtlosigkeit in Gefahr gerät,

Abb. 2-134: Angespülte Polypenkolonie der Portugiesischen Galeere *Physalia physalis*. Das Segel (Pneumatophor) hat schon ein bißchen Gasdruck verloren, dennoch ist die Nesselfähigkeit der Abwehr- und Fangpolypen ungebrochen. Bermudas, Großbritannien.

zu ertrinken. An Land sollten weitere Nesselungen durch anhaftende Tentakelteile verhindert werden. Dazu gibt es verschiedene Möglichkeiten: Falls die Verletzung durch eine Würfelqualle hervorgerufen wurde, ist es sinnvoll, im Haushalt gebräuchlichen Essig (4 % bis 10 %) reichlich über die betroffene Stelle zu gießen. Dies immobilisiert die Nesselzellen und verhindert weitere Entladungen. Um alle Mißverständnisse auszuräumen: Essig blockiert die Funktion der Nesselzellen, er kann allerdings nicht die bereits erfolgte Vergiftung abschwächen. Bei bestimmten Quallenarten (z. B. der Portugiesischen Galeere

Abb. 2-135: Konstante Winde über 4 Beaufort treiben die segelnden Polypenkolonien *(Physalia physalis)* vor sich her. Kommt eine Küste in die Quere, nutzen auch ihre langen Tentakel nichts mehr, die wie Treibanker die Fahrt verlangsamen können: Sie werden an den Strand geworfen und verenden.
Bermudas, Großbritannien.

Abb. 2-136: Nach anhaltenden Ostwinden sind die Ostküsten Bermudas und einige Strände der USA nur mit Gummistiefeln zu betreten. Der Spülsaum ist dicht mit gestrandeten Portugiesischen Galeeren *(Physalia physalis)* übersät. Auch im Wasser ist es nicht sicher: Abgerissene Tentakelteile können schmerzhafte Nesselungen verursachen. Bermudas, Großbritannien.

Physalia physalis) kann er sogar gegenteilige Wirkung haben und die Entladung weiterer Zellen stimulieren.

Auf keinen Fall dürfen Tentakelteile mit Meerwasser oder Süßwasser abgespült werden. Diese gefährliche Empfehlung irrt leider immer noch durch die Literatur [103]. Im Gegenteil, die betroffene Stelle sollte durch trockenen Sand, ein Handtuch oder ähnliches unbedingt ausgetrocknet werden. Dann lassen sich Tentakel mit einem scharfen Gegenstand vorsichtig abkratzen.

Abspülen mit Meerwasser versorgt die Nesselzellen mit genau dem Medium, das für die Exocytose benötigt wird. Dr. ANDERSON aus dem Whitney Forschungslabor in Florida nahm vor

Abb. 2-137: Die philippinische Killerqualle *Chiropsalmus quadrigatus* auf Beutezug. Alle Tentakel sind ausgestreckt und durchpflügen das Wasser. Schon ein kurzer Kontakt mit den Tentakeln ist für kleinere Fische absolut tödlich, für den Menschen äußerst gefährlich. Mindanao, Philippinen.

einigen Jahren Untersuchungen an der Portugiesischen Galeere vor. Er war natürlich durch Ölzeug und Handschuhe, wie sie Fischer bei der Arbeit tragen, geschützt. Es blieben einige Tentakelreste am Ärmel hängen und trockneten ein. Ein halbes Jahr später war er wieder auf See und trug sein Ölzeug. Die See war an diesem Tag etwas rauher und das Forschungsschiff nahm reichlich Spritzwasser über. Andersons Ölzeug wurde naß, und plötzlich verspürte er sehr starke Nesselungen an der rechten Hand. Zunächst konnte er sich den Ursprung der Verletzung nicht erklären, bis der Forscher die Tentakelreste an seinem Ölzeug sah. Die Zellen waren durch die Berührung mit dem Wasser wieder voll funk-

Abb. 2-138: Für badende Kinder in Gebieten mit Würfelquallen besteht Lebensgefahr! Dieser 8jährige Junge ist sich der Bedrohung bewußt. Er bewegt sich langsam im Wasser und gibt dem Tier Zeit, auszuweichen. Selbst die gefährlichsten Arten greifen niemals an, sondern meiden den Menschen. Mindanao, Philippinen.

tionstüchtig geworden und hatten sich entladen.
Dieses Beispiel zeigt, wie vorsichtig man mit lebenden, besonders auch mit vermeintlich toten Quallen umgehen sollte. Angespülte Exemplare haben ihre Anmut eingebüßt und sind nur noch wabbelige Gallertreste. Ihre Nesselzellen besitzen auch in diesem weit degenerierten Zustand noch volle Funktion. Es ist dringend davon abzuraten, mit gestrandeten oder sonnengetrockneten Quallen zu hantieren (Abb. 2-130). Ein Sandkorn im Auge, kurzes Reiben – und schon werden die Nesselzellen im Auge entladen. Es ist zwar nicht lebensgefährlich, aber höchst unangenehm...
Nachdem Tentakelreste entfernt wurden,

Abb. 2-139: Die philippinische Killerqualle *Chiropsalmus quadrigatus* im hüfthohen Wasser einer zum Baden einladenden Sandlagune. Das Tier (Bildmitte) ist bis auf die Tentakel vollkommen transparent und von ungeübten Beobachtern nicht auszumachen. Mindanao, Philippinen.

Abb. 2-140: Würfelquallen benötigen niedrige Salzgehalte zur Fortpflanzung. Aus diesem Grund sind sie bevorzugt in flachen Lagunen mit viel Regenwassereintrag und an Flußmündungen zu finden. Die erodierende Wirkung von Regenwasser und die Sedimentfracht der Flüsse sorgen für Trübung. In dieser Unterwasseraufnahme ist die Killerqualle *Chiropsalmus quadrigatus* nur knapp einen halben Meter von der Linse entfernt und dennoch kaum zu sehen. Palawan, Philippinen.

sollte man die zentralen Lebensfunktionen, wie Atmung und Herzschlag, kontrollieren und den Verletzten in ärztliche Versorgung geben. In schweren Fällen ist höchste Eile geboten, und nur Hospitäler, entsprechend ausgerüstet, sind in der Lage, optimale Hilfe für diese komplizierten Vergiftungen zu leisten.

Seit 1966 ist vom Commonwealth Serum Laboratory in Melburne (Australien) ein Gegengift für *Chironex*-Toxine erhältlich. Die Applikation sollte nur durch einen Arzt erfolgen, denn es können Komplikationen vorkommen (Abb. 2-131).

Schutzmaßnahmen gegen Quallenverletzungen

In einigen Ländern wird vor Begegnungen mit Quallen ausdrücklich gewarnt. In Australien finden sich das ganze Jahr über Hinweistafeln, die über das Vorkommen von *Chironex fleckeri* und anderen „marine stingers" umfassend informieren (Abb. 2-132). An den Stränden von Townsville enthalten die Tafeln sogar eine Flasche mit Essig zur Ersten Hilfe.

In den Bermudas warnen Schilder an den berühmten Traumbuchten, schon bevor man den Strand betritt, vor den gefährlichen Portugiesischen Galeeren (Abb. 2-133). Bei auflandigen Winden ab vier Beaufort können die Tierkolonien nicht mehr gegenhalten und werden an den Strand gespült (Abb. 2-134 bis Abb. 2-136). Die Tentakel (Dactylozooide) sind stark kontrahiert, aber noch voll funktionstüchtig. Wehe dem Touristen, der sich selbst von der Giftigkeit überzeugen möchte... Am besten ist es, man nutzt nur abgetrennte Ba-

debereiche, wenn unbedingt zur Quallenhochsaison gebadet werden muß.
Taucher sind wesentlich weniger gefährdet als Schwimmer oder Badende. Ihr Neoprenanzug schützt sie in den vom Anzug abgedeckten Bereichen vollständig. Der chemische Stimulus durch die Anzugoberfläche bleibt aus, und die maximal 2 mm langen Nesselschläuche könnten drei oder mehr Millimeter dicke Anzüge nicht durchschlagen.
Man hat dieses Prinzip adoptiert und den Lycraanzug entwickelt. Wesentlich dünner, doch eng gewebt ist er auch für die Tropen eine Alternative und schützt ebenfalls sehr zuverlässig vor Verletzungen.
Der Mensch gehört nicht zum natürlichen Beutespektrum der Quallen. Sie attackieren nie, sondern weichen konsequent aus. Beim Fotografieren unter Wasser muß man schnell reagieren, um sie von der Seite aufzunehmen, ansonsten drehen sie ab und schwimmen rasch davon (Abb. 2-46 und Abb. 2-137). Optische Wahrnehmung ist für Cubomedusen kein Problem: *Chiropsalmus* ist mit 4 × 6 Augen ausgestattet, davon 4 × 2 echten Linsenaugen (s. Kap. 2.8, Abb. 2-56 und Abb. 2-57). Sie sind in der Lage, Objekte zu erkennen und sie zu vermeiden. Wenn man ihnen Gelegenheit zum Ausweichen gibt, leben Mensch und Qualle in friedlicher Koexistenz (Abb. 2-138). Im Nordwesten von Palawan (Philippinen) assistierte ein Fischer beim Quallenfang. Direkt vor seiner Hütte, 20 m vom Ufer entfernt, fing er sehr erfolgreich Würfelquallen im trüben Brackwasser. Im selben Strandabschnitt tummelten sich sechs seiner acht Kinder im Alter von drei bis acht Jahren. Auf die Frage, ob er es nicht für einen gefährlichen Spielplatz halte, antwortete er, daß die Quallen den Kindern nichts anhaben, wenn sie nicht zu wild toben. Er meinte damit, die Quallen weichen aus, wenn sie die Kinder rechtzeitig wahrnehmen können. Je trüber das Wasser, desto schwieriger wird das Erkennen von Körpern (Abb. 2-139 und Abb. 2-140). Kinder rennen gern schnell ins Wasser, die Quallen können nicht mehr ausweichen und schon kommt es zum gefährlichen Kontakt.

Fortbewegung und Schwimmverhalten

Polypen

Während Scypho- und Cubopolypen festgeheftet bleiben, vollführen die Polypen einiger Hydrozoen wahre Purzelbäume, nur um ihren Standort ein wenig zu verbessern (Abb. 2-141). Sie können wie Spannerraupen kriechen oder sich kurz mit dem Tentakelkranz am Substrat anheften und den Stielteil überschlagen. Ruft man sich das im Vergleich zu höheren Tieren recht einfache Nervennetz ins Gedächtnis, so erscheint diese aufeinander abgestimmte Bewegungsfolge erstaunlich koordiniert.
Auch bei marinen Quallenpolypen sind gezielte Kriechbewegungen bekannt. *Psammohydra* oder *Boreohydra* heften sich unter Kriech- und Streckbemühungen an einzelne Sandkörner an, um kurze Strecken zu überwinden. Es ist klar, daß diese Art der Fortbewegung nicht zu den schnellsten zählt.
Die im freien Wasser lebenden Polypen von *Pelagohydra* nutzen die Physik des Auftriebs. Sie haben einen Teil ihres Systems zu einem Floß umgebaut. Durch Einlagerung von wasserhaltigen, stark vakuolisierten Zellen schaffen sie es, im Schwebezustand zu bleiben.

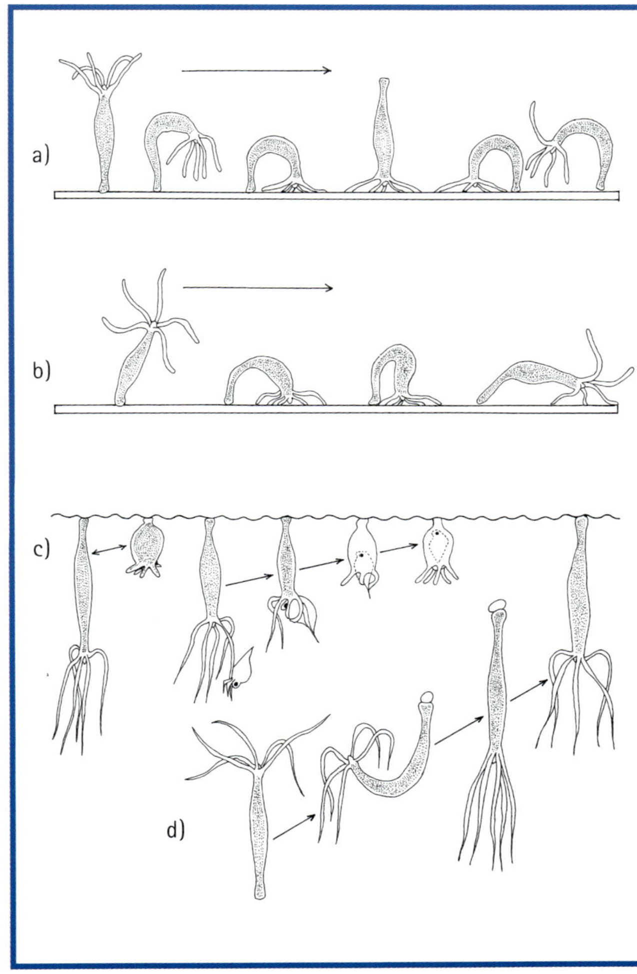

Abb. 2-141: Lokomotion beim Süßwasserpolypen Hydra (a-d). Der Polyp kann bei ungünstigen Bedingungen flüchten. Dazu biegt er das Mundfeld mit den Tentakeln zum Boden, hält sich fest und löst die Basis vom Substrat (a). Die „Überschlagstechnik" ist ebenso mühsam wie die spannerraupenartige Kriechbewegung (b). Die Polypen sind außerordentlich dehnungs- und kontraktionsfähig (c). In Fanghaltung strekken sie ihre Tentakel weit aus, in Freßhaltung sind sie zusammengezogen. Sobald ein Beutetier (z. B. Wasserfloh) einen Tentakel berührt, helfen benachbarte Tentakel, die Beute zu sichern, und führen sie zum Mund. Der Magen dehnt sich aus, bis das Krebschen verschlungen ist (d). Interessant ist die Gassekretion der Fußdrüse. Die Gasblase verleiht ausreichend Auftrieb, um den Polypen zur Wasseroberfläche zu tragen.

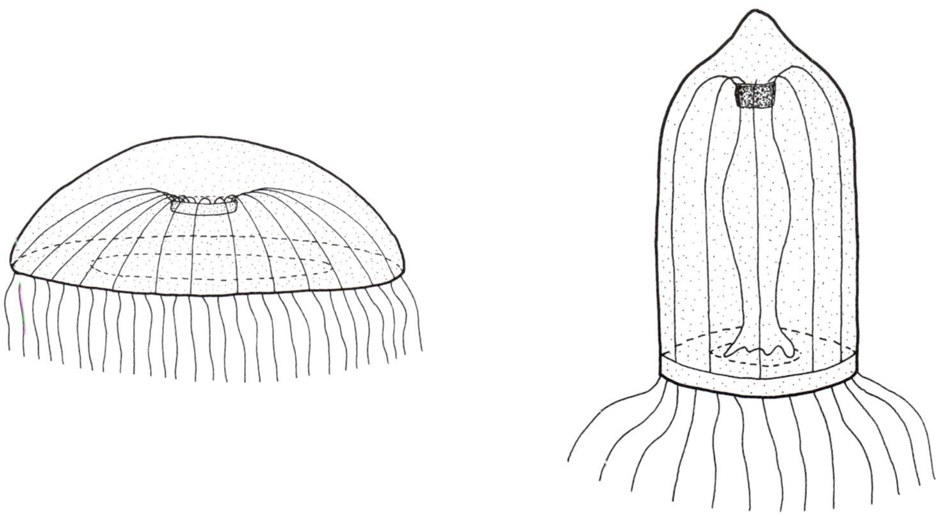

Abb. 2-142: Unterschiedliche Schirmformen beeinflussen die Schwimmgeschwindigkeiten bei Hydroidmedusen. Die Scheibenform (a) ist vorwiegend bei langsam schwimmenden Medusen zu finden, die ein Tentakelnetz auslegen und das Wasser durchsieben. Die Glockenform (b) ist bei Arten vertreten, welche ihrer Beute aktiv nachstellen. Die Hydrodynamik dieses Typs ermöglicht schnelles Schwimmen mit geringem Energieaufwand.

Medusen

Die meisten Quallen befinden sich in Bewegung. Ihr Schirm pulsiert in regelmäßigen Kontraktionen, die bei kleinen Tieren recht schnell sein können (60 bis 90 min^{-1}), während große Exemplare eher ruhig und behäbig (15 bis 20 min^{-1}) durch die Meere schweben. In aufrechter Position schwimmen sie, dem Licht zugewandt [104], eine Weile Richtung Wasseroberfläche, stellen dann ihre Kontraktionen ein und sinken mit weit ausgestreckten Tentakeln ein paar Meter abwärts. Anschließend beginnen sie wieder mit dem „Aufstieg". Welche Gründe kann es geben, soviel Energie aufzuwenden und dabei beachtliche Strecken zurückzulegen?

Eine Reihe biologischer und physikalischer Aspekte bestimmen das Schwimmverhalten. In erster Linie geht es um günstige Nahrungsbedingungen. Die Mehrzahl der Quallen sucht in ruhigen Wasserkörpern die Plätze auf, die ihren bevorzugten Futter-, Licht- und Temperaturansprüchen angemessen erscheinen. Treffen die Medusen zufällig auf Ansammlungen von Beutetieren, versuchen sie, ihre Position zu halten, und richten ihre Sinne ganz auf die Jagd aus. Im Aquarium wurde gezeigt, daß hungrige Ohrenquallen ihre Schirmkontraktionen nach dem ersten Kontakt mit einem Beutetier verdoppeln. Während sie umherschwimmen, vergrößern sie ihren Aktionsradius und somit die Chancen, auf Nahrung zu treffen.

Natürlich kostet diese Aktivität Energie. Die Natur hat auch hier vorgesorgt und verschiedene hydrodynamische Schirmformen ausgebildet (Abb. 2-142). Einfach betrachtet bietet die Scheibenform mehr Wasserwiderstand als die Zylinderform. So ist es keine Überraschung, daß den unterschiedlichen „Modellen" auch individuelles Schwimmverhalten zugeordnet werden kann. Die Scheibenform (Abb. 2-69 und Abb. 2-143) eignet sich besonders für einen gemütlichen Schwimmstil, der den Wasserstrom so um den Körper leitet, daß die gesamte Oberfläche als Fangeinrichtung genutzt werden kann. Das stromlinienförmige Zylinderdesign, vorwiegend bei Hydromedusen *(Aglantha)*, fördert schnelles, bis zu 50 % energiesparenderes Schwimmen gegenüber der Scheibenform. Die Hydromedusen reisen „günstiger" und nutzen den Konstruktionsvorteil für ausgedehnte Vertikalwanderungen [105]. Charakteristisch für die hydrodynami-

Abb. 2-143: Eine der größten Hydromedusen ist die kinderhandgroße *Aequorea victoria*. Sie hat für Biologen eine besondere Bedeutung: Seit mehr als 20 Jahren wird sie kommerziell gefangen (Friday Harbour Laboratory, Washington), um ihr Fotoprotein Aequorin zu gewinnen und aufzureinigen. Aequorin wird zum hochempfindlichen Nachweis von Kalzium in biologischen Systemen eingesetzt.

Abb. 2-144: *Rhopilema hispidum* wird gerne von Stachelmakrelen (Carangidae) begleitet. Die vorwiegend jungen Fische suchen zwischen den Mundarmen Schutz vor Räubern. Palawan, Philippinen.

sche Schirmform ist selektives Freßverhalten: Nachdem durch ausgedehnte Wanderungen ein vielversprechendes Gebiet aufgefunden wurde, legen sie sich auf die Lauer, spreizen ihre Tentakel aus und warten auf unvorsichtige Beutetiere.

Scypho- und Hydromedusen sind mit kräftiger Ring- und Radialmuskulatur in der Subumbrella ausgestattet. Die Cubomedusen haben ausschließlich radial verlaufende Muskulatur in der Subumbrella, ihr „Hautfältchen", das Velarium, ist mit ringförmig angelegten Muskelfasern ausgestattet.

Die Quallen schwimmen nach dem Rückstoßprinzip. Beim Zusammenziehen des Schirms wird das Wasser unter der Subumbrella her-

Abb. 2-145: Die Größe der Begleitfische von *Rhopilema hispidum* spielt nur eine untergeordnete Rolle, zuweilen übertreffen die Begleiter sogar „ihre" Qualle. Es ist klar, daß die ausgewachsenen Fische sich nicht mehr zwischen den Mundarmen verstecken können. Bei Artbestimmungen von Quallen wird gern auf die Schirmform hingewiesen. Der Vergleich von Abb. 2-144 und Abb. 2-145 zeigt, daß die Form des Schirms von einer flachen Hemisphäre im kontrahierten Zustand bis zur Helmform in entspannter Schwimmphase variieren kann. Palawan, Philippinen.

ausgedrückt und Vortrieb erzeugt (Abb. 2-144). Die Randlappen können die Bewegung zusätzlich unterstützen. Widerlager für die kräftigen Muskelkontraktionen ist die Mesogloea. Sie bringt den Schirm wieder „in Form", bevor die nächste Kontraktion einsetzt (Abb. 2-145).

Die Hydro- und Cubomedusen haben das Prinzip noch verbessert: Sie besitzen beide dünne Ringfältchen (Velum bzw. Velarium), die die Öffnung der Schirmunterseite verengen. Nach dem Bernoullischen Gesetz wird durch die Muskelkontraktion die Strömungsgeschwindigkeit an der Engstelle erhöht, das Wasser durch die „Düse" gepreßt und der ohnehin kräftige Vortrieb noch verstärkt.

Abb. 2-146: Massenvorkommen der Vogeleiqualle *Catostylus townsendi* an einem Küstenstreifen Palawans. Starke Niederschläge bewirken den Eintrag von sediment- und nährstoffreichem Süßwasser durch Flüsse. Sofort setzt eine Algenblüte ein, die ihrerseits die Nahrungsbedingungen für Ruderfußkrebse und andere Zooplankter verbessert. Auch die Quallenpolypen reagieren auf das verlockende Angebot und produzieren fleißig Medusen. Palawan, Philippinen.

Abb. 2-147: Dichte Aggregation Tausender kleiner Däumchenquallen *(Linuche unguiculata)* im Sulu-Archipel (Tawi-Tawi, Philippinen). Das eng begrenzte Massenauftreten ist ein schönes Beispiel für Konzentration kleiner Zooplankter durch die sogenannte „Langmuir"-Zirkulation. Sie entsteht durch konstante Winde, die über relativ ruhige Meeresoberflächen wehen und bestimmte, kleinskalige Zirkulationsmuster erzeugen. In den schmalen Zentren des Miniauf- und -abtriebs werden kleine Organismen angesammelt, in diesem Fall Däumchenquallen.

Diese fortschrittliche Technik schlägt sich im Schwimmtempo nieder. Die Würfelquallen sollen Geschwindigkeiten von bis zu fünf Knoten erreichen, was einer Strecke von mehr als neun Kilometern in der Stunde entspricht. Selbst wenn man annimmt, daß diese enormen Geschwindigkeiten nur für kurze Strecken beibehalten werden können, scheint es eher unwahrscheinlich. Mit fünf Knoten würden sie den Weltrekord für 100 m Kraul der Männer deutlich übertreffen.

Nach eigenen Beobachtungen schaffen *Carybdea* und *Chiropsalmus* (Abb. 2-91 und Abb. 2-49) Spitzengeschwindigkeiten von etwa 1 ms^{-1}, was etwa zwei Knoten entspricht. Die schwergewichtigen Wurzelmundquallen bringen es auf rund 15 m in der Minute, und das auch nur, wenn sie „genötigt" werden.

Es wäre übertrieben, generell zu behaupten, die Quallen seien Meister der Slalomtechnik. Mit unterschiedlichem Erfolg setzen sie asymmetrische Schirmkontraktionen ein, die zur Änderung der Schwimmrichtung führen [106]. Aus diesem Grund schwimmen die Scyphomedusen eher behäbig, und Richtungsänderungen werden in aller Ruhe ausgeführt. Hydromedusen sind durch ihre höhere Geschwindigkeit und ihren hydrodynamischen Bau schon wendiger. Die Würfelquallen hingegen haben erstaunliche Manövrierfähigkeiten. An den vier Schirmecken befinden sich große Pedalien, die in die Tentakel übergehen. Sie wir-

ken wie voneinander unabhängige Ruderblätter, die die Qualle rasch in eine neue Schwimmrichtung dirigieren können.
Im allgemeinen reichen die Kräfte der Quallen nicht aus, um gegen Meeresströmungen anzuschwimmen. Sie konzentrieren sich mehr auf Vertikalbewegungen. Licht löst Wanderungen nach oben aus, eine „innere Uhr" (endogene Rhythmik) besitzen die Quallen nicht. Es wird vermutet, daß sie den periodischen Vertikalwanderungen des Mesozooplankton (Planktonorganismen zwischen 0,1 und 1 mm Größe) folgen. Ein weiterer Grund, sich zu bestimmten Tageszeiten nahe der Wasseroberfläche aufzuhalten, könnten Symbionten (Zooxanthellen) in der Mesogloea sein. Mit Hilfe von Sonnenlicht stellen sie ihren Wirten wertvolle Kohlenstoffverbindungen zur Verfügung (S. 241 ff., Endosymbionten). Bei bewegter See und Wellenschlag tauchen die Medusen in sichere, ruhige Wassertiefen ab. So ist aus japanischen Gewässern bekannt, daß Quallen das Aufkommen eines Sturmes anzeigen, weil sie sich bereits vorher in tiefere Wasserschichten absinken lassen [107].
Die Temperatur hat ebenfalls wichtigen Einfluß auf die Schwimmaktivität. Bei der im Mittelmeer vorkommenden *Pelagia noctiluca* konnte gezeigt werden, daß sie unter 6 °C die Schirmkontraktionen einstellt und zu Boden sinkt. Eine Schwellentemperatur ist bei 11 °C erreicht, unterhalb dieser Temperatur reichen die Kontraktionen nicht aus, das Absinken zu verhindern, oberhalb erhöhen sich mit steigender Temperatur auch die Schirmkontraktionen [107].

Abb. 2-148: Hohe Reproduktionsraten von Ohrenquallen *(Aurelia aurita)* sorgen für eine explosionsartige Entwicklung. Wenn Medusen in solchen dichten Ansammlungen vorkommen, erhebt sich die Frage nach einem direkten Zusammenhang zwischen Massenauftreten und zunehmend eutrophierten Küstengewässern. Dies konnte bisher noch nicht wissenschaftlich bestätigt werden. Kieler Förde, Ostsee.

Bilden Quallen Schwärme?

Es ist ein weltweit bekanntes Phänomen, daß Quallen verschiedener Arten in Massen vorkommen (Abb. 2-146 bis Abb. 2-149 sowie Abb. 3-4). In der südlichen Nordsee kommt es zur regelrechten Artensukzession. Sie entsteht durch unterschiedliche Temperaturabhängigkeit der Medusenknospung. So kommt es, daß im Winter Millionen Hydromedusen der Spezies *Tima bairdi* die Fischernetze füllen, im Frühjahr die Hydromeduse *Rathkea octopunctata*, gefolgt von *Ectopleura dumontieri*, ebenfalls eine Hydromeduse, die bis zu 3.000

Abb. 2-149: Massenansammlungen von Quallen werden von allen Weltmeeren berichtet. An der australischen Ostküste kommt es vor Brisbane zu dichten Aggregationen von *Catostylus mosaicus*. Günstige Wasserströmungen und bestimmte hydrographische Bedingungen sind vermutlich die Ursachen für die Anhäufung von Quallen. Baden könnte hier sehr unangenehm werden. Brisbane, Australien.

Tieren pro m^3 erreichen kann [22]. Auch in den Subtropen und Tropen kommen dichte Quallenansammlungen vor. Besonders betroffen sind Arten, die an der Wasser-Luftgrenze leben und leicht von mittleren bis starken Winden zusammengetrieben werden. So wurde berichtet, daß ein Schiff 86 Seemeilen ununterbrochen durch eine riesenhafte Ansammlung von *Physalia physalis* mit vielen tausend Tieren fuhr [22]. Nach anhaltenden auflandigen Winden werden auch die hübschen Segelquallen *Velella velella* und die Strahlenquallen *Porpita porpita* in großer Zahl an die Küsten gespült (Abb. 2-10 und Abb. 2-150).

Sobald die Quallen in Massen auftreten, haben sie eines gemeinsam: Sie behindern die Fischerei, blockieren Ansaugfilter von Schiffen und Kraftwerken oder plagen die Badegäste

Abb. 2-150: Wer durch seine Lebensweise Wind und Wellenschlag ausgeliefert ist, wird häufig an die Küsten gespült. Die hier gestrandeten Strahlenquallen *(Porpita porpita)* haben keine Chance, aus eigener Kraft das rettende Wasser zu erreichen. Von den herrlichen Tieren bleibt nur das Schwimmfloß aus Chitin übrig. Cebu, Philippinen.

an den schönsten Stränden durch ihre Nesselgifte.

Welche Faktoren bestimmen den Ort und den Zeitpunkt für die Vorkommen von Quallenmassen? Gibt es biologische Gründe für das Auftreten der gallertigen Invasionen? Diese Fragen sind bis heute nicht befriedigend beantwortet.

Zunächst muß zwischen Quallenaggregation und Quallenschwarm unterschieden werden. Bei Aggregationen werden sie durch physikalische Einflüsse (Wind, Wasserströmung, Salzgehalt und Temperatur des Wasserkörpers) zusammengetrieben bzw. konzentriert. Die Schwimmbewegungen der Medusen sind von untergeordneter Bedeutung und haben auf die Aggregation keine nennenswerte Wirkung.

Ein Schwarm setzt voraus, daß sie sich gegenseitig suchen, erkennen, aktiv aufeinander zuschwimmen und im Verband bestimmte Regeln einhalten. Es ist bisher nur von wenigen Würfelquallen bekannt, daß sie zwecks Reproduktion ihren Partner suchen und sich in ausgewählten Gebieten zusammenfinden (z. B. *Tripedalia*, s. S. 101 Fortpflanzung). Biologisch macht es natürlich Sinn: Die Befruchtungschancen wären bei Abgabe männlicher und weiblicher Geschlechtsprodukte dicht beieinander wesentlich höher, als bei weit getrennten Partnern. Die Theorie ist einleuchtend, doch im Leben sieht es anders aus: Nach eigenen Untersuchungen in der Ostsee sind in den Ballungen der Ohrenqualle zwar beide Geschlechter vertreten, doch kommen auch Individuen vor, die noch viele Tage bis zur Geschlechtsreife benötigen, oder schon geraume Zeit ihre Spermien abgegeben haben. Was nützt die körperliche Nähe, wenn die Abgabe der Geschlechtsprodukte zeitlich nicht synchronisiert wird? Die Theorie der aktiven Schwarmbildung anläßlich der „Hochzeit" ist zumindest für die Ohrenqualle nicht haltbar.

Häufig werden Vermutungen geäußert, die Massenansammlungen der Ohrenqualle (in der westlichen Ostsee und in japanischen Gewässern alljährlich mit bis zu 596 Tieren pro m^3, [41]) beruhten auf der zunehmenden Eutrophierung (Überdüngung) in diesen Gebieten. Anthropogene Einträge durch Auswaschungen gedüngter Felder, Reinigungsmittel aus den Haushalten und Fäkalienabwässer erhöhen die Konzentrationen an Nährstoffen wie Nitraten und Phosphaten. Diese fördern indirekt das Wachstum der Quallen, weil die Medusen natürlich von Algenblüten und anschließenden Zooplanktonblüten profitieren. Auf einen Nenner gebracht: mehr Futter, höhere Strobilationsraten, erfolgreichere Fortpflanzung, jährlich steigende Quallenbiomasse? Auch in diesem Fall ist die Theorie nicht ganz so einfach. Der Biologe Karl Möbius berichtete 1865, daß es ihm damals schon Schwierigkeiten bereitete, sein Ruderboot durch einen dichten Schwarm von Ohrenquallen in der Kieler Förde zu bewegen. Es darf angenommen werden, daß zu dieser Zeit die Gewässer wesentlich weniger belastet waren (schon allein durch geringeren Eintrag von Düngemitteln), und doch gab es bereits ausgedehnte Quallenansammlungen. Es ist klar, daß gesteigerte Planktonproduktion die Futterbedingungen der Quallen verbessert, doch lassen sich höhere Nährstoffeinträge und das Auftreten von Quallenmassen nicht so einfach korrelieren. Die Zusammenhänge zwischen Nährstoffbelastung und verstärkter Quallenreproduktion bzw. -wachstum sind wissenschaftlich noch nicht belegt. Günstige Nahrungs-, Temperatur- und Salzgehaltsbedingungen können auch für hohe Quallendichten sorgen (Abb. 2-146 und Abb. 3-3) und sind bisher vereinzelt nachgewiesen worden.

Bei einem Ästuar im östlichen Palawan (Philippinen) wurde in einem seichten Küstenstreifen von mehreren Kilometern Länge und etwa 80 m Breite die Wurzelmundqualle *Catostylus*

Abb. 2-151: Besonders nach Stürmen werden Quallen (hier: Feuerqualle *Cyanea capillata*) an den Strand gespült und verenden. Ihre Nesselwirkung bleibt jedoch noch lange erhalten. An manchen Stränden der französischen Atlantikküste mußte schon mehrfach das Militär beim Abtransport von Millionen angespülter Quallen helfen. Kiel, Ostsee.

townsendi mit bis zu 40 Exemplaren pro m^2 dokumentiert (Abb. 2-146). Planktonfänge zeigten, daß in genau dem gleichen Küstenstreifen das 52fache des natürlichen Vorkommens von Kleinkrebsen zu finden war. In diesem Fall ist davon auszugehen, daß die Quallen im Bereich des Ästuars aufgewachsen sind und nun versuchen, innerhalb des „Nahrungsparadieses" zu bleiben.

Die Schwärme der Wanderqualle *Mastigias* aus dem Quallensee in Palau (Mikronesien) sind ein Sonderfall (Abb. 3-3 und Abb. 3-4). Ihre Biologie und besonderen Fähigkeiten werden im Kapitel 3, S. 202 ff., beschrieben.

Viele Beobachtungen und Untersuchungen sprechen dafür, daß Wasserströmungen Quallen über weite Strecken transportieren und zusammentreiben können. In Meeresgebieten

Abb. 2-152: Die größte Wurzelmundqualle an europäischen Küsten ist die Blumenkohlqualle *Rhizostoma pulmo*. Das Tier erreicht bis 60 cm Schirmdurchmesser und wird nur noch von der Fahnenqualle *Cyanea capillata* übertroffen, die bis zu 2,30 m Durchmesser erreicht. Ihre auffällige violette Färbung des Schirmrandes ist außerordentlich variabel und kann bräunliche oder gelb-orange Tönung annehmen. Mittelmeer, Spanien.

mit starken Strömungen (Gezeitenströmung oder windgesteuert) bilden sich hinter Untiefen oder Küstenvorsprüngen Wasserwirbel, in denen sich manchmal Quallen, wie in einer Falle, in hohen Dichten konzentrieren. Von deutschen Küsten ist bekannt, daß bei lang anhaltenden Winden bestimmte Küstenbereiche voller gestrandeter Ohren-, Feuer-, Kompaß- oder Blumenkohlquallen (Abb. 2-22, Abb. 2-33, Abb. 2-34, Abb. 2-151 bis Abb. 2-153) sind. Dies kann durch außergewöhnlich starke Gezeitenströme verstärkt werden. Sobald die größeren Medusen in flaches Wasser geraten, sind sie in der Klemme. Wellenschlag an der Oberfläche, Steine oder messerscharfe Miesmuschelbänke am Grund können ihren galler-

Abb. 2-153: Bei günstigen Lichtbedingungen ist die innere Anatomie der Blumenkohlqualle *Rhizostoma pulmo* zu erkennen. Im Schirm sind die reifen, gelb gefärbten Eier sichtbar. Mittelmeer, Spanien.

tigen Körper irreparabel beschädigen. Es bleiben große Aspikscheibchen übrig, die nur noch durch ihre Konsistenz an Quallen erinnern. In wenigen Fällen schaffen sie die Flucht in tiefes Wasser aus eigener Kraft.

In den Tropen kommt es häufig vor, daß leichte, stetige Winde über völlig ruhige See streichen. Sie bewirken die sogenannte Langmuir-Zirkulation der obersten Wasserschichten. Die Langmuir-Zirkulation konzentriert das Plankton in Streifenmustern, parallel der Windrichtung. Sowohl in der Karibik [108] als auch im Indopazifik sind Aggregationen der Däumchenqualle *Linuche* beobachtet worden. Seegras, Millionen von Quallen und leider auch jede Menge Plastikabfälle werden in kilometerlangen Streifen mit etwa 10 m Breite und 1 m Tiefe zusammengedrängt (Abb. 2-147).

Insgesamt sind Wasserströmungen und Winde die Ursachen für Massenvorkommen von Quallen. Bei hohen Futterkonzentrationen in ruhigen Wasserkörpern mit ohnehin vielen Quallen ist es möglich, daß sie aktiv bestimmte Positionen aufsuchen und so einen Schwarm bilden.

Sinnesleistungen

Die Quallen müssen sich in ihrem aquatischen Lebensraum zurechtfinden. Dazu sind sie mit verschiedenen Sinnen ausgerüstet, die ihnen die erforderlichen Informationen liefern. Sie können optische, chemische und mechanische Reize mit ihrem Nervensystem wahrnehmen. Voraussetzung, um Sinnesleistungen, gleich welcher Art, zu erbringen, ist jedoch nicht nur die Wahrnehmung von Reizen, sondern auch die Weiterleitung, Verarbeitung und entsprechende Reizbeantwortung. Diese komplizierte Verknüpfung von Abläufen braucht bei Wirbeltieren ein übergeordnetes Koordinationszentrum, das Gehirn. Quallen sind „hirnlos", doch werden alle genannten Bedingungen vom einfachsten uns bekannten Nervensystem im Tierreich erfüllt. Trotz seiner einfachen Struktur steht es bereits auf hoher Organisations- und Leistungsstufe.

Für Wissenschaftler ist die Analyse eines simplen Nervensystems besonders interessant. Sie können sich Rückschlüsse auf die Evolutionswege komplizierter Systeme erhoffen. Im Mittelpunkt steht für die Neurobiologen die Untersuchung der Zusammenhänge zwischen primitiven Verhaltensweisen und einfachen Nervensystemen.

Bei den Nesseltieren besteht das Nervensystem aus Nervenzellen, die sich zu einem Nervennetz verbinden, und aus Sinneszellen. Die Nervenzellen befinden sich an der Basis der Epithelien, entlang der Stützschicht (Mesogloea). Sie sind meist mit impulsleitenden Fasern ausgestattet (bi- oder multipolar). Impulsleitende Fasern (Neuriten oder Axone) sind nackt, besitzen keine Hüllzellen, unterscheiden sich sonst im Bau jedoch nicht von den Dendriten (impulsaufnehmende Fasern).

Die Sinneszellen sind in allen Epithelien zu finden (Abb. 2–4). Im Gegensatz zu den Nervenzellen reichen die Sinneszellen bis zur Oberfläche, um Außenreize aufzunehmen. Nervenzellen, die gleichzeitig Rezeptoren sind, werden Sinnesnervenzellen genannt. Bereits die Planula-Larve ist mit Rezeptoren ausgestattet, um auf ihre Umwelt reagieren zu können. Im Aquarienversuch konnte gezeigt werden, daß sie sich an der Lichtquelle (optischer Rezeptor) und nahe der sauerstoffreichen Wasseroberfläche (chemischer Rezeptor) aufhält. Erschütterungen des Beckens ließen sie sofort absinken (mechanischer Rezeptor).

Wie koordinieren die Quallen ihre Reaktionen ohne Gehirn? Das Gehirn ist eine hochkomplexe Ansammlung von vernetzten Nervenzellen. Wenn man dies auf die Konzentration von Nervenzellen reduziert, haben Quallen doch eine Koordinationsstelle für Informationen: Alle Medusen bilden Ganglien aus, die nichts anderes sind als eine Anhäufung von Nerven-

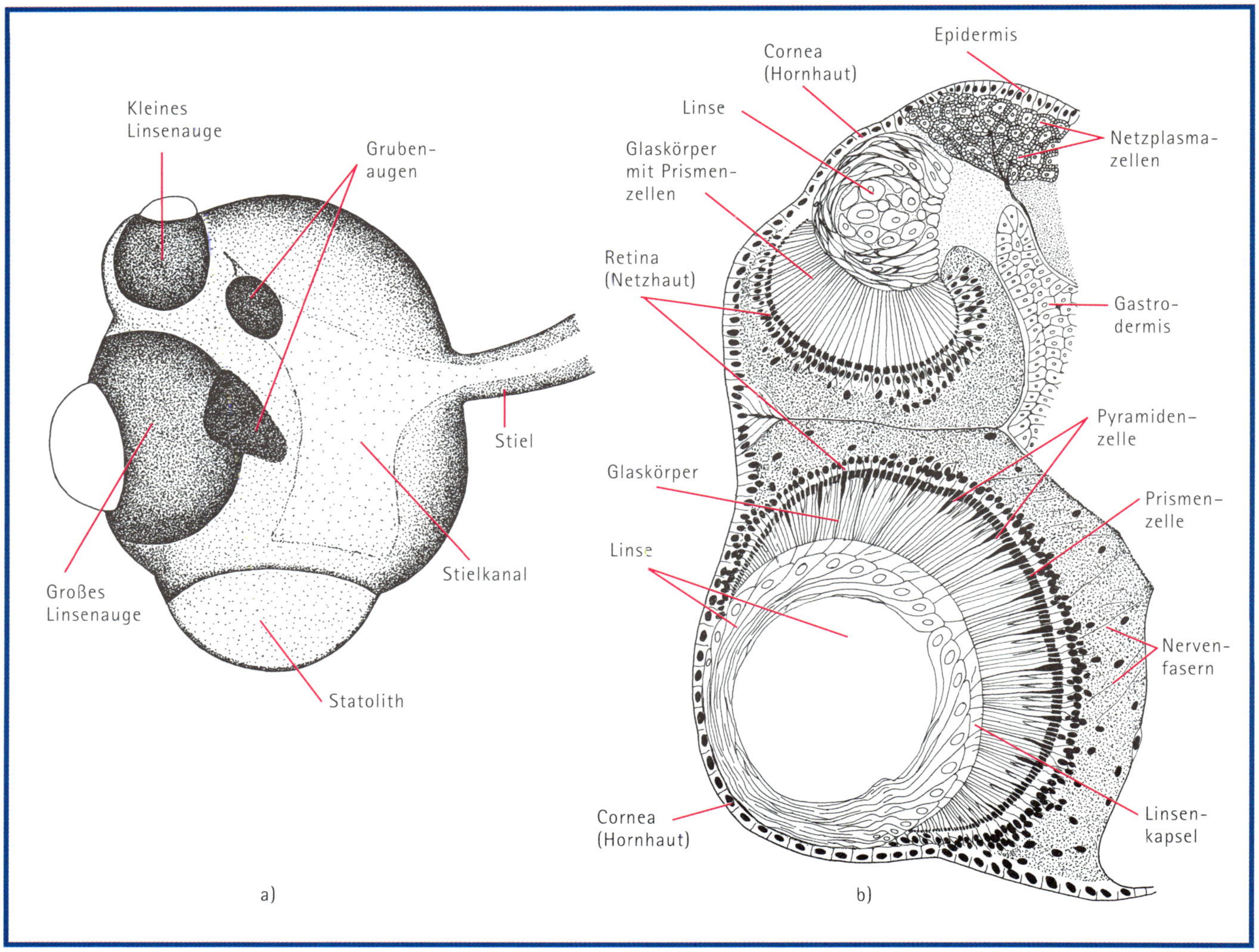

Abb. 2-154: Das Sinnesorgan (Rhopalium) von Würfelquallen im Überblick (a) und im Längsschnitt (b). In den Ausbuchtungen jeder Schirminnenfläche liegen die gestielten Rhopalien gut geschützt. Sie sind zwar nach innen orientiert, können aber gedreht werden. Jedes der vier kompliziert gebauten Sinnesorgane (a) hat ein bis zwei Linsenaugen und zwei bis vier einfachere Grubenaugen. Die Linsenaugen sind in der Lage, zu fokussieren und ein echtes Bild auf die Netzhaut zu projizieren (b). Inwieweit sie Farben erkennen können, ist noch nicht geklärt. Unklarheit besteht auch über den Ort der Bildverarbeitung, denn sie haben nur ein einfaches Nervensystem. Im Statolith (Schweresinneskörper) befindet sich ein fester Kristall, dessen Position der Meduse Informationen über ihre relative Lage im Wasser vermittelt.

zellen. Sie empfangen von den Rezeptoren die Informationen, verarbeiten sie und senden Impulse an die Muskelzellen weiter.

Die Ganglien am Schirmrand besitzen eine gewisse Schrittmacherfunktion für die Stimulation der Muskulatur. Ihre Impulse sind es, die für die rhythmischen Kontraktionen sorgen.

Die Rezeptoren funktionieren nach dem Rückkopplungsprinzip: Stößt eine Meduse gegen ein Objekt, nehmen die Borsten mehrerer Sin-

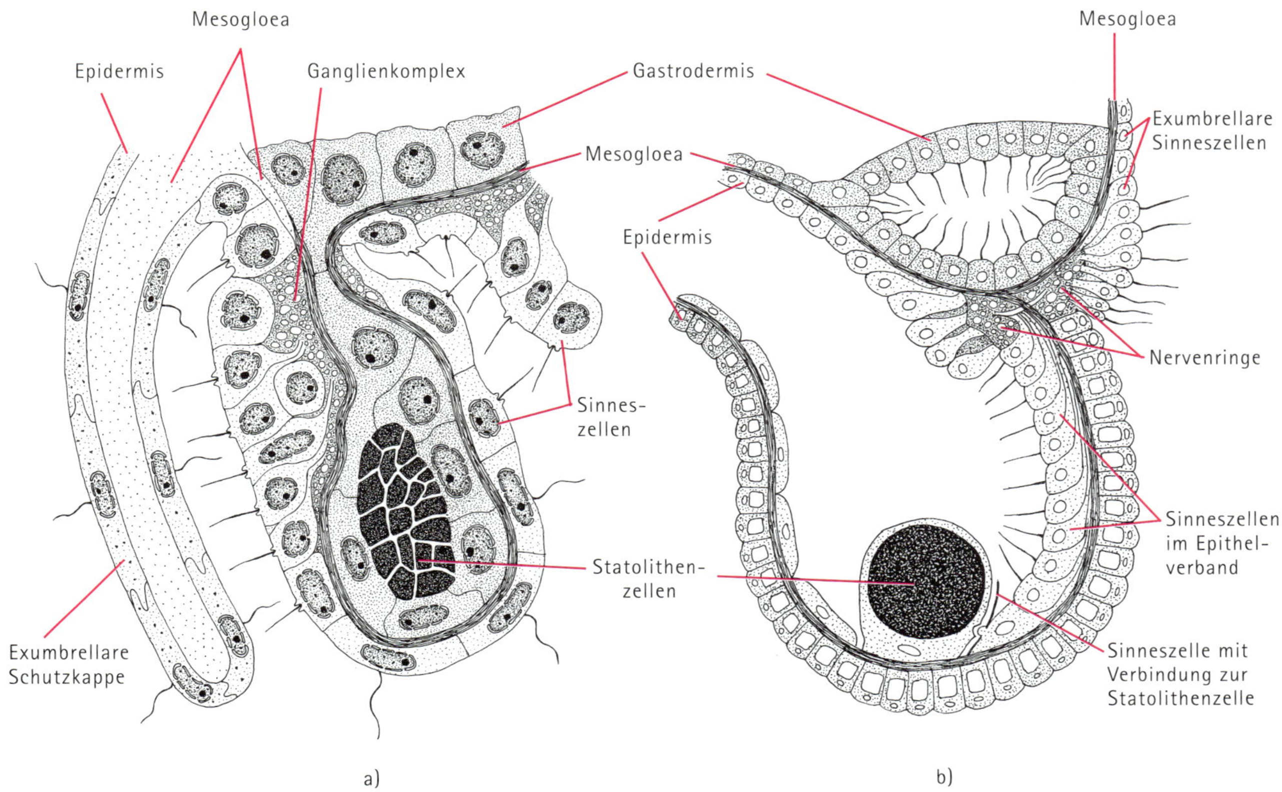

Abb. 2-155: Sinnesorgane (Rhopalien) von Medusen in radialen Längsschnitten (a, b). Das Rhopalium einer Scheibenqualle ist durch eine Schirmkappe geschützt (a). Ihr Statolith besteht aus Kalkkonkretionen und reizt durch seine Lage bestimmte Sinneszellen. Verändern die Medusen ihre Position, folgt er der Schwerkraft und reizt andere Sinneszellen. Diese Daten treffen „online" im Nervenkomplex (Ganglium) ein und informieren die Qualle über die aktuelle Lage im Wasser. Im Gegensatz zu den Scheibenquallen wird der Statocyst von Hydromedusen entodermal gebildet und in einer offenen Statocyste gelagert (b).

neszellen den mechanischen Reiz auf und leiten den Impuls an benachbarte Nervenzellen weiter. Sie senden die Information über Synapsen zu den Effektorzellen, in diesem Fall zu den Muskelzellen, die zur Kontraktion angeregt werden. Der Vorgang ist so langsam wie die Impulsleitung selbst, sie schwankt zwischen 0,04 ms^{-1} und 1,2 ms^{-1}. Die Reaktionen unterliegen dem Alles-oder-Nichts-Gesetz: Wird ein Reizschwellenwert überschritten, erfolgt die Antwort in voller Stärke. Bleibt er unter der Schwelle, bleibt auch die Reaktion aus. Der Schwellenwert ist keine starre Grenze. Hungrige Quallen beantworten Berührungsreize mit Verdopplung der Schirmkontraktionen, satte Medusen reagieren auf Berührung gar nicht oder mit Ausweichbewegungen.

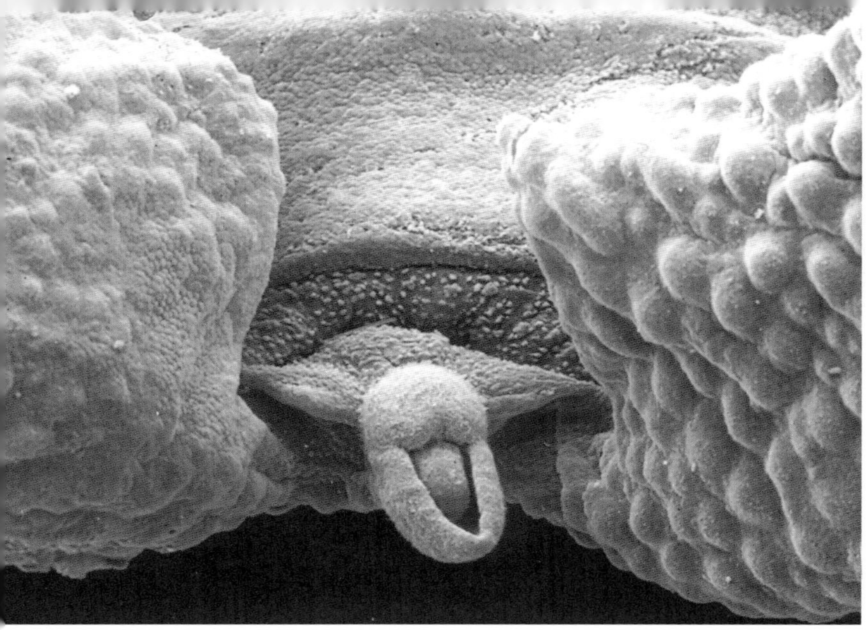

Abb. 2-156: Von der Schirmunterseite gesehen ist das kolbenförmige Sinnesorgan (Rhopalium) der Däumchenqualle *Linuche aquila* gut zu erkennen. Flankiert von den Randlappen liegt es ausgezeichnet geschützt in einer flachen Schale. Rasterelektronenmikroskopische Aufnahme: Maßstab: 200 µm.

Die einzelnen Körperteile von Medusen zeigen einen hohen Grad von Autonomie. Trennt man im Experiment einen Teil vom Schirm ab, so ist er immer noch in der Lage, Umweltreize wahrzunehmen und genauso zu beantworten, wie der ganze Organismus selbst.

Wenn die Ganglien die einzigen Koordinationsstellen sind, so bleibt fraglich, wie die genau aufeinander abgestimmten Bewegungen beim Beutefang möglich werden. Auch hier überzeugen die Quallen mit einem einfachen Konzept, denn es handelt sich um eine Abfolge von Bewegungen. Die Aktion einer bestimmten Körperregion löst den Beginn der Aktion in der Nachbarregion aus, diese reizt die nächste und so fort, bis die Handlung abgeschlossen wird.

Die Sinnesorgane stellen die einzigen echten Organe der Cnidaria dar. Unter einem Organ versteht man viele Zellverbände (meistens Gewebe) einheitlicher Bauart und gleicher Funktion. Die Sinnesorgane sind eine typische Anpassung an die freischwimmende Lebensweise der Medusengeneration. Sie fehlen daher allen Polypen, sogar bei den Blumentieren (Anthozoen). Die Sinnesorgane der Scypho- und Cubomedusen werden Rhopalien genannt (Abb. 2-154 und Abb. 2-155). Es handelt sich um eine Kombination von Licht- und Schweresinnesorganen. Sie bestehen aus einem oder mehreren Augenflecken (Ocellus) und einem Statolithen. Die Augenflecken sind eine Konzentration von Pigment und Sinneszellen, die Lichtreize wahrnehmen können. In Ausnahmefällen sind zur Lichtverstärkung auch einfache Linsen ausgebildet.

Die Rhopalien der Scheibenquallen befinden sich in flachen Gruben an Einschnitten des Schirmrandes jeweils zwischen zwei Randlappen (Abb. 2-155 und Abb. 2-156). Von der Exumbrella werden sie durch Deckschuppen geschützt. Um das Zentrum des Statolithen, eine kristalline Konkretion aus Kalziumsulfat, sind zahlreiche Sinneszellen mit starren Borsten angeordnet. Ändert die Meduse ihre Lage im Wasser, verschiebt sich auch die Position des Statolithen, bedingt durch die Schwerkraft. Die Sinneszellen registrieren die neue Lage des Statolithen und leiten die Impulse zu den Ganglien. Diese senden einen Reiz zu den Muskelzellen, und der Schirm kontrahiert sich,

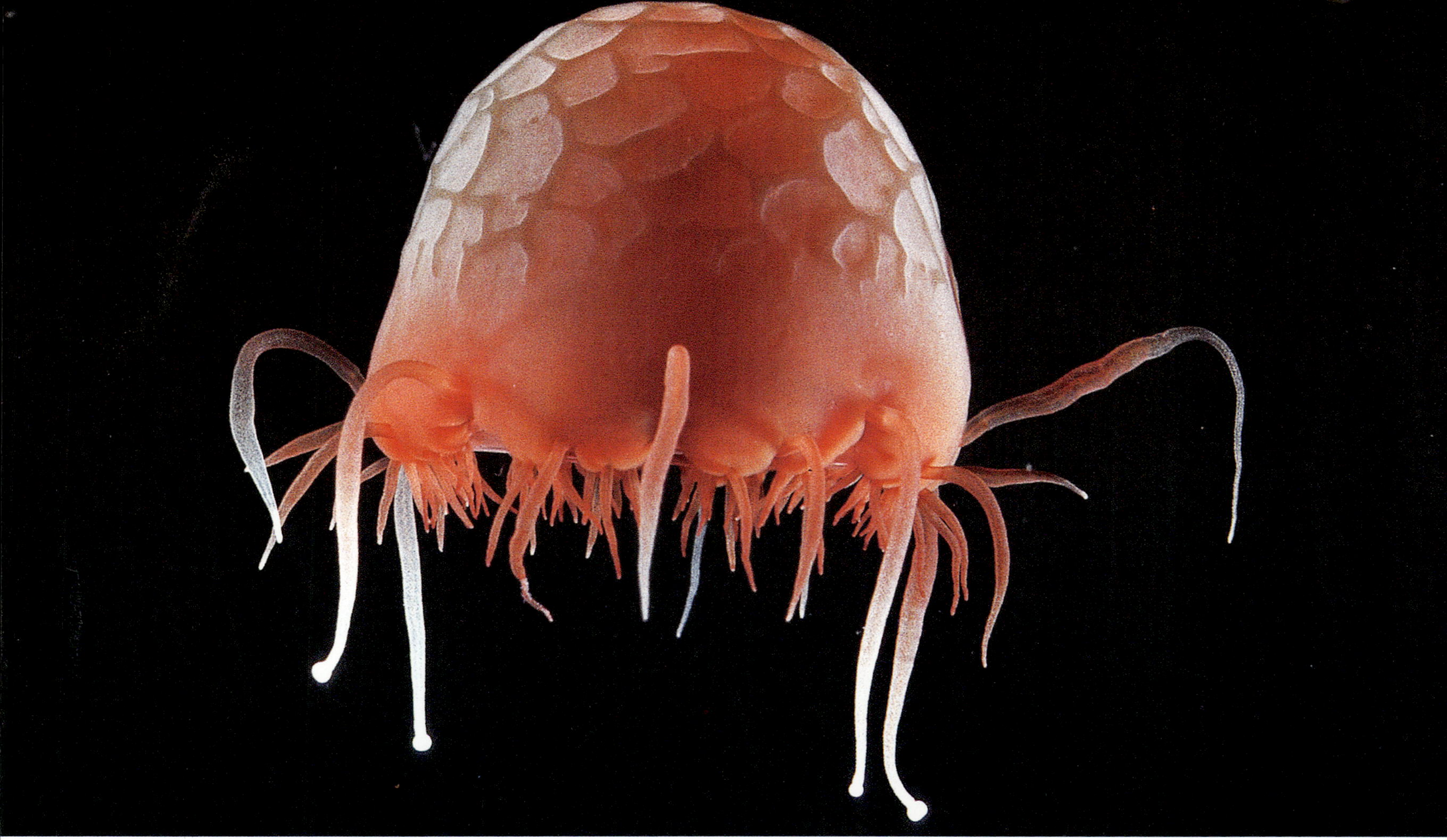

Abb. 2-157: Diese abgebildete Anthomeduse ist ein bis jetzt unbeschriebenes Tier. Sie lebt ebenso wie Benthocodon in 800 m Tiefe, kurz über dem Boden. Auch sie hat die typische Rotfärbung der Tiefseemedusen. Die Facetten im Schirm sind sehr ungewöhnlich und ihre Funktion unbekannt.

um die Lage zu korrigieren. Damit die Schwimmbewegung einigermaßen flott abläuft, sind die Ganglienzellen direkt mit Radial- und Radiärmuskelzellen verbunden, und die Leitungsgeschwindigkeit des Impulses ist mit 40 cms^{-1} relativ rasch.

Bei den Hydromedusen sind die Statolithen in das Innere verlegt (Abb. 2-155). Eine blasenartige Aussackung von Sinneszellen umgibt den Statolithen fast lückenlos. Dieses höherentwickelte System sorgt für bessere Feinabstimmung: Selbst die kleinste Positionsänderung wird sofort wahrgenommen und gegebenenfalls berichtigt.

Den Anthomedusen fehlen Statolithen völlig (Abb. 2-157 bis Abb. 2-160). Vermutlich assi-

Abb. 2-158: Im künstlichen Licht leuchten die Gonaden der selten fotografierten Anthomeduse *Neoturris breviconis* bräunlich-orange. Das Tier ist etwa 12 mm hoch und häufig im Frühjahrsplankton vertreten.

stieren die Ocellen bei der Orientierung im Raum. Entfernt man im Experiment bei der Anthomeduse *Polyorchis* (Abb. 1-23) alle Ocelli bis auf einen, behält der Schirm eine um 45 Grad geneigte Position. Beläßt man vier oder acht Ocelli gleichmäßig um den Schirm verteilt, so nimmt die Meduse wieder eine normale Schwimmlage ein.

Bei den Würfelquallen erreicht der Bau der Rhopalien das höchste Niveau innerhalb der Nesseltiere (Abb. 2-154) [109, 112, 113]. Die vier Rhopalien einer jeden Cubomeduse liegen im unteren Drittel, an den flachen Innenseiten der Schirmwände. Ihre Form erinnert an einen gestielten Kolben (Abb. 2-156). Ein hohler Stielkanal verbindet die Kolben mit dem gesamten Gastralsystem. Sie bestehen aus zahlreichen, kompakten Ganglienzellen und je einem begeißelten Deckepithel. In der Mitte trägt jedes Rhopalium zwei unterschiedlich große Linsenaugen, die von zwei Nebenaugen flankiert werden (Abb. 2-157). Den Nebenaugen fehlen Linsen, doch sind lichtbrechende Substanzen nachgewiesen worden. Am unteren Ende des Kolbens befindet sich der Statolith. Zusätzlich zu den Kalziumsulfatkristallen befinden sich noch Spuren von Phosphat im Kristall.

Die Linsenaugen sind verblüffend hoch entwickelt (Abb. 2-154). Sie haben schon eine durchsichtige Hornhaut, eine fast kugelförmige Linse und eine Linsenkapsel (fehlt bei dem kleineren Auge), die in einen Glaskörper eingebettet ist. Im Glaskörper des größeren Auges befinden sich viele radial angeordnete Prismen und Pyramidenzellen. Auf der Innenseite der Netzhaut ist eine schwarze Pigmentschicht, die sich kontrahieren oder ausdehnen kann.

Bisher war ungeklärt, was die Würfelquallen

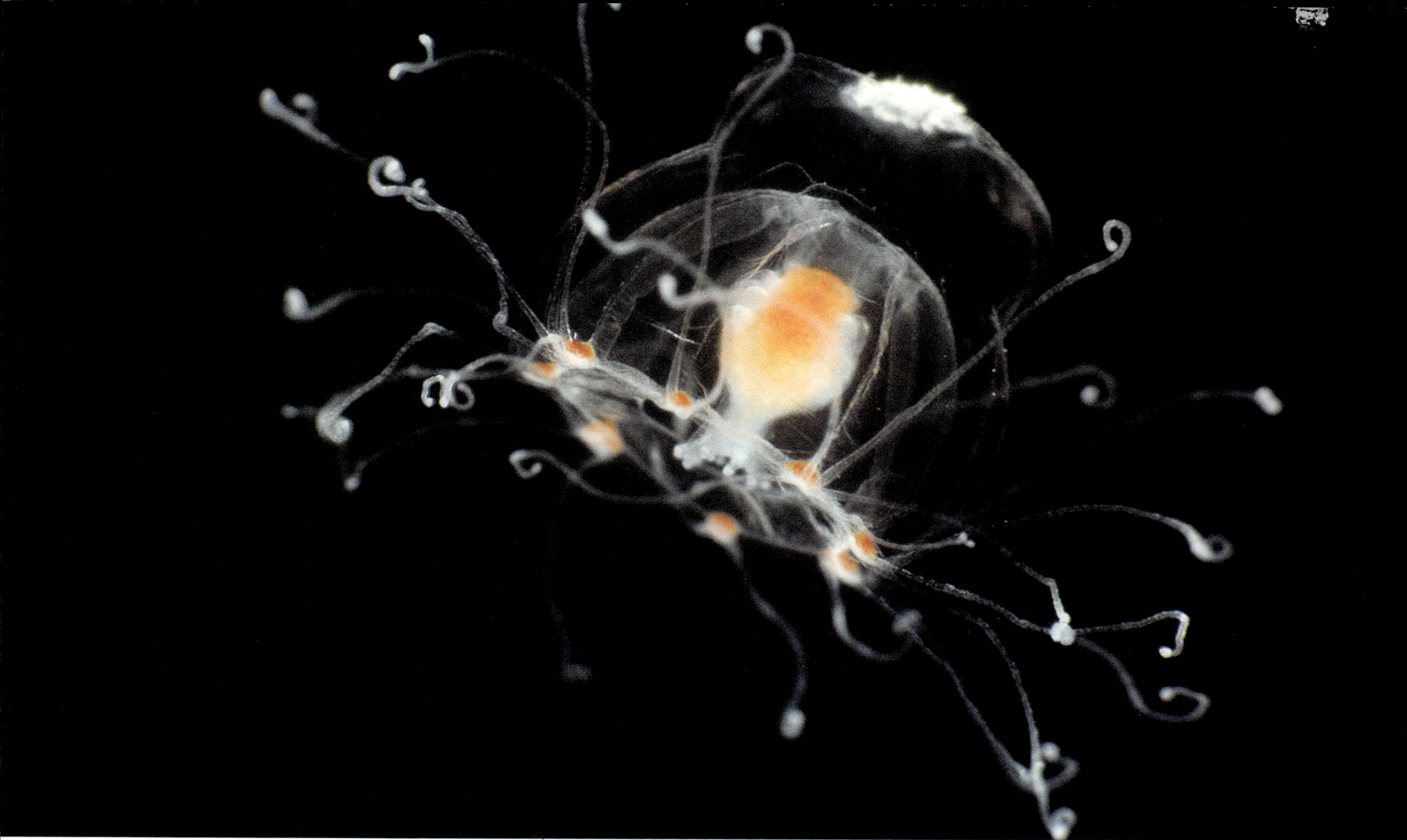

Abb. 2-159: *Rathkea octopunctata* ist eine häufige Anthomeduse in gemäßigten Breiten. Bei diesem Exemplar zeigen die Gonaden und acht Ansatzstellen der Tentakelbüschel eine tieforange Färbung.

mit ihren je 24 Augen (pro Rhopalium zwei Linsen- und vier Nebenaugen) treiben, die noch dazu nach innen gerichtet sind. Einige Wissenschaftler vermuten, daß die Quallen ihre Beute auf dem Weg zum Magen visuell begutachten und bei Nichtgefallen wieder nach außen abgeben. Dies mag zwar zutreffen, doch sind bei jüngeren Untersuchungen feine Muskelstränge entdeckt worden, die die Rotation der Rhopalien erlauben [42] und den „Blick" nicht nur auf das Innere fixieren.

Es wird neuerdings wieder in Frage gestellt, ob die Würfelquallen tatsächlich „sehen" können. Zwischen Netzhaut und Linse fehlt ein kleiner Zwischenraum, was bedeutet, daß die Linse kein Bild auf die Netzhaut projiziert [114]. Ein

Abb. 2-160: Die etwa 2 cm große Anthomeduse *Crossota alba* stößt in mehrere tausend Meter Wassertiefe vor. Auch sie ist, typisch für Medusen, die in lichtlosen Wasserschichten leben, rötlich-braun gefärbt. Die Regenbogenfärbung auf dem Schirm entsteht durch die künstliche Lichtquelle.

fehlendes Bild auf der Netzhaut würde jede weitere Verarbeitungsmöglichkeit optischer Information und damit auch Reaktionen ausschließen. Andere Forscher vertreten die Meinung, daß es genügend Beispiele für fehlenden Zwischenraum zwischen Linse und Netzhaut im Tierreich gibt und doch die Fähigkeit, zu fokussieren, nachgewiesen werden konnte. Klarheit wird erst die Untersuchung der Brechungseigenschaften der Würfelquallenlinse schaffen.

Der Medusenforscher LARSON stellte bei seinen Experimenten mit *Carybdea* fest, daß sie weder auf Beute zuschwimmt, noch Hindernissen ausweicht. Nach seinen Ergebnissen kann sie keine Objekte im Wasser wahrnehmen [29].

Dies trifft für die Australische Seewespe *(Chironex fleckeri)* und die Philippinische Killerqualle *(Chiropsalmus quadrigatus)* nicht zu [115]. Sie reagieren beide sehr lichtempfindlich. *C. fleckeri* soll sich sogar nach einer 1,5 m entfernten Lichtquelle ausrichten, die nur aus einem brennenden Streichholz besteht.

Während Forschungsarbeiten in Mindanao (Philippinen) wurden etwa 25 Individuen *C. quadrigatus* von einer 50-Watt-Unterwasserlampe angelockt. Offensichtlich nehmen sie sich auch gegenseitig wahr, denn Kollisionen wurden aufmerksam vermieden, ja, es gelang ihnen sogar, ihre mehr als 2 m langen Tentakel nicht miteinander zu verstricken.

Fest steht durch viele Beobachtungen mit Würfelquallen, daß es schwierig ist, sich ihnen von der Seite oder von vorne zu nähern, um sie zu fotografieren. Noch bevor die Tiere im Fokus sind, drehen sie ab und schwimmen mit schnellen Stößen in die entgegengesetzte Richtung davon.

Neue Untersuchungen sind notwendig, um die Geheimnisse ihrer visuellen Fähigkeiten zu ergründen. Vorerst finden sie sich mit ihren 24 „Augen" gut zurecht.

Leuchtvermögen (Biolumineszenz)

Meeresleuchten ist auf allen Weltmeeren zu beobachten und in vielen Tierstämmen verbreitet. Die Quallen haben es in der Evolution gleich nach den Einzellern (Radiolarien, Dinoflagellaten) mehrfach unabhängig voneinander geschafft, Licht zu erzeugen (Abb. 2-161 und Abb. 2-162). Dafür sprechen die Unterschiede im biochemischen Prozeß der Lichterzeugung.

Schon Plinius der Ältere (23 bis 79 A.D.) berichtete über den sagenhaft leuchtenden Schleim von „Pulmo marinus". „Man kann ihn von der Schirmoberfläche abschaben und die verschiedensten Objekte einreiben, die dann ihrerseits zu leuchten anfangen" [45]. Plinius soll seinen Spazierstock mit dem Schleim eingerieben und ihn wie eine Fackel benutzt haben, um seinen Heimweg in der Dunkelheit zu finden.

Es kann sich bei der Beschreibung von „Pulmo marinus" nur um *Pelagia noctiluca* handeln. Sie ist im Mittelmeer, besonders im Golf von Neapel, nicht weit vom Haus Plinius des Älteren, sehr häufig. Leider ist auch der Vesuv nicht weit entfernt, dessen Ausbruch dem talentierten Wissenschaftler, Rechtsanwalt und Politiker im Jahre 79 n. Chr. ein abruptes, gewaltsames Ende setzte.

Der Name *Pelagia noctiluca* weist bereits auf zwei Besonderheiten dieser Meduse hin: *pela-*

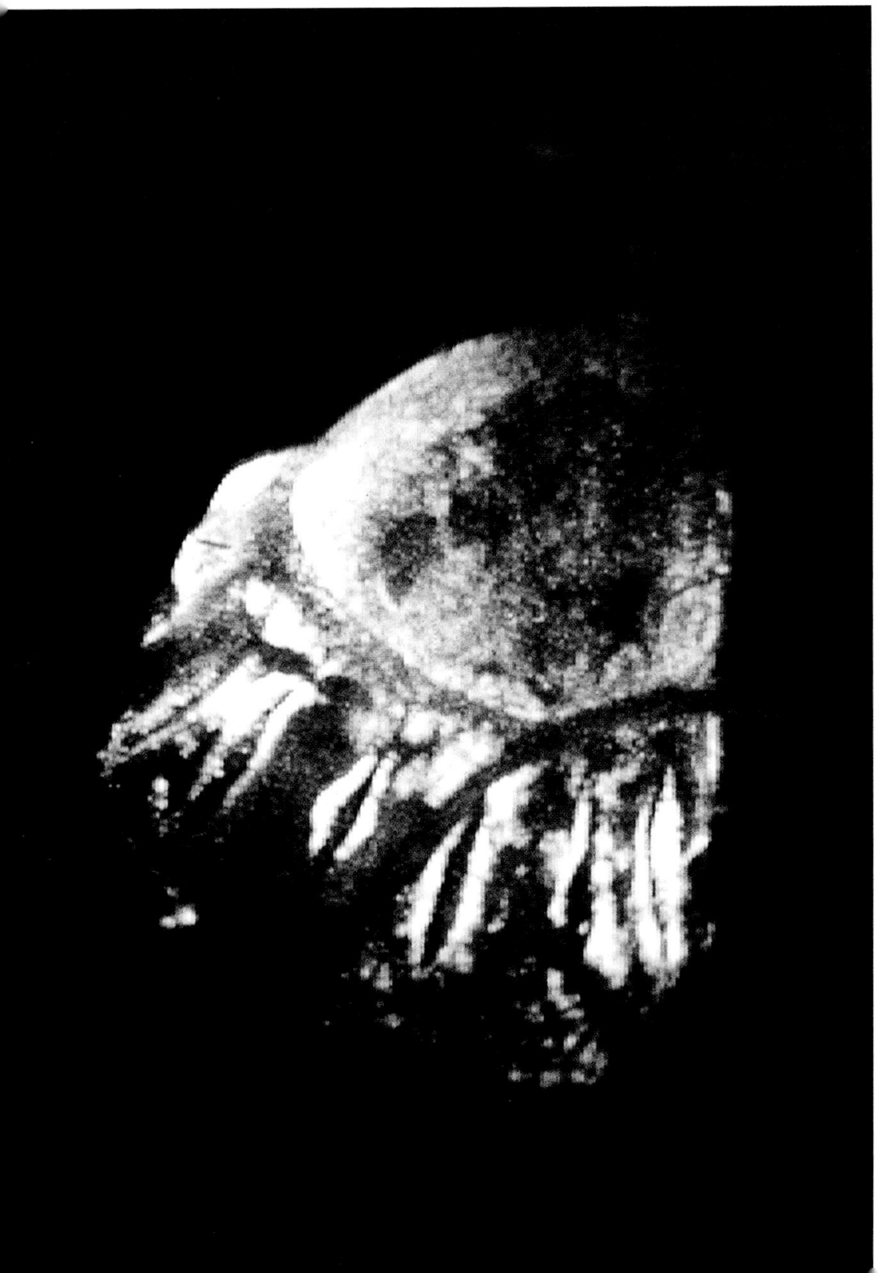

Abb. 2-161: Die Kranzqualle (Coronata) *Periphylla periphylla* hat ausgeprägte Fähigkeiten zur Biolumineszenz. Durch eine fein abgestimmte Enzym-Substrat-Reaktion kann sie in bestimmten Zellen „kaltes Licht" erzeugen. Das hier abgebildete Tier wurde ohne künstliches Licht aufgenommen.

gikós ist griechisch und bedeutet „das offene Meer". *Pelagia* hat kein festsitzendes Polypenstadium, aus ihren Planula-Larven entwickeln sich die Ephyren, die zur Meduse heranwachsen. Noctiluca bedeutet soviel wie „Nachtlicht" (lat. *nox* = Nacht; *lux* = Licht), und diesem Namen wird sie gerecht. Bei vier bis fünf Tieren pro Quadratmeter können sie mit ihrer Fähigkeit zur Illumination dicht an der Wasseroberfläche Feststimmung zaubern. Aber Vorsicht! Das Schauspiel sollte unbedingt außerhalb des Wassers beobachtet werden, denn ihre Nesselfähigkeiten sind ebenfalls sehr ausgeprägt. An der nördlichen Adriaküste sollen in einem Sommer 250.000 Menschen von der Leuchtqualle genesselt worden sein [116].

Welche chemischen Prozesse finden beim Meeresleuchten der Quallen statt? Lange Zeit war man überzeugt, daß es sich um die bei den Leuchtkäfern und vielen anderen Tieren bekannte Luziferin-Luziferase – Reaktion handeln muß. Dabei wird das Stoffwechselendprodukt Luziferin unter katalytischer Wirkung des Enzyms Luziferase oxidiert und Energie in Form von „kaltem Licht" frei. Der chemische Prozeß hat den höchsten Wirkungsgrad in der Lichterzeugung überhaupt, vor allem deshalb,

Abb. 2-162: Bei einem Nachttauchgang aufgenommene Leuchtqualle, *Pelagia panopyra*. Ihre Geschlechtsprodukte sind voll ausgereift und füllen große Teile des Magens aus. Neben ihrer unangenehmen Nesselwirkung haben die Quallen noch eine weitere Fähigkeit: Sie können prachtvoll leuchten! Bantayan, Philippinen.

weil keine Energie in Form von Wärme frei wird [117 bis 131].

So sehr die Forscher auch suchten, eine sauerstoffabhängige Reaktion konnte bei den Nesseltieren nicht nachgewiesen werden. Die ersten Hinweise dazu lieferte ein einfaches Experiment im Jahre 1810 [122]: Die Medusen wurden in einem kleinen Glas gehalten, an das eine Vakuumpumpe angeschlossen war. Soweit es die Technik damals erlaubte, pumpte sie die Luft zusammen mit dem Sauerstoff heraus. Schüttelte man nun das Glas, so leuchteten die Tiere, wie zuvor unter atmosphärischen Bedingungen.

Der italienische Wissenschaftler Spallanzani fand vor mehr als 200 Jahren heraus, daß selbst teilweise aufgelöste, weit degenerierte Quallenreste deutliche Leuchtreaktionen zeigten, wenn er Frischwasser auf sie goß. Etwas Ähnliches gelang dem Biologen Harvey 1921, der sich nicht scheute, die Hydromeduse *Aequorea* durch ein Tuch zu pressen [123]. Der entstandene Gallertbrei leuchtete bei Raumtemperatur volle neun Stunden mit einem grünlichen Schimmer. Harvey folgerte aus seinen Ergebnissen, daß die Biolumineszenz an mehreren Orten gleichzeitig und unabhängig voneinander stattfinden muß.

Neuere Arbeiten bestätigen, daß die Photophoren, lichterzeugende Organe, von *Aequorea* (Abb. 2-143) tatsächlich unabhängig voneinander arbeiten und kein Sauerstoff erforderlich ist [124]. Dafür benötigt der Leuchtprozeß Kalziumionen. Die Reaktion ist recht einfach: Das Photoprotein Aequorin reagiert pro Molekül mit zwei Kalziumionen und emittiert ein Photon bei etwa 510 nm Wellenlänge, was ein hellgrünes Licht erzeugt [125, 126]. Sauerstoff wird erst wieder für die Regeneration des Aequorins gebraucht. Die Reaktion mit den Kalziumionen ist übrigens so empfindlich, daß sie zur Bestimmung von Kalziumspuren in biologischen Systemen Anwendung findet.

Eine Gruppe von amerikanischen Wissenschaftlern [127] beleuchtete kürzlich die Zusammenhänge der Biolumineszenz bei *Aequorea victoria*. Die chemische Reaktion zwischen dem Enzym Aequorin und Coelenterazin ergibt ein bläuliches Licht, das vom sogenannten green fluorescent protein (GFP) in unter Wasser gut sichtbares Grün umgeändert wird. Am einfachsten ist der Vorgang mit einer Glühbirne vergleichbar: das Enzym Aequorin ist eine Art Lampenfassung auf Molekülebene. Der Glühfaden in Birnenmitte wird vom scheibenförmigen Coelenterazin gebildet, welches Energie in Form von fahlblauem Licht abgibt. Das Leuchtenzym GFP stülpt sich wie eine gefärbte Glasbirne darüber und schon leuchtet es magisch grün. Der Unterwasserstrahler verfügt sogar über einen Schalter. Sobald die Konzentration von in jeder Zelle vorkommenden Kalziumionen einen Schwellenwert übersteigt, leuchtet die Zelle.

Zell- und Molekularbiologen haben mit der Aufklärung von GFP aus der Kaltwasserqualle *A. victoria* ein neues Werkzeug zur Genidentifikation in der Hand. GFP wird gezielt in Erbgut eingebaut und später durch ultraviolettes Licht angeregt. Dann brauchen die Forscher nur noch das „Lichtspiel" in den Zellen zu beobachten, um herauszufinden, wann und wo welches Gen aktiv geworden ist. Derzeit laufen Untersuchungen, GFP-Varianten herzustellen, die in anderen Farben leuchten, um verschiedene Genproteine gleichzeitig aufzuspüren.

Die für den Leuchtvorgang verantwortlichen Zellbereiche sind unterschiedlich verteilt. Bei der Hydromeduse *Euphysa* ist die „Lichtquelle" im Entoderm der Subumbrella, bei der Leptomeduse *Aequorea* am Schirmrand angesiedelt. Welche biologischen Funktionen erfüllt die Fähigkeit, Licht zu erzeugen und die unmittelbare Umwelt zu illuminieren? Es gibt noch eine Reihe von offenen Fragen, doch scheint der Leuchtfähigkeit nicht nur eine einzige Funktion zuzukommen. Sie kann der innerartlichen Verständigung, der Anlockung von Beute oder der Abschreckung dienen.

In den kalten, lichtlosen Tiefen der Meere könnte es vielen wirbellosen Tieren und Fischen bei der Partnerwahl helfen. Artspezifische Blitzfolgen erleichtern die Freund-Feind-Identifikation. Besonders gern wird der „Leuchttrick" zur Verwirrung und Abschrekkung von Räubern eingesetzt: Kurzes Aufblitzen, dann rascher Standortwechsel und erneutes Blitzen könnten einen Verfolger von seiner ursprünglichen Absicht, das reizvoll leuchtende Objekt aufzufressen, ablenken.

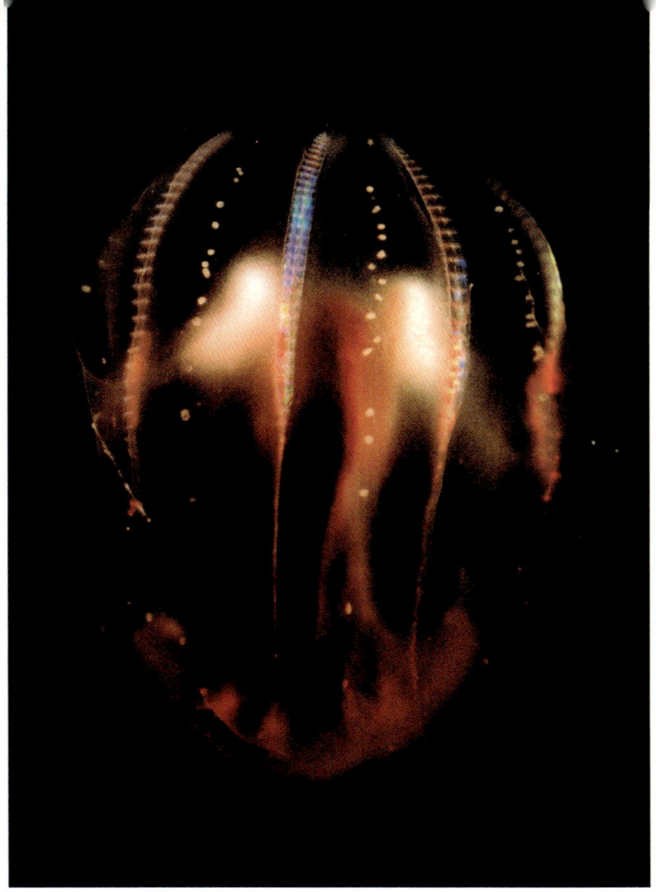

Abb. 2-163: Aus 3000 m Tiefe stammt die Kammqualle *Bathyctena chuni*. Fast alle Kammquallen haben ausgeprägte Fähigkeiten zur Biolumineszenz. Zwischen den Kammreihen sind gelbe Punkte zu erkennen, in deren Zellen kaltes Licht erzeugt wird. Das Leuchtvermögen dient zur Freund-Feind-Erkennung und natürlich zur Abschreckung.

Ständiges Leuchten könnte außerdem zur optischen Auflösung der Körperformen beitragen, so daß der Räuber es nicht schafft, sein Beuteschema mit dem merkwürdig leuchtenden Objekt in Deckung zu bringen. Ozeanische Formen wie *Atolla* und *Periphylla* können Muster erzeugen, die wellenförmig oder in wilden, ungeordneten Folgen über den Körper laufen [128] (Abb. 2-161 und Abb. 2-163).

Wenn auch die Signalwirkung nicht immer genau zu erklären ist – fest steht, daß die marine Biolumineszenz für jeden Beobachter ein sehr ästhetisches Schauspiel ist.

3 Ökologie der Quallen

Die Quallenseen von Palau

Der Inselarchipel Palau, zwischen Guam und den Philippinen gelegen, hat für den Quallenforscher einen besonderen Leckerbissen aufzuweisen. Zwischen verkarsteten, völlig von Dschungelvegetation überwucherten Kalksteininselchen sind insgesamt etwa 70 marine Seen eingebettet (Abb. 3-1 und Abb. 3-2). In den meisten Seen, von hohen Bäumen und Mangrove umgeben, gibt es sogar noch freilebende Krokodile. Das wissenschaftliche Interesse gilt allerdings den Quallen: Wurzelmundquallen der Art *Mastigias sp.* kommen in drei Seen, Koror See, Goby See und Eil Malk, in dichten Populationen vor. Zu bestimmten Zeiten kann man bis 1.000 Medusen pro m^2 zählen [129] (Abb. 3-3 bis Abb. 3-5). Natürlich haben es auch vereinzelte Ohrenquallen geschafft, wie fast überall auf der Welt, sich den außergewöhnlichen Bedingungen dieser Seen anzupassen. Eil Malk hat keinen offenen Zugang zum Ozean, doch ermöglichen Spalten und Höhlen im porösen Kalkstein den Wasseraustausch. Die Gezeiten werden durch die Kalkbarrieren um den See abgeschwächt und treffen verspätet ein. Der Salzgehalt liegt etwa 5 bis 10 ‰ unter dem des Meeres, weil heftige tropische Regenfälle reichlich Süßwasser zuführen.

Warum ist die Quallenpopulation in diesen Seen immer wieder so interessant, daß Expeditionsteams aus aller Welt anreisen, wochenlang Beobachtungen notieren und Messungen durchführen? Nun, vor mehr als 15 Jahren konnte gezeigt werden, daß die *Mastigias*-Gemeinschaft ausgedehnte horizontale Wanderungen unternimmt (daher der Name Wanderqualle), die sich noch dazu präzise im 24-Stunden-Rhythmus wiederholen.

Im kleinsten Quallensee, Eil Malk, beginnt die Massenwanderung am späten Vormittag. Mit einer sehr gemütlichen Schwimmgeschwindigkeit von knapp 1 Meter pro Minute starten sie im Osten und schwimmen gen Westen. Am frühen Nachmittag erreichen sie, immer noch im dichten Verband, das 400 Meter entfernte westliche Becken. Gegen vier Uhr versinkt die Sonne hinter den umgebenden Kalkfelsen. Sofort schwimmen die Tiere wieder nach Osten zurück, um das letzte Sonnenlicht einzufangen. Doch die Schattengrenze wandert immer schneller, und die Quallen schaffen es nicht mehr mitzuhalten. Sie verteilen sich in der Mitte des Sees und übernachten. Am nächsten Morgen schwimmen sie wieder in das östliche Becken und treffen sich, nun wieder dicht gedrängt, zum Sonnenaufgang.

Die Forscher waren begeistert, denn *Mastigias* schien über eine Kompaßorientierung und „innere Uhr" zu verfügen, um möglichst lange und intensiv von der Sonne bestrahlt zu

Abb. 3-1: Palau, die Perle Mikronesiens im Westpazifik für Taucher und Quallenforscher. Dichtbewaldete Kalksteinhügel erheben sich über tiefblaue bis türkisfarbene, glasklare Wasser. Aus 5000 m Tiefe steigen die Inseln mit ihren Riffen empor und bieten eine der prächtigsten Unterwasserlandschaften dieser Erde.

Abb. 3-2: Umschlossen von etwa 60 m hohen Kalksteinfelsen liegt der Brackwassersee Eil Malk. Das Besondere an diesem See ist seine Tierwelt. Palau, Mikronesien.

werden [129]. Dieses Verhalten ist verständlich, wenn man bedenkt, daß *Mastigias* zu den Quallenarten gehört, die symbiotische Algen bzw. Dinoflagellaten (Zoochlorellen oder Zooxanthellen) in ihren Entodermzellen beherbergen. Der Vorteil dieser Lebensgemeinschaft besteht darin, daß die Meduse ihren Symbionten Schutz gewährt und Nährstoffe zur Verfügung stellt. Im Gegenzug bieten die Zooxanthellen den Quallen hochwertige Photosyntheseprodukte. Damit ihre Symbionten auch fleißig assimilieren und wachsen, exponiert Mastigias ihren Schirm zum Sonnenlicht und wandert mit der Sonne. Die Theorie ist perfekt. Leider stellten die Wissenschaftler in den beiden anderen Quallenseen fest, daß die Medusen dort zwar ebenfalls charakteristische Wanderungen durchführen,

Abb. 3-3: Millionen Medusen *(Mastigias sp.)* wandern im Quallensee Eil Malk täglich mit der Sonne von Ost nach West und nachts zurück. Die Vermutung, daß ihre Wanderungen dazu dienen, ihre symbiontischen Zooxanthellen optimal dem Sonnenlicht auszusetzen, konnte nicht bestätigt werden. Palau, Mikronesien.

aber in entgegengesetzter Richtung zur Eil Malk Population [129, 130]. So schön die „Sonnentheorie" auch war, mit ihr allein lassen sich die Horizontalwanderungen nun nicht mehr erklären. Fest steht, daß die Quallen versuchen, in der Sonne zu bleiben. Sie meiden dunkle, durch die Dschungelvegetation beschattete Randbereiche des Sees. Bei Bewertung aller Daten, kommt man zu dem vorläufigen Schluß, daß das Wanderverhalten der Quallen von ihrer genetisch festgelegten Kompaßorientierung, verbunden mit der spezifischen Beckenmorphologie der Seen und ihrer Wasserströmungen, beeinflußt wird [129, 130].

Die außergewöhnliche Fürsorge der Wanderqualle für ihre wertvollen Symbionten ist mit der Ausrichtung zur Sonne noch nicht been-

Abb. 3-4: Obwohl der Quallensee Eil Malk keinen offenen Zugang zum Meer hat, sondern sich nur über feinen, porösen Kalkstein mit dem Pazifikwasser austauscht, kommen gleich zwei Quallenarten nebeneinander vor. Die Wanderqualle *Mastigias sp.* vermehrt sich außerordentlich erfolgreich, während die weltweit verbreitete Ohrenqualle *(Aurelia aurita)* ihren Lebensraum hartnäckig verteidigen muß. Palau, Mikronesien.

det. Die Zooxanthellen werden nicht nur durch die Menge des einfallenden Lichtes in ihrem Wachstum gesteuert, sondern vor allem auch durch die Verfügbarkeit von Stickstoff. Dieser ist in der Oberflächenschicht begehrter und limitierter Nährstoff, weil er von freilebenden Algen sofort aufgenommen wird. *Mastigias* löst dieses Problem, indem sie sich nachts aus der Ammonium-defizitären Oberflächenschicht in 10 bis 15 m Tiefe sinken läßt. Dort trifft sie auf reiches Ammoniumvorkommen, das sie zur „Düngung" ihrer Symbionten aufnimmt und an sie weiterleitet. Damit steht sie im Gegensatz zu allen anderen marinen Invertebraten, die Ammonium exkretieren. Grundsätzlich müssen sich die Medusen beim Absinken vorsehen. Sobald sie nur noch einen Abstand von etwa einem Meter zum Grund

Abb. 3-5: Eine von der Truppe versprengte Wanderqualle *(Mastigias sp.)*. Die braune Färbung im Schirm wird durch die Endosymbionten (einzellige Algen) hervorgerufen. Palau, Mikronesien.

Abb. 3-6: Der Quallensee Eil Malk ist nährstoffarm. Deshalb haben sich bodenlebende Fische auf Quallendiät spezialisiert. Sobald eine Meduse dem Boden zu nahe kommt, greifen Meergrundeln und Kardinalfische an. Blitzschnell beißen sie zu und reißen Teile der Mundarme ab. *Mastigias* hat nur eine Chance, den Angriffen zu entgehen: Sie muß wieder zur Wasseroberfläche aufsteigen. Palau, Mikronesien.

Abb. 3-7: Die Entsorgung absterbender Quallen ist im Quallensee kein Problem. Bodenlebende Meergrundeln und Kardinalfische fallen über jede müde Qualle her. Es dauert keinen Tag, bis die Gallertreste vertilgt sind. Palau, Mikronesien.

haben, werden sie heftig attackiert (Abb. 3-6 und Abb. 3-7). Hungrige Kardinalfische und Grundeln verlassen, mit der Aussicht auf fette Beute, den sicheren Schutz des Seebodens und beißen flink in die Mundarme der Qualle. Die Blitzangriffe bleiben den Artgenossen nicht verborgen, und kurze Zeit nach der ersten Attacke fallen zwischen 30 bis 50 Fische über die immer schwächer pulsierende Meduse her. Es dauert kaum eine Stunde, bis nur noch der wenig nahrhafte, gallertige Schirm und Reste der Mundarmsäulen übrig bleiben.

Die zweite tödliche Gefahr wartet ebenfalls am Boden und droht von einem nahen Verwandten. Es handelt sich um den daumengroßen weißlichen Anthozoenpolypen *Entacmaea medusivora* [131] (Abb. 3-8). Wie sein Name verrät, streckt er seine Tentakel hoffnungsvoll

Abb. 3-8: Der Anthozoenpolyp *Entacmaea medusivora* wurde erst 1991 als neue Art beschrieben. Er enthält keine Symbionten wie seine Verwandten, um einen Teil seiner Ernährung über die Algenprodukte zu decken. *Entacmaea medusivora* ist, wie der Name verrät (lat. *medusa* = Qualle, *vorare* = verschlingen), auf absinkende Medusen angewiesen. Die letzten Mahlzeiten der abgebildeten Exemplare liegen schon eine Weile zurück, denn sie sind recht schlank. Palau, Mikronesien.

in das Wasser, um eine Qualle zu erbeuten. Sobald der Schirmrand einer unvorsichtigen *Mastigias* auch nur die Spitze eines einzigen Tentakels berührt, ist ihr Schicksal besiegelt. Mit heftigen Schirmkontraktionen versucht sie sich vergeblich vom Tentakel loszureißen. Andere Polypententakel kommen hinzu und ziehen die 10- bis 20mal größere Qualle zur Mundöffnung. Der nun folgende Freßvorgang erinnert an die enormen Dehnungsfähigkeiten von Würgeschlangen, die bei Bedarf ihren Kiefer aushaken und dann ein Ferkel „am Stück" verschlingen können. Auch *Entacmaea* zeigt sich kompromißlos: Die Mundöffnung wird auf unerwartete Ausmaße gedehnt, und nach einer knappen Viertelstunde ist die Qualle vollständig im Polypenmagen (Abb. 3-9) verschwunden.

Abb. 3-9: Der pralle Stamm von *Entacmaea medusivora* zeigt an, daß er sich kürzlich seinen Magen vollgeschlagen haben muß. Die Dehnungsfähigkeiten sind enorm: Ein Polyp von gerade 1 cm Stammdurchmesser ist in der Lage, eine 10 cm große Qualle in seinen Magen zu zwängen. Hochwirksame Verdauungsenzyme beseitigen das „Völlegefühl" innerhalb weniger Stunden. Palau, Mikronesien.

Der Anthozoenpolyp besiedelt Mangrovewurzeln, Baumreste und Steine in Kolonien von mehreren hundert Tieren. So kommt es vor, daß eine Meduse gleichzeitig von Tentakeln verschiedener Tiere gepackt wird. Dann beginnt ein „Tauziehen", bei dem der Stärkere gewinnt (Abb. 3-10). Brüderliche Teilung der Beute kann bei zwei benachbarten Polypen beobachtet werden, die jeweils sofort mit dem Fressen beginnen, bis jeder seinen Teil in den Magen geschleust hat. Das Opfer wird dabei rücksichtslos auseinandergerissen. Die medusivore Lebensweise des Blumentierpolypen hat einen Grund: im Gegensatz zu seinen Verwandten enthält er keine symbiontischen Zooxanthellen. Er ist deshalb ständig auf externe Ernährung angewiesen. Damit steht er nicht allein, mindestens acht andere Arten

Abb. 3-10: Glück für den Anthozoenpolypen *Entacmaea medusivora*, der eine Qualle erbeuten konnte. Pech, wenn benachbarte Polypen so dicht stehen, daß sie auch ihren Teil abhaben wollen. In diesem Fall beginnt ein verbissenes Streiten um den Gallertkörper. Palau, Mikronesien.

können ihre Ernährungslage ebensowenig entspannt sehen. Interessant ist, daß er die Symbionten seiner Nahrung nicht einfach einbauen und für sich arbeiten lassen kann. Die Gründe sind unklar, es wird vermutet, daß sie nicht über die erforderlichen Bedingungen zum Gedeihen eines „Algengartens" verfügen. Biologisch gesehen ist die Spezialisierung der Fische und Polypen auf Quallenkost sehr sinnvoll. So erfolgt die notwendige Regulation der stattlichen *Mastigias*-Population, die in den Quallenseen zwischen 180.000 und 4,6 Millionen Tieren schwankt [129].

Räuber-Beute-Beziehungen zwischen Quallen und Fischen

In der Literatur ist eine ganz Reihe von Quallenräubern bekannt (Tab. 3–1) [132, 133]. Es wird jedoch immer wieder diskutiert, warum ein Fisch es vorziehen sollte, Quallen zu fressen, die aus 99,7 % Wasser und Salzen bestehen [134, 135]. Das Argument, viele Fischarten seien schon beim Attackieren von Medusen beobachtet worden, wird meist abgelehnt. Wohl würden Fische nach Quallen schnappen, doch nicht um gallertiges Gewebe zu fressen, sondern nur, um die gutgenährten parasitischen Krebse wie Rosinen aus dem Kuchen zu picken [136].

Ganz so einfach ist es nicht! Neuere Arbeiten beweisen sehr eindrucksvoll, daß die Quallenkost auch höhere Nahrungsansprüche befriedigen kann. Der organische Gehalt ist mit rund 0,3 % zwar gering, doch sind die Quallen meist großwüchsig und bieten eine Menge Substanz im Vergleich zu den Ruderfußkrebsen (Copepoda). Außerdem sind sie aufgrund einschichtiger Zellagen und keinerlei harten, chitinösen Außen- oder Innenskelettstrukturen leicht verdaulich. Rasche Fluchtreaktionen können bei den langsam schwimmenden Quallen ebenfalls ausgeschlossen werden [137].

Im Labor wurde bewiesen, daß Makrelen bevorzugt die Trachymeduse *Aglantha digitale* fressen und nur die Hälfte der gleichzeitig angebotenen Ruderfußkrebse. Eine einzige *Aglantha* hat den Nährwert von immerhin zehn Krebsen. Für die Trachymeduse braucht der Raubfisch nur einen Biß und spart gegenüber der Copepodenjagd Energie [137a]. Außerdem steht es den Fischen frei, nach den attraktiv gefärbten Gonaden oder den Mundfahnen zu schnappen und so selektiv nur die nahrhaftesten Teile der Quallen zu fressen [135]. Die Mundfahnen und Gonaden von *Chrysaora fuscescens* enthalten zum Beispiel 3mal soviel Kohlenstoff wie der Schirm. Auch der Erntefisch *Peprilus* kann exklusiv nur mit der Rippenqualle *Mnemiopsis leidyi* gefüttert werden. Die Berechnungen seines Kohlenstoffbedarfs für den Grundstoffwechsel ergaben, daß die gefressene Menge eine Größenordnung über dem Grundbedarf liefert und völlig ausreicht, ihn üppig zu ernähren [132, 138].

Antarktische Fische (Nototheniidae) zeigen sich opportunistisch: Wenn die Südpolarkrebschen (Krill, *Euphausia superba*) in entsprechender Dichte verfügbar sind, nimmt die gallertige Nahrung, vorwiegend Rippenquallen, nur ein knappes Drittel der Magenfüllung ein [139]. In Notzeiten dagegen besteht ihre Mahlzeit aus über 80 % Quallen [140].

Der Spieß kann auch leicht umgedreht und die

Tab. 3-1: Wirbeltiere als Quallenräuber.

Räuber	Beute	Referenz
Fische		
Squalus acanthias (Dornhai)	*Pleurobrachia*	[143]
Alepocephalus sp. (Schwarzkopf)	*Atolla*, andere Quallen	[144]
Oncorhynchus keta (Hakenlachs)	*Aglantha*	[145]
Melanogramma aeglefinus (Schellfisch)	Quallen	[146]
Pollachius virens (Seelachs, Köhler)	Pleurobrachia	[147]
Scomberesox saurus (Makrelenhecht)	Siphonophoren	[148]
Scomber scombrus (Makrele)	Quallen	[149, 150]
Mola mola (Mondfisch)	Quallen	[151]
Cyclopterus lumpus (Seehase)	Pleurobrachia, *Sarsia*	[152]
Trachurus trecae (Stöcker)	Siphonophoren	[153]
Ocyurus chrysurus (Gelbschwanzschnapper)	Siphonophoren	[154]
Clepticus parrai (Lippfisch)	Siphonophoren	[154]
Centrolophus niger (Schwarzfisch)	Scheibenquallen	[155]
Reptilien (Meeresschildkröten)		
Eretmochelys imbricata (Karettschildkröte)	Würfelquallen, *Velella* und andere Quallen	[156]
Caretta caretta (Unechte Karettschildkröte)	Quallen	[157]
Dermochelys coriacea (Lederschildkröte)	Scheibenquallen *Physalia, Apolemia*	[156, 158]
Vögel		
Calidris alba (Sanderling)	*Aurelia*	[159]

Tab. 3-1: Wirbeltiere als Quallenräuber (Fortsetzung).

Räuber	Beute	Referenz
Puffinus sp. (Sturmtaucher)	Scheibenquallen	[159]
Oceanodroma furcata (*Gabelschwanz-Wellenläufer*)	Scheibenquallen	[160]
Rissa sp. (Dreizehenmöwe)	Scheibenquallen	[160]
Uria sp. (Lumme)	Scheibenquallen	[160]
Larus hyperboreus (Eismöwe)	Scheibenquallen	[159]
Aethia cristatella (Schopfalk)	Scheibenquallen	[160]
Cyclorrhynchus psittacula (Papageialk)	Scheibenquallen	[160]
Fulmarus glacialis (Eissturmvogel)	*Velella*	[161]
Säugetiere		
Phoca vitulina (Seehund)	Hydroiden	[162]
Homo sapiens (Mensch)	Scheibenquallen, Würfelquallen	[163]

Qualle selbst zum Räuber von Fischen werden. In 40 Kolonien der Portugiesischen Galeere *Physalia physalis* konnten 93 % der Verdauungsinhalte als Fischlarven identifiziert werden [141] und in 646 untersuchten Kolonien von *Rhizophysa* wurden sogar ausschließlich Fischlarven [142] gefunden. Damit nicht genug: *Rhizophysa* soll im Golf von Kalifornien täglich (!) fast ein Drittel der gesamten Fischlarven auffressen und *Physalia* auf der anderen Seite, im Golf von Mexiko, zwischen 0 und 5 Meter Wassertiefe sogar bis 60 %. Das bedeutet, nicht einmal jede zweite Fischlarve erlebt den nächsten Tag [141, 142]. Auch in der Kieler Bucht (Ostsee) fischen die Quallen kräftig mit. *Aurelia* dezimiert den Bestand an Heringslarven täglich um 2 bis 5 % [3].

Insgesamt ist sicher, daß die Quallen ein wichtiges Bindeglied im pelagischen Nahrungsnetz verkörpern. Die Meinung, sie seien Endglieder im Nahrungssystem, ist nicht länger haltbar. Sie nutzen niedrige Nahrungsniveaus, wie Mikro- und Mesozooplankton, bauen enorme Biomasse auf und können sogar von Top-Räubern wieder als Nahrungsquelle genutzt werden.

Wirbeltiere als Quallenräuber

Besonders für behäbige, langsame Jäger sind Medusen beliebte Beute. Drei Arten von Meeresschildkröten trauen sich sogar, die hochgiftigen Würfelquallen zu fressen (Tab. 3-1, Abb. 3-11). Sie zwicken ihnen geschickt die vier Pedalien ab, an denen die Tentakel ansetzen. Falls doch noch ein paar Nesselkapseln entladen, so können die Nesselschläuche das verhornte Epithel des Schnabels nicht durchdringen und den Schildkröten keinen Schaden zufügen. Gefahr droht für die gepanzerten Reptilien von ganz anderer Seite: Die zunehmende Verschmutzung mit Plastikabfällen, selbst der entlegendsten Winkel unserer Meere, fordert jährlich mehr Todesfälle unter den bedrohten Schildkrötenarten. Sie verwechseln Plastiktüten mit ihrer gallertigen Lieblingsspeise und bekommen Verdauungsstörungen. Die Plastikreste sind nicht resorbierbar, verschließen den Darm, und die Tiere verenden meist jämmerlich.

Sogar aus der Luft werden die Quallen bedroht. Eine Reihe Seevögel (Tab. 3-1) greift an der Wasseroberfläche treibende Quallen an, oder pickt genüßlich am gelatinösen Strandanwurf. Es wird berechtigt argumentiert, die Vögel würden in erster Linie nach den assoziierten Fischen oder Krebsen stoßen und nicht nach den Medusen selbst. Am Strand wurde beobachtet, wie Heringsmöwen Gewebeteile angespülter Feuerquallen (*Cyanea capillata*) heraushacken und schlucken. Auch hier ist zu vermuten, daß sich die Möwen auf die Flohkrebse in den Medusen konzentrieren und nur zuweilen ein paar Stücke Gallerte mitfressen.

Außer dem Menschen sind Säugetiere keine nennenswerten Quallenfeinde. Das Verhalten von Seehunden gegenüber Quallen dürfte eher eine Mischung aus ernsthafter Nahrungsaufnahme und spielerischer Neugier sein.

In Südostasien, China und Japan werden Quallen sehr geschätzt. Roh, in Essig und Sojasauce mariniert, oder getrocknet und anschließend frittiert, werden jährlich mehrere tausend Tonnen verzehrt. Seit über 20 Jahren ist es ein blühendes Millionen-Dollar-Geschäft mit steigender Tendenz. Die Japaner liegen an der Spitze mit sechs- bis siebentausend Tonnen pro Jahr, gefolgt von China, Indonesien und den Philippinen. Die Nachfrage ist reichlich, die Fangquote wird allein durch die saisonale Häufigkeit der Medusenaggregationen festgesetzt. Leider ist das Massenvorkommen der Medusen zu bestimmten Zeiten, an bestimmten Küstenstrichen, kaum prognostizierbar. Diese Tatsache erschwert die industrielle Verarbeitung eßbarer Quallen. So bleibt den asiatischen Fischern nichts anderes übrig, als sich in der Saison auf Quallenfang zu spezialisieren. Ein geübter Bootsfischer

Abb. 3-11: Ein seltenes fotografisches Dokument: Die echte Karettschildkröte *Eretmochelys imbricata* schnappt die gefährlichste aller Quallen, die australische Seewespe *Chironex fleckeri*! Durch ihre dicken Hornplatten ist sie gut geschützt, denn die Nesselschläuche sind nicht lang genug, um sie zu durchschlagen. Außerdem sieht sich das Reptil vor. Geschickt zwickt es die Pedalien mit den Tentakeln ab, bevor es genießerisch den Schirm verzehrt. Für die Schildkröte ist *C. fleckeri* eine Art Götterspeise...

kann leicht zwei bis drei Tonnen Quallen pro Tag anlanden. Bei einem Individualgewicht von 30 Kilogramm sind etwa 100 Stück zu fangen. Es eignen sich jedoch nicht alle Arten für den Trocknungsprozeß. Guten Marktwert im Exporthandel haben die Wurzelmundquallen *Rhopilema esculenta*, *R. hispidum* und *Lobonema smithi* (Abb. 2-144, Abb. 2-145 und Abb. 2-41) [163, 164].

Quallenrezepte

Getrocknete Quallen

Zunächst wird der Wassergehalt der Tiere (*Lobonema smithi* und *Rhopilema esculenta*) in einem Seewasser/Kaliumsulfat-Aluminiumsulfat-Gemisch reduziert. Die Tiere werden alle 30 bis 40 min gewendet. Nach drei bis fünf Stunden in diesem Bad kommen sie in ein Abtropfbecken, bis die Schirme nach 10 bis 16 Stunden feste Konsistenz annehmen. Jede Meduse wird anschließen mit einer Mischung aus Kochsalz, Kaliumsulfat-Aluminiumsulfat-Gemisch und Natriumbicarbonat bestreut und für 14 bis 20 Tage gepökelt. In dieser Zeit werden sie alle drei Tage gewendet. Danach kommen sie bei Raumtemperatur zwei bis vier Tage in einen Trockenbehälter. Dort werden sie diesmal auf beiden Seiten mit einer Mischung aus Kochsalz und Kaliumbitartrat bestreut. Das fertige Produkt (Wassergehalt 60 bis 65 %) sieht aus wie ein mit Puderzucker bestäubter Pfannkuchen. Die Quallenfladen können nun verpackt werden und sind dann fertig für den Export. Sie halten sich etwa ein Jahr, ohne zu verderben.

Kurz vor der Zubereitung rollt man die fladenförmigen Quallen zusammen und schneidet sie in feine Streifchen (Abb. 3-12). Die Streifchen gibt man in heißes Fett und frittiert sie für wenige Minuten. Abtropfen lassen, eine Prise Pfeffer und frischen Knoblauch zufügen. Zwei oder drei Frühlingszwiebeln kleinhacken, die frittierten Quallenstreifen bestreuen und auf einer Platte als Beilage anrichten (Abb. 3-13). Guten Appetit [165].

Quallensalat

(Zutaten für 4 Personen:)

- 1 kg *Cassiopea* oder *Cephea* (lebend)
- 200 ml Essig (4 bis 6 % Säure)
- 50 ml Zitronensaft
- 3 Eßlöffel Sojasauce
- 1 bis 2 mittelgroße Zwiebeln
- 2 Frühlingszwiebeln
- 2 bis 3 reife Tomaten
- 4 Knoblauchzehen
- etwa 10 g Ingwer (je nach Geschmack)
- eine Prise schwarzen Pfeffer

Zubereitung:

Die Tiere kurz in Süßwasser spülen und von Schleim reinigen. Schirme halbieren, bei großen Exemplaren vierteln bzw. achteln und in Streifen oder Würfel schneiden. In einem Sieb abtropfen lassen. Zwiebeln, Frühlingszwiebeln, Ingwer und Knoblauch feinhacken. Tomaten in Scheiben schneiden und alles zusammen in eine Salatschüssel geben. Quallenstücke zufügen, mit Essig, Sojasauce, Zitronensaft beträufeln und pfeffern. Die Stücke müssen vollständig von der Marinade bedeckt sein. Gut umrühren und über Nacht im Kühlschrank marinieren lassen.

Abb. 3-12: Die in feine Streifen geschnittenen Wurzelmundquallen werden im Wok, der traditionellen asiatischen Pfanne, über offenem Feuer frittiert. Cebu, Philippinen.

Quallenrezepte (Fortsetzung)

Der erfrischende Quallensalat eignet sich für heiße Tage und „coole" Gäste. Er belastet nicht den Magen, sondern höchstens den Kreislauf, falls nicht lange genug mariniert wurde und noch ein paar Nesselkapseln entladen...

Abb. 3-13: Zusammen mit Entenbrüstchen, verschiedenen Sorten Wurst und „century eggs" (= Jahrhunderteier) bildet die Quallenbeilage (untere Bildmitte) eine köstliche Ergänzung des Menüs. Cebu, Philippinen.

Abb. 3-14: Appetitlich und meist mit einem Gratislächeln werden frisch gefangene Wurzelmundquallen *(Cassiopea ndrosia)* auf philippinischen Märkten lebend angeboten. Der Preis liegt bei etwa 30 Pfennig pro Kilo.

Abb. 3-15: Quallen zählen in der asiatischen Küche zur gern gegessenen Beilage. In einem Spezialitätenrestaurant für Meeresfrüchte werden die frischen Wurzelmundquallen in Streifchen auf Eis, zwischen Seegurken, Fischlippen und Tintenfischmantel angeboten. Der Preis beträgt hier umgerechnet etwa 16 DM pro Kilo. Cebu, Philippinen.

Auf lokalen Märkten Cebus (Philippinen) werden lebende *Cassiopea* in Plastikbeuteln angeboten, das Kilo für umgerechnet 30 Pfennig (Abb. 3-14 und Abb. 3-15). Die Küstenbevölkerung in Mindanao (Philippinen) schreckt nicht einmal vor den gefährlichen Würfelquallen zurück. Sie entfernen die Pedalien mit den anhängenden Tentakeln sehr geschickt, zerschneiden den Schirm in mundgerechte

Abb. 3-16: Dieser junge Fischer verzehrt gerade ein Stück Schirm der philippinischen Killerqualle *(Chriopsalmus quadrigatus)* roh. Es werden nur Teile des Schirms gegessen, denn die Nesselgifte in den Tentakeln könnten tödliche Wirkung haben. Mindanao, Philippinen.

Stücke und verzehren die noch pulsierenden Teile zusammen mit Reis (Abb. 3–16).

Geschäftstüchtige kanadische Medusenforscher griffen das asiatische Rezept der Quallenzubereitung auf und starteten einen Testlauf mit der Ohrenqualle *Aurelia aurita*. Damit hätten sie zwei Fliegen mit einer Klappe geschlagen: keine verstopften Fischernetze oder Einlauffilter irgendwelcher Art und ein Produkt für die spezielle asiatische Küche bzw. die „Nouvelle cuisine" Europas. Ein kompetenter chinesischer Koch überprüfte das Produkt und gab ein vernichtendes Urteil ab: Es fehle der typisch „knackige Biß". Diese Bewertung stoppte leider alle weiteren Versuche, Ohrenquallen als Nahrungsmittel zu nutzen.

Wirbellose als Quallenräuber

Nacktschnecken – Besondere Feinde der Quallen

Die Nesseltiere verbinden mit ihrer Existenz, sei es als Polyp oder Meduse, zwei wesentliche Eigenschaften, die sie für Räuber nicht besonders attraktiv erscheinen lassen. Zum einen verfügen sie mit ihren Nesselzellen über ein hochwirksames Waffensystem, und zum anderen sind sie nicht besonders nahrhaft. Es gibt allerdings eine Reihe von Spezialisten, die Quallen als erlesene Speise schätzen.
Die Bedrohung kommt schon aus den eigenen Reihen, wie das Beispiel von *Mastigias* und dem quallenfressenden Anthozoenpolypen *Entacmaea medusivora* zeigt (Abb. 3-9 und Abb. 3-10). Mindestens acht andere Seenelkenarten zählen ebenfalls zu den Genießern gelatinöser Beute [131].

Polypen sind, durch alle Klassen, aufgrund ihrer dichten Kolonien am Boden ein beliebtes Ziel langsamer, gefräßiger Räuber. Die Ohrenquallenpolypen der Ostsee fürchten den Überfall der Fadenschnecke *Facelina drummondi*, die bedächtig, aber beständig eine ganze Kolonie abweiden kann.
Nacktschnecken (Nudibranchier) sind die Superspezialisten unter den Feinden der Nesseltiere (Abb. 3-17). Viele Vertreter dieser Ordnung nutzen nicht nur die Kalorien ihrer gelatinösen Kost, sondern auch ihre ausgeklügelten Waffen. Die Fähigkeit, Nesselzellen und ihren besonderen Inhalt zu erkennen, sie von der Verdauung auszusparen und an exponierten, empfindlichen Stellen des Körpers einzubauen, ist genial. Die Schnecken fressen nesselzellhaltige Beutetiere, ihr Darmepithel verdaut die Kapseln nicht, sondern leitet sie zu spezialisierten Abschnitten (Cnidosac) in den Rückenanhängen (Cerata). Dort betreuen besondere Zellen (Cnidophagen) die kostbare Beute. Die Versorgung der isolierten Kapseln (Kleptocniden) in den Rückenanhängen ist so lange sichergestellt, bis sie entladen oder durch neue Kapseln ersetzt werden [166] (Abb. 3-19).

Superspezialisten für Nesselkapseln

Der Mechanismus, wie einige Nacktschnecken die Nesselzellen erkennen, transportieren, einbauen, versorgen und schließlich für eigene Zwecke nutzen, hat Biologen über ein Jahrhundert verwirrt. Die Spannung, zumindest Teile des faszinierenden Vorgangs aufzuklären, hat die Forscher nie verlassen. Diesem Drang ist es zu verdanken, daß heute ein recht einheitliches Bild über den komplexen Ablauf dargestellt werden kann.
Schon 1863 bewies der Wissenschaftler Wright

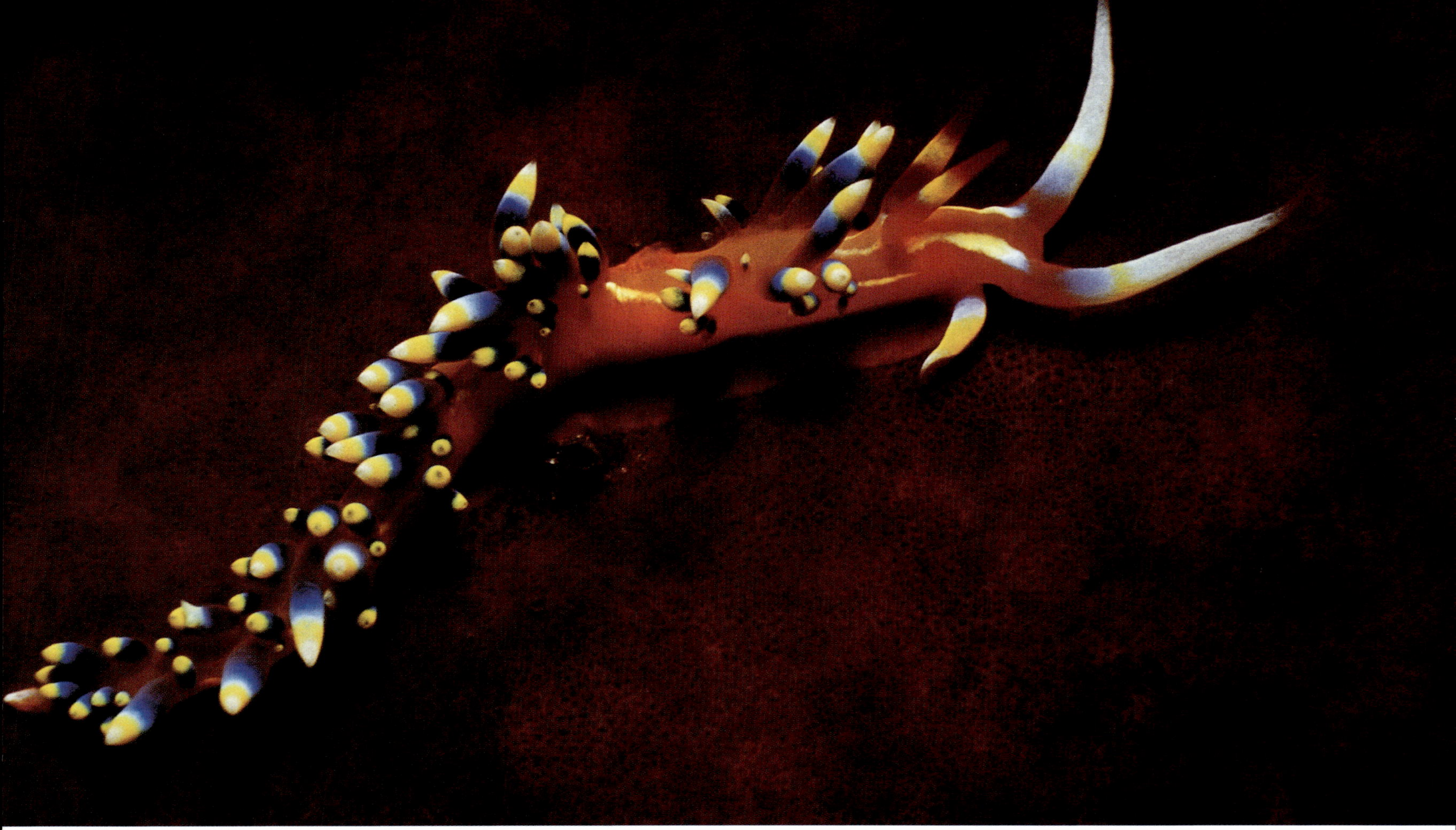

Abb. 3-17: Die Fadenschnecken (Aeolidiacea, Mollusca) fressen bevorzugt Hydroidpolypen samt ihren Nesselkapseln. Die Kapseln werden nicht verdaut, sondern in den sogenannten Nesselsäcken der Rückenanhänge gespeichert. Fadenschnekken nutzen die Fremdnesselkapseln (Kleptocniden) zur eigenen Verteidigung und Abwehr von Räubern.

durch ein Experiment den Zusammenhang zwischen in Nacktschnecken gefundenen Nesselkapseln und deren bevorzugter Hydrozoenkost. Seine Ergebnisse wurden leider bis zur Jahrhundertwende ignoriert. Spät in die 80er Jahre hinein gab es eine Menge interessanter Forschungsarbeiten, die sich mit den Funktionen der „gestohlenen" Nesselkapseln, oder Kleptocniden, befaßten. Über den Mechanismus der Aufnahme und Selektion wurde so gut wie nichts bekannt.

Viele Wissenschaftler sahen in den Kleptocniden reine Verteidigungswaffen. Ein Räuber, der unvorsichtig die attraktiven Rückenanhänge abweidet, soll durch die explodierenden Nesselkapseln und deren Giftwirkung einen Denkzettel erhalten [167]. Tatsächlich wurden im zerstörten Mundgewebe eines Fisches, der

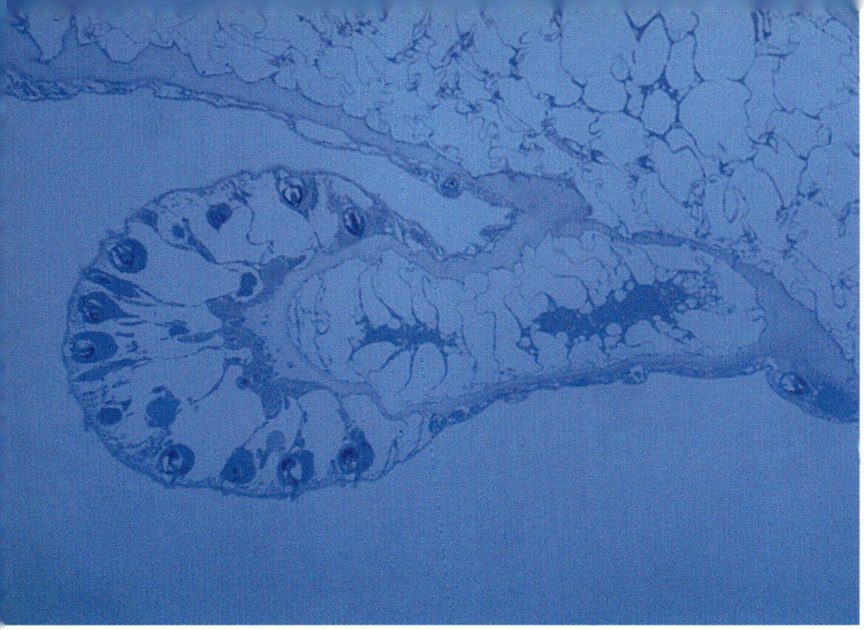

Abb. 3-18: Längsschnitt durch ein Fangärmchen der Strahlenqualle *Porpita porpita*. Das Nesselköpfchen der Polypenkolonie ist dicht mit Nesselzellen besetzt. Ihre Nesselkapseln liegen unter der Oberfläche und sind zur Entladung bereit.

versucht hatte, die Nacktschnecke *Hermissenda crassicornis* aufzufressen, entladene Nesselkapseln gefunden [168]. Es gibt allerdings auch ein Beispiel für den aktiven Einsatz von Kleptocniden: Die Nacktschnecke streckt ihre Rückenanhänge zur Beute hin, entlädt die Kapseln und beginnt an der getroffenen Stelle des Opfers zu fressen [169]. Im allgemeinen kann davon ausgegangen werden, daß die Tiere nur in seltenen Fällen „ihre" Nesselkapseln aktiv zur Jagd einsetzen.

Wie überlisten die Nacktschnecken die Nesselzellen der gallertigen Beutetiere, ohne selbst Ziel der wirksamen Toxine zu werden? In ihren Därmen und im Kot hat man etwa die Hälfte der aufgefressenen Nesselkapseln entladen vorgefunden [170]. Interessant war in diesem Zusammenhang die Information, daß isolierte Nesselkapseln, also ohne ihre Mutterzelle, wesentlich weniger häufig entladen als intakte Nesselzellen mit Kapseln [171]. Die Nacktschnecken bedecken ihre Beute mit reichlich selbstproduziertem Schleim und hemmen so die Nesselkapselentladung. Im Darmepithel trennen sie die Kapsel von der Zelle, leiten sie weiter in das Cnidosac und verdauen die übriggebliebenen Zellreste. Es sind theoretisch drei verschiedene Mechanismen möglich, die Verdauung der gefressenen Nesselzellen zu verhindern:

- Um verdaut zu werden, müssen die enzymgefüllten Lysosomen mit den Membranen der Nahrungsvakuolen verschmelzen. Die Membran der Vakuolen könnte aufreißen, so daß die Lysosomen ihre Enzyme nicht loswerden.
- Die Membran um die Nahrungsvakuole blockiert das Andocken der Lysosomen.
- Die Nesselkapseln selbst sind gegen die Verdauungsenzyme der Nacktschnecken resistent.

Bisher ist keine der Theorien bestätigt, doch sprechen jüngere Untersuchungen für das Aufreißen der Membran, was die Verschmelzung mit den Lysosomen und anschließende Verdauung verhindert [172].

Einige Nacktschnecken sind wählerisch: *Glaucus atlanticus* und *G. marginatus* fressen mit Vorliebe an *Physalia*, der Portugiesischen Galeere, zuweilen auch an *Velella* oder *Porpita* (Abb. 3-18). Sie verdauen alle Nesselzellen mit Ausnahme des großen, hochtoxischen Nesselkapseltyps der Portugiesischen Galeere (Abb. 1-19 und Abb. 2-28) [173]. Diese werden säuberlich von den Zellen getrennt und zur Spitze der Rückenanhänge geleitet. Die Selektivität beruht wohl auf dem Erkennen feiner chemischer und physikalischer Unterschiede der Kapseln [172, 175].

Im Cnidosac übernehmen Cnidophagen, besondere Verdauungszellen mit der Aufgabe, Kleptocniden zu betreuen, die weitere Fürsorge. Zunächst orientieren sie über ihre Aktin-Mikrofilamente die Kapseln mit der Spitze nach innen. Danach betten die Cnidophagen Mikrotubuli zwischen die Kapseln, um ihre Position untereinander festzulegen. Da viele unreife Kapseln in das Cnidosac geschleust werden, erhebt sich die Frage, wie sie sich weiter differenzieren, völlig losgelöst von der Mutterzelle. Der Mechanismus wäre unvollkommen, wenn dafür nicht auch gesorgt werden könnte. In der Tat stellen die Nacktschnecken ihren unreifen Kleptocniden Energie in Form von ATP (Adenosintriphosphat) zur Verfügung, um ihre Differenzierung weiter zu fördern und sie in einen funktionstüchtigen Zustand zu versetzen [176]. Lange verweilen die Nesselkapseln nicht im Cnidosac (Abb. 3-19). Auf einen starken Stimulus hin kontrahiert sich der Muskelkomplex um das Cnidosac, die Cnidophagen werden durch das Epithel gepreßt und die Nesselkapseln entladen sich nach Aufplatzen der Cnidophagenmembran. Der Sphinkter verhindert ebenfalls durch Kontraktion, daß die Nesselkapseln in die falsche Richtung, zurück in den Verdauungstrakt, gedrückt werden [172]. Entladen oder nicht entladen, nach drei bis vier Tagen werden die alten Kapseln verdaut und durch frisch aufgenommene ersetzt [177].

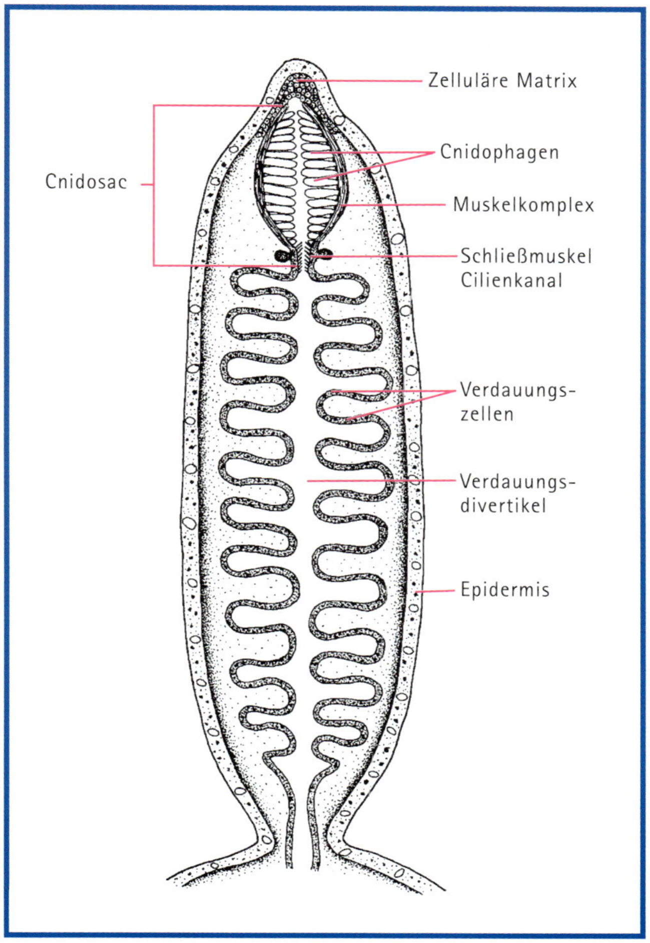

Abb. 3-19: Längsschnitt durch einen Rückenanhang einer Nacktschnecke mit gespeicherten Nesselkapseln (Kleptocniden). Die Nacktschnecken fressen Nesseltiere samt Nesselzellen, verdauen sie jedoch nicht, sondern bauen die Kapseln bei sich ein. Sie passieren den Cilienkanal zum Vorratsbehälter (Cnidosac) und werden von spezialisierten Verdauungszellen (Cnidophagen) aufgenommen. Die Kapseln können auf spezifische Reize entladen werden und den Angreifer nesseln.

Die Nutzung von Kleptocniden durch einige Nacktschnecken ist ein hervorragendes Beispiel biologischen Recyclings „niedriger" Organismen auf hohem Niveau.

Die Technik, Nesselkapseln von Beutetieren bei sich selbst einzubauen, ist allerdings nicht nur auf Nacktschnecken beschränkt. Die Kammqualle (Ctenophora) *Euchlora rubra* ist so etwas wie ein Wolf im Schafspelz: Statt Klebzellen kann sie auch Nesselkapseln ihrer Beutetiere beherbergen [179]. Der Plattwurm *Microstomum* frißt gerne an *Hydra*, die Nesselkapseln werden von Parenchymzellen aufgenommen, zur Epidermis transportiert und eingelagert. Die Kleptocniden sind voll funktionstüchtig und entladen sich bei Berührung seiner Oberfläche. Auch der wurmförmige Meeresbodenbewohner *Priapulopsis cuidephorus* soll die Nesselkapseln seiner Mahlzeiten, die vorwiegend aus Polypen der Hexakorallen bestehen, in warzenartige Hautausstülpungen einbauen.

Selbst Quallen, die fernab von Küsten auf offenem Meer an der Grenzschicht Luft-Wasseroberfläche treiben, werden von Räubern nicht verschont. Die herrlich blau-violett gefärbte Veilchenschnecke *Janthina* hat sich auf die Segelqualle *Velella* und die Strahlenqualle *Porpita* spezialisiert (Abb. 3–20).

Zunächst baut sie sich ein Floß aus Luftblasen, um nicht mehr abzusinken und den treibenden Kolonien auf gleicher Ebene zu begegnen. Wie macht sie das? *Janthina prolongata* schmiegt ihre Vorderfußsohle von unten an den Wasserspiegel und biegt die Ränder nach innen, so daß eine kleine Vertiefung entsteht. Danach nimmt sie Luft von der Wasseroberfläche auf, schließt die eingeschleimten Ränder des Fußes um die Vertiefung und taucht die so entstandene Luftblase wieder in das Wasser ein. Der Schleim härtet ein wenig und verleiht der Blase die erforderliche Stabilität. Mit dieser Technik produziert sie fleißig ein bis zwei Bläschen pro Minute, die in Einheiten von sechs bis zehn spiralig zusammenklebt werden, bis ein tragfähiges Floß entsteht. Ihr Vertrauen in die Haltbarkeit der Schleim/Luftblasen-Konstruktion ist unerschütterlich, denn sie heftet etwa 2,5 Millionen Eier in 500 Konkons an den Schaumbau.

Die Veilchenschnecke ruht sich an der Unterseite des Floßes aus und wartet auf Beute. Besonders beliebt sind Begegnungen mit Segelquallen, die für diese meist fatal enden. Die Schnecke weidet hingebungsvoll und in aller Ruhe die leckere Polypenschicht ab, übrig bleibt nur die Chitinstützplatte des Segels. Auch wehrhaft kann sie sich zeigen: Sollte ihre Floßidylle von Feinden bedroht werden, verteidigt sie sich energisch mit dem Ausstoß einer violetten Flüssigkeit, ähnlich den Tintenfischen.

Neben den räuberischen Nacktschnecken, die unter den Polypenkolonien regelrecht wüten können (*Facelina* vernichtet *Aurelia*-Polypen, S. 222), ist noch ein anderer Tierstamm von Bedeutung. Innerhalb der Gliederfüßler zählt die Klasse der Asselspinnen (Pantopoda) zu den gefürchteten Feinden. Sie haben ein Faible für die weichhäutigen, festsitzenden Tiere und sind innerhalb der Cnidaria nicht wählerisch. Ob Hydropolypen, Stielquallen oder

Abb. 3-20: Die Veilchenschnecke *Janthina prolongata* baut sich ein Schaumfloß aus eingeschleimten Luftbläschen, um die Segelqualle *Velella velella* an der Wasseroberfläche anzugreifen. Ihre mit scharfen Zähnchen bestückte Raspelzunge schabt Stück für Stück Polypenkolonie ab, und selbst die giftgefüllten Nesselkapseln können sie von ihrer Mahlzeit nicht abbringen. Allerdings muß sie sich vorsehen, denn die exponierte Jagd an der Wasseroberfläche erfordert weitere Anpassungen, um nicht selbst zum Opfer zu werden. *J. prolongata* schützt ihren weichen Körper durch ein stabiles Gehäuse vor Räubern und kann bei Gefahr, ähnlich den Tintenfischen, eine violette Flüssigkeit ausstoßen.

Scheibenquallen, alle werden sie mit dem Rüssel (Proboscis) angestochen und ausgesaugt. Im hinteren Teil des Reusenapparates wird die Nahrung durch zahlreiche starre Borstengruppen so wirkungsvoll zerkleinert, daß im Mitteldarm nur noch ein formloser Plasmabrei ankommt. Bemerkenswert makaber ist die Tatsache, daß die Asselspinnen von ihren Opfern selbst optimal getarnt werden. Während sie von einer Hydrozoenkolonie ein Polypenköpfchen nach dem anderen aussaugt, schützt sie die Besiedlung mit Einzellern, Moostierchen und sogar Hydropolypen an den Beinen vor Entdeckung durch ihre Feinde.

Abb. 3-22: Ein Taucher, gut geschützt in dickem Neoprenanzug, scheucht die Begleitfische *(Trachurus mediterraneus)* zwischen die verwachsenen Mundarme einer Spiegeleiqualle *(Cotylorhiza tuberculata)*. Selbst ohne Handschuhe würde der Taucher die Nesselgifte dieser harmlosen Quallenart kaum spüren. Dennoch sollte vom Anfassen abgesehen werden: Es könnte der zart gebauten Meduse schaden. Mittelmeer, Spanien.

Assoziationen und Symbiosen von Quallen

Qualle-Fisch-Assoziation

Es sind die verschiedensten Tierstämme in Assoziationen mit Quallen vertreten. Dabei ist es nicht immer leicht, zwischen lockeren Assoziationen, Kommensalen (Nahrungspartizipation), echten Symbiosen (Vorteile für beide Partner) und Parasitosen (Vorteil für den einen, Schaden für den anderen Partner) zu unterscheiden.

Beobachtungen über das Zusammenleben von Quallen und Fischen werden seit den Anfän-

qualle verleiht der Stachelmakrele Schutz vor Räubern, denn das Erscheinungsbild von Qualle und Fisch paßt nur sehr selten in das Beuteschema der Jäger. Zudem besitzen die Quallen starke Nesselgifte, die viele Raubfische abschrecken. Doch wo liegt der Vorteil für die Qualle in dieser Beziehung? Wie aus der obigen Beschreibung hervorgeht, wird sie bestens verteidigt, möglicherweise sogar gegen Freßfeinde. Zusätzlich wurde beobachtet, daß die Stachelmakrelen Schleimfahnen abfressen, die über die Mundöffnungen ausgeschieden werden. Dieses Verhalten leistet einen Beitrag zur Reinigung und dient als nahrhafte Futterquelle für den Fisch.

Das Zusammenleben von Qualle und Fisch ist trotz aller Vorteile für manche Arten ein zweischneidiges Schwert: Den Begleitfischen fehlt ein Schutzfilm aus Schleimsekreten, wie ihn zum Beispiel Clownfische *(Amphiprion)* besitzen, die mit Anemonen in Symbiose leben. Für den Galeeren- oder Preußenfisch *(Nomeus gronovii)* ist deshalb die Koexistenz neben der Portugiesischen Galeere *(Physalia physalis)* ein lebensgefährliches Risiko. Mit

a)

b)

c)

Abb. 3-24: Um die Aggressivität und den entschlossenen Verteidigungswillen zu prüfen, wurde die innige Beziehung zwischen der Zigarrenqualle *Thysanostoma thysanura* und der Stachelmakrele *Gnathanodon speciosus* auf eine harte Probe gestellt. Ein handbemalter Fisch wurde auf einer dünnen Stahlstange befestigt und von einem Taucher zwischen Fisch und Qualle gedrängt. Zunächst beschränkte sich die Stachelmakrele auf heftige Flossenbreitseiten. Als dies nicht den gewünschten Erfolg zeigte, änderte die Stachelmakrele die Strategie. Sie wendete blitzschnell, griff von der Seite an (a), biß herzhaft zu (b) und gewann Raum für den nächsten Angriff (c).

Abb. 3-25: Eine großwüchsige Wurzelmundqualle *(Rhizostoma sp.)* mit Begleitfischen im Gegenlicht. Visayas, Philippinen.

Abb. 3-26: Die Sternhimmelqualle *(Phyllorhiza punctata)* als Mikrokosmos im Ozean. Ein Schwarm Stachelmakrelen in allen Größen begleitet die majestätisch schwebende Wurzelmundqualle. Mindoro, Philippinen.

Abb. 3-27: Die Furchenqualle *Versuriga anadyomene* im Gegenlicht. Eine einzige Qualle kann von mehr als 200 jungen Stachelmakrelen (Carangidae) begleitet werden. Bohol, Philippinen.

Abb. 3-28: *Rhizostoma sp.* im abendlichtdurchfluteten Oberflächenwasser. Die Begleitfische (Carangidae) fühlen sich sicher und wagen es, trotz der Nähe des Fotografen, ihr Schutzrefugium für kurze Ausflüge zu verlassen. Chinesisches Meer, Philippinen.

geschickten, flinken Flossenbewegungen schlängelt er sich frech zwischen den tödlichen Fangarmen (Dactylozooiden) hindurch. Er hat dazu eine extra verlängerte Wirbelsäule (41 Wirbel), die ihm eine bessere Slalomtechnik ermöglicht [183]. Gelegentlich kommt es aber doch vor, daß seine tollen Schwimmkünste nicht mehr ausreichen, um einen Kontakt zu vermeiden. *Physalia*s Nesselzellen entladen sich sofort, und der treue Partner endet im Verdauungsapparat, ohne weitere Privilegien [184]. Eine kleine Chance bleibt dem Preußenfischchen noch: Laborexperimente haben gezeigt, daß die 10fache Menge des bei anderen Fischarten gleicher Größe und gleicher Statur tödlich wirkenden Giftes von den Nesselkapseln appliziert werden muß, bevor es bei ihm anschlägt [185]. Der Preußenfisch ist zwar klein, aber mutig und zäh. Falls er doch gefressen wird, können ihn die Artge-

Abb. 3-29 a und b: In den tiefen Rinnen der Schirmoberfläche der Furchenqualle *Versuriga anadyomene* fühlt sich ein Schwimmkrebschen (Brachyura) recht wohl. Es ist, kaum pfenniggroß, so etwas wie ein Steuermann für „seine" Meduse! Sobald Gefahr droht, läuft es rasch auf die andere Schirmhälfte, und die Meduse ändert die Schwimmrichtung von der Gefahr weg. Wie die Kommunikation genau funktioniert, ist noch unklar, doch scheint es sich um eine Symbiose im klassischen Sinn zu handeln. Das Loch im Schirm stammt vermutlich von einem herzhaften Biß eines Raubfisches.
a: Cebu, Philippinen;
b: Bantayan, Philippinen.

Abb. 3-29 a

Abb. 3-29 b

nossen rächen. Zuweilen nehmen sie ganz gern einen Bissen von der *Physalia*-Kolonie [186, 187].

Auch viele junge Stachelmakrelen, die große Wurzelmundquallen begleiten (Abb. 3-25 bis Abb. 3-28), sind nicht gegen ihre Gifte immun. Geraten sie gegen die mit Nesselzellen bestückten Mundarme oder deren Anhänge, werden sie in Sekundenbruchteilen paralysiert und getötet. Fressen kann die Qualle sie nicht, dafür sind die Mundöffnungen zu winzig (Abb. 2-42 und Abb. 2-81).

Eine Beziehung außergewöhnlich flexibler Art besteht zwischen dem Erntefisch *(Peprilus alepidotus)* und der Kompaßqualle *(Chrysaora quinquecirrha)* (Abb. 3-21 c). Als Jungfisch frißt er brav die schleimigen Sekrete der Qualle und unterstützt ihre Reinigungsmechanismen. Im „halbstarken" Wachstumsstadium traut er sich schon, nach den Mundfah-

Abb. 3-30: Neben den obligatorischen Steuerkrebschen auf der Schirmoberseite verteidigt ein ausgewachsener Kurzschwanzkrebs (Brachyura) die Subumbrellarhöhle seines Wirts *(Versuriga anadyomene)*. Selbst gegenüber einem Taucher stellt er drohend die Scheren auf. Bohol, Philippinen.

nen und dem Schirmrand zu schnappen. Als ausgewachsenes Tier bedient er sich freizügig an seinem Partner und frißt ihn schließlich ganz auf [188].

Schwer zu entdecken ist die Symbiose zwischen einem gerade fingernagelgroßen Kurzschwanzkrebs und der Furchenqualle *(Versuriga anadyomene)*. Er regiert wie ein Kapitän auf der Brücke zwischen den Furchen der Exumbrella (Abb. 3-29 bis Abb. 3-31). Nähert sich ein Taucher der Meduse auf wenige Meter, krabbelt er flink auf die gegenüberliegende Schirmseite. *Versuriga* ändert unverzüglich ihre Schwimmrichtung, indem sie die Exumbrella asymmetrisch kontrahiert. Nähert sich der Taucher nun auch von der anderen Seite, wird das sonderbare Zusammenspiel wiederholt: Der Krebs läuft auf die andere Seite, und die Qualle ändert sofort die Richtung, weg von der vermeintlichen Bedrohung.

Es ist nicht klar, wie die Furchenqualle die Positionssignale ihres Steuerkrebses wahrnimmt, darüber läßt sich derzeit nur spekulieren. Möglich wäre die Wahrnehmung des Positionswechsels oder eine direkte Reizung der Schirmmuskulatur, die eine Seite in der Kontraktion hemmt, was ein asymmetrisches Zusammenziehen bewirken könnte. Wie sie es auch anstellt, fest steht, daß sie ihrem Lotsen „blind" folgt.

Auch bodenlebende Kurzschwanzkrebse schätzen den Quallenschutz. Ähnlich den Einsiedlerkrebsen mit einer Anemone auf dem Panzer, packen sie sich kurzerhand eine Qualle auf den „Rücken" (Abb. 3-32). Außer Kurzschwanzkrebsen gibt es noch eine Reihe Garnelenarten, die mit Quallen zusammenleben (Abb. 3-33 bis Abb. 3-36).

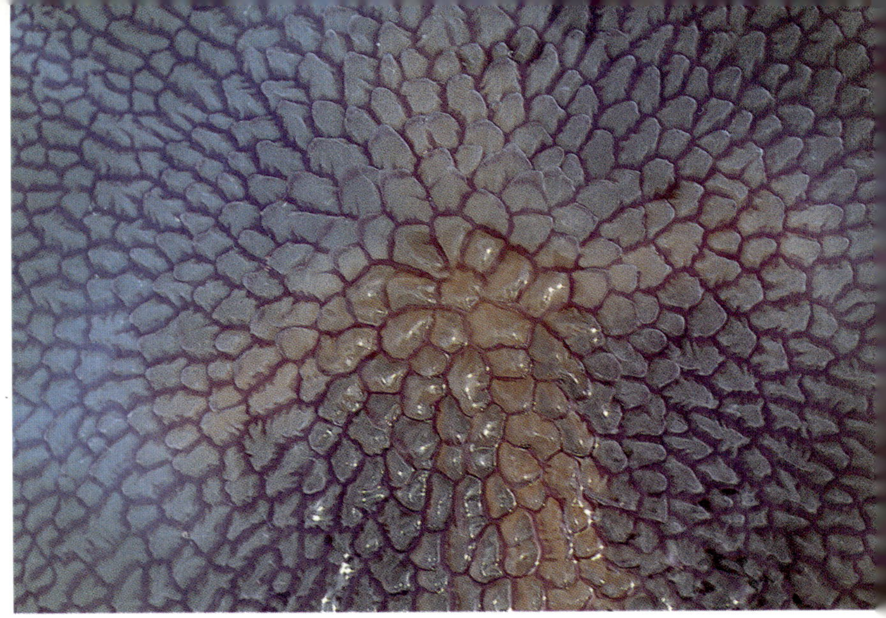

Abb. 3-31: Nahaufnahme der Schirmoberfläche einer Furchenqualle *(Versuriga anadyomene)*. Die blau gefärbten Rinnen sind etwa 1 cm tief und bieten ausreichend Schutz für ein Steuerkrebschen, das sich durch die unsanfte Probennahme schon unter dem Schirm in Sicherheit gebracht hat. Schemenhaft sind die kreuzförmig angelegten Gastraltaschen (Magenraum) zu erkennen. Mindanao, Philippinen.

Endosymbionten

Eine wichtige Form des Zusammenlebens hat sich in der Quallenevolution recht früh ausgebildet. Die Forscher gehen heute davon aus, daß bestimmte Algen zufällig auf bestimmte Quallen trafen. Aus der anfangs lockeren Assoziation entwickelte sich mehr und mehr eine obligatorische Symbiose, bei der beide Partner aufeinander angewiesen sind [189]. Diese Abhängigkeit ist im Tierreich weit verbreitet. Gern wird das Beispiel des Plattwurms *Amphiscolops langerhansi* angeführt, denn er kann ohne Symbionten keine Geschlechtsreife erreichen, und umgekehrt sind die Symbionten ohne ihn nicht lebensfähig [190].

Viele Polypen und Medusen der Kranz- und Wurzelmundquallen haben Symbionten. Es handelt sich um Zooxanthellen, die unter Sonneneinstrahlung in ihren Chloroplasten (Zellorganellen mit Blattgrün) aus Kohlendioxid und Wasser Kohlenhydrate und Sauerstoff herstellen. Der Prozeß der Photosynthese kann generell so formuliert werden:

$$\underset{\text{Kohlendioxid}}{6CO_2} + \underset{\text{Wasser}}{6H_2O} \xrightarrow[\text{Sonnenlicht}]{e^-} \underset{\text{Kohlenhydrat}}{C_6H_{12}O_6} + \underset{\text{Sauerstoff}}{6O_2}$$

Untersuchungen haben gezeigt, daß bei der Däumchenqualle *Linuche unguiculata* ein Viertel der Biomasse, gemessen in Kohlenstoff und Stickstoff, auf das Konto der symbioti-

Abb. 3-32: Ein bodenlebender Kurzschwanzkrebs hat die Technik der berühmt gewordenen Symbiose von Einsiedlerkrebsen, die Seenelken auf ihre Schneckenhäuser setzen, leicht abgeändert. Er greift sich behutsam, aber bestimmt, mit seinem vorletzten Beinpaar eine Mangrovequalle *(Cassiopea ndrosia)* und packt sie auf den Rücken. So getarnt und geschützt kann er sich frei und unbehelligt auf Beutezug begeben. Beraubt man den Krebs seiner Tarnung, gräbt er sich hektisch in den Sand ein. Leyte, Philippinen.

schen Zooxanthellen geht (Abb. 2-79). Die fleißigen Partner brauchen nur ein Fünftel der Energie, die sie über die Photosynthese bereitstellen [191]. Die Mangrovequalle *Cassiopea andromeda* nutzt vermutlich exklusiv bis zu 80 % der algenproduzierten Kohlenhydrate für sich selbst. Berechnungen belegen, daß *C. andromeda* ihre gesamten Stoffwechselansprüche an Atmung und Wachstum über ihre Symbionten befriedigen kann [38]. Dies erklärt auch, warum *C. andromeda*, dicht gedrängt auf flachen, nährstoffarmen Sandböden, hervorragend gedeiht (Abb. 3-37). Ihre gesamten Zooplanktonfänge sind praktisch Zusatznahrung, denn sie wird bereits bestens von ihren Symbionten versorgt. Vergleiche zeigen, daß

Abb. 3-33: Eine Garnele zwischen den Mundarmsäulen der Furchenqualle *Versuriga anadyomene*. Die Symbiosen von Kurzschwanzkrebsen (Brachyura) und Garnelen (Panaeidea) mit Quallen sind schon lange bekannt, unsicher ist die Natur ihrer Beziehung. Für die Krebse liegt der Wert ihrer Lebensgemeinschaft hauptsächlich in der hervorragenden Schutzfunktion des respektierten Wirts. Der gepanzerte Gast kann sich mit Säuberungsaktionen nützlich erweisen, allerdings auch als Kommensale (Nahrungsteilhaber) oder als Schmarotzer entlarven. Darwin, Australien.

Abb. 3-34: Gut geschützt lebt es sich leichter, besonders am Boden. Die Mangrovequalle *(Cassiopea ndrosia)* heftet sich mit der Schirmoberseite nach unten auf Sandböden an. Rivalisierende Garnelen (Panaeidea) suchen Schutz unter dem Schirm und verteidigen jedes Stückchen Territorium gegen ihre Kollegen. Je größer die Quallen sind, desto mehr Schirmrand steht ihnen zur Verfügung und um so mehr Garnelen teilen sich die sicheren Plätzchen. Wird die Mangrovequalle vom Boden entfernt, so laufen die Tiere zu einer benachbarten Meduse, und ein neuer Territorialkampf beginnt. Mindanao, Philippinen.

die Photosyntheseproduktion von *Cassiopea*-Partnern um ein Vielfaches höher liegt als die eines hochproduktiven Meeresgebietes.

Doch die Beziehung ist nicht einseitig: Die Quallenwirte stellen ihren Symbionten als Gegenleistung Kohlendioxid, in einzelnen Fällen sogar Nährstoffe, zur Verfügung. Außerdem sind die Algen in den Gastrodermiszellen der Medusen bestens vor filtrierenden Freßfeinden geschützt.

Auch die Segelqualle *Velella velella* ernährt sich vielseitig (Abb. 3-38). Sie frißt Fischeier und die Brut von Leuchtkrebsen. Nebenbei betreibt sie eine kleine „Farm" mit symbiotischen Einzellern, dem Dinoflagellat *Endodinium chattonii*, die sie zusätzlich mit Assimilaten versorgt.

Für *Mastigias papua* (Abb. 2-73, S. 107) läuft nichts ohne Symbionten. Sie kann nur strobilieren, wenn der Polyp mit Zooxanthellen ausgestattet ist. Die Algen werden vom Polypen auf die Ephyren übertragen, die geschlechtlich erzeugten Planula-Larven müssen sie dagegen neu erwerben.

Oft ist eine mehr oder minder gleichmäßige, bräunliche Färbung der Medusenschirme auf die Dichte der Symbionten zurückzuführen (Abb. 3-39 und Abb. 3-40).

Abb. 3-35: Ausgewachsenes Exemplar (etwa 70 cm Durchmesser) einer Sternhimmelqualle *(Phyllorhiza punctata)*. Sie beherbergt auf dem Schirm statt eines Kurzschwanzkrebses eine Garnele (unteres Schirmdrittel, mit langem Rostrum). Auch sie warnt die Qualle mit schnellen Positionsänderungen. Die Meduse ändert ihrerseits die Richtung und schwimmt von der vermeintlichen Bedrohung weg. Visayas, Philippinen.

Abb. 3-36: Die Assoziation zwischen Garnele (Pandalus) und der Hydromeduse *Proboscidactyla flavicirrhata* kann im Frühsommer an der nordamerikanischen Pazifikküste beobachtet werden. Die Garnele wählt sich „ihre" Transportmeduse in der passenden Größe aus: mit einem Schirmdurchmesser, der gerade zwischen die Spannweite der Laufbeine paßt.

Qualle-Tintenfisch-Assoziation

Seltenes Glück hatte eine Forschergruppe in den zentralen Philippinen. Sie konnte die ausgefallene Assoziation von einem Papierboot *(Argonauta)* und einer jungen, handtellergroßen Wurzelmundqualle *(Phyllorhiza punctata)* beobachten [192] (Abb. 3-41 und Abb. 3-42). Es handelt sich bei diesem Papierboot um das weibliche Tier, welches zur Eiablage mit umgebildeten Armen eine Brutschale von bis zu 20 cm Durchmesser synthetisiert. Der Kopffüßer hielt den Schirm der Qualle mit seinen Armen fest und ließ sich von den regelmäßigen Kontraktionen der Meduse bequem durch das Wasser schieben. Anschließende Untersuchung ergab, daß die Exumbrella der

Abb. 3-37: Die Mangrovequalle der Gattung *Cassiopea* bedeckt oft mit Hunderten von Tieren flache Sandböden (Mactan, Philippinen). Nur durch ihre Assoziation mit symbiotischen Algen ist sie in der Lage, auf so engem Raum ausreichend Nährstoffe für ihr Wachstum zu erhalten.

Qualle Löcher und Kanäle aufwies, die mit dem Gastralraum verbunden waren (Abb. 3-43 und Abb. 3-44). Die Wissenschaftler interpretierten diese Löcher als Bißmarken des Tintenfisches, fraglich war, wozu. Es wurde spekuliert, daß er möglicherweise über die Kanäle Zugriff auf die Nahrungspartikel der fleißig fischenden Wurzelmundqualle sucht. Somit liegen alle Vorteile klar auf seiten des Papierbootes: Er tarnt und schützt sich mit der nesselzellbewehrten Sternhimmelqualle, wird langsam, aber kostenlos durch das Wasser transportiert und frißt nebenbei vom frisch gefangenen Zooplankton aus dem Magenraum der Qualle. Ähnliches „Aufreiten" von Tintenfischen (Cephalopoden) ist aus dem peruanischen Strom vor der Chilenischen Küste und aus dem Indischen Ozean bei Madagaskar bekannt [14, 15, 193, 194]. Leider wurden die Tiere nicht weiter untersucht und die

Abb. 3-38: Die Polypenkolonie der Veilchenqualle (*Velella velella*) von unten. Im Zentrum, unter der Chitinplatte des Floßes, befindet sich der große Verdauungspolyp (Zentralgastrozooid), umgeben von zahlreichen kleineren Verdauungs- und Fortpflanzungspolypen (Gastro- und Gonozooide). Am Rand sind die kurzen Fangärmchen (Dactylozooide) mit ihren gestielten Polypenköpfchen angeordnet.

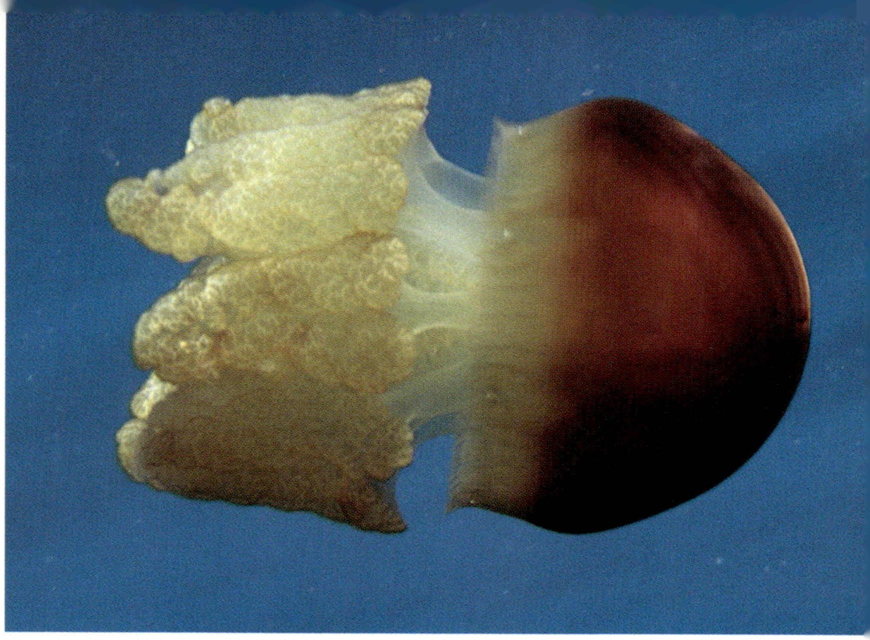

Abb. 3-39: Die seltene Wurzelmundqualle *Acromitoides sp.* aus dem Chinesischen Meer vor Westluzon (Philippinen) ist auffällig gefärbt. Ihr Schirm ist braun, vermutlich durch Symbionten, mit rötlichem Rand und die Mundarme sind gelblich. Zwischen den Randlappen schimmern intensiv ihre silbernen Sinnesorgane (Rhopalien).

Assoziation nur als bequeme Ruhestation für *Argonauta* gedeutet.

Parasitosen

Allgemein formuliert ist ein Parasit ein Organismus, der seine lebensnotwendigen Bedürfnisse, wie Nahrung, Fortpflanzung, Schutz und Transport, auf Kosten eines anderen Organismus, seines Wirtes, befriedigt. Abhängig von der zeitlichen Intensität der Nutzung wird weiter zwischen temporären (leben zeitweise parasitisch) und permanenten Parasiten (müssen immer parasitisch leben) unterschieden. Die meisten Schmarotzer der Quallen sind nur in einem Lebensabschnitt von ihrem gallertigen Wirt abhängig, also fakultative Parasiten. Die Palette der bei Quallen gelegentlich para-

Abb. 3-40: Auch die Mangrovequalle *Cassiopea ndrosia* weist hochvariable Körpercharakteristika und vielfältige Farbmuster auf. Selbst Fachleute in aller Welt wurden durch ihre verschiedenen Erscheinungsformen verwirrt. So kam es in dieser Gattung zu neuen Artbeschreibungen, die später wieder revidiert werden mußten. Mindanao, Philippinen.

Abb. 3-41: Ein sehr seltenes Foto: Das Papierboot *Argonauta* klammert sich an eine junge Sternhimmelqualle *(Phyllorhiza punctata)*. Die Meduse hat keine andere Wahl, sie gewährt dem Tintenfischweibchen Tarnung. Ihre kräftigen Schwimmbewegungen bieten dem Parasiten obendrein noch eine günstige Transportgelegenheit. Bohol, Philippinen.

sitierenden Tierstämme ist vielfältig. Seit den Forschungsarbeiten im 19. Jahrhundert sind die Vorlieben verschiedener Plattwürmer (Plathelminthes), einer Fülle von Krebsen (Crustacea) und Weichtieren (Mollusca) für gelatinöse Wirte bekannt [195] (Tab. 3-2). Selten sind die Vergesellschaftungen auf nur eine einzige Quallenart beschränkt, sondern es kommen gleichzeitig verschiedene Formen der Parasitose bei derselben Qualle vor.

Dabei stellt sich immer die Frage, in welchem Umfang ein Parasit seinem Wirt schadet. In den meisten Fällen liegt eine Mischung zwischen Nahrungspartizipation (Kommensalismus) und echtem Parasitismus vor. Auch die Übergänge von reiner Schutzassoziation zu gelegentlichem Fressen am Transportwirt, wem sei es zu verdenken, sind fließend.

In den zentralen Philippinen können bei ruhiger See Schwimmkrebse beobachtet werden,

Abb. 3-42: Die Vorteile der Gemeinschaft Papierboot und Sternhimmelqualle liegen klar auf der Seite des Tintenfisches: Schutz, Tarnung und Transport. Die nähere Untersuchung ergab, daß sich der Argonaut außerdem freizügig vom Mageninhalt der Qualle bediente. In diesem Bild ist zu sehen, wie das Tier die kleinen Eier ausstößt. Bohol, Philippinen.

die mit verzweifelten Anstrengungen versuchen, eine treibende Kokosnuß zu erklimmen. Ihre Klammerversuche versetzen die Kokosnuß in Drehbewegung, wie eine Maus ihr Laufrad. Glück haben solche Tiere, die einer großen Wurzelmundqualle begegnen. Sie entern sie sofort und richten sich, zwischen der Mundarmscheibe und der Schirmunterseite, für eine Dauerbelagerung häuslich ein. Es handelt sich hier um einen typischen Übergang von Assoziation zu Kommensalismus und schließlich zu Parasitismus. Der Krebs kann den freien Transport und Schutz nutzen, gelegentlich an aufgenommenen Beutetierchen teilhaben und in Notzeiten ein bißchen von der Qualle selbst abzwicken. Da die Krebse territoriales Verhalten zeigen, trifft man immer nur ein einziges, stattliches Tier (bis 8 cm Durchmesser) pro Qualle (Abb. 3-30).

Einer der häufigsten Gäste von Medusen in

Abb. 3-43: Dieses junge Exemplar der Sternhimmelqualle *Phyllorhiza punctata* war in Assoziation mit dem Papierboot *Argonauta*. Deutlich sind die Bißspuren auf der Exumbrella zu erkennen. Der Tintenfisch schaffte sich über Kanäle Zugang zum Magen und konnte so an den Mahlzeiten der Qualle teilhaben. Bohol, Philippinen.

Abb. 3-44: Im Schirm der Sternhimmelqualle *Phyllorhiza punctata* befinden sich zwei Löcher, die über Gänge zum Magenraum führen. Es ist nicht klar, wie das Papierboot die Tunnel zuwege bringt, in jedem Fall hat der Tintenfisch Zugriff auf frisch gefangene Nahrungspartikel von der Meduse. Bohol, Philippinen.

den Sommermonaten ist der Quallenfloh *Hyperia galba* (Amphipoda). Er parasitiert mit Vorliebe an Scheibenquallen (Ohren-, Feuer-, Blumenkohl- und Kompaßquallen) und wühlt sich Gänge durch die Mesogloea (Abb. 3-45 und Abb. 3-46). Bis zu 1.200 Tiere wurden auf einer einzigen Ohrenqualle in der westlichen Ostsee gezählt. Die Quallenflöhe konzentrieren sich natürlich auf nahrhafte Gonaden und Verdauungszotten. Ihre Gänge durch die Schirmgallerte dienen nur als Mittel zum Zweck: optimale Schutzwirkung und Nahrungszugang. Beliebt ist das Anzapfen der Radialkanäle, um am Nahrungsverteilungssystem der Quallen zu partizipieren. Die risikobereiten Flohkrebse fressen genüßlich an den Eiern in den Bruttaschen der Mundarme und sogar an den Tentakeln. Bei ihrer Mahlzeit können sie unangenehm gestört und von hungrigen Fischen selbst gefressen werden. Die moderaten Nesselgifte der Scheibenquallen schaden ihnen nicht, *Hyperia* kann die hartschaligen Nesselkapseln sogar verdauen. Bei Siphonophoren sieht die Sache anders aus: Unachtsamkeit wird mit dem Tod durch Nesselgifte bestraft.

Insgesamt haben die Quallenflöhe in der Mesogloea ein bequemes beschütztes Leben. Doch auch dieser paradiesische Zustand währt nur eine begrenzte Zeit. Die Quallen haben im Spätsommer ihren Lebenszyklus fast beendet, und das Zooplankton, ihre Hauptnahrungsquelle, ist nahe dem Nullpunkt. Hinzu kommt die Schadwirkung der Flohhundertschaften, deren Appetit nicht ohne Folgen bleibt, denn sie fressen die Medusen bei lebendigem Leib völlig kahl. Wie sollen die Tiere ohne Tentakel Beute fangen und ohne Verdauungszotten

4

Staatsquallen

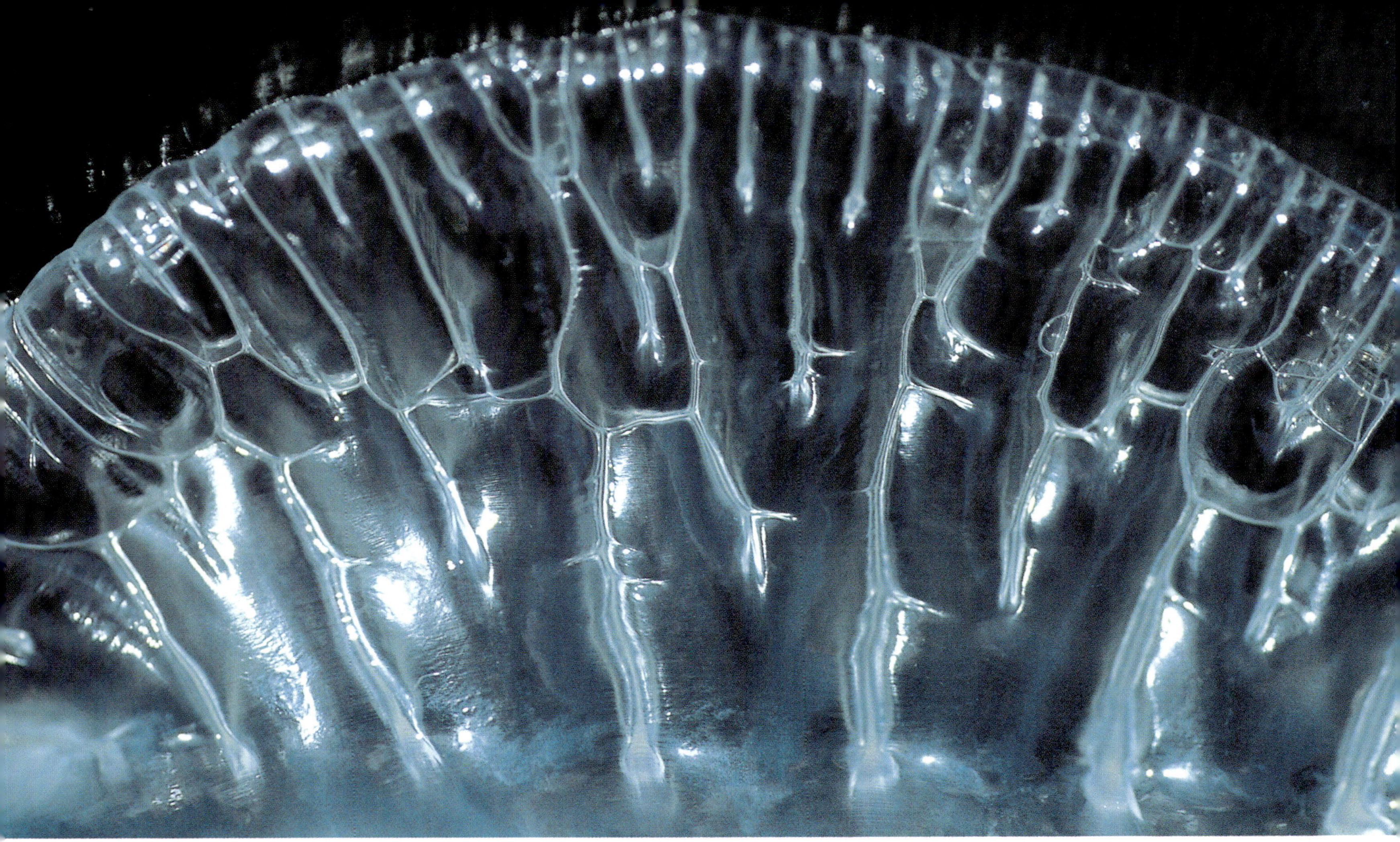

Abb. 4-1: Das Segel der Staatsqualle *Physalia physalis* ist eine sehr stabile und funktionstüchtige Einrichtung. Zum einen sorgt es durch die Gasfüllung für den notwendigen Auftrieb und zum anderen für energiesparenden Transport. Bei leichten Winden wird das Segel voll aufgerichtet und durch Vertikalleisten, ähnlich den Segellatten beim Großsegel von Yachten, versteift. Bei stärkeren Winden nimmt sie Schräglage ein und „refft" die Windangriffsfläche.

Anatomie der Staatsquallen

Obwohl ihr Name (Staatsquallen) darauf hinweist, gehören sie nicht zu den „echten" Quallen (Scyphozoa), sondern zu den Siphonophora (Hydrozoa, s. Systematik des Stammes Cnidaria, S. 41). Der kanadische Forscher Makkie [211] beschrieb die aus einzelnen Polypen zusammengesetzten Tierstöcke als am weitesten fortgeschritten im gesamten Tierreich. Der Wissenschaftstheoretiker Wilson [212] hält die Organisation und Spezialisierung in

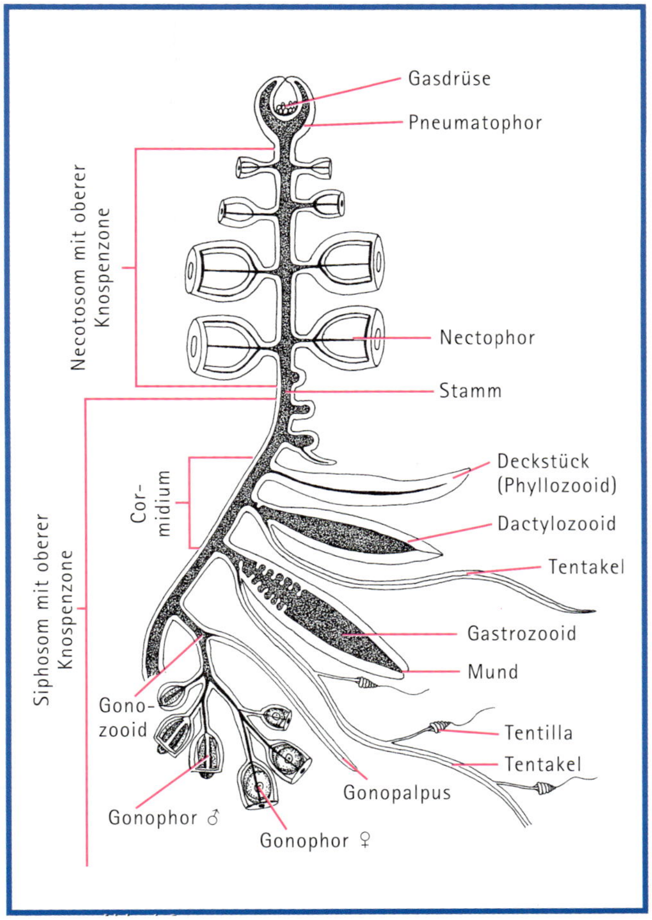

Abb. 4-2: Schematischer Bauplan einer Staatsqualle (Siphonophora). Im Prinzip verfügen die Siphonophoren über fünf wichtige Einheiten. Das Pneumatophor mit der Gasdrüse sorgt für die aufrechte Position und den Auftrieb. Die Schwimmglocken (Nectophoren) des Nectosoms bewirken durch ihre Kontraktionen schnelle Fortbewegung. Die Teile des Cormidiums, das Deckstück (Phyllozooid) mit dem Fang- (Dactylozooid) und Verdauungspolypen (Gastrozooid) ernährt die Kolonie. Die Geschlechtspolypen (Gonozooide) sorgen für die sexuelle Fortpflanzung und bilden zusammen mit dem Cormidium das sogenannte Siphosom. Alle Einheiten sind mit dem Stamm zu einem „Superorganismus" verbunden.

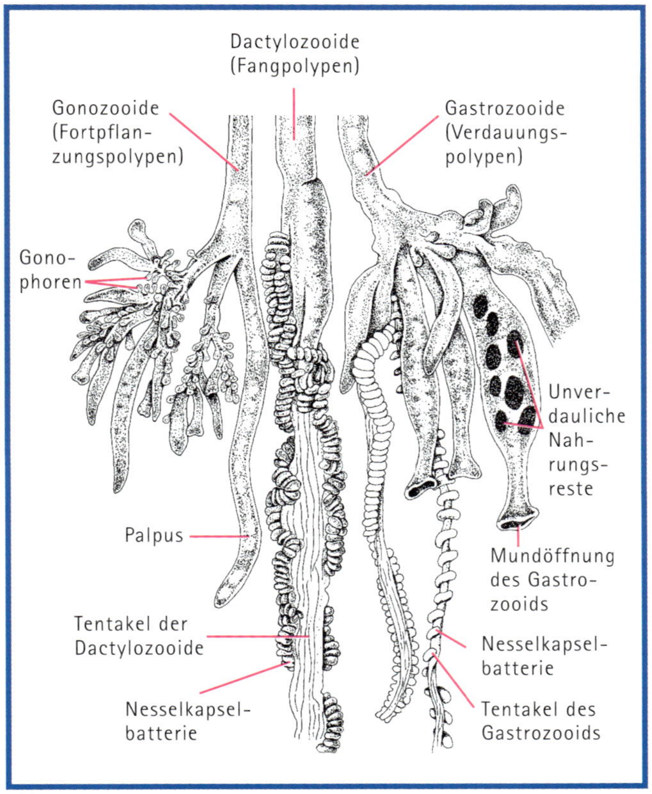

Abb. 4-3: Spezialisierte Polypen (Zooide) der Portugiesischen Galeere *Physalia physalis*. Die Arbeitsteilung der Polypen in Gasdrüse, Fang- (Dactylozooide), Verdauungs- (Gastrozooide) und Geschlechtspolypen (Gonozooide) ermöglicht erstaunliche Leistungen und Anpassungen. Alle Zooide sind miteinander verbunden. Bei schlechten Futterbedingungen können Teile der Kolonie vom Versorgungssystem abgeschottet werden.

den Kolonien gar für einen der größten Fortschritte in der Geschichte der Evolution. Während höhere Tiere echte Organe aus einem dritten Keimblatt (Mesoderm) bilden, nutzen die Staatsquallen, mit nur zwei Keimblättern (Ektoderm und Entoderm), die Spezialisierung ihrer Einzeltiere als „individuelle Organe". Die Siphonophoren sind die einzigen Tierkolonien, die die gesamte Breite physiologischer Vorteile einer „Staatsform" voll ausschöpfen. Dazu gehören Nahrungserwerb, dessen Verwertung und Verteilung, Verteidigung sowie die Fähigkeiten zur Reproduktion. Außerdem verfügen sie über allerlei Begabungen, die bemerkenswerte Verhaltensweisen erlauben.

Ein wenig widersprüchlich ist die Tatsache, daß nicht alle staatenbildenden Quallen bei den Staatsquallen eingeordnet werden. Die Portugiesische Galeere *(Physalia physalis)* ist systematisch eine echte Siphonophore, während zwei andere koloniebildende Quallen *(Porpita porpita* und *Velella velella)* heute zu den Anthomedusen in die Familie der Segelquallen (Porpitidae) eingeordnet werden. Ausgewachsene Tierkolonien bestehen aus einem Achsenstamm, dessen dem Mund gegenüberliegender Pol eine Gasblase, das Pneumatophor, ausbildet (Abb. 4-1 und Abb. 4-2). Der Achsenstamm kann sehr verschiedene Formen annehmen, schon leichte Kontraktionen lassen ihn wie eine Girlande aussehen, bei extremen Verkürzungen erinnert er eher an einen Blumenstrauß [213, 214].

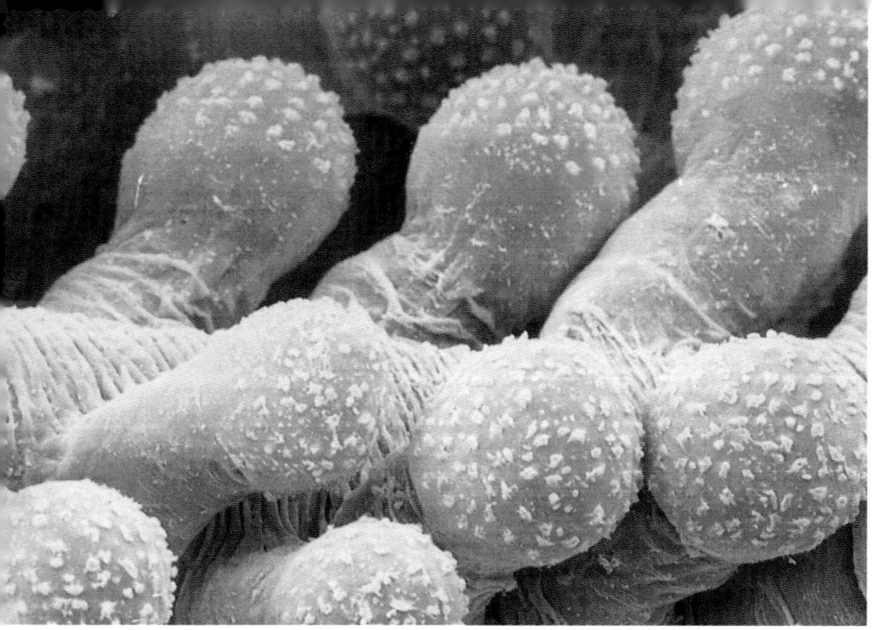

a) 50 µm

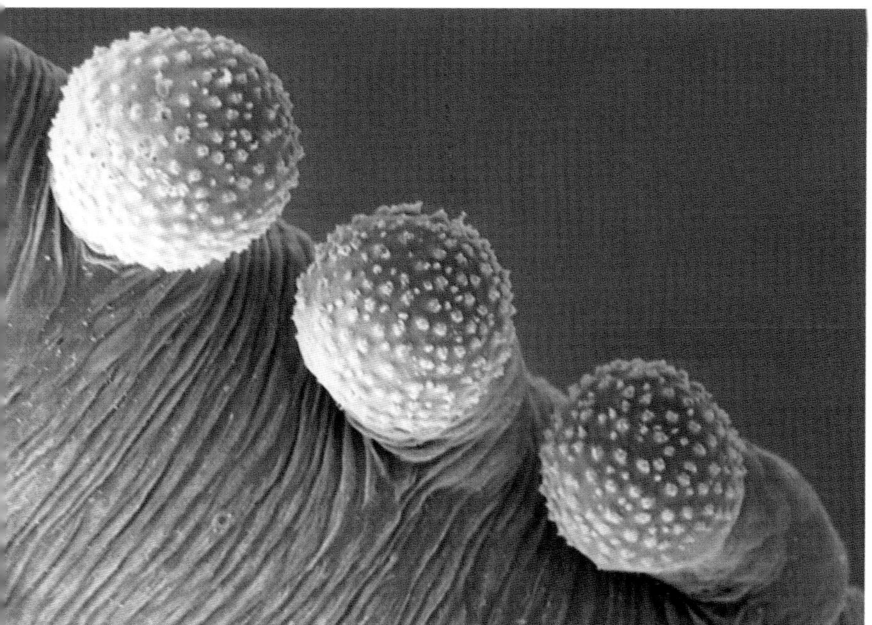

b) 100 µm

Abb. 4-4: Die stark kontrahierten Dactylozooide (Fangärmchen) von *Porpita porpita* sind mit vier Reihen Nesselköpfchen bestückt (a), die hintereinander angeordnet sind (b). REM-Aufnahmen, Maßstab a: 50 µm, b: 100 µm.

50 µm

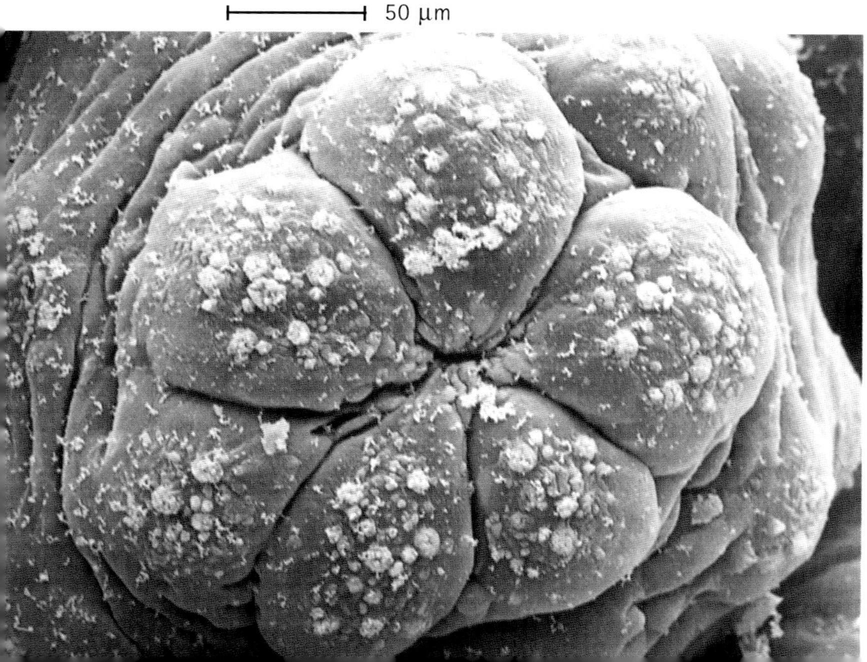

Abb. 4-5: Selbst die Mundöffnung des Freßpolypen von *Porpita porpita* ist noch mit Nesselzellen bestückt, um widerspenstige Beutetiere zu überwältigen. REM-Aufnahme, Maßstab: 50 µm.

Abb. 4-6: Unter dem muskulösen Segel (Pneumatophor) der Portugiesischen Galeere *Physalia physalis* hängen die spezialisierten Polypen wie Vorhänge herunter. In dem abgebildeten Teil der Kolonie befinden sich vorwiegend Fortpflanzungs- (Gonozooide) und Verdauungspolypen (Gastrozooide).

Die Gasblase sorgt zusammen mit seitlichen Schwimmglocken für Auf- und Vortrieb sowie eine vertikale Position der Stammachse im Wasser. Sie wurde früher als modifiziertes Einzelindividuum angesehen, heute weiß man, daß es eine Spezialbildung des Stammes ist. Die Hülle des Pneumatophors besteht aus zwei Lagen und ist von einer hauchdünnen Chitinlamelle überzogen. Diese erfüllt mehrere Funktionen: Sie dichtet die Blase gegen Gasverlust ab, schützt bei segelnden Staatsquallen vor Austrocknung und dient als einziges Skelettelement der Kolonie zur Stabilisierung. Das Gas wird von der Gasdrüse, an der Basis des Pneumatophors, synthetisiert. Innerhalb der Zellen entstehen winzige Bläschen, die außerhalb zu größeren Bläschen fusionieren, schließlich die Epithelwand durchbrechen und in den Gasraum eintreten. Bei der Portugiesischen Galeere *Physalia physalis* ähnelt der

Gassack einer seitlich umgekippten Flasche mit Stöpsel (= Porus). Bei ihr besteht das Gas aus 15 bis 20 % Sauerstoff, 0,5 bis 13 % Kohlenmonoxid, der Rest ist Stickstoff, gemischt mit einer winzigen Menge Argon und Kohlendioxid. Im Vergleich zur Luft (21 % Sauerstoff, 78 % Stickstoff, 1 % Argon und Kohlendioxid) fällt nur der hohe Anteil von Kohlenmonoxid auf.

An die Gasblase schließt sich das Nectosom mit zahlreichen Schwimmglocken (Nectophoren) an (Abb. 2-11). Sie haben die Gestalt festsitzender Hydromedusen, doch fehlen ihnen Mund, Tentakel und Sinnesorgane. Die muskulösen Nectophoren entstehen aus bestimmten Knospungszonen im oberen Bereich des Nectosoms. Das sogenannte Siphosom, mit vielen Deckstücken, folgt auf das Nectosom. Ein Deckstück (Cormidium) setzt sich aus verschieden spezialisierten funktionellen Untereinheiten, den sogenannten Zooiden, zusammen (Abb. 4-3). Genau an dieser Stelle des Bauplans zeigt der Superorganismus seine polymorphen Fähigkeiten. Es gibt drei Spezialisierungsrichtungen innerhalb des Siphosoms: die Abwehr- bzw. Fangpolypen (Dactylozooide), die Verdauungspolypen (Gastrozooide) und die Geschlechtspolypen (Gonozooide).

Die Dactylozooide sind hohle, schlauchförmige Individuen mit langen, nesselzellbesetzten Tentakeln (Abb. 2-27, Abb. 2-93 und Abb. 4-4). Ihre Hauptaufgaben liegen im Beuteerwerb und der intrazellulären Verdauung. Die Gastrozooide sind in einen Mundteil am freien Ende und einen Verdauungsteil an der Basis gegliedert (Abb. 4-5). Zahlreiche Drüsenzellen im Basisteil synthetisieren und sezernieren alle notwendigen Verdauungsenzyme (Abb. 2-8 und Abb. 2-26). Für die Reproduktion sorgen verzweigte Gonozooide mit männlichen und weiblichen Gonophoren (Abb. 4-6). Auch die Gonophoren erinnern, wie schon die Nectophoren, an festsitzende Medusen. In der gesamten Kolonie gibt es zwar Sinneszellen, doch keine echten Sinnesorgane. Alle neuen Zooide entstehen in Knospungszonen des Stammkanals, demzufolge sind alle jungen Zooide in den oberen Bereichen zu finden, und umgekehrt alle alten Zooide in unteren Abschnitten.

Biologie der Staatsquallen

Vorkommen und Verbreitung

Staatsquallen kommen in allen Weltmeeren vor. So vielgestaltig wie ihre Formen und Spezialisierungen sind auch ihre Ansprüche. Es gibt ausgesprochen gegensätzliche Temperaturprioritäten für manche Staatsquallenarten. Echte Kaltwasserfreaks sind zum Beispiel *Nanomia cara* aus Borealgebieten und *Diphyes antarcticus* aus der antarktischen Westwinddrift. Die Mehrzahl der Arten liebt es warm und ist zwischen 25° nördlicher und 25° südlicher Breite in lichtdurchfluteten Wassertiefen anzutreffen. Zuweilen finden sie sich in eng begrenzten Schichten so dicht zusammen, daß ihre Gasblasen eine Streuwirkung bei Echolotmessungen verursachen [215, 216]. Sie sind gute Schwimmer und können durch ihren Auftriebskörper jederzeit bewegungslos in der Schwebe verharren. Ihre Schwimmrichtung ist meist vertikal orientiert und folgt vermutlich den Wanderungen des Beutezooplanktons. Nachts treffen sich aufsteigende Tiefsee- und absinkende Flachwasserformen in etwa 500 m Tiefe zum gemeinsamen Fressen.

Fortpflanzung und Entwicklung

Die Kolonie überläßt gut ausgestattete, dotterreiche Eier (etwa einen halben Millimeter groß) und Spermien ihrem Schicksal im Meer. Brutpflege ist unbekannt. Aus den befruchteten Eiern, die nicht gefressen werden, schlüpft die bei Cnidariern übliche Planula-Larve. Sie beginnt nach kurzer Zeit fleißig zu knospen und bildet am oralen Pol ein Primärgastrozooid. Auf der gegenüberliegenden Seite wird das Pneumatophor durch eine Einschnürung vom Stamm differenziert. Am Gastrozooid entsteht das erste Deckstück, und schon sieht die junge Kolonie einer Staatsqualle ähnlich. Die frühen Stadien sind recht auf- und antriebslos, denn ihnen fehlen die Gasblase und die Schwimmglocken. Aus diesem Grund treiben sie anfangs in größeren Wassertiefen, mit weiterer Entwicklung und einsetzender Gassekretion steigen sie in die bevorzugten Schichten zwischen 0 und 200 m auf.

Nahrung und Verdauung

Staatsquallen können es sich in der ozeanischen Wasserwüste kaum leisten, wählerisch zu sein. Diese Tatsache wird durch ihr mannigfaltiges Nahrungsspektrum bestätigt. Ob Ruderfußkrebs, Garnele, Vielborster-, Muschel- oder Schneckenlarve, alles wird unselektiv erbeutet und verdaut. Selbst Fischlarven und größere Fische sind vor ihren Tentakeln nicht sicher. Die dabei angewandten Jagdtechniken sind so vielseitig wie die Formvariationen der Kolonien. Schnelle Schwimmer, zum Beispiel *Nanomia*, verfolgen kleinere Zooplankter und bringen sie mit ihren Nesselkapselgiften zur Strecke. Langsamere Arten verlassen sich lieber auf Täuschungsmanöver und locken mit rhythmischen Tentakelzuckungen allerlei Interessenten an. Die Nesselzellbatterien von *Agalma okeni* ahmen die Körpergestalt von Ruderfußkrebsen nach, die von *Athorybia rosacea* erinnern an Fischlarven, um Räuber zu ködern. Andere Siphonophoren legen ihre Tentakel wie ein Netz im Wasser aus, um möglichst viel Volumen zu durchfischen. Das Ziel ist bei allen Fangtechniken gleich: Nahrung erbeuten [24].

Erstaunlich ist nicht nur die Spezialisierung, sondern auch die Unabhängigkeit innerhalb der Staatsorganisation. Sobald die Tentakel erfolgreich Beutetiere nesseln konnten, hieven sie die Opfer zur Basis am Stamm. Die Gastrozooide zeigen sich so lange unbeeindruckt, bis sie die Beute tatsächlich berühren. Dies löst die Kette der verschiedenen Verdauungsschritte aus, von der die gesamte Kolonie profitiert. Obwohl Fang- und Verdauungspolypen weitgehend unabhängig voneinander arbeiten, zeigt die Polypengesellschaft auch integrative Fähigkeiten. Bei starker Reizung der Kolonie erfolgt prompt eine gemeinsame Kontraktionsreaktion.

Die Verteilung der Nahrung wird vom Gastrovaskularsystem, das alle Individuen untereinander durch Kanäle verbindet, übernommen. Die Gastro- und Dactylozooide haben die Möglichkeit, sich über eine Klappe von den Nachbarn abzuschotten. Diese Einrichtung hat den Vorteil, daß in Zeiten schlechter Futtersituation nur Zooide versorgt werden, deren Wachstum oder Leistung von höchster Priorität für die ganze Kolonie ist.

Die Verdauungspolypen nehmen den Mund gern voll. Im Ruhezustand sind sie gerade 1 bis 2 mm lang. Sobald sie in Kontakt mit einem vielversprechenden Beutetier geraten, spielt seine Größe nur noch eine untergeordnete Rolle. Sie dehnen sich verfressen auf das Zehnfache ihrer ursprünglichen Maße, um die Beute, bevorzugt am Stück, zu verschlingen. Klappt es bei erwachsenen Fischen nun wirklich nicht mehr, so teilen sie ihre Mahlzeit widerwillig mit benachbarten Polypen. Dazu pressen sie ihre Münder flach an die Oberfläche der Beutetiere, sezernieren Enzyme, lösen selbst ausgesprochen stattliche Zooplanktonorganismen gemächlich auf und saugen den Nahrungsbrei ein.

Die Gastrozooide sind für ihre vielseitige Kost bestens gerüstet. Sie können ein ganzes Set verschiedener Enzyme synthetisieren, das mühelos Proteine, Kohlenhydrate und Fette aufschließt. Nach der Grobarbeit leiten sie ihren Inhalt zu den Dactylozooiden weiter, denn dort findet überraschenderweise der intrazelluläre Abbau statt.

Versuche haben gezeigt, daß die Gastrozooide Glutathion, ein natürlich vorkommendes Tripeptid im tierischen Gewebe, in 0,0003prozentiger Verdünnung wahrnehmen. Bei *Physalia* reagierten die Verdauungspolypen derart aufgeregt, daß sie den Mund zu stark ausdehnten, bis ihre ganze Innenseite ausgestülpt war.

Wenn die Aufnahme der Nahrung durch extrem gedehnte Münder noch so gierig erscheinen mag, das Verdauen selbst wird genossen. Selten werden schwer- oder gar unverdauliche Reste schon nach drei Stunden ausgeschieden. Meist verweilt die Nahrung 8 bis 12 Stunden in den Gastrozooiden (Abb. 2–8).

Aufgrund ihres häufigen Vorkommens, verbunden mit effizienten Fangtechniken, zählen die Siphonophoren zu den wichtigsten Räubern unter allen Zooplanktonorganismen. Besonders auf Fischlarven spezialisierte Gruppen können erhebliche Mengen pro Tag konsumieren [140, 142] (s. Kap. 3, S. 213 ff., Räuber-Beute-Beziehungen zwischen Quallen und Fischen).

Nesselkapseln

Die Staatsquallen sind mit etwa einem Drittel aller bisher bekannten Nesselkapseltypen ausgestattet (Abb. 2–103). Je nachdem, mit welchen Typen sie bestückt sind, bevorzugen sie bestimmte Beuteorganismen [21]. Staatsquallen wie *Physalia* favorisieren Beute ohne hartes Exoskelett, wie zum Beispiel Fische und Fischlarven. In ihrem Cnidom (Gesamtheit aller verschiedenen Nesselkapseltypen bei einer Art) sind daher keine Kapseln mit Stilett (Abb. 2–103) zu finden. Sie besitzt nur einen Kapseltyp in unterschiedlicher Größenausführung. Die kleinere Kapsel mißt mit einem Hundertstel Millimeter Durchmesser etwa so viel wie ein rotes menschliches Blutkörperchen. Ihre große Schwesterkapsel hat den dreifachen Durchmesser, aber das 27fache Volumen.

Die Calycophoride *Muggiaea* erbeutet mit Vorliebe kleine Ruderfußkrebse, verpackt in ein äußerst widerstandsfähiges Chitinskelett. Um den Panzer dennoch zu knacken, besitzt sie Nesselkapseln, deren Schäfte mit langen Dornfortsätzen und hoher Durchschlagskraft ausgerüstet sind.

So gut die staatliche Organisation bei den Siphonophoren funktioniert und jedes Einzelzooid ein Rädchen im Gefüge des komplizierten Mechanismus ist, es können recht unsentimentale Entscheidungen getroffen werden. In bestimmten Fällen trennt der Tierstock einzelne Individuen zum Wohle der Gemeinschaft ab. Dieser außergewöhnliche Vorgang wird Autotomie genannt. Setzt man die Staatsquallen experimentell starken Berührungsreizen aus, reagieren sie mit dem Abwerfen von Einzelpolypen. Offensichtlich wird der taktile Reiz als Bedrohung durch einen Räuber verstanden und mit dem Angebot eines „unwesentlichen Teils", als Preis für die Flucht, beantwortet.

Hochinteressant ist auch die Wahl der geopferten Teile. Sie dürfen natürlich nicht so wichtig sein, daß die Existenz der Kolonie gefährdet wäre. Andererseits kann es keine überflüssigen Individuen geben, denn selbst im Falle einer Trennung werden sie sofort wieder regeneriert. Es handelt sich also um einen Kompromiß, den ältere Dactylozooide oder Gonozooide ausbaden müssen. Zwei Elemente sind so wichtig für das Überleben, daß sie nie abgetrennt werden: das Pneumatophor und die Gastrozooide.

Ein zweiter Grund zur Autotomie ist die Freisetzung reifer Gonophoren. Die Siphonophoren *Hippopodius* und *Physalia* zum Beispiel sorgen so für verbesserte Verbreitungschancen ihrer Geschlechtsprodukte.

Ausgewachsene Tierstöcke zeigen im unteren Teil der Stammachse oft betagte, angeschlagene Individuen. Diese ausgedienten Kolonieteile werden ebenfalls abgetrennt, um die Polypengesellschaft nicht zu belasten. Aus der Knospungszone entstehen junge Zooide, die die Kolonie stärken und wieder komplettieren. Insgesamt ist die Fähigkeit zur Separation einzelner Teile, die entweder nicht die Leistung der Kolonie erreichen können oder als Einzelindividuum mehr Nutzen bringen, eine biologisch sinnvolle Einrichtung, die wesentlich zum Überleben der Tiergemeinschaft beiträgt.

Segelnde Quallen

Hochseesegeln ist nicht nur ein Privileg des Menschen. Der besondere Lebensraum an der Luft-Wassergrenze begünstigte die Entwicklung anatomischer Voraussetzungen, um den Wind als Vortrieb zu nutzen. *Physalia* und *Velella* sind mit erstaunlich seetüchtigen Segeleinrichtungen ausgestattet. Überraschend dabei ist, daß beide erfolgreich unterschiedliche Prinzipien entwickelten. *Physalia* bildet eine gasgefüllte Blase, das Pneumatophor, die nur durch eine hauchdünne Chitinlamelle und gelatinöse Kammersepten gestützt wird (Abb. 4-1). *Velella* dagegen besitzt ein festes Skelettelement aus Chitin, das mit zahlreichen luftgefüllten Röhren verbunden ist. Das gesamte Gerüst wird von einem Häutchen umkleidet, welches an den Oberkanten in einen Kamm übergeht (Abb. 2-10 und Abb. 4-7).

Die Segelform bei *Physalia* ist asymmetrisch, relativ hoch und schmal, bei *Velella* dagegen symmetrisch, kurz und gedrungen (Abb. 4-8). Schon aus dieser Tatsache ergeben sich völlig andere Segeleigenschaften. *Physalia*s Segel gleicht dem Design eines modernen Yachtgroßsegels. Ausgesprochene Rennyachten schaffen durch allerlei technische Finessen und den besonderen Segelschnitt einen Winkel von maximal 33° hoch am Wind. *Physalia* erreicht immerhin 40°, vorausgesetzt, die Winde wehen nicht zu stark. Falls der Wind aufbrist, kann sie die Segelfläche durch seitliche Neigung verkleinern (Abb. 4-9). Dazu verlagert sie ihre Zooide, die, ähnlich einem variablen Schiffskiel, das Widerlager zum Segeldruck bilden. Bei starken Böen gibt sie auf, schießt einfach in den Wind und läßt sich treiben. Die langen Tentakel hängen wie ein Treibanker achteraus und verzögern die Geschwindigkeit. Dennoch stranden nach heftigen Ost-

Abb. 4-7: Das Segel der Veilchenqualle *Velella velella* wird durch eine Chitinplatte gestützt. Feinste Kanälchen verbinden die gesamte Kolonie und sorgen für Verteilung der Nährstoffe.

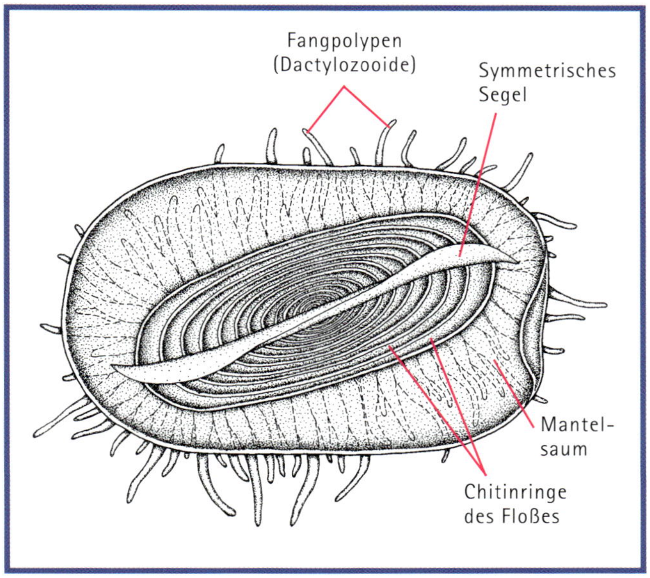

Abb. 4-8: Die Veilchenqualle *Velella velella* hat ein symmetrisches Segel. Sie kann nicht, wie die Portugiesische Galeere *Physalia physalis*, hoch am Wind segeln, sondern nur vor dem Wind.

winden oft ganze Schwärme Portugiesischer Galeeren an Bermudas Stränden und der amerikanischen Atlantikküste (Abb. 2-134 bis Abb. 2-136).

Velella bevorzugt leichte Brisen und segelt ausschließlich vor dem Wind. Ihr Segelstyling bewirkt die aerodynamisch günstigste Ausrichtung genau quer zur Windrichtung [218]. Verglichen mit *Physalia* kann sie nur leichte Schräglage kompensieren, denn ihre Zooide sind nur wenige Millimeter lang, während sie bei *Physalia* bis 50 Meter erreichen können und für hervorragende Stabilität der Blase sorgen. Nimmt der Wind stark zu, droht das Floß umzukippen. Ihr muskulöser Mantelsaum kann zwar umgeschlagen werden, doch reicht dies allein nicht aus, die Kolonie wieder aufzurichten (Abb. 4-10). Versuche bei völlig ruhiger Wasseroberfläche zeigten, daß sie ohne Wellen- und Windunterstützung absolut hilflos kieloben treibt (ähnlich gekenterten Jollen) und langsam degeneriert. Natürlich verfügt *Velella* über eine weitere Möglichkeit, stärkeren Winden ohne Kentergefahr zu trotzen: Sie kann reffen! Jede eingespielte Segelcrew verkleinert bei aufkommenden Starkwinden die Segelfläche. Es wird die Genua gegen die Fock ausgetauscht und das Großsegel eingerefft. Dadurch verlagert sich der Schwerpunkt weiter nach unten, und die Yacht wird stabilisiert. Da *Velella* ihr Segel nicht austauschen kann, beschränkt sie sich aufs Reffen. Sie kontrahiert einfach den muskulösen Kamm, sofort ist die Windangriffsfläche geringer, und die Krängung läßt nach. Ihre Reffeinrichtung reicht aus, um Winde bis sechs Beaufort (14 ms^{-1} = 27 Knoten), gemessen in der Standardhöhe von 10 m, zu nutzen. Allerdings entsprechen die Winde in ihrer Höhe, etwa 3 bis 4 cm über der Wasseroberfläche, nur 2,5 Knoten (1,3 ms^{-1}) [218]. Bei diesen Windstärken beträgt die Wellenhöhe auf offener See durchschnittlich sechs Meter.

Sowohl bei *Physalia* als auch bei *Velella* kommen „links- und rechtshändige" Exemplare vor. Als „linkshändig" bezeichnet man Kolonien, die von oben betrachtet die Zooide links tragen und nach rechts segeln (Abb. 4-9). Bei den „Rechtshändern" ist es genau spiegelbildlich. Forscher versuchten erfolglos, diese Tatsache mit der Erddrehung und der daraus re-

Abb. 4-9: Die Portugiesische Galeere *Physalia physalis* auf hoher See in voller Segelstellung. Diese „rechtshändige" Kolonie (Zooide alle rechts) segelt nach links. Die Technik der Portugiesischen Galeere ist ausgereift: Sie schafft es, bis 40° am Wind zu segeln. Moderne Rennyachten sind kaum besser. Sargasso See, Atlantik.

sultierenden Corioliskraft (Ablenkung der Meeresströmung auf der Nordhalbkugel nach rechts, auf der Südhalbkugel nach links) zu erklären. Untersuchungen ergaben, daß die verschiedenen Typen gleichmäßig auf Nord- und Südhalbkugel verteilt sind. Es scheint sich einfach um ein Beispiel genetischer Variation zu handeln.

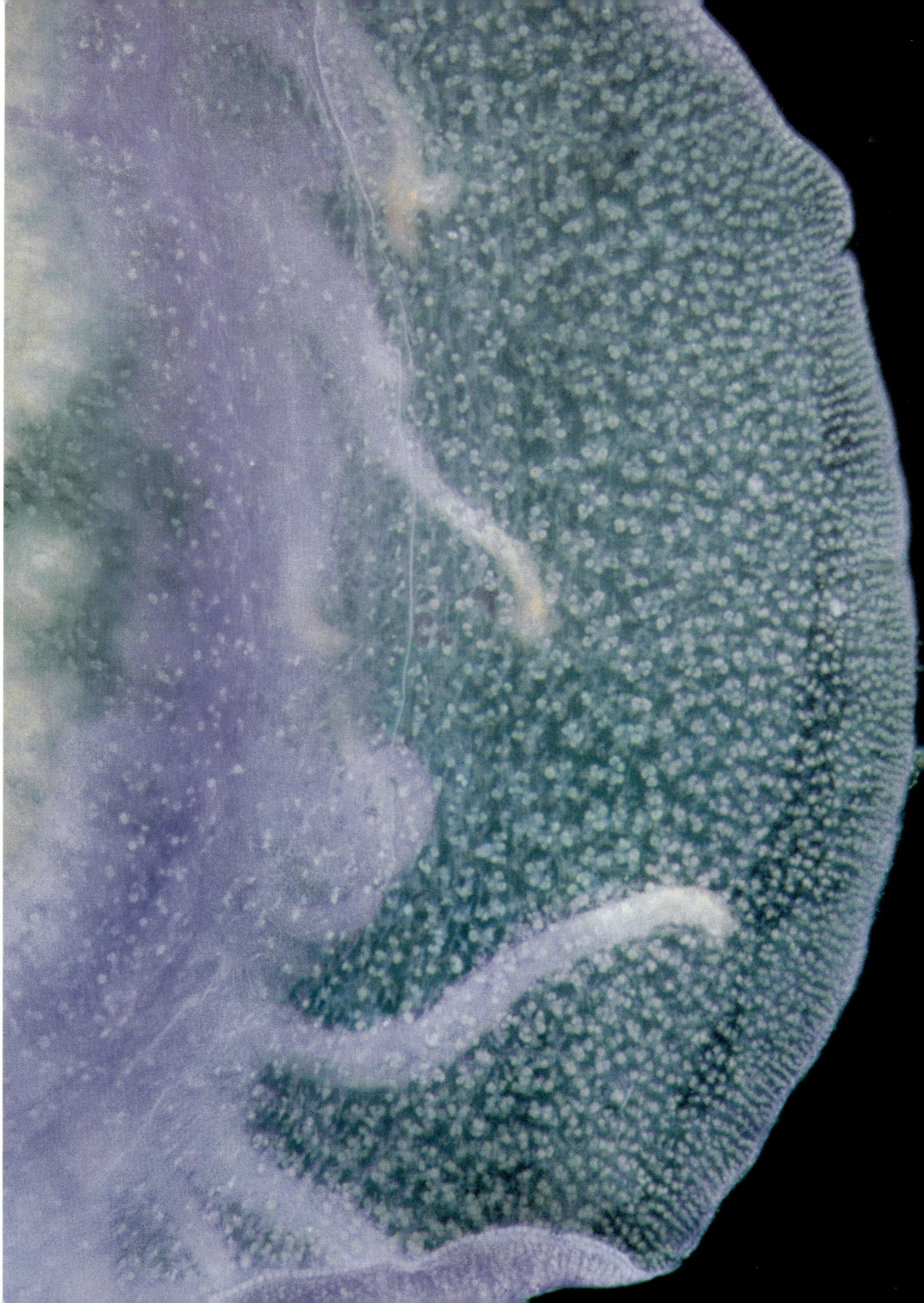

Abb. 4-10: Der muskulöse Randsaum (Mantel) der Veilchenqualle *Velella velella* ist eine lebenswichtige Einrichtung. Falls Wind und Wellenschlag die Kolonie zum Kentern bringen, kann sich der Randsaum umschlagen und das Floß wieder aufrichten. Auch der gesamte Mantel ist mit Nesselzellen ausgestattet.

Kamm- oder Rippenquallen (Ctenophora)

5

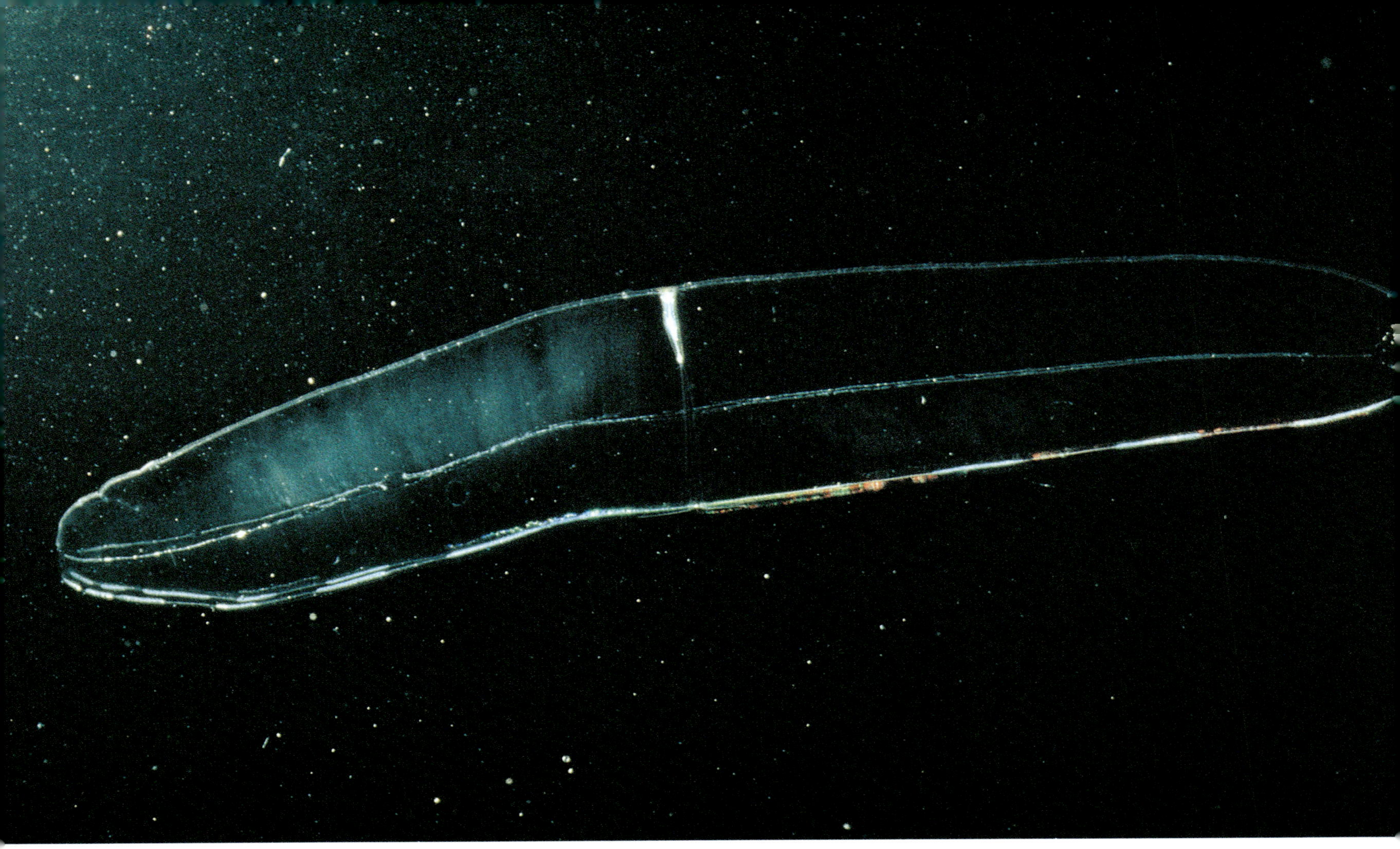

Abb. 5-1: Die Venusgürtel gehören zu einer Sonderform der Kammquallen. Wie gallertige Bänder schlängeln die bis 2 m langen Tiere durch wärmere Meere und fangen mit ihrer gesamten Körperoberfläche kleine Planktonorganismen. Der hier abgebildete *Velamen parallelum* stammt aus dem Oberflächenwasser Südkaliforniens.

Anatomie der Kamm- oder Rippenquallen

Es gibt im Tierreich noch eine andere kleine Gruppe gelatinöser Meeresbewohner, die den echten Quallen (Scyphozoa) sehr ähnlich sind. Die sogenannten Kamm- (*ktenes* griech. = Kamm) oder Rippenquallen (Ctenophora) haben gallertige, durchscheinende Körper, ein Nervennetz mit Schweresinnesorgan, ein Gastrovaskularsystem mit zentraler Mundöffnung und sogar Tentakel. Auch ihre Art, Nahrung zu erbeuten, erinnert sehr an echte Quallen: Beide sind mit hochspezialisierten Zellen ausgerüstet, deren Produkte ihre Beute zur Strecke bringen [50, 219, 220] (Abb. 1-20, Abb. 5-1 bis Abb. 5-4).

Aufgrund dieser Übereinstimmungen im Bauplan wurden Nesseltiere und Kammquallen früher unter dem Begriff Hohltiere (Coelenterata) zusammengefaßt und damit enge Verwandtschaft angedeutet. Heute haben sich die Wissenschaftler geeinigt, für Cnidaria und Ctenophora lediglich gemeinsame Vorfahren anzunehmen, denn die Unterschiede sind für eine enge Verwandtschaft zu ausgeprägt. Die Trennung der beiden Tierstämme muß sehr früh erfolgt sein, denn die Kammquallen repräsentieren gegenwärtig einen isolierten Tierstamm. Wie schon bei den Nesseltieren endet auch der Ast der Kammquallen blind, ohne erkennbare direkte Evolutionslinie zu höheren Tieren.

Erst in den letzten Jahren, durch den Einsatz von Tauchern und Unterseebooten, haben sich die Forscher mit der Biologie von Kammquallen beschäftigen können. Zuvor wurden die zarten, höchst fragilen Tiere in Planktonnetzfängen völlig ruiniert. Besonders die Arten mit dünner Mesogloeaschicht zerfließen sofort, wenn sie berührt werden. Bewährt hat sich die Methode, sie noch unter Wasser in einem Glas zu fangen, um ihren „hydrostabilisierten" Körper nicht zu beschädigen.

Die Anatomie der Kammquallen ist schnell erklärt. Sie haben einen sackartigen, oder birnenförmigen Körper, der seitlich abgeflacht

Abb. 5-2: In warmen Meeren ist die Kammqualle *Leucothea japonica* verbreitet. Sie gehört zu den empfindlichsten gelatinösen Zooplanktern. Außerhalb ihres Elements zerfließt sie in schleimige Bestandteile. Bohol, Philippinen.

sein kann und von acht typischen Kammreihen überzogen ist (Abb. 5-5). Die Kämme bestehen aus einzelnen, in dichten Gruppen stehenden Cilien, die in Wimperplatten zusammengefaßt werden. Das Sonnenlicht bricht sich in den rhythmisch schlagenden Kämmen und ruft ein herrliches Farbenspiel hervor (Abb. 1-20, Abb. 5-4 und Abb. 5-6).

Die meisten der knapp 100 Arten besitzen zwei einziehbare Tentakel, die mit zahlreichen Klebzellen (Kolloblasten) ausgerüstet sind (Abb. 5-7). Die Klebzellen ragen als kuppelförmige Inselchen über das Epithel hinaus. Ihre Oberflächen sind mit einem klebrigen Sekret eingeschleimt. Berührt ein kleiner Zooplankter die Spezialzellen, wird er sofort festgeleimt. Da die Klebzellen kein Gift absondern, wehren sich die Opfer heftig und versuchen, die Flucht zu ergreifen. Damit die Kammquallen keinen Schaden nehmen, ist für diesen Fall

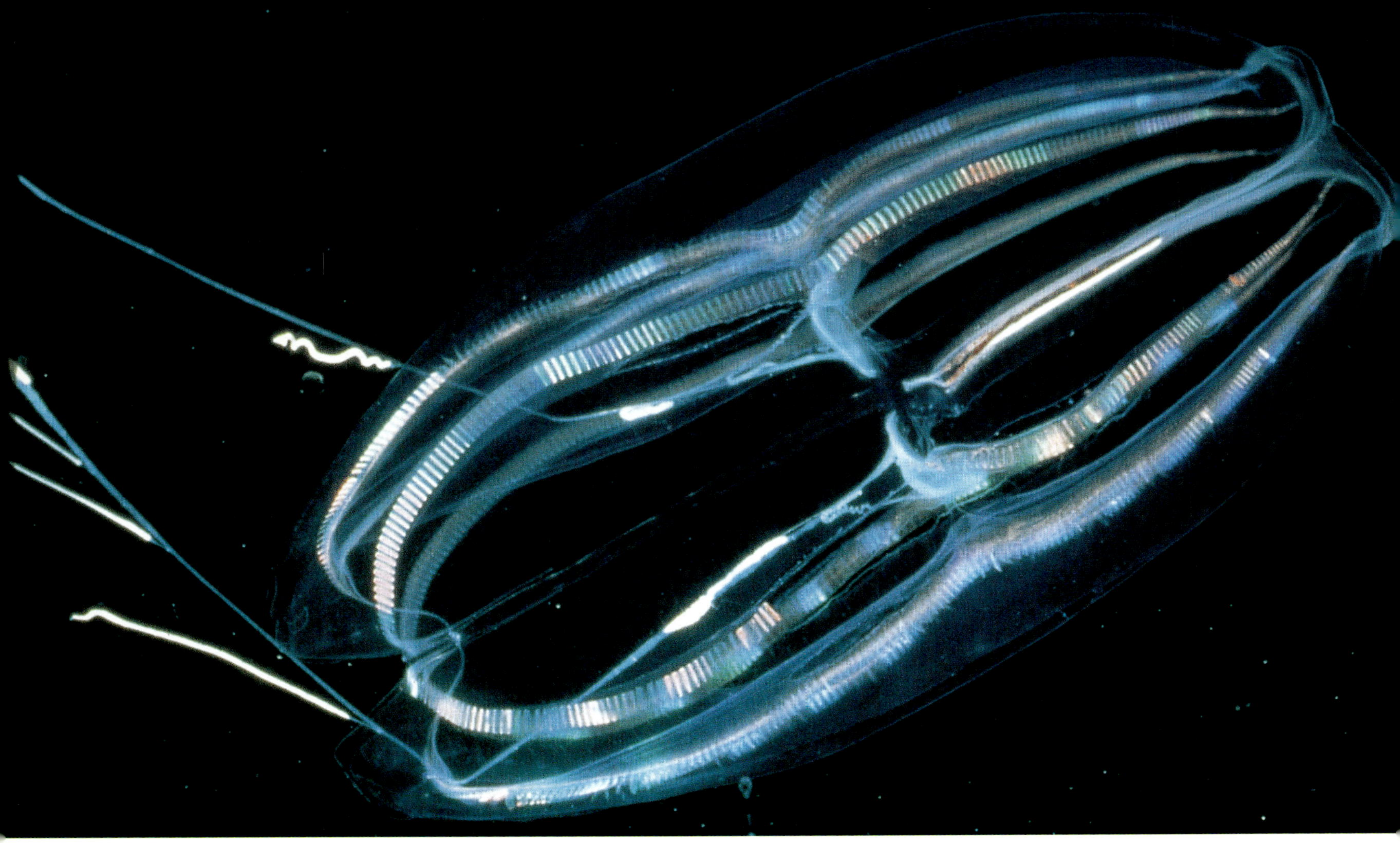

Abb. 5-3: Diese unbekannte Kammqualle (Ctenophora) aus 800 m Tiefe vor den Bahamas ist mit 15 cm Größe schon eine Ausnahme. Das Tier hat die einziehbaren Tentakel mit den Klebzellen (Kolloblasten) nach Beute ausgestreckt.

vorgesorgt. Die Klebzellen werden aus dem Gewebeverband herausgerissen und halten nur über den stark dehnbaren Stiel Kontakt mit der Zellbasis (Abb. 5-7). Der Stiel ist von einem Schraubenfilament umschlungen. Diese Einrichtung gleicht dem Aufbau eines Stoßdämpfers, doch ist die Funktion nicht Dämpfung von Stößen, sondern Puffern der plötzlichen Streckung. Die Kammquallen führen ihre Beute, wie ein Sportangler einen kämpfenden Fisch an der Angel. Sobald der Kampfgeist der Opfer erlahmt, ziehen sich Stiel und Spiralfilament zusammen, der Tentakel wird zum Mund gebogen und übergibt die Beute zur anschließenden Verdauung.

Arten ohne Tentakel, zum Beispiel die Venusgürtel (Abb. 5-1 und Abb. 5-8), nutzen ihre komplette schleimbedeckte Oberfläche wie ein

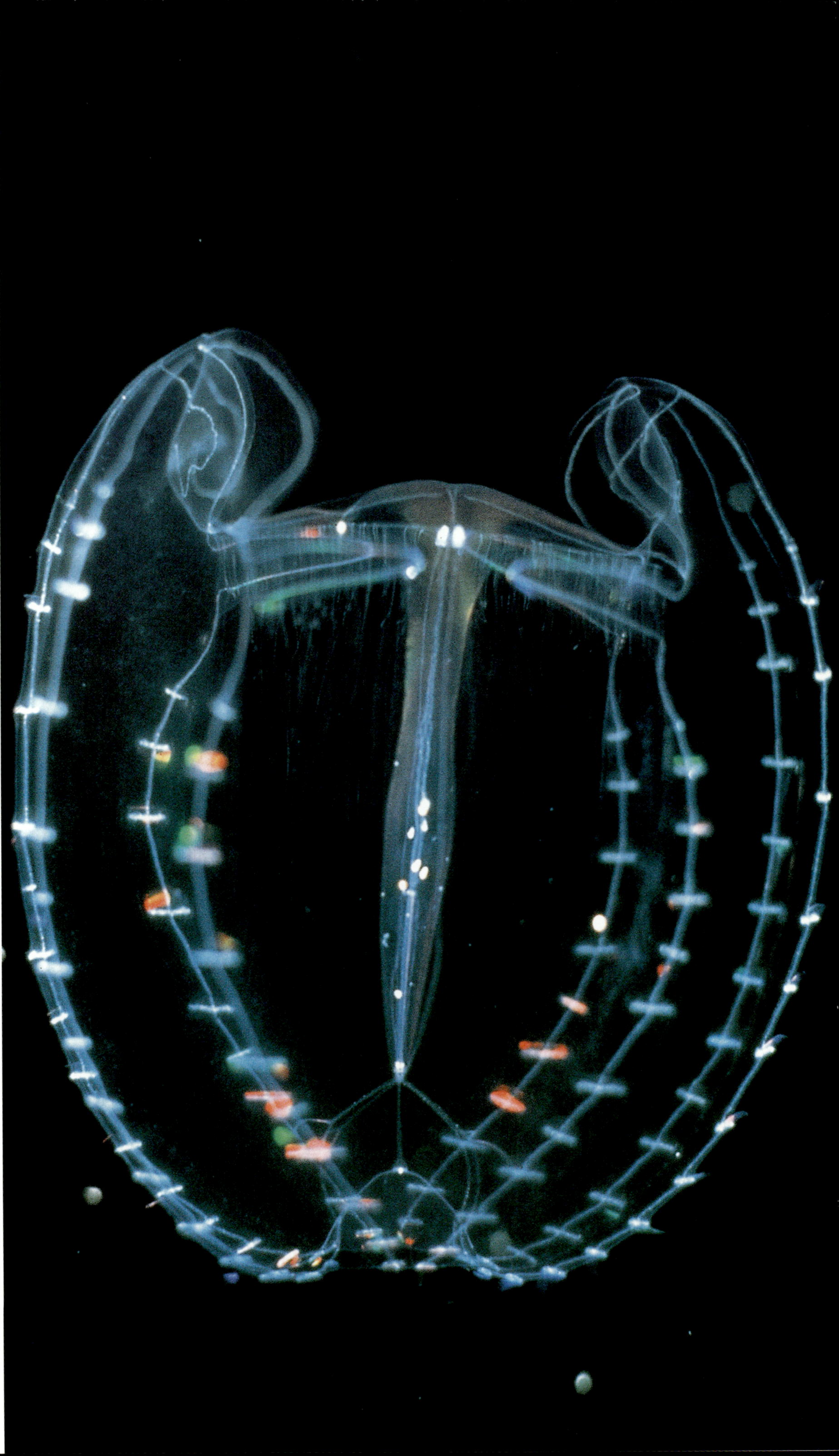

Abb. 5-4: Im Oberflächenwasser Südkaliforniens schwimmt die Kammqualle *Deiopea kaloktenota*. Sie kann gut an den weit auseinanderliegenden Kammreihen erkannt werden. Der Mund liegt oben, in der Mitte beider Loben, und erweckt den Eindruck, das Bild stünde auf dem Kopf.

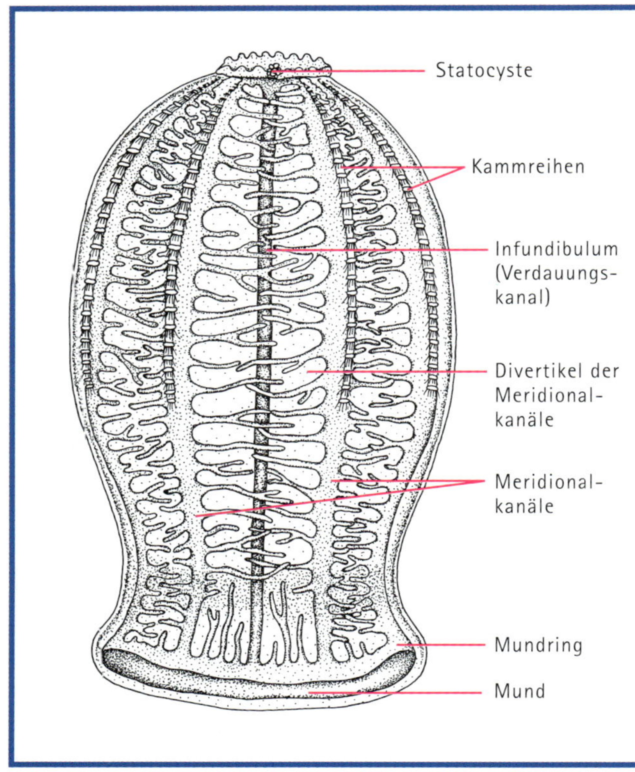

Abb. 5-5: Bauplan einer typisch atentaculaten Kammqualle (Beroidea). Die räuberischen Melonenquallen haben einen birnenförmigen Bau. Tentakel fehlen ihnen stets. Auffällig sind die zahlreichen Verzweigungen der Meridionalkanäle. Sie sorgen für optimale Verteilung der Nährstoffe.

Stellnetz zum Fang von Zooplanktern. In diesem Fall wird die Beute mit Cilienbewegungen, über spezielle Sammelrinnen, Richtung Mund transportiert. Die Verdauung gleicht im Prinzip der von Nesseltieren.

Abb. 5-6: Die Melonenqualle *Beroë abyssicola* ist sehr häufig in nordostpazifischen Küstengebieten anzutreffen. Das 4 cm lange Tier frißt vorwiegend seine Verwandte *Bolinopsis infundibulum*. Alle Kammquallen sind für den Menschen ungefährlich, denn sie besitzen Klebzellen (Kolloblasten) statt giftgefüllter Nesselkapseln. Im Innern ist das Netzsystem feiner Kanälchen zu erkennen, das für Stoffverteilung und Austausch sorgt.

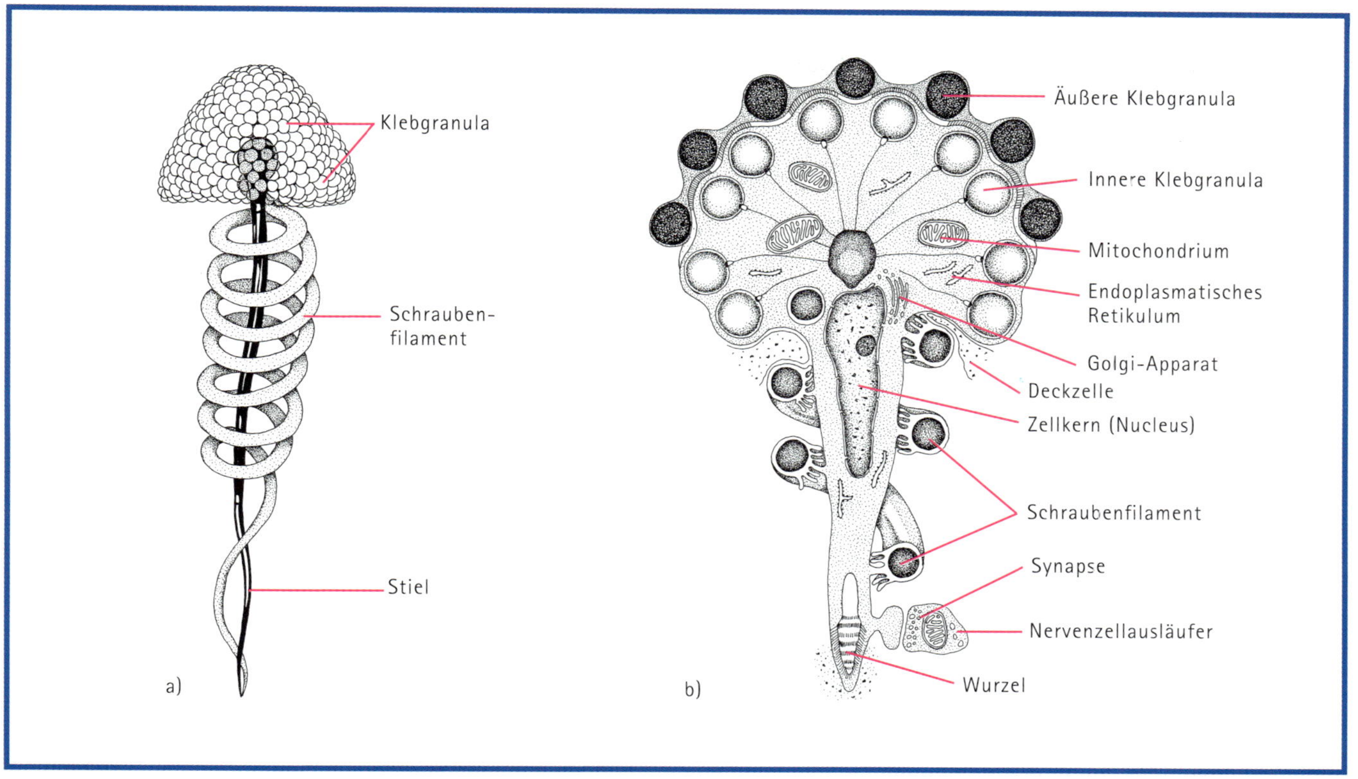

Abb. 5-7: Die Klebzelle (Kolloblast) der Kammquallen (Ctenophora) entladen (a) und im elektronemikroskopischen Längsschnitt (b). Die funktionellen Teile des Kolloblasten sind der Kopf mit Klebgranula, das dehnbare Schraubenfilament und der Stiel. Berührt ein Beutetier die Oberfläche der Kammqualle, klebt es fest und wird durch Kontraktion zum Mund geführt.

Das gesamte Gastrovaskularsystem ist mit Muskelzellen verbunden, die jederzeit Erweiterung oder Verengung der Kanäle erzeugen können und so den Motor zur Nährstoffverteilung darstellen.
Am gegenüberliegenden Pol der Mundöffnung

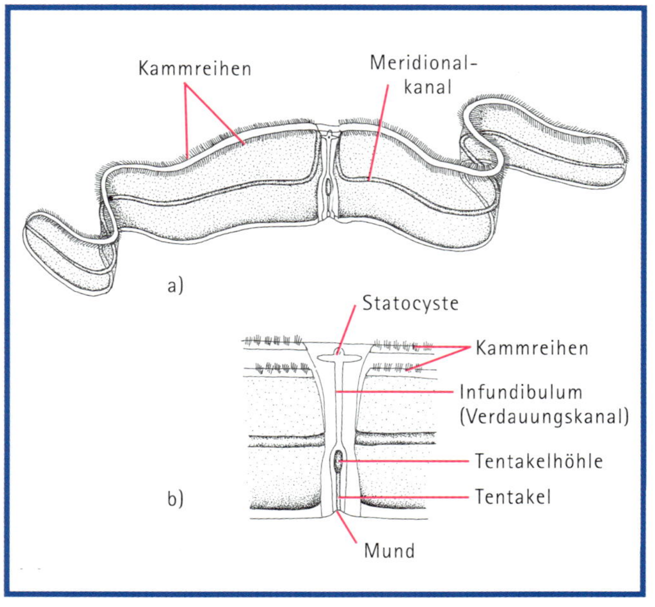

Abb. 5-8: Der Venusgürtel *(Cestum)* besitzt im Vergleich zu anderen Kammquallen eine besondere Form. Seitlich abgeflacht schlängelt er sich durch das Wasser und erbeutet mit der gesamten Oberfläche kleine Zooplankter. Im vergrößerten Ausschnitt sind die Statocyste und die stark verkürzten Tentakel zu erkennen. Die Tiere nehmen im Wasser oft eine senkrechte Position ein und werden daher auch „Meerschwert" genannt.

befindet sich ein Schweresinnesorgan (Statocyste), gut geschützt durch eine grubenartige Vertiefung. Vermutlich ist die Statocyste auch mit Photorezeptoren ausgestattet, die auf die Koordination der Wimperplatten wirken und so die Schwimmrichtung beeinflussen können.

Ein Nervennetz versorgt besonders die Tentakel mit den Kolloblasten, den Mund, die Wimperplatten und die Statocyste. Sinneszellen sind spärlich entwickelt, außer Thermorezeptoren gibt es vereinzelt Mechanorezeptoren.

Biologie der Kamm- oder Rippenquallen

Vorkommen und Verbreitung

Die Ctenophoren lieben es salzig und kommen in allen Meeren vor, Brackwasser eroberten nur wenige Arten. Es gibt typische Kosmopoliten, wie zum Beispiel die Stachelbeerqualle *(Pleurobrachia)* und die Melonenqualle *Beröe abyssicola* (Abb. 5-6). Bevorzugt werden flache Zonen bis 700 m Tiefe besiedelt. In der Schicht zwischen 400 und 700 m sind Kammquallen die häufigsten Vertreter des Makrozooplanktons (Zooplankton größer als 1 mm). Bei starkem Wellengang verhalten sie sich wie echte Quallen und tauchen in tiefere Schichten ab.

Fortpflanzung und Entwicklung

Alle Ctenophoren sind ausnahmslos Zwitter, die sich durch die simultane Reifung von Spermien und Eiern im gleichen Tier selbst befruchten können. Die Keimzellen werden in den Wänden der Kanäle gebildet, die unter den Wimperreihen liegen.

Kammquallen zeigen sich äußerst fruchtbar. Über einen Zeitraum von mehreren Wochen können sie täglich 600 bis 1.000 Eier produzieren. Spermien und Eier werden, voll ausgereift, direkt vom Mund nach außen geschleust und ihrem Schicksal überlassen. Angesichts solch hoher Reproduktionszahlen ist verständlich, daß keine Energie auf irgendwelche Brutpflegeformen verschwendet wird. Im freien Wasser entwickelt sich über ein sogenanntes Cydippiastadium sofort die Kammqualle. Ein primäres Larvenstadium wie bei den Cnidariern fehlt.

Erstaunlich und höchst selten im Tierreich ist das biologische Phänomen der Jugendgeschlechtsreife (Dissogonie). Kaum aus dem Ei geschlüpft und gerade 1 Millimeter groß, entwickeln sie Gonaden, produzieren Eier und Spermien. Diese Periode währt nur ein paar Tage, doch sie reicht aus, erhebliche Mengen reifer Keimzellen ins Wasser abzugeben. Es ist klar, daß die Eier aus diesem Stadium nur halb so groß sind wie die Eier von erwachsenen Kammquallen. Danach werden die Gonaden zurückgebildet, das Jungtier investiert Energie in Wachstum. Später, beim erwachsenen Tier, entstehen die Geschlechtsanlagen erneut.

Auch ohne viel Verständnis für Populationsdynamik liegt auf der Hand, daß die zwittrigen Kammquallen mit enormer Fruchtbarkeit und der ungewöhnlich frühen Geschlechtsreife ihrer Brut zur explosionsartigen Vemehrung fähig sind. An der Küste New Jerseys stieg innerhalb von gut zwei Wochen die Zahl der Kammquallen *(Mnemiopsis sp.)* in Planktonfängen von 0,15 Tieren pro Kubikmeter auf 68

Tiere im gleichen Volumen [222]. Da die Diät der Ctenophoren zu 80 % aus Ruderfußkrebsen besteht, führt ihre Massenentfaltung zur Dezimierung, oder gar zum vorzeitigen Zusammenbruch der Copepodenpopulation. Dies hat in bestimmten Gebieten katastrophale Wirkung auf das Wachstum von Jungfischen, denen die Nahrungsgrundlage entzogen wird. Sie haben gegen die nahezu exponentiell wachsenden Nahrungskonkurrenten kaum eine Chance und verhungern. Die Kammqualle *Mnemiopsis* wurde vor wenigen Jahren in das Schwarze Meer eingeschleppt, fand dort hervorragende Lebensbedingungen und vermehrte sich außerordentlich erfolgreich. Das schnelle Wachstum ging auf Kosten der Zooplanktonbestände, die in großem Stil vernichtet wurden [223 bis 225]. In den folgenden Jahren notierte die Fischerei drastisch sinkende Erträge, weil nur noch ein Bruchteil der Fischlarven ausreichend Futter fand und heranwachsen konnte.

Fast so schnell, wie die Qualleninvasion auftritt, vergeht sie auch wieder [226, 227]. Die Lebenserwartung der Ctenophoren beträgt nur wenige Monate. In der Nordsee vermehren sie sich im Frühjahr, erreichen ihr Maximum im Mai/Juni und sterben kurz nach dem Ablaichen im Spätsommer. An der Nordfriesischen Küste ist der Strand im August mit Millionen Stachelbeerquallen *(Pleurobrachia pileus)* übersät. Nur wenige Tiere überleben den Winter und stellen den Fortpflanzungspool für die nächste Generation. Asexuelle Fortpflanzung gibt es bei den pelagisch lebenden Tieren nicht.

Die ökologische Bedeutung der Kammquallen liegt in ihrer raschen Bestandsentfaltung und der damit verbundenen Verschiebung des Gleichgewichtes im Nahrungsnetz [227a].

Nahrung und Verdauung

Die Ctenophoren fressen, bis auf räuberische Arten, vorwiegend kleine Zooplanktonorganismen. Dabei zeigen sie sich nicht wählerisch, sobald die Beute überwältigt werden kann, wird sie auch verdaut.

Die Tentakel von *Leucothea multicornis* sind nicht sehr effizient im Erwerb von Futter. Sie wendet daher einen besonderen Trick an, um Beute zu schlagen: Eine Körperhälfte ist mit etwa 1 cm langen Papillen besetzt, die Mechanorezeptoren tragen und Erschütterungsreize wahrnehmen (Abb. 5-2). In der Papillenspitze sind Drüsenzellen eingelagert, die ein starkes Kontaktgift ausscheiden. Berühren Beutetiere die Papillen, nehmen die Rezeptoren den Reiz auf und stimulieren die Drüsen zur Giftabsonderung. Die gelähmten Opfer werden ohne weiteren Widerstand von den Klebzellen der Tentakel zum Mund verfrachtet und verdaut.

Manche Kammquallen (Ctenophora) haben sich ausgesprochen spezialisiert und fressen nur eine einzige Art aus ihrem Verwandtenkreis. Die Kammqualle *Beroë ovata* wütet derart unter Individuen der Art *Mnemiopsis leidyi*, daß sie alle Beutetiere in ihrem Einflußbereich ausrottet [228]. *Beroë cucumis* ernährt sich vorwiegend von *Bolinopsis infundibulum* und *Beroë gracilis* ausschließlich von *Pleurobrachia pileus*. *Beroe* schwimmt mit weit geöffnetem Mund durch das Wasser und stülpt ihn bei Kontakt über die Beute. Enorme Dehnungsfähigkeiten ermöglichen selbst das Verschlingen von Opfern, die sie an Größe weit übertreffen. Durch die Beutespezialisierung sorgen die Kammquallen in den eigenen Reihen für ein notwendiges Kontrollelement, um die Massenentwicklung auszugleichen und den Schaden für andere Zooplankter zu begrenzen.

Regeneration und Biolumineszenz

Die Ctenophoren haben zwei außergewöhnliche Fähigkeiten, die hier erwähnt werden sollen. Sie können große Körperteile so gut regenerieren, daß ihre Funktionen wieder voll verfügbar sind. Es gibt allerdings Unterschiede in der Geschwindigkeit der Reparaturen: Der Teil mit dem Statocysten ergänzt fehlende Stücke viel rascher. Körperteile ohne den Statocysten bilden zuerst ihn, und dann den Rest. Offensichtlich übernimmt das Sinnesorgan Steuerfunktionen während des Regenerationsprozesses, deshalb wird es als erstes wiederhergestellt.

Ihr Leuchtvermögen ist berühmt, wird aber leider oft mit dem bunten Farbenspiel der Kammreihen verwechselt (Abb. 1-20, Abb. 2-158 und Abb. 5-6). Dies entsteht durch Lichtbrechung, die Biolumineszenz durch eine chemische Reaktion. Unter den Kammreihen befinden sich in den Wänden der Kanäle sogenannte Photocyten, in denen die Luziferin-Luziferase-Reaktion stattfindet (s. Biolumineszenz, S. 196). Die Bedeutung der kalten Lichtproduktion ist auch bei Ctenophoren rätselhaft. Feindtäuschung und innerartliche Kommunikation sind vermutlich die wichtigsten Funktionen der Fähigkeit, Licht zu erzeugen.

Fortbewegung

Kammquallen sind gemächliche Schwimmer. Der wellenförmige Schlag ihrer Kämme ermöglicht „Spitzengeschwindigkeiten" bis zu 5 cm $\times$ s^{-1} *(Pleurobrachia)*. Ihr geringes spezifisches Gewicht unterstützt die Fortbewegung und läßt den nötigen Energieaufwand im Rahmen bleiben [229]. Die Mundlappen der Lobata verhelfen zu stoßweisem Schwimmen durch kräftige Kontraktion der Muskulatur. Die Venusgürtel *Cestum* und *Velamen* (Abb. 5-1) schwimmen in seitlicher Richtung mit schlängelnden Bewegungen. Im Gegensatz zu anderen Ctenophoren zeigen sie deutliche Fluchtreaktionen, wenn sie gestört werden.

Andere gelatinöse Zooplanktongruppen

6

Abb. 6-1: Festsitzende Seescheiden (Ascidien, Tunicata = Manteltiere) sind häufige Bewohner tropischer Korallengärten. Sie erzeugen mit den Wimpern einen Wasserstrom, aus dem sie über ihren Kiemendarm kleinste Nahrungspartikel filtern. Ihr gallertiger Körper besteht, wie bei den Quallen, zum großen Teil aus Wasser. Im Unterschied zu den Nesseltieren besitzen sie die zelluloseartige Substanz Tunicin im Mantel, der diesem Stamm den Namen gab.

Es gibt noch einen weiteren Tierstamm, dessen Vertreter bevorzugt in wärmeren Meeren umhertreiben und mit ihrer Form entfernt an Quallen erinnern. Die drei Ordnungen Feuerwalzen (Pyrosomida), Doliolіden (Cyclomyaria) und Salpen (Salpida) gehören zu den Manteltieren (Tunicata). Ihr lateinischer Name beruht auf der besonderen Zelluloseverbindung, dem Tunicin, das mit anderen Kohlenhydraten, Proteinen und bis 90 % Wasser die gallertige Hülle bildet (Abb. 6-1 und Abb. 6-2). Verwandt sind die Manteltiere mit den Quallen nicht, sondern systematisch betrachtet so weit von ihnen entfernt, wie unter wirbellosen Tieren

Abb. 6-2: Die asexuelle Vermehrung der Seescheiden (Ascidien, Tunicata = Manteltiere) führt oft zur Koloniebildung. Meist sind sie untereinander verbunden und haben sogar eine gemeinsame Ausscheidungsöffnung. Mit Quallen sind sie trotz ihres gallertartigen Körpers nicht verwandt.

überhaupt möglich. Sie stehen mit ihrem primitiven Stützstab (Chorda), dem Vorläufer der echten Wirbelsäule, und ihrem Hauptnervenstrang (Neuralrohr) den Wirbeltieren recht nahe.

Die Entwicklung gallertiger Körperformen sorgt auch bei diesen hoch entwickelten Tiergruppen für energiesparenden Aufenthalt in der Schwebe. Ihre Transparenz macht sie nahezu unsichtbar und schützt vor Feinden (Abb. 6-3).

Spitzfindige Flohkrebse schätzen ebenfalls die Schutz- und Transportfunktion der Gallerttonnen. Sie fressen besonders Salpen und

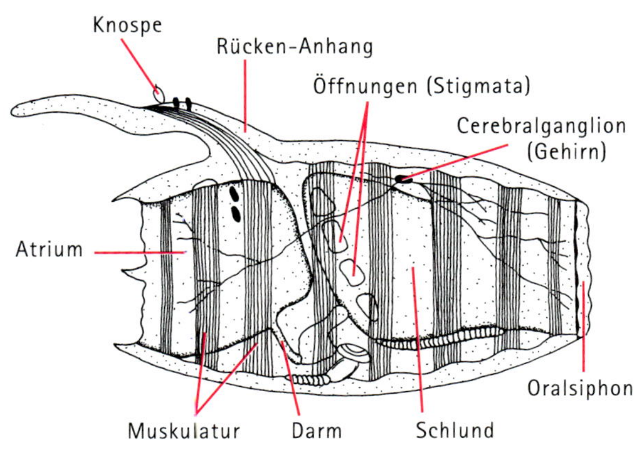

Abb. 6-3: Organisationsschema einer Salpe (Thaliacea, Dolidium). Die Salpen gehören zum Stamm der Manteltiere (Tunicata) und sind trotz ihres gelatinösen Körpers nicht mit den Nesseltieren (Cnidaria) oder Kammquallen (Ctenophora) verwandt.

Feuerwalzen innen völlig kahl und nutzen die Hülle ihrer Beute als Wohnhöhle und Brutstätte (Abb. 3-47). Gern werden die harmlosen Suspensionsfresser, auch im lebenden Zustand, von vielen verschiedenen Tieren besiedelt. Junge Krebse, Tintenfischbabys und Fischlarven machen es sich im geräumigen Schlund der Salpen gemütlich. Dabei können sie sich leicht an der eingestrudelten Nahrung vergreifen, die über den Kiemendarm gefiltert und in Schleim gehüllt zum Magen geschleust wird.

Salpen bilden oft meterlange Kolonien aus daumengroßen Einzeltieren (Abb. 1-21 und Abb. 6-4), die, bis auf den bräunlich gefärbten Magen, vollkommen durchsichtig sind. Eine Berührung der Kolonien ist ungefährlich, Salpen verfügen weder über Nessel- noch Klebzellen. Leider ist der Tierverband sehr empfindlich, die zusammenhängenden Darmkanäle lösen sich leicht voneinander, und die Kolonie zerfällt.

Die Ordnung der Feuerwalzen wird, wie der Name vermuten läßt, durch zwei besonders charakteristische Merkmale gekennzeichnet. Zum einen erinnert ihre walzenförmige Körperform und Größe an Seegurken. Sie bestehen aus vielen Einzeltieren, die von außen Nahrungspartikel einströmen und sie nach innen in den gemeinsam Hohlraum abgeben.

Zweitens ist ihre Fähigkeit zur Biolumineszenz sehr ausgeprägt. Bakterien erzeugen in speziellen Leuchtorganen kaltes Licht. Bei Massenauftreten von Feuerwalzen kann es so intensiv sein, daß weiße Yachtsegel das Licht reflektieren und illuminiert erscheinen.

Kompliziert ist die drei Generationen umfassende Fortpflanzung bei den Dolioliden. Aus einem großen Ammentier entstehen auf der „Bauchseite" Knospen, die von Trägerzellen zu einem Rückenfortsatz befördert werden. Dort drängen sie sich in drei Längsreihen aneinander. Interessant ist, daß die Knospen der Reihen unterschiedliche Entwicklungsrichtungen einschlagen. Aus den beiden äußeren Reihen entstehen Nährzooide, die das Muttertier versorgen. Aus der mittleren Knospenreihe entwickeln sich zunächst Pflegetiere, deren Haftstiel später zu einer Geschlechtsurknospe reift. Diese bildet etwa 20 bis 30 Geschlechtstiere, die sich zusammen mit den Nährtieren vom Ammentier ablösen. Die zwittrigen Ge-

Abb. 6-4: Nicht alle gelatinösen Organismen im Meer gehören zu den Quallen. Diese harmlose Salpenkolonie *(Salpa maxima)* flottiert zu Ketten bis 5 m Länge verbunden nahe der Wasseroberfläche wärmerer Meere. Sie gehören zu den Manteltieren (Tunicata) und sind systematisch weit von den Nesseltieren entfernt.

schlechtstiere produzieren drei Eier, aus denen freischwimmende Larven entstehen, die wieder zum Ammentier heranwachsen und den Kreislauf schließen.

Eine andere, mit den Tunicaten eng verwandte Gruppe besitzt keine celluloseähnliche Substanz im Gehäuse. Die winzigen (0,5 bis 2 mm großen), weltweit vorkommenden Appendicularien sondern aus Epidermiszellen ein gallertiges Gehäuse ab, bauen kleine Siebe ein und nutzen es als Filterapparat. Innerhalb eines einzigen Tages filtert *Oikopleura* bis zu 0,3 Liter Wasser und siebt etwa eine viertel Million Kleinstplankter (Bakterien, Eier, Larven) heraus, die in dieser Menge auch den Magen füllen [230].

So feine Siebe werden schnell verstopft. Sofort kehren die Appendicularien den Wasserstrom um, und der Filter wird gereinigt. Ist die Reinigung unbefriedigend, wird einfach das gesamte Gallertgehäuse ersetzt. *Oikopleura* benutzt ein Gehäuse nie länger als vier Stunden [231].

Vor der kalifornischen Küste leben in 400 m Tiefe Appendicularien, die bis 1 m große Gehäuse konstruieren [232]. Die Filterfläche der Bauwerke reicht aus, um knapp 10 cm große Individuen mit kleinsten Futterorganismen zu ernähren.

Einige Arten können ebenfalls kaltes Licht erzeugen. Sie benötigen dazu keine Bakterien wie die Feuerwalzen, sondern scheiden aus zwei Drüsen an der Körperoberfläche ein Sekret ab, das den Körper und sogar Teile des Gehäuses beleuchten kann.

Wie bei den meisten gelatinösen Tiergruppen sind auch bei den Appendicularien ausgesprochene Massenentwicklungen möglich. An der Küste von Britisch Kolumbien erreichte eine Blüte von *Oikopleura dioica* eine Dichte von 10.000 Tieren pro Kubikmeter [233].

7 Anhang

Bestimmungsschlüssel für gelatinöses Zooplankton

1 – gallertartiger Körper; mit radialsymmetrischer Gestalt; mit Nesselzellen; rhythmische Schirmkontraktionen .... **Nesseltiere (Cnidaria) 2**

– gallertartiger Körper; ohne Nesselzellen; mit 8 meridionalen Wimpernreihen in 4 Paaren; ein Sinnesorgan mit einem Statocysten .... **Kammquallen (Ctenophora) 6**

– tonnen-, ei- oder zylinderförmig; mit Gallertmantel oder -gehäuse; mit meist spaltenreichem Kiemendarm .... **Manteltiere (Tunicata) 7**

2 **Nesseltiere (Cnidaria)**

– meist scheibenförmig; mit Randlappen; ohne Ringfältchen (Velum); großwüchsig, Körper in der Regel größer als 5 cm, oft bunt gefärbt... **Scheibenquallen (Scyphozoa) 3**

– polypenförmige Gestalt; festsitzend; gestielte Tentakelköpfchen .... **Stielquallen (Stauromedusae)**

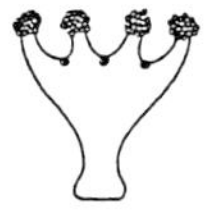

– würfelförmig; ohne Randlappen; mit Ringfältchen (Velarium); Tentakel einzeln oder in Büscheln an blattförmigen Fortsätzen (Pedalien) des Schirms; 4 Sinnesorgane in Nischen der flachen Schirmseiten .... **Würfelquallen (Cubozoa) 4**

– meist scheiben- oder glockenförmig; ohne Randlappen; mit Ringfältchen (Velum); kleinwüchsig, Körper in der Regel kleiner als 5 cm, meist vollkommen transparent.. **Hydrozoa 5**

3 **Scheibenquallen (Scyphozoa)**

– mit Schirmfurche; Tentakel solide, Randlappen in Paaren; kurzes Mundrohr .... **Kranz- oder Tiefseequallen (Coronatae)**

– ohne Schirmfurche, meist mit hohlen Tentakeln; zentrale Mundöffnung mit 4 fahnenartig ausgezogenen Mundarmen..... **Fahnenquallen (Semaeostomae)**

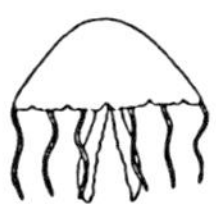

– ohne Schirmfurche; ohne Tentakel, meist ohne zentrale Mundöffnung; verwachsene Mundarmöffnungen .... **Wurzelmundquallen (Rhizostomae)**

4 **Würfelquallen (Cubozoa)**

– mit einzelnen, zwei oder drei Tentakeln an jedem blattförmigen Schirmfortsatz (Pedalium); auch mehr als 4 Pedalien .... **Carybdeidae**

– mit mehr als 3 Tentakeln an jedem blattförmigen Schirmfortsatz (Pedalium); immer nur 4 Pedalien.. **Chirodropidae**

5 **Hydrozoa**

– ohne Gasblase (Pneumatophor); ohne Schwimmglocken (Nectophoren)....... .... **Hydromedusen**

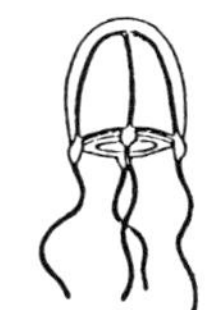

– mit Gasblase; mit oder ohne Schwimmglocken; schwimmen unter der Wasseroberfläche .... **Siphonophora**

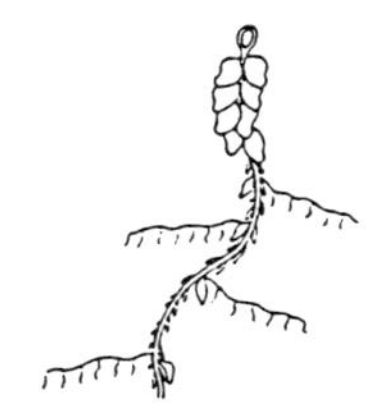

– mit Gasblase; segelt an der Wasseroberfläche .... *Physalia*

– mit rundem Floß; ohne Segel; treibt auf der Wasseroberfläche....... *Porpita*

– mit ovalem Floß; mit Segel; segelt an der Wasseroberfläche.......... *Velella*

6 **Kamm- oder Rippenquallen (Ctenophora)**

– mit meist 2 Tentakeln . . . . **Tentaculifera (z. B. Lobata)**

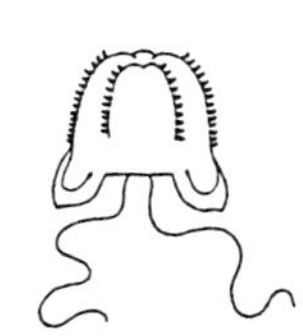

– ohne Tentakel . . . . **Atentaculata (z. B. Beröe)**

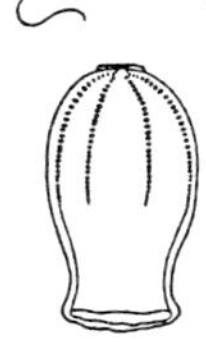

7 Manteltiere (Tunicata)

– zylinderförmig mit einem offenen Ende; milchig transparent; gute Leuchtfähigkeiten (Biolumineszenz) . . . . **Feuerwalzen (Pyrosomida)**

– tonnenförmig; zahlreiche Kiemenspalten; Ringmuskeln bilden geschlossene Bänder . . . . **Doliolida (Cyclomyaria)**

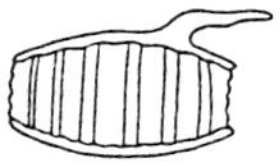

– Einzeltier tonnenförmig; meist in meterlangen Kolonien; Magen orange-braun gefärbt, sonst vollkommen durchsichtig . . . . **Salpen (Desmomyaria)**

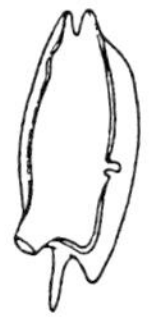

– eiförmiges Gallertgehäuse; Tier mit Ruderschwanz; meist kleiner als 2 cm . . . . **Appendicularia**

Artenkatalog

Im folgenden Artenkatalog werden ausgewählte Großquallen steckbriefartig vorgestellt. Entscheidend für die Auswahl waren die beiden Schwerpunkte Häufigkeit und biologische Besonderheiten. Falls die Tiere bereits in Abbildungen vorkommen, wird unter „Art" darauf verwiesen.

Atolla wyvillei

Stamm: Cnidaria Verrill 1865

Klasse: Scyphozoa Goette 1886

Ordnung: Coronatae Vanhöffen 1892

Familie: Atollidae Haeckel 1880

Gattung: Atolla Haeckel 1880

Art: *Atolla wyvillei* **Haeckel 1880**

Synonyme: Haeckel 1880 *Colaspis achillis n.g., n. sp.;* Fewkes 1886 *A. bairdii n. sp.;* Maas 1897 *A. gigantea n. sp.*

Sonstige Namen: keine bekannt

Merkmale: Die Tiefseemeduse erreicht einen Durchmesser von 150 mm. 22 Tentakel alternieren mit 22 Rhopalien (bis 32 sind schon beobachtet worden) am Schirmrand. Die zentrale Exumbrella ist am Rand deutlich eingekerbt. Die Ringfurche ist breit und ausgeprägt. Die Randlappen sind glatt, ohne Papillen. Die proximalen Enden sind frei und gespreizt.

Biologie: Kranz- oder Tiefseequallen kommen in Tiefen zwischen 1000 und 6000 m vor. Selten steigen sie bis zur Wasseroberfläche. Bei allen Tiefseequallen herrschen rot-bräunliche Farben vor.

Verbreitung: Weltweit.

Nesselwirkung: Die Nesselgifte sind schwach und bei Kontakt kaum spürbar.

Linuche unguiculata

Stamm: Cnidaria Verrill 1865

Klasse: Scyphozoa Goette 1886

Ordnung: Coronatae Vanhöffen 1892

Familie: Linuchidae Eschscholtz 1829

Gattung: Linuche Eschscholtz 1829

Art: *Linuche unguiculata* **(Schwartz 1788)** **(Abb. 2-147, S. 178)**

Synonyme: Schwartz 1788 *Medusa unguiculata;* Haeckel 1880 *Linerges mercurius, Liniscus ornithopterus*

Sonstige Namen: Thimble, sea lice (USA), Däumchenqualle, Fingerhutqualle (Deutschland)

Merkmale: Der Schirm ist bis 25 mm hoch und etwa 17 mm breit. Die Seiten des Schirmes sind fast vertikal und von der abgeflachten Oberseite durch eine Ringfurche getrennt. Auf der Subumbrella sind zwei Reihen mit 48 warzenförmigen Protuberanzen, die äußere Reihe mit 32, die innere mit 16 Protuberanzen. Die 16 Randlappen sind oval und rahmen jeweils alternierend ein Rhopalium oder einen kurzen, adradialen Tentakel ein. Das Rhopalium enthält keine Ocellen. Die 4 × 2 Gonaden formen auf beiden Seiten der perradialen Achse vier unterbrochene Hufeisen. Die vier interradialen Gastralfilamente sind ebenfalls in U-Form angelegt und unverzweigt. Verbunden mit dem Gastralraum schließen sich 16 stark verzweigte Radialkanäle an, die bis in die Randlappen reichen. Das Mundrohr ist vierkantig und erreicht in der vertikalen Ausdehnung den Schirmrand. Die breiten Mundlippen sind leicht zurückgebogen. Die im Atlantik verbreitete Art wurde als *L. unguiculata* und die im Pazifik vorkommende Art als *L. aquila* beschrieben. Heute wird nur noch *L. unguiculata* als Artname geführt, obwohl je nach Herkunft unterschiedlich starke Nesselwirkungen berichtet wurden.

Biologie: Sie treten oft in dichten Schwärmen an der Wasseroberfläche tropischer Meere auf. Besonders wenige Tage nach dem berühmten „coral spawning", der Massenabgabe von Geschlechtsprodukten bei Riffkorallen in einer einzigen Nacht nach dem 3. Vollmond im Jahr, wird die Reproduktion von *Linuche* stimuliert. Teppiche von 300 Kilometer Länge, die bis in mehrere Meter Tiefe reichen, kommen unregelmäßig im Frühjahr zwischen Bohol und Cebu (Philippinen) vor. In den dichten Aggregationen können 20.000 Einzelindividuen pro Kubikmeter gezählt werden.

Verbreitung: Tropischer und subtropischer Pazifik und tropischer Atlantik, häufig an der Wasseroberfläche.

Nesselwirkung: *Linuche* ist in Florida berühmt unter dem Namen „Seelaus" (sea lice). Ihre winzigen planktonischen Larven treten massenhaft auf und belästigen Badegäste. Die Larven geraten unter T-Shirts und Badekleidung, ihre Nesselzellen entladen sich und rufen starken Juckreiz hervor. Es kann in einzelnen Fällen zu schwerer Dermatitis und zu Hautläsionen kommen, die mehrere Wochen anhalten. Die erwachsenen Däumchenquallen haben nur schwache Nesselgifte und der Kontakt ist ungefährlich.

Nausithoë punctata

Stamm:	Cnidaria Verrill 1865
Klasse:	Scyphozoa Goette 1886
Ordnung:	Coronatae Vanhöffen 1892
Familie:	Nausithoidae Kölliker 1853

Gattung: Nausithoë Kölliker 1853

Art: *Nausithoë punctata* **Kölliker 1853**

Synonyme: keine bekannt

Sonstige Namen: keine bekannt

Merkmale: Der scheibenförmige Schirm hat einen Durchmesser von 10 bis 15 mm. Die zentrale Scheibe ist dick-gelatinös ohne Radialrinnen. Die feingranuläre Exumbrella weist eine tiefe Ringfurche auf. Die insgesamt 28 Gastralfilamente sind in vier Gruppen zu je sieben getrennt angeordnet. Die spatelförmigen Gonaden sind ausgeprägt. Die 16 Randlappen alternieren mit insgesamt acht Tentakeln und acht Sinnesorganen. In den Randlappen ist die Radialmuskulatur kräftig ausgebildet.

Biologie: Typische Oberflächenform unter den Kranzquallen. Ihre Färbung ist wie bei den meisten Quallen stark variabel. Der gelatinöse Schirm ist milchig-weiß bis grünlich. Die Gonaden sind braun-rötlich und bei männlichen Tieren intensiv gelb.

Verbreitung: Tropischer und subtropischer Pazifik, tropischer und subtropischer Atlantik, zuweilen auch in kalten Meeren über 60° nördlicher Breite.

Nesselwirkung: Die Tiere nesseln nur schwach und sind für den Menschen ungefährlich.

Chrysaora quinquecirrha

Stamm: Cnidaria Verrill 1865

Klasse: Scyphozoa Goette 1886

Ordnung: Semaeostomeae L. Agassiz 1862

Familie: Pelagiidae Gegenbaur 1856

Gattung: Chrysaora Péron und Lesueur 1809

Art: *Chrysaora quinquecirrha* **(Desor 1848)** **(Abb. 1-16, S. 24)**

Synonyme: Desor 1848 *Pelagia quinquecirrha* ; L. Agassiz 1862 *Dactylometra quinquecirrha;* Vanhöffen 1888 *C. blossevillei;* Mayer 1915 a *Dactylometra africana*

Sonstige Namen: Fosfore (Philippinen), sea nettle (USA, Australien), Kompaßqualle (Deutschland)

Merkmale: Der Schirm ist hemisphärisch und erreicht einen Durchmesser von 25 cm. Die Randlappen sind halbrund, zungenförmig und von einheitlicher Größe, im nicht voll entwickelten Zustand sind die Randlappen neben den Tentakeln deutlich kleiner als die rhopalaren Lappen. In jedem Oktanten sind drei Tentakel mit tief gefurchten Randeinschnitten und zwei Rhopalien ohne Ocellen. Die Mundarme sind doppelt so lang wie der Schirm breit, ihre Ränder komplex gefaltet. Der Gastralraum setzt sich in 16, durch Septen getrennte, radiale Gastraltaschen fort. Die Gonaden liegen in interradialen Einfaltungen der Subumbrellarwand, hinter den zahlreichen, unverzweigten Gastralfilamenten. Die Exumbrella und die Mundarme sind mit zahlreichen kleinen Nesselkapselwarzen besetzt. Die Färbung variiert von milchig-weiß bis gelb-orange.

Biologie: Die Gattung *Chrysaora* ist hinsichtlich morphologischer Charakteristika extrem variabel. Besonders die Färbung ist ein unsicheres Merkmal für die Identifikation aufgrund starker individueller Schwankungen. Sogar im selben Lebensraum kann die selbe Art in zwei ausgeprägten Färbungen vorkommen.

Verbreitung: Tropischer und subtropischer Atlantik, tropischer und subtropischer Pazifik.

Nesselwirkung: Die Tiere besitzen ein starkes Gift, das zu heftigen Hautreaktionen führen kann. Die Nesselwirkung hält oft über Stunden an.

Chrysaora helvola

Stamm:	Cnidaria Verrill 1865
Klasse:	Scyphozoa Goette 1886
Ordnung:	Semaeostomeae L. Agassiz 1862
Familie:	Pelagiidae Gegenbaur 1856
Gattung:	Chrysaora Péron und Lesueur 1809
Art:	*Chrysaora helvola* **Brandt 1838** **(Abb. 1–16, S. 12)**
Synonyme:	Light 1921 *Dactylomatra quinquecirrha;* Vannucci 1954 *C. callipara*
Sonstige Namen:	Fosfore (Philippinen), sea nettle (USA, Australien), Kompaßqualle (Deutschland)

Merkmale: Der Schirmdurchmesser beträgt bis zu 30 cm und ist etwas flacher als eine Hemisphäre. Auf der Exumbrella zeichnet sich ein auffälliger 32strahliger Stern aus feinen, braun-rötlichen Punkten ab, der bei alten Tieren an Intensität verliert. In jedem Oktanten sind zwei Rhopalien und zwei Tentakel. Zwischen zwei spitzen, lanzettförmigen Randlappen wechseln sich jeweils ein Tentakel mit einem Rhopalium ab. Insgesamt sind es 16 Tentakel, 16 Rhopalien (keine Ocellen) und 64 Randlappen. Der Gastralraum gliedert sich in 16 radiale Gastraltaschen. In den Randzonen sind die acht rhopalaren Gastraltaschen schmaler als die acht tentakularen, und in der Mitte doppelt so breit. Die Gonaden liegen interradial hinter den Gastralfilamenten. Die männlichen Spermiensäcke setzen direkt hinter den weiblichen Gonaden oder den Gastralfilamenten an. Die nesselwarzenbesetzten Mundarme und die Tentakel erreichen mehr als zweifache Schirmlänge. Die Färbung des Schirmes, der Tentakel und Mundarme ist rötlich-gelb.

Verbreitung: Tropischer und subtropischer Pazifik.

Nesselwirkung: Die Nesselgifte von *C. helvola* können zu mittelstarken Schmerzen sowie heftigen Hautreaktionen führen.

Chrysaora hysoscella

Stamm: Cnidaria Verrill 1865

Klasse: Scyphozoa Goette 1886

Ordnung: Semaeostomeae L. Agassiz 1862

Familie: Pelagiidae Gegenbaur 1856

Gattung: Chrysaora Péron und Lesueur 1809

Art: *Chrysaora hysoscella* **(Linné 1758)** **(Abb. 2-33, S. 66)**

Synonyme: Linné 1758 *Medusa hysoscella;* Péron und Lesueur 1809 *Chrysaora cyclonata*

Sonstige Namen: Fosfore (Philippinen), sea nettle (USA, Australien), Kompaßqualle (Deutschland)

Merkmale: Der Schirmdurchmesser erreicht bis zu 20 cm und ist halbkugelförmig. Die Randlappen sind abgerundet und die 16 Rhopalarlappen etwas größer als die 16 Tentakularlappen. Am Schirmrand befinden sich insgesamt acht Rhopalien. Die 16 radialen Gastraltaschen sind in mittlerer Höhe gleich breit, am Schirmrand erreichen die rhopalaren Gastraltaschen nur ein Drittel der Breite der tentakularen Gastraltaschen. In jedem Oktanten sind drei gleiche Tentakel. Die Mundarme sind stark gefaltet und betragen etwa das Dreifache des Schirmdurchmessers. Die Tentakel erreichen im ausgestreckten Zustand 2 m Länge. In der Färbung zeigen besonders junge Exemplare 16 V-förmige intensiv braune oder blaue Streifen auf der Exumbrella. Die Randlappen und die Mundarme sind ebenfalls braun bzw. blau gefärbt.

Biologie: s. *C. quinquecirrha*

Verbreitung: Mittelmeer, Atlantik, Nordsee, Ostsee.

Nesselwirkung: Allgemein starkes Nesselgift, das zu mehrere Stunden anhaltenden Schmerzen und heftigen Hautreaktionen führen kann.

Pelagia noctiluca

Stamm: Cnidaria Verrill 1865

Klasse: Scyphozoa Goette 1886

Ordnung: Semaeostomeae L. Agassiz 1862

Familie: Pelagiidae Gegenbaur 1856

Gattung: Pelagia Péron und Lesueur 1809

Art: *Pelagia noctiluca* **(Forskål 1775)**

Synonyme: Linné 1758 *Medusa pelagica n. sp.*, Forskal 1775 *Medusa noctiluca n. sp.*, Péron und Lesueur 1809 *P. cyanella;* Eschscholtz 1829 *P. flaveola, P. discoidea;* Haeckel 1880 *P. perla, P. phosphora, P. papillata, P. cyanella*

Sonstige Namen: Leuchtqualle (Deutschland), mauve stinger, mauve blubber (Australien), sea nettle (USA), auguas vivas (Portugal)

Merkmale: Der Schirm ist etwas höher als eine Hemisphäre und erreicht eine Größe von 65 mm Durchmesser. Die orangefarbenen Nesselkapselwarzen auf der Exumbrella sind in ihrer Gestalt enorm variabel. Die acht Sinnesorgane befinden sich in tief eingeschnittenen Randnischen. Ihnen fehlen die Ocellen. Jeweils zwischen zwei Randlappen sitzen alternierend ein Tentakel oder ein Sinnesorgan. Die Tentakel sind hohl und erreichen voll ausgestreckt 4 m Länge. Das vierkantige Mundrohr ist so lang wie der Schirmradius, die faltig ausgezogenen Lippen überragen sogar den Schirmdurchmesser.

Biologie: Der komplette Entwicklungszyklus von *Pelagia* vollzieht sich auf hoher See. Sie besitzt kein bodenabhängiges Polypenstadium, sondern aus den Larven entwickeln sich direkt Medusen. Die Leuchtfähigkeit dieser Art ist berühmt. *P. noctiluca* tritt in den Sommermonaten häufig an den Küsten der Adria in dichten Schwärmen auf. Nach mehreren Jahren mit vielen Quallen können ebenso mehrere Jahre ohne Quallen folgen. Die biologischen Ursachen für diese Beobachtungen sind unbekannt.

Verbreitung: Mittelmeer, tropischer und subtropischer Atlantik, häufig auf hoher See.

Nesselwirkung: *P. noctiluca* hat starke Nesselgifte, die zu brennenden Schmerzen und heftigen Hautreaktionen führen können. Wenn die Schwärme in Küstennähe geraten, sollte generell auf Baden verzichtet werden.

Pelagia panopyra

Stamm: Cnidaria Verrill 1865

Klasse: Scyphozoa Goette 1886

Ordnung: Semaeostomeae L. Agassiz 1862

Familie: Pelagiidae Gegenbaur 1856

Gattung: Pelagia Péron und Lesueur 1809

Art: *Pelagia panopyra* **Péron und Lesueur 1809 (Abb. 2-162, S. 197)**

Synonyme: keine bekannt

Sonstige Namen: Leuchtqualle (Deutschland), mauve stinger, mauve blubber (Australien), sea nettle (USA) auguas vivas (Portugal)

Merkmale: Der flache Schirm erreicht eine Größe von maximal 50 mm Durchmesser und etwa 30 mm Höhe. Die Nesselkapselwarzen auf der Exumbrella sind rund bis ellipsoid und klein. Zwischen den 16 fast quadratischen Randlappen sind alternierend ein Rhopalium oder ein Tentakel angeordnet. Insgesamt sind acht Tentakel und acht Rhopalien ohne Ocellen am Schirmrand. Die Tentakellänge kann bis zu 2 m betragen. Der Gastralraum ist in 16 gleiche radiale Gastraltaschen gegliedert, die in einem Paar Randlappenkanäle enden. Die Länge der schmalen, stark gefalteten Mundarme beträgt etwa das Dreifache des Schirmradius. Die Färbung der Tiere variiert zwischen rosa und violett.
Die Artdiagnose ist umstritten. Heute werden alle Arten unter *P. noctiluca* zusammengefaßt. Neue wichtige morphologische Unterschiede hinsichtlich der Nesselkapseltypen rechtfertigen die Identifikation als *P. panopyra*.

Biologie: siehe *P. noctiluca*

Verbreitung: Tropischer Pazifik, Philippinen, Japan, häufig auf hoher See.

Nesselwirkung: *P. panopyra* hat starke Nesselgifte, die zu brennenden Schmerzen und heftigen Hautreaktionen führen können.

Cyanea capillata

Stamm: Cnidaria Verrill 1865

Klasse: Scyphozoa Goette 1886

Ordnung: Semaeostomeae L. Agassiz 1862

Familie: Cyaneidae L. Agassiz 1862

Gattung: Cyanea Péron und Lesueur 1809

Art: ***Cyanea capillata*** **(Linné 1758) (Abb. 2-22, S. 58)**

Synonyme: Linné 1758 *Medusa capillata*; Péron und Lesueur 1809 *Cyanea arctica*

Sonstige Namen: lions mane, hair jelly, hairy stinger, snotty, sea blubber (USA, Australien), braendegoplen (Dänemark), Feuerqualle, Haarqualle (Deutschland)

Merkmale: Der Schirmdurchmesser erreicht meist zwischen 40 und 60 cm und kann bei großen Exemplaren weit über einen Meter betragen. Der Schirm und die Mesogloea sind weich und flach. Der tief eingeschnittene Schirmrand ist in acht doppelte Randlappen getrennt. Sie sind halbrund und tragen in den Einschnitten insgesamt acht

Rhopalien. Die Tentakel entspringen in acht adradialen Gruppen (etwa 100 Tentakel), vom Schirmrand eingerückt, unter der Subumbrella. Im ausgestreckten Zustand können die feinen Tentakel über 30 m Länge erreichen. Der Gastralraum ist in acht rhopalare und acht doppelt so breite tentakulare Radialtaschen untergliedert, die vollkommen getrennt sind. Die Radialtaschen sind verzweigt und münden blind in den Randlappen. Anastomosen sind selten. Ein Ringkanal fehlt. In der Subumbrella ist ausgeprägte Radial- und Ringmuskulatur zu finden. Die Gonaden liegen in interradialen Falten der Subumbrellarwand. Im reifen Zustand können sie sackartig hervorgestülpt werden und weit in das Wasser hineinragen. Die büschelförmigen Gastralfilamente liegen an der Basis der Gonaden im zentralen Gastralraum. Die perradialen Mundarme sind wie ein Vorhang komplex gefaltet und entsprechen der Länge des Schirmdurchmessers. Die Färbung variiert von rötlichbraun bis gelb-milchig-weiß.
In der Literatur wird von einigen Autoren zwischen *C. capillata* und *C. lamarcki* unterschieden. *C. lamarcki* ist blau gefärbt und erreicht nur etwa 30 cm Schirmdurchmesser. Charakteristische Merkmale, die eine eindeutige Unterscheidung beider Arten ermöglichen würden, fehlen. Nordseeurlauber berichten von ungleichen Nesselwirkungen. Die „Blauen" verursachen ein leichtes Brennen, während die „Gelben" sehr stark nesseln können. Rasterelektronenmikroskopische Untersuchungen der Nesselkapseltypen unterstützen die Unterscheidung zweier Arten. Biochemische Analysen, die die Artdiagnosen bestätigen könnten, stehen noch aus.

Biologie: *C. capillata* ist die größte bekannte Scyphozoenart. In Island wurde ein Exemplar mit einem Schirmdurchmesser von 2,3 m an Land gespült. *Cyanea* kann sich sehr räuberisch gegenüber der Ohrenqualle (*Aurelia aurita*) zeigen. Dabei ist nicht klar, ob sie ihre Verwandten tatsächlich verzehrt oder die Ohrenquallen nur zufällig in die Tentakel geraten.

Verbreitung: Weltweit in kalten und gemäßigten Zonen des Atlantik, Pazifik und der Arktischen Ozeane.

Nesselwirkung: Die Nesselwirkung von *C. capillata* ist heftig und kann bei zu Allergien neigenden Personen Schock, Atembeschwerden, Schwindel, Erbrechen, Fieber und heftige Hautausschläge hervorrufen. Der Schriftsteller Sir Arthur Conan Doyle beschreibt in einem seiner Sherlock Holmes Romane den Kontakt eines Schwimmers mit den Tentakeln von der „lion's mane" *(C. capillata)* als Todesursache.

Cyanea nozakii

Stamm: Cnidaria Verrill 1865

Klasse: Scyphozoa Goette 1886

Ordnung: Semaeostomeae L. Agassiz 1862

Familie: Cyaneidae L. Agassiz 1862

Gattung: Cyanea Péron und Lesueur 1809

Art: *Cyanea nozakii* **Kishinouye 1891 (Abb. 2-30, S. 63)**

Synonyme: keine bekannt

Sonstige Namen: keine bekannt

Merkmale: Der Schirm ist flach und bis 26 cm im Durchmesser. Die 8 × 2 runden Randlappen sind etwa doppelt so breit wie lang. Die rhopalaren und zweimal so breiten tentakularen Gastraltaschen sind fast rechteckig und über Anastomosen verbunden. Die peripheren Kanäle anastomosieren ebenfalls sehr stark, so daß ein dichtes Netzwerk entsteht. Die Färbung ist gewöhnlich milchig-weiß, ein Exemplar aus Indonesien zeigte eine braun-rötliche Färbung.

Verbreitung: Nordwestpazifik, Japan, Indischer Ozean, Indochina, Indonesien, Philippinen.

Nesselwirkung: Die Nesselgifte sind in ihrer Wirkung moderat bis heftig und können zu starken Hautreaktionen führen.

Aurelia aurita

Stamm: Cnidaria Verrill 1865

Klasse: Scyphozoa Goette 1886

Ordnung: Semaeostomeae L. Agassiz 1862

Familie: Ulmaridae Haeckel 1879

Unterfamilie: Aureliinae L. Agassiz 1862

Gattung: Aurelia Péron und Lesueur 1809

Art: *Aurelia aurita* **(Linné 1758) (Abb. 2-69, S. 98)**

Synonyme: Linné 1758 *Medusa aurita;* Péron und Lesueur 1809 *Aurelia flavidula*

Sonstige Namen: moonjelly, common jelly (USA, Australien), Ohrenqualle (Deutschland)

Merkmale: Der flache, tellerförmige Schirm erreicht einen Durchmesser von 45 cm. Der Schirmrand ist in acht einfache, breite Lappen geteilt. Die gelatinöse Substanz konzentriert sich auf das Zentrum des Schirms. Die Exumbrella ist mit feinen Nesselzellwarzen überzogen. In den Nischen zwischen den Schirmlappen liegen insgesamt acht Rhopalien mit jeweils einem Ocellus und einem Becherauge. Zahlreiche kurze Tentakel (ausgestreckt bis 10 cm lang), die mit winzigen länglichen Randlappen abwechseln, setzen an der Seite des Schirms, oberhalb des Randes an. Die zentrale Mundöffnung ist kreuzförmig und umgeben von vier festen, gelatinösen Mundarmen. Ihre Länge

entspricht dem Schirmradius. An den Lippen der Mundarme sitzen kleine Papillen. Die vier hufeisenförmigen Gonaden liegen interradial. An der Basis der Gonaden entspringen zahlreiche, unverzweigte Gastralfilamente. Im Zentrum jeder Gonadenanlage befindet sich eine runde Subgenitalöffnung. Der Gastralraum bildet vier Taschen und setzt sich in ein gut entwickeltes, radiales Kanalsystem fort. Acht gerade, getrennte, unverzweigte und nicht anastomosierende adradiale Kanäle wechseln mit vier verzweigten interradialen und vier verzweigten perradialen Kanälen ab. An der Peripherie münden alle Kanäle in einen Ringkanal.
Die intensive Färbung ist meist auf die Gonaden beschränkt und rosa-orange. Der Schirm und die Mundarme sind transparent oder weißlich, selten gelblich, grünlich oder rosa.
Insgesamt werden in der Literatur sieben Arten der Gattung *Aurelia* unterschieden. Die morphologischen Differenzierungen basieren im wesentlichen auf Ausbildung der Mesogloea, Form und Größe der Mundarme sowie Abweichungen im Kanalsystem. Geographische Verbreitung und verschiedene Färbungen scheinen die Artenklassifikation zu unterstützen. Untersuchungen von mehr als eintausend Individuen an einem Ort zeigen die enorme morphologische und farbliche Variabilität von *A. aurita*. Solange keine molekularbiologischen Erkenntnisse vorliegen, die eine eindeutige Artunterscheidung ermöglichen, sollten alle Variabilitäten unter *A. aurita* zusammengefaßt werden.

Verbreitung: Weltweit in allen Meeren, von etwa 70° Nord bis 70° Süd.

Nesselwirkung: Die Nesselgifte von *A. aurita* sind schwach und für den Menschen ungefährlich.

Stygiomedusa fabulosa

Stamm:	Cnidaria Verrill 1865
Klasse:	Scyphozoa Goette 1886
Ordnung:	Semaeostomeae L. Agassiz 1862
Familie:	Ulmaridae Haeckel 1879
Unterfamilie:	Stygiomedusinae Russel 1959
Gattung:	Stygiomedusa Russel 1959
Art:	*Stygiomedusa fabulosa* **Russel 1959**
Synonyme:	keine bekannt

Sonstige Namen: keine bekannt

Merkmale: Der flache Schirm dieser benthonischen Meduse erreicht 50 cm Durchmesser. Tentakel fehlen. Am Rand befinden sich insgesamt 40 Rhopalien. Die 20 rhopalaren Radialkanäle sind verzweigt und alternieren mit 20 unverzweigten Interrhopalarkanälen, die am Schirmrand miteinander verschmelzen. Ein Ringkanal ist vorhanden. Der Gastralraum ist ausgedehnt.

Biologie: *S. fabulosa* wurde erst 1959 in der Biskaya gefangen. Der zufällige Fund dieser außergewöhnlichen, seltenen Meduse erregte großes Aufsehen in der Fachwelt. Untersuchungen ergaben, daß *S. fabulosa* junge Medusen in speziellen Brutkammern heranwachsen läßt. Viviparie war bis zu diesem Fund bei Quallen unbekannt. Unklar ist bisher, ob die Brut asexuell, sexuell oder parthenogenetisch erzeugt wird. *S. fabulosa* lebt am Boden in Tiefen von 2.000 Metern. Die Färbung entspricht der typischen braun-rötlichen Färbung der Tiefseeformen.

Verbreitung: Biskaya.

Nesselwirkung: Die Nesselgifte von *S. fabulosa* sind schwach und für den Menschen ungefährlich.

Cassiopea andromeda

Stamm:	Cnidaria Verrill 1865
Klasse:	Scyphozoa Goette 1886
Ordnung:	Rhizostomae Cuvier 1800
Familie:	Cassiopeidae Péron und Lesueur 1809
Gattung:	Cassiopea Péron und Lesueur 1809
Art:	*Cassiopea andromeda* **(Forskål 1775) (Abb. 2-78, S. 114)**
Synonyme:	Péron und Lesueur 1809 *Cassiopea forskalea;* Keller 1883 *Cassiopea polypoides*

Sonstige Namen: up-side-down jellyfish (USA, Australien), Mangrovequalle (Deutschland)

Merkmale: Der Schirm ist flach und erreicht bis zu 15 cm Durchmesser, bei nur drei bis vier cm Höhe . Am Schirmrand befindet sich eine variable Zahl von meist 16 Rhopalien (14 bis 18) und insgesamt 40 stumpfe, kurze Randlappen. Die acht flachen Mundarme sind nur wenig länger als der Schirmradius und tragen 10 bis 15 Seitenäste. Jeder Mundarm weist mehrere winzige sowie etwa fünf keulen- oder lanzettförmige Anhänge auf. Die Anhänge können fehlen. In der Subumbrella befinden sich vier kleine Subgenitalostien. Die fiederförmig aufgebaute Radial- und Ringmuskulatur ist gut entwickelt. Eine primäre Mundöffnung existiert nicht, die Mundarme zeigen ein kompliziertes Faltensystem mit zahlreichen Sekundärmündern. Das Kanalsystem besteht aus 16 gut entwickelten Rhopalarkanälen und 16 weniger ausgeprägten Interrhopalarkanälen. Die vier Gonaden liegen in vier voneinander getrennten Genitalhöhlen. Die Färbung durch ihre Symbionten ist intensiv und höchst variabel. Am gleichen Ort, nur wenige Meter entfernt, kann eine Art mit mehreren Farbvarianten auftreten. Die Grundfärbung des Schirmes ist braun mit weißer und schwarzer Radialzeichnung. Die

Anhänge der Mundarme sind tiefblau, olivgrün oder weißlich.

Biologie: Die Tiere heften sich mit einer Eindellung der Exumbrella auf Weichböden und Riffdächer mit Sandablagerungen. Sie beherbergen in der Gastrodermis Zooxanthellen, die mit ihrer Photosyntheseleistung einen Großteil der Nährstoffe für ihren Wirt bereitstellen. So werden die Lebensgrundlagen für *C.-andromeda*-Massenaggregationen in nährstoffarmen Flachwassergebieten gesichert. Experimente konnten die Übernahme organischer Substanz von den Symbionten in das Wirtsgewebe beweisen. Auf lokalen Märkten der Philippinen werden lebende *C. andromeda* zum Verzehr angeboten, für einen Kilopreis von etwa 0,30 DM (Stand 1998).

Verbreitung: Auf sonnendurchfluteten Sandböden der Küstengebiete. Indischer Ozean, tropischer Pazifik, Rotes Meer, Malaysia, Philippinen.

Nesselwirkung: Die Nesselwirkung von *C. andromeda* ist moderat und meist unbedenklich für den Menschen.

Cassiopea ndrosia

Stamm: Cnidaria Verrill 1865

Klasse: Scyphozoa Goette 1886

Ordnung: Rhizostomae Cuvier 1800

Familie: Cassiopeidae Péron und Lesueur 1809

Gattung: Cassiopea Péron und Lesueur 1809

Art: *Cassiopea ndrosia* **Agassiz und Mayer 1899 (Abb. 3-40, S. 247)**

Synonyme: Maas 1903 *Cassiopeja mertensii* var. *ndrosia*

Sonstige Namen: up-side-down jellyfish (USA, Australien), Mangrovequalle (Deutschland)

Merkmale: Der Durchmesser des Schirmes beträgt etwa 50 mm und zeigt im Zentrum immer eine flache Eindellung. Die Anzahl der Rhopalien schwankt zwischen 18 und 22. Der Schirmrand ist in 32 undeutliche Randlappen differenziert. Die zylindrischen Mundarme können das 1,5fache des Schirmradius erreichen. Zwischen den Seitenästen der Mundarme und im Zentrum der Armscheibe sind zahlreiche kleine, flache Anhänge. Große keulenförmige oder blattähnliche Fortsätze fehlen. *C. ndrosia* verfügt über vier schmale, runde Subgenitalostien und vier getrennte Gastraltaschen. Die Färbung ist bräunlich, mit einem weißen Rand. Die Mundarme sind weißlichgrau.

Verbreitung: Auf sonnendurchfluteten Sandböden der Küstengebiete. Tropischer Pazifik, Australien, Philippinen, Mikronesien.

Nesselwirkung: Die Nesselwirkung von *C. ndrosia* ist gering bis moderat. In Palau konnten Exemplare dieser Art von einer Person unbedenklich mit der bloßen Hand berührt werden, während andere Exemplare der gleichen Art, bei derselben Person, heftige Nesseleffekte hervorriefen.

Cephea cephea

Stamm: Cnidaria Verrill 1865

Klasse: Scyphozoa Goette 1886

Ordnung: Rhizostomae Cuvier 1800

Familie: Cepheidae Péron und Lesueur 1809

Gattung: Cephea Péron und Lesueur 1809

Art: *Cephea cephea* **(Forskål 1775)** **(Abb. 2-83, S. 120)**

Synonyme: Forskål 1775 *Medusa cephea;* Péron und Lesueur 1809 *Cephea rhizostomoides*

Sonstige Namen: Dankan (Philippinen), Warzenqualle (Deutschland)

Merkmale: Der feste, rigide Schirm erreicht einen Durchmesser von 30 cm. Die Exumbrella ist am Rand eingesenkt, im Zentrum der Einsenkung mit einer domförmigen Erhebung. Die Mitte der Erhebung ist mit auffälligen, ca. 30 bis 8 cm langen, konisch zulaufenden und einigen in der Spitze zurückgebogenen, gallertigen Papillen gekennzeichnet. Die acht Sinnesorgane sitzen in tief eingeschnittenen Buchten der acht langen Velarlappen und zwei kleinen, spitzen Rhopalarlappen in jedem Oktanten. Der Schirmrand ist einheitlich, da die Randlappen mit einer Membran verbunden sind. Die Subumbrella weist zahlreiche Ringfalten auf. Nahe des Schirmrandes befindet sich eine durchgehende Zone mit Ringmuskulatur. Die Armscheibe ist octogonal, mit acht Primärkanälen für die adradialen Mundarme. Die Mundarme sind an der Basis verschmolzen, terminal gegabelt, üppig verzweigt und die Enden aufwärts gebogen. Zwischen den Mundarmen befinden sich mehr als 100 bis zu 60 cm lange, hohle Filamente mit Nesselzellbatterien. Die vier Subgenitalostien sind sehr klein mit schlitz- oder trichterförmiger Öffnung. Die einfache Subgenitalhöhle ist kreuzförmig. Vom Gastralraum gehen acht deutliche Rhopalar- und meist acht Interrhopalarkanäle aus. Sie schließen jeweils weitere drei anastomosierende Kanäle ein. Ein Ringkanal fehlt. Das Netzwerk feiner Anastomosen endet mit blinden Verzweigungen in den Radialfurchen der Subumbrellarmuskulatur. Der Schirm ist intensiv blau-violett gefärbt, die Mundarme sind dunkelbraun und die Filamente weißlich.

Biologie: *C. cephea* gilt auf den Philippinen roh als begehrte Beilage. Fischer schätzen den Schirm und die besonders gallertigen Teile der Mundarme als willkommene Abwechslung zu gegrilltem Fisch und verzehren sie noch während ihrer meist eintägigen Fangreisen.

Verbreitung: Tropischer Pazifik, Marquesas, Malaysia, Philippinen, Japan, Australien, Indischer Ozean, Rotes Meer.

Nesselwirkung: Die Nesselgifte sind allgemein schwach, doch wurden unangenehme Nesselungen nach Kontakt mit den Mundarmen berichtet.

Cotylorhiza tuberculata

Stamm:	Cnidaria Verrill 1865
Klasse:	Scyphozoa Goette 1886
Ordnung:	Rhizostomae Cuvier 1800
Familie:	Cepheidae Péron und Lesueur 1809
Gattung:	Cotylorhiza L. Agassiz 1862
Art:	*Cotylorhiza tuberculata* **L. Agassiz 1862** **(Abb. 2-82, S. 119)**
Synonyme:	Macri 1778 *Medusa tuberculata;* Péron und Lesueur 1809 *Cephea polychroma;* Delle Chiaje 1822 *Cassiopea borbonica*
Sonstige Namen:	Spiegeleiqualle (Deutschland)

Merkmale: Der Schirm erreicht einen Durchmesser von bis zu 25 cm, meist 15 bis 17 cm. Die Oberfläche der festen, gelatinösen Exumbrella ist samtglatt und mit einem zentralen Dom ohne Warzen ausgestattet. Zwischen Dom und Schirmrand ist bei alten Exemplaren eine flache, zirkuläre Einsenkung mit Ringfurche ausgebildet, die bei jungen und mittelgroßen Tieren fehlt. Der Schirmrand trägt acht Rhopalien und pro Oktant zehn kurze, tief gefurchte Randlappen. Die Rhopalien besitzen keine Ocellen und die Sinnesgruben sind ohne Radialfalten. Einige der mittleren Velarlappen in jedem Oktanten zeigen unregelmäßige Sekundärfurchen, die etwa halb so tief wie die regelmäßigen Furchen sind. Die Rhopalarlappen sind doppelt so breit wie die Velarlappen. Ein subumbrellares Gewebe verbindet die Randlappen untereinander. Die Armscheibe ist massiv, achteckig, mit acht Hauptkanälen für die Mundarme. Der Gastralraum ist einheitlich und geräumig. Die Subgenitalostien sind klein und trichterförmig, Papillen fehlen. Zwischen den stark verästelten, dichotomen Mundarmen befinden sich zahlreiche gestielte Kolben. Die Ringmuskulatur ist schwach, die Radialmuskulatur besonders stark ausgebildet. Ein Ringkanal fehlt. Die acht Rhopalarkanäle kommunizieren mit sieben bis neun Interradialkanälen, die zentral ein grobes und peripher ein feines Anastomosennetz bilden, das mit dem Gastralraum in Verbindung steht. Der Schirm und der Dom sind intensiv gelb gefärbt, die gestielten Kolben blauviolett und weiß.

Biologie: Häufig in Assoziation mit verschiedenen Jungfischen.

Verbreitung: Mittelmeer, selten im Roten Meer und subtropischen Ostatlantik.

Nesselwirkung: Die Nesselgifte von *C. tuberculata* sind schwach und für den Menschen ungefährlich.

Anomalorhiza shawi

Stamm: Cnidaria Verrill 1865

Klasse: Scyphozoa Goette 1886

Ordnung: Rhizostomae Cuvier 1800

Familie: Lynchnorhizidae Haeckel 1880

Gattung: Anomalorhiza Light 1921

Art: *Anomalorhiza shawi* **Light 1921 (Abb. 1–2, S. 14)**

Synonyme: keine bekannt

Sonstige Namen: Blaukanalqualle (Deutschland)

Merkmale: Der flache bis hemisphärische Schirm erreicht einen Durchmesser von maximal 60 cm. Die Mesogloea ist dünn und sehr weich. Der Apex der Exumbrella ist plateauartig und mit kleinen, ovalen Nesselwarzen übersät, die bei älteren Exemplaren nur noch am Rand zu finden sind. Der Schirmrand enthält pro Oktant ein Rhopalium (insgesamt acht), zwei schmale Rhopalarlappen und sechs breite, kurze Velarlappen. Die Sinnesgruben enthalten keine radialen Falten. Die Armscheibe ist vierkantig und der Subgenitalraum einheitlich. Die Ostien sind breiter als die Armpfeiler. Papillen sind nicht vorhanden. Die acht Mundarme gabeln sich proximal und bilden terminal je einen langen Endkolben, in dem sich der Hauptkanal der Mundarme fortsetzt. Die Mundarme sind fast so lang wie der Schirmdurchmesser, die Endkolben gut ein Drittel so lang wie der Schirmradius. Außer den Endkolben fehlen weitere Anhänge. Die Muskulatur ist schwach ausgebildet. Das Kanalsystem besteht aus 16 Radialkanälen, von denen die acht Rhopalarkanäle den Schirmrand erreichen, während die acht Interrhopalarkanäle am Ringkanal enden. Zwischen den Radialkanälen ist je ein zentripetaler, vom Ringkanal ausgehender Kanal vorhanden, ohne Verbindung zum Gastralraum. Extrazirkulär zieht sich ein feines Kanalnetz, das mit den acht Rhopalarkanälen kommuniziert, bis zum Rand. Die Färbung des Schirmes ist weiß, die Warzen auf der Exumbrella sind braun. Auffällig ziehen sich intensiv tiefblaue Kanäle in die Mundarme. Diese charakteristische Kanalfärbung ist bisher nur bei dieser Art beobachtet worden und bleibt auch bei formolfixierten Tieren erhalten.

Verbreitung: Philippinen.

Nesselwirkung: Schwache und für den Menschen ungefährliche Nesselwirkung.

Mastigias papua

Stamm: Cnidaria Verrill 1865

Klasse: Scyphozoa Goette 1886

Ordnung: Rhizostomae Cuvier 1800

Familie: Mastigiidae L. Agassiz 1862

Gattung: Mastigias L. Agassiz 1862

Art: *Mastigias papua* **(Lesson 1830) (Abb. 2-73, S. 107)**

Synonyme: Lesson 1830 *Cephea papua;* Kishinouye 1895 *M. physiophora;* A. Agassiz und Mayer *Pseudorhiza thocambaui*

Sonstige Namen: Kleine Seegrasqualle (Deutschland)

Merkmale: Der Schirmdurchmesser ist mit 5 bis 8 cm eher klein. Die Exumbrella des halbkugelförmigen Schirms ist fein granulär, die gelatinöse Substanz fest. Am Schirmrand befinden sich insgesamt acht Rhopalien, deren Sinnesgruben keine radiären Falten aufweisen. Pro Oktant sind zehn Randlappen vorhanden. Zwischen den acht Velarlappen sowie den beiden kleineren, spitzen Rhopalarlappen sind tiefe Kerben im Schirmrand. Die Armscheibe ist fast quadratisch, mit vier Hauptkanälen für die Mundarme. Die vier Subgenitalostien sind doppelt so breit wie die Armsäulen dazwischen, Papillen fehlen. Der Subgenitalraum ist einheitlich. Die acht dreiteiligen Mundarme sind ohne Anhänge etwa so lang wie der Schirmradius. Sie enden in einem nackten kolbenförmigen Anhang, der die Länge des Schirmdurchmessers erreichen kann. Die Anhänge können reduziert sein oder gänzlich fehlen. Im Querschnitt zeigen die Anhänge eine dreieckige Form mit einem ausgeprägten axialen Kanal. Die zahlreichen Sekundärmünder ziehen sich auch an den Innenseiten der Mundarme fast bis zur Armscheibe hinauf. An den Mundarmen sind viele wenige Millimeter große Vesikel ausgebildet. Das Kanalsystem besitzt acht Rhopalarkanäle, die bis zum Schirmrand reichen. Zwischen den Rhopalarkanälen sind sieben bis neun mit ihnen verbundene Interrhopalarkanäle, die mit dem Gastralraum kommunizieren. Das Netzwerk wird an der Peripherie feiner und reicht bis in die Randlappen. Die zirkuläre Muskulatur wird in der Randzone durch acht rhopalare Radien unterbrochen.
Die Färbung der Tiere ist höchst variabel und reicht von grün-blauem bis zu olivbraunem Schirm und Mundarmen. Auffällig sind die wiederum stark in der Färbung schwankenden runden bis ovalen meist weißen Punkte auf der Exumbrella von etwa 5 mm Durchmesser.

Biologie: Auf den Philippinen ist *M. papua* die häufigste Art.

Verbreitung: Weit verbreitet im gesamten tropischen Pazifik.

Nesselwirkung: Die schwachen Nesselgifte sind für den Menschen harmlos.

Mastigias ocellatus

Stamm: Cnidaria Verrill 1865

Klasse: Scyphozoa Goette 1886

Ordnung: Rhizostomae Cuvier 1800

Familie: Mastigiidae L. Agassiz 1862

Gattung: Mastigias L. Agassiz 1862

Art: *Mastigias ocellatus* **(Modeer 1791)**

Synonyme: Modeer 1791 *Medusa ocellata;* Péron und Lesueur 1809 *Cephea ocellata*

Sonstige Namen: Große Seegrasqualle (Deutschland)

Merkmale: Der Schirmdurchmesser erreicht 10 bis 15 cm, in Ausnahmefällen ist er noch größer. Die Exumbrella ist überzogen mit feinen, polygonal angeordneten Nesselzellmustern. Die weiße Punktierung weist bei adulten Exemplaren ein braunes Zentrum und einen braunen Rand auf. Die Mundarme sind etwas kürzer als bei *M. papua* und die terminalen Anhänge nicht länger als der Schirmdurchmesser. Über die gesamten Mundarme sind vesikuläre, vorstehende Anhänge verteilt. In jedem Oktanten sind 12 abgerundete Velarlappen und zwei schmale, spitze Rhopalarlappen. Mit 15 bis 20 anastomosierenden Interrhopalarkanälen zeigt das Kanalsystem etwa doppelt so viele Kanäle wie *M. papua*. Die perradialen Rhopalarkanäle sind flaschenförmig erweitert. Die Färbung des Schirms und der Mundarme ist rötlich-braun und die der vesikulären Anhänge gelblich-weiß. Alle keulenförmigen, terminalen Anhänge sind bis auf die blau-weiße Spitze durchsichtig.

Verbreitung: Indischer Ozean, Malaysia, Chinesisches Meer, tropischer Pazifik, Indonesien, Japan, Philippinen.

Nesselwirkung: Die Nesselwirkung ist schwach und für den Menschen ungefährlich.

Mastigias sp.

Stamm: Cnidaria Verrill 1865

Klasse: Scyphozoa Goette 1886

Ordnung: Rhizostomae Cuvier 1800

Familie: Mastigiidae L. Agassiz 1862

Gattung: Mastigias L. Agassiz 1862

Art: *Mastigias sp.*

Synonyme: keine bekannt

Sonstige Namen: Wanderqualle (Deutschland)

Merkmale: Der Schirmdurchmesser erreicht 12 cm. Die Exumbrella ist samtglatt und mit feinen Nesselzellwarzen besetzt. Eine auffällige Punktierung wie bei allen anderen *Mastigias*-Arten fehlt völlig, sowohl bei jungen als auch bei adulten Tieren. Zwischen den insgesamt acht Rhopalien sind jeweils zwei schmale, spitze Rhopalarlappen und zehn tief gefurchte, abgerundete Velarlappen. Die acht ausgeprägten Rhopalarkanäle anastomosieren kaum mit den sechs bis neun Interrhopalarkanälen. Die Subgenitalostien sind dreimal so breit wie die gallertigen Säulen zwischen den Ostien. Die Mundarme sind pyramidal, bei älteren Exemplaren aufwärts gebogen. Die terminalen Anhänge sind kurz (2 bis 5 mm), hammerförmig und transparent. An den Mundarmen finden sich weiter ca. 0,2 bis 0,3 mm große, weiß gefärbte, vesikuläre Anhänge, mit unregelmäßiger Verteilung. Die perradialen, ausgeprägten Gonadenanlagen sind kreuzförmig.

Die Grundfärbung des Schirmrandes und der Mundarme ist gelb, der vesikulären Anhänge weiß, der terminalen Anhänge und der Schirmoberfläche transparent.

Es handelt sich bei dieser Art um Exemplare aus dem Quallensee (Eil Malk) in Palau (Mikronesien). Bisher wurde die Art als *M. papua* identifiziert, die gravierenden morphologischen Unterschiede unterstützen eine neue Artcharakterisierung.

Verbreitung: Quallenseen in Palau (Mikronesien).

Nesselwirkung: Die schwachen Nesselgifte sind für den Menschen harmlos.

Phyllorhiza punctata

Stamm: Cnidaria Verrill 1865

Klasse: Scyphozoa Goette 1886

Ordnung: Rhizostomae Cuvier 1800

Familie: Mastigiidae L. Agassiz 1862

Gattung: Phyllorhiza L. Agassiz 1862

Art: *Phyllorhiza punctata* **von Lendenfeld 1884** **(Abb. 3-35, S. 244)**

Synonyme: Uchida 1954 *Phyllorhiza trifolium*

Sonstige Namen: Sternhimmelqualle (Deutschland)

Merkmale: Der etwas flacher als eine Hemisphäre geformte Schirm erreicht einen Durchmesser von 60 cm. Die gallertige Stützsubstanz ist weich und im Zentrum etwa 8 bis 12 cm dick. Regelmäßige kleine Nesselzellwarzen überziehen den glatten, Schirm. Der Schirmrand trägt acht Rhopalien und pro Oktant 14 Randlappen (zwei spitze Rhopalarlappen, vier einfache runde und vier doppelte runde Velarlappen). Die doppelten Velarlappen sind miteinander verbunden. An der octogonalen, massiv gelatinösen Armscheibe befinden sich zahlreiche feine Filamente. Die Subgenitalostien sind fast dreimal so breit wie die Säulen der Armscheibe. Die acht dreiteiligen Mundarme sind relativ kurz (etwa die Länge des Schirmdurchmessers). An den Mundarmen

befinden sich kleine, bis 10 mm große vesikuläre Anhänge sowie unregelmäßige Filamente, die die Länge der Mundarme erreichen können. Die Subumbrellarmuskulatur ist ausgeprägt und durch die acht Rhopalarkanäle unterbrochen. Ein breiter Ringkanal verbindet die Rhopalarkanäle und bildet peripher ein feines Anastomosennetz bis in die Randlappen. Nach innen ist der Ringkanal über das Kanalnetz mit dem Gastralraum und allen Interrhopalarkanälen, nicht mit den Perradialkanälen, verbunden.
Der Schirm ist transparent und von zahlreichen weißen Punkten mit etwa 0,8 cm Durchmesser bedeckt. Die Mundarme sind weiß und an den Spitzen gelblich-braun.

Biologie: Häufig in Assoziation mit Stachelmakrelen, Kurzschwanzkrebsen oder Garnelen.

Verbreitung: Ostaustralien, Philippinen, Japan.

Nesselwirkung: Die Nesselgifte können zu leichten Hautreaktionen führen, die sich nach wenigen Stunden wieder zurückbilden.

Versuriga anadyomene

Stamm: Cnidaria Verrill 1865

Klasse: Scyphozoa Goette 1886

Ordnung: Rhizostomae Cuvier 1800

Familie: Versurigidae Kramp 1961

Gattung: Versuriga Kramp 1961

Art: *Versuriga anadyomene* **(Maas 1903)** **(Abb. 2-17, S. 54)**

Synonyme: Maas 1903 *Crossostoma anadyomene;* Mayer 1910 *Versura anadyomene;* Mayer 1915 a *Versura maasi*

Sonstige Namen: Furchenqualle (Deutschland)

Merkmale: Der fast halbkugelförmige Schirm erreicht einen Durchmesser von über 70 cm. Die Exumbrella ist von einem bis zu 10 mm tiefen, auffälligen Netzwerk überzogen, das die Oberfläche in polygonale, gelatinöse Erhebungen zerfurcht. Das Netzwerk ist marginal feiner als im Zentrum. In jedem Oktanten sind acht große, halbrunde Velarlappen, die mit der gleichen Zahl schmaler, kurzer Lappen alternieren. Die acht Rhopalien haben keine Ocellen und keine Radialfalten in den winzigen Sinnesgruben. Sie werden von schmalen, lanzettförmigen Rhopalarlappen flankiert. Die Armscheibe ist quadratisch mit vier Hauptkanälen für die acht seitlich abgeflachten Mundarme. Der Subgenitalraum ist flach und geräumig, die Ostien sind breit und ohne Papillen. Die dreiflügeligen Mundarme sind etwa so lang wie der Schirmradius, mit vielen flachen membranösen Seitenzweigen. Die beiden nach außen orientierten Mundarmflügel tragen nesselzellbesetzte vesikuläre, bis 14 mm große Anhänge. An den axialen inneren Mundarmen befinden sich zahlreiche, bis 30 cm lange, filamentöse Anhänge, die ebenfalls mit Nesselzellwarzen bestückt sind. Der Gastralraum ist kreuzförmig. Von ihm gehen vier perradiale Kanäle, ohne Anastomosen zu bilden, direkt zum Schirmrand. Die vier interradialen Kanäle sind indirekt mit dem Gastralraum über ein feines, verzweigtes Kanalsystem verbunden. Der Ringkanal ist in ein dünnes, engmaschiges peripheres Kanalnetz differenziert, das mit allen acht Radialkanälen kommuniziert und bis in die Randlappen reicht. In der Subumbrella sind zwei separate, durch die Radialkanäle unterbrochene Ringmuskulaturanlagen, Radiärmuskulatur fehlt.

Die Färbung des weißlichen Schirmes wird vom blau-violetten Furchensystem auf der Exumbrella dominiert. Die Mundarme sind dunkelbraun, die vesikulären und filamentösen Anhänge transparent.

Biologie: Häufig in Assoziation mit Stachelmakrelen, Kurzschwanzkrebsen oder Garnelen.

Verbreitung: Indien, Malaysia, Philippinen, Australien.

Nesselwirkung: Die Nesselgifte von *V. anodyomene* sind stark und führen zu heftigen Hautreaktionen und mehrere Stunden anhaltenden Schmerzen. Die Wundheilung der betroffenen Hautpartien benötigt gut eine Woche.

Thysanostoma loriferum

Stamm: Cnidaria Verrill 1865

Klasse: Scyphozoa Goette 1886

Ordnung: Rhizostomae Cuvier 1800

Familie: Thysanostomatidae L. Agassiz 1862

Gattung: Thysanostoma L. Agassiz 1862

Art: *Thysanostoma loriferum* **(Ehrenberg 1835) (Abb. 1–5, S. 15)**

Synonyme: Ehrenberg 1835 *Rhizostoma loriferum;* Haeckel 1880 *Himantostoma lorifera;* Mayer 1910 *Lorifera lorifera;* Stiasny 1940 a *Thysanostoma lorifera*

Sonstige Namen: Rosa Zigarrenqualle (Deutschland)

Merkmale: Der halbkugelförmige Schirm erreicht einen Durchmesser von 20 cm. Die Exumbrella ist samtartig und von feinen Nesselwarzen übersät. Am gefurchten Rand finden sich acht Rhopalien und pro Oktant sechs bis acht kurze, runde Velarlappen, die über eine Membran verbunden sind. Die Rhopalien besitzen Ocellen und werden von schmalen, rudimentären Rhopalarlappen eingefaßt. Die vier weiten Subgenitalostien sind etwa viermal so breit wie die Gallertsäulen der Armscheibe. Der Gastralraum ist kreuzförmig und eng. Von der quadratischen Armscheibe gehen vier Hauptkanäle in acht gleichmäßig daumendicke, stabförmige Mundarme über. Die im Querschnitt dreiteiligen Mundarme werden nur wenig länger als die Schirmbreite und sind an jeder Flügelleiste mit einer Reihe Sekundärmünder ausgestattet. In der unteren Hälfte werden die drei Reihen auf zwei reduziert. Terminal tragen sie jeweils einen ovalen, vesikulären Anhang von etwa 4 mm Durchmesser (bei *T. thysanura* fehlen diese Anhänge), weitere Anhänge sind nicht vorhanden. In der Subumbrella fehlt die Radialmuskulatur, während die Ringmuskulatur kräftig entwickelt und einheitlich ist. Die acht Rhopalarkanäle kommunizieren mit dem Ringkanal sowie dem intra- und extrazirkulären Anastomosennetz. Die Färbung des Schirmes ist rosa-violett, der Schirmrand und die Mundarme sind ocker-bräunlich.

Biologie: Die Medusen werden regelmäßig von einzelnen adulten Stachelmakrelen begleitet. Von 23 beobachteten Exemplaren in philippinischen Gewässern war nur eine Meduse ohne Begleitfisch. Die Fische verteidigen „ihre" Qualle mit aggressiven Attacken gegen vermeintliche Gefahren wie Schwimmer oder Taucher. Die Entscheidung zum Angriff erfolgt unmittelbar dann, wenn ein Mindestabstand von etwa 6 bis 8 m unterschritten wird. Der Fisch stößt mit blitzschnellen Scheinangriffen auf den Taucher zu, dreht kurz vor einem Zusammenstoß ab und kehrt sofort zur Meduse zurück. Nach vier bis sechs Drohangriffen folgen Attakken ohne Abdrehen, dafür aber mit kräftigem Biß. Wenn die Stachelmakrele mit den echten Angriffen keinen Erfolg in der Vertreibung des Störenfrieds hat, kehrt sie zur Qualle zurück und orientiert sie mit sanften Schnauzenstößen unter den Schirm in eine gefahrlose Richtung. Läßt sich der Schwimmer nicht abschütteln oder wird die Partnerschaft von verschiedenen Seiten gleichzeitig bedrängt, bringt die Stachelmakrele „ihre Qualle" zum Abtauchen. Die Beziehung ist so innig, daß die Fische ihre Meduse auch dann nicht im Stich lassen, wenn sie bereits in einem Plastikbeutel gefangen ist. Entfernt man die Qualle aus dem Wasser, sucht der Fisch nervös in immer größeren Kreisen seinen Partner, bis er schließlich aufgeben muß. Weitere Attacken erfolgen dann nicht mehr.

Verbreitung: Tropischer Pazifik, Malaysia, Philippinen, Rotes Meer.

Nesselwirkung: Die Nesselgifte von *T. loriferum* sind gering bis moderat.

Thysanostoma thysanura

Stamm: Cnidaria Verrill 1865

Klasse: Scyphozoa Goette 1886

Ordnung: Rhizostomae Cuvier 1800

Familie: Thysanostomatidae L. Agassiz 1862

Gattung: Thysanostoma L. Agassiz 1862

Art: *Thysanostoma thysanura* **Haeckel 1880 (Abb. 3-23, S. 229)**

Synonyme: Kishinouye 1910 *T. denscripsum*

Sonstige Namen: Zigarrenqualle (Deutschland)

Merkmale: Der hemisphärische Schirm erreicht über 12 cm Durchmesser. Die Exumbrella ist mit einem polygonalen Netzwerk von Nesselwarzen überzogen. Am Rand werden insgesamt acht Rhopalien von pro Oktant acht abgerundeten Velarlappen und zwei spitzen Rhopalarlappen umgeben. Die exumbrellare Sinnesgrube ist winzig und ohne Radialfalten. Zwischen den Randlappen sind Furchen, eine einheitlich verbindende Membran wie bei *T. loriferum* fehlt. Die quadratische Armscheibe weist zahlreiche kurze Filamente auf (ca. 5 mm lang). Die acht Mundarme sind meist dreimal so lang wie der Schirmdurchmesser, können in Einzelfällen auch die fünffache Länge erreichen. Die Mundarme gleichen im Bau denen von *T. loriferum*, unterscheiden sich nur durch Fehlen der terminalen Anhänge. Die Subgenitalhöhle ist breit und flach. Die Subgenitalostien sind etwa viermal so breit wie die Armsäulen. Die Ringmuskulatur ist von den acht Rhopalarkanälen teilweise unterbrochen. Alle Rhopalarkanäle kommunizieren mit dem Gastralraum, dem Ringkanal sowie dem peripheren und zentralen netzartigen Kanalsystem. Die Färbung des Schirmes ist hellbraun, die Mundarme und der Schirmrand sind haselnußbraun.

Verbreitung: Indischer Ozean, Malaysia, Philippinen, Japan, Australien.

Nesselwirkung: Die Nesselgifte von *T. thysanura* sind moderat und für den Menschen unangenehm.

Catostylus purpurus

Stamm: Cnidaria Verrill 1865

Klasse: Scyphozoa Goette 1886

Ordnung: Rhizostomae Cuvier 1800

Familie: Catostylidae L. Agassiz 1862

Gattung: Catostylus L. Agassiz 1862

Art: *Catostylus purpurus* **Mayer 1910 (Abb. 2-118, S. 154)**

Synonyme: keine bekannt

Sonstige Namen: Tintenqualle (Deutschland)

Merkmale: Der fast halbkugelförmige Schirm erreicht einen Durchmesser von 10 cm und eine Höhe von 3 cm. Die Exumbrella ist mit feinen Nesselwarzen besetzt, lederartig und glatt. Am Schirmrand sind insgesamt acht Rhopalien, die von schmalen Rhopalarlappen flankiert werden. Pro Oktant sind zehn Velarlappen und zwei Rhopalarlappen vorhanden. In jedem Oktanten sind vier gefurchte doppelte und zwei einfache, runde Velarlappen in einer definierten Reihenfolge angeordnet: Nach den Rhopalarlappen folgt ein doppelter Velarlappen, dann ein einzelner, darauf zwei doppelte, wieder ein einzelner und schließlich, vor dem nächsten Rhopalarlappen, ein doppelter Velarlappen. Die Armscheibe ist achteckig, perradial gekerbt und mit breiten Subgenitalöffnungen versehen. Die Subgenitalöffnungen werden durch eine gelatinöse Projektion der Armscheibe eingeengt. Die Papillen vor den Ostien sind klein und fingerförmig. Bei einigen Exemplaren werden die Papillen von hahnenkammartigen, gelatinösen Ausbildungen eingefaßt. Die acht Mundarme sind nicht länger als der Schirmradius. Filamente oder sonstige Anhänge fehlen völlig. Die Ringmuskulatur ist einheitlich und kräftig ausgebildet. Das Kanalsystem besteht aus Ringkanal und 16 Radialkanälen. Die acht Rhopalarkanäle reichen bis zum Rand, die acht Interrhopalarkanäle nur bis zum Ringkanal. Im peripheren Anastomosennetz sind die Interrhopalarkanäle bei einigen Tieren noch schwach sichtbar. Vom Ringkanal erstreckt sich ein nicht allzu feinmaschiges Netz intrazirkulärer Kanäle, die mit allen Radialkanälen, nicht aber mit dem Gastralraum kommunizieren. Die Färbung der Meduse ist unter natürlichen Lichtbedingungen braun bis tiefschwarz. Unter Kunstlicht erscheint sie rötlich-braun gefärbt.

Biologie: Die Tiere sind häufig im brackigen Flachwasser über Sandböden zu finden und aufgrund ihrer intensiven Färbung leicht zu erkennen.

Verbreitung: Bisher ausschließlich von den Philippinen bekannt.

Nesselwirkung: Kontakt mit *C. purpurus* führt zu mehrere Stunden anhaltendem Brennen und Jucken der betroffenen Hautpartien. Abgesehen von dieser leichten Nesselwirkung sind die Gifte für den Menschen harmlos.

Catostylus townsendi

Stamm: Cnidaria Verrill 1865

Klasse: Scyphozoa Goette 1886

Ordnung: Rhizostomae Cuvier 1800

Familie: Catostylidae L. Agassiz 1862

Gattung: Catostylus L. Agassiz 1862

Art: *Catostylus townsendi* **Mayer 1915** **(Abb. 1-15, S. 23)**

Synonyme: keine bekannt

Sonstige Namen: Vogeleiqualle (Deutschland)

Merkmale: Der halbkugelförmige Schirm erreicht einen Durchmesser bis 12 cm. Die Exumbrella ist feingranulär, rigide und mit kleinen Nesselwarzen besetzt. Die acht silbrig glänzenden Rhopalien besitzen keine Ocellen. Die zwei Rhopalarlappen sind klein und oval. Die Velarlappen sind etwa doppelt so breit wie lang. Zwischen allen Randlappen sind tiefe Kerben in der seitlichen Exumbrella. Die sechs bis acht Velarlappen sind unregelmäßiger als bei *C. purpurus* angeordnet, davon sind fünf bis sieben doppelt. In der Form und Größe unterscheiden sich weder Armscheibe noch Subgenitalostien und Papillen von *C. purpurus*. Die Mundarme erreichen fast die Länge des Schirmdurchmessers. Die kräftige Ringmuskulatur ist ununterbrochen, die Radialmuskulatur ist schwach ausgebildet. Das Kanalsystem besteht aus 16 Kanälen. Die acht Rhopalarkanäle ziehen sich bis zum Rand durch, die acht Interrhopalarkanäle nur bis zum Ringkanal. Das extrazirkuläre Kanalnetz reicht bis in die Randlappen. Innerhalb des Ringkanals verschmelzen alle Radialkanäle über vier bis sieben anastomosierende Kanäle, die nicht mit dem Gastralraum kommunizieren.

Biologie: *C. townsendi* nimmt bezüglich der farblichen Variabilität eine extreme Position ein. Es gelang nicht, unter vielen hundert Tieren zwei Exemplare mit der gleichen Färbung zu finden. Die Zeichnungen auf den Schirmen ähneln sich zwar in der Größe und Form, bieten aber das gesamte Farbspektrum. Die Färbung der Mundarme ist unabhängig von der Färbung des Schirms, selbst mehrere Farben an den Mundarmen sind beobachtet worden.
Östlich von Roxas (Palawan, Philippinen) wurden im knietiefen, brackigen Wasser Dichten von maximal 40 Tieren pro m^2 gezählt. Die Aggregationen waren auf einen schmalen Gürtel von etwa 80 m Breite entlang des stark tidenbeeinflußten Uferbereiches beschränkt. Die Untersuchung der Gastralräume zeigte, daß ausschließlich Copepoden erbeutet wurden.

Verbreitung: Indochina, Malaysia, Borneo, Java, Philippinen.

Nesselkapseln: Die Nesselgifte von *C. townsendi* sind schwach und für den Menschen harmlos.

Catostylus mosaicus

Stamm:	Cnidaria Verrill 1865
Klasse:	Scyphozoa Goette 1886
Ordnung:	Rhizostomae Cuvier 1800
Familie:	Catostylidae L. Agassiz 1862
Gattung:	Catostylus L. Agassiz 1862
Art:	*Catostylus mosaicus* **(Quay und Gaimard 1824) (Abb. 2-149, S. 180)**
Synonyme:	Quay und Gaimard 1824 *Cephea mosaica;* L. Agassiz 1862 *C. wilkesii;* Haeckel 1880 *Crambessa mosaica*

Sonstige Namen: Kreuzqualle (Deutschland)

Merkmale: Der Schirm erreicht einen Durchmesser von meist 12 cm, in Einzelfällen bis zu 30 cm. Die Exumbrella ist überzogen mit kleinen Nesselwarzen. Die acht Rhopalien haben keine Ocellen, die Sinnesgrube zeigt Radialfalten. Der Schirmrand ist pro Oktant in 16 lange, ovale, gleichförmige Randlappen untergliedert. Die Subgenitalhöhle ist einheitlich, vor jedem Ostium ist eine Papille ausgebildet. Die acht Mundarme erreichen fast die Länge des Schirmdurchmessers. Sie sind seitlich abgeflacht und kegelförmig. Anhänge an den Mundarmen fehlen völlig. Vom kreuzförmigen Gastralraum gehen 16 Radialkanäle aus, die mit dem Ringkanal verschmelzen. Die Anordnung des Kanalsystems entspricht im Prinzip den bereits beschriebenen *Catostylus*-Arten.

Biologie: Die Färbung der Tiere ist hellblau (Australien), zuweilen auch intensiv grünlich oder türkis (Philippinen). In der Moreton Bay (Brisbane, Australien) tritt *C. mosaicus* ganzjährig in dichten Schwärmen auf.

Verbreitung: Philippinen, Neu-Guinea, Australien.

Nesselwirkung: Die Nesselwirkung ist moderat bis heftig. Das heftige Brennen hält oft Stunden nach Kontakt an. Die Hautreaktionen reichen von leichten Rötungen bis Bläschenbildung. Badegäste sollten unbedingt Strandabschnitte mit Massenvorkommen von Kreuzquallen meiden.

Lobonema smithi

Stamm:	Cnidaria Verrill 1865
Klasse:	Scyphozoa Goette 1886
Ordnung:	Rhizostomae Cuvier 1800
Familie:	Lobonematidae Mayer 1910
Gattung:	Lobonema Mayer 1910
Art:	*Lobonema smithi* **Mayer 1910** **(Abb. 2-41, S. 72)**
Synonyme:	Light 1914 b *L. mayeri;* Mayer 1915 a *L. smithii*

Sonstige Namen: Igelqualle (Deutschland)

Merkmale: Der Schirm ist deutlich flacher als eine Halbkugel und erreicht 45 cm Durchmesser. Die Mesogloea ist dünn und weich. Auf der Exumbrella sind zahlreiche fingerförmige, gelatinöse, mit Nesselzellen besetzte Papillen angeordnet. Sie laufen am Ende konisch spitz zu und können bis zu 5 cm lang werden. Die acht Rhopalien besitzen keine Ocellen, ihre Sinnesgrübchen zeigen radiale Falten. Die zwei Rhopalarlappen in jedem Oktanten sind oval und schmal, die vier Velarlappen bis zu 15 cm lang und peitschenförmig. Die tentakelähnlichen Spitzen der Velarlappen sind mit vielen Nesselzellen ausgestattet. Der Schirmrand ist zwischen jedem zweiten Velarlappen doppelt so tief gefurcht wie zwischen den übrigen Velarlappen. 16 Radialkanäle reichen vom Gastralraum direkt bis zum Schirmrand. Intra- und extrazirkulär ist ein netzähnliches Kanalsystem mit zahlreichen Anastomosen ausgebildet, das bis in die Spitzen der Velarlappen reicht, aber nicht mit dem Gastralraum kommuniziert. Die Ringmuskulatur ist kräftig entwickelt und wird durch die Rhopalarradien nicht unterbrochen. Radialmuskulatur fehlt völlig. Der Subgenitalraum ist einheitlich und geräumig, die breiten Ostien weisen Papillen auf. Die acht dreiflügeligen Mundarme sind etwa so lang wie der Schirmradius und haben seitliche Öffnungen. Sie tragen nesselzellbesetzte, spindelförmige, in haarfeine Filamente übergehende Anhänge unterschiedlicher Länge (bis 1 m).

Biologie: Die peitschenförmig verlängerten Velarlappen sind funktionell effektive Tentakel. Die Berührung der reich mit Nesselzellen bestückten Velarlappen ruft heftige Hautreaktionen hervor. Interessant ist, daß diese großen Medusen nicht, wie üblich bei Wurzelmundquallen, von Fischen begleitet werden, die sich bei Gefahr zwischen den Mundarmen verstecken. Es wird vermutet, daß die tentakelähnlichen Velarlappen und die langen, haarfeinen Filamente mit ihren Nesselzellen selbst die geschicktesten Schwimmer unter den Begleitfischen paralysieren und so die Voraussetzung für eine friedliche Partnerschaft zerstören.
In Palawan (Philippinen) werden die Tiere während der Saison von Fischern gefangen und in transportablen Containern für den menschlichen Verzehr verarbeitet.
Die Färbung der Tiere ist allgemein unauffällig milchig-weiß, bei einigen Tieren in Ostpalawan sind die Randlappen blau-rosa gefärbt.

Verbreitung: Indischer Ozean, Philippinen.

Nesselwirkung: Die Nesselgifte sind moderat bis heftig, Kontakt kann zu starken Hautreaktionen führen.

Rhizostoma pulmo

Stamm:	Cnidaria Verrill 1865
Klasse:	Scyphozoa Goette 1886
Ordnung:	Rhizostomae Cuvier 1800
Familie:	Rhizostomatidae Cuvier 1800
Gattung:	Rhizostoma Cuvier 1800
Art:	*Rhizostoma pulmo* **(Macri 1778) (Abb. 2-152, S. 184)**
Synonyme:	Macri 1778 b *Medusa pulmo;* Haeckel 1880 *Pilema pulmo;* Stiasny 1920 *Rhizostoma octopus*

Sonstige Namen: cabbage blebs (USA), Blumenkohlqualle, Lungenqualle (Deutschland)

Merkmale: Der domförmige Schirm erreicht einen Durchmesser von über 60 cm. Die Exumbrella ist samtartig und mit Nesselzellen bestückt. Die Mesogloea ist fest und widerstandsfähig. Pro Oktant sind sechs bis acht abgerundete, doppelt so lange wie breite Velarlappen und acht Rhopalien ohne Ocellen vorhanden, die von zwei schmalen, lanzettförmigen Rhopalarlappen eingerahmt werden. Die Sinnesgrube enthält Radialfalten. Die acht dreiflügeligen Mundarme und die dreieckigen terminalen Endkolben sind etwa so lang wie der Schirmdurchmesser. Unter der Subumbrella, kurz hinter dem Ansatz der Armscheibe, sind für jeden Mundarm zwei Epauletten ausgebildet. Die vier Subgenitalhöhlen sind getrennt. Die schlitzförmigen Ostien besitzen Papillen. Von dem kreuzförmigen Gastralraum gehen 16 Radialkanäle aus, die alle den Schirmrand erreichen. Das extrazirkuläre, dichte Kanalnetz verschmilzt vom Ringkanal aus mit allen Radialkanälen. Das intrazirkuläre, weitmaschige Kanalnetz kommuniziert ausschließlich mit dem Ringkanal. Die Ringmuskulatur ist durch die Radialkanäle in 16 gleichförmige Radien unterteilt. Die Grundfärbung der Tiere ist gelblich-weiß, die Randlappen tiefblau oder braun, die Mundarme ebenfalls blau oder orange-braun.

Verbreitung: Ostatlantik, Nordsee, Mittelmeer, Rotes Meer, Schwarzes Meer, Südafrika.

Nesselwirkung: Die Nesselgifte von *R. pulmo* sind trotz ihrer eindrucksvollen Größe schwach und für den Menschen ungefährlich.

Rhopilema hispidum

Stamm:	Cnidaria Verrill 1865
Klasse:	Scyphozoa Goette 1886
Ordnung:	Rhizostomae Cuvier 1800
Familie:	Rhizostomatidae Cuvier 1800
Gattung:	Rhopilema Haeckel 1880
Art:	*Rhopilema hispidum* **(Vanhöffen 1888) (Abb. 2-144, S. 176)**
Synonyme:	Haeckel 1880 *Pilema clavigera*; Vanhöffen 1888 *Rhizostoma hispidum;* Kishinouye 1899 *R. verrucosa;* Light 1914 b *R. visayana*
Sonstige Namen:	Reibeisenqualle (Deutschland)

Merkmale: Der halbkugel- bis helmförmige Schirm erreicht einen Durchmesser über 35 cm. Die Exumbrella ist rauh, rigide und mit runden, etwa 2 mm hohen Dörnchen bestückt. Die Mesogloea ist fest und wider-

standsfähig. Pro Oktant sind acht abgerundete, dreimal so lange und fünfmal so breite Randlappen wie Rhopalarlappen vorhanden. Die acht Rhopalien besitzen keine Ocellen. Die Sinnesgruben enthalten Radialfalten. Die acht Mundarme sind im oberen Drittel ihrer Länge verschmolzen und in den unteren zwei Dritteln frei. Sie sind etwas länger als der Schirmradius. Die Mundarme enden mit keulenförmigen Anhängen, die wie Eiszapfen an den äußersten Spitzen herabhängen. Von der Armscheibe zwischen den Mundarmen entspringen weitere fadenförmige Anhänge. Unter der Subumbrella, kurz hinter dem Ansatz der Armscheibe, sind für jeden Mundarm zwei Epauletten ausgebildet. Die vier Subgenitalhöhlen sind teilweise verschmolzen. Vom Gastralraum gehen 16 Radialkanäle aus, die alle den Schirmrand erreichen und dort ein feines Netz anastomosierender Kanäle bilden. Ein Ringkanal fehlt. Die Ringmuskulatur ist durch die Radialkanäle in 16 dreieckige Einheiten unterteilt.
Die Grundfärbung der Tiere ist milchigweiß, die Exumbrella ist mit braunen Dörnchen besprenkelt.

Biologie: Ebenso wie die verwandte *R. esculenta* wird auch *R. hispidum* auf den Philippinen für den menschlichen Verzehr gefangen und zubereitet.
Häufig in Assoziation mit einem Schwarm junger Stachelmakrelen. Adulte Stachelmakrelen können die Medusen sogar an Größe übertreffen. Die Schirmoberfläche fühlt sich durch die kleinen Dörnchen wie ein Reibeisen an. Dieses Charakteristikum gab der Meduse ihren Namen.

Verbreitung: Tropischer und subtropischer Westpazifik, Indopazifik.

Nesselwirkung: Die Nesselgifte von *R. hispidum* sind für den Menschen harmlos. Bei empfindlichen Personen können Hautreaktionen auftreten, die nach wenigen Stunden ohne weitere Symptome zurückgebildet werden.

Haliclystus auricula

Stamm:	Cnidaria Verrill 1865
Klasse:	Scyphozoa Goette 1886
Ordnung:	Stauromedusae Haeckel 1880
Familie:	Lucernaridae (Rathke 1806)
Gattung:	Haliclystus (Rathke 1806)
Art:	*Haliclystus auricula* **(Rathke 1806) (Abb. 2-44, S. 74)**
Synonyme:	Rathke 1806 *Lucernaria auricula n. sp.;* Lamarck 1816 *L. octoradiata n. sp.*

Sonstige Namen: keine bekannt

Merkmale: Das polypenähnliche Tier wird bis 45 mm hoch, der Calyx ist konisch und etwa so hoch wie breit. Der Stiel hat vier ausgeprägte Längsfurchen. An jedem der acht Arme befinden sich zwischen 30 und 60 Tentakel (in Ausnahmefällen über 200). Am Calyxrand sind zwischen den Armen insgesamt acht nierenförmige Randanker. Die Gonaden sind dreieckig und zu vier interradial gelegenen Paaren zusammengefaßt.

Biologie: Stielquallen sind Bewohner flacher Küstenstriche kalter Meere (bisher wurden keine tropischen Formen bekannt). Sie heften sich an verschiedene Algen und ernähren sich von kleinen Zooplanktern, Weichtierlarven und in einigen Fällen sogar Schlangenseesternen. Im Gegensatz zu den freischwimmenden Medusen besitzen sie weder Statolithen noch Lichtsinnesorgane und sind somit an die sessile Lebensweise angepaßt. Die Tiere kommen selten vor.

Verbreitung: Nordatlantik, Grönland, Alaska, Ostpazifik, Japan und China.

Nesselwirkung: Schwache Nesselgifte, bei Kontakt kaum spürbar.

Carybdea alata

Stamm:	Cnidaria Verrill 1865
Klasse:	Cubozoa Werner 1975
Familie:	Carybdeidae Gegenbaur 1856
Gattung:	Carybdea Péron und Lesueur 1810
Art:	*Carybdea alata* **Reynaud 1830 (Abb. 2-47, S. 75)**
Synonyme:	Haeckel 1880 *Charybdea pyramis;* Agassiz und Mayer 1902 *Ch. grandis;* Menon 1930 *Ch. madraspatana;* Chu und Curtress 1954 *Ch. moseri*

Sonstige Namen: keine bekannt

Merkmale: Mit bis zu 22 cm Schirmhöhe ist sie neben Tamoya eine der größten Würfelquallenarten. Die vier unverzweigten großen Pedalien setzen sich in vier einfache Tentakel fort. Auf der Exumbrella fehlen Nesselkapselbatterien. Die Sinnesgruben werden oben und unten von einer Deckschuppe geschützt. Die sichelförmig gebogenen Gastralfilamente reichen horizontal bis in die Magenecken. Die gelatinöse Substanz des durchsichtigen Schirms ist dick und fest. Die Pedalien entsprechen in ihrer Länge ungefähr der Hälfte der Schirmhöhe und in der Breite etwa einem Fünftel. Der Schirm selbst ist pyramidal mit abgeflachtem Apex und konvexen Seitenwänden. Jeder Quadrant weist sechs breit angelegte Velarkanäle auf, die sich dichotom gabeln und bei älteren Exemplaren komplizierter bzw. irregulär verzweigt sein können. Die Zahl der Linsenaugen auf den vier kurz gestielten Rhopalien sind variabel. Junge Tiere haben ein medianes und zwei laterale Linsenaugen, während adulte Tiere nur ein

Medianauge aufweisen. Das Manubrium endet im oberen Schirmdrittel. An den Interradien sind zahlreiche kurze Gastralfilamente sichelförmig angelegt. Der Gastralraum ist in vier weite, getrennte, perradiale Taschen gegliedert, die über Seitenkanäle miteinander kommunizieren. Die blattförmigen Gonaden hängen frei an den interradialen Septen und können die gesamte Schirmhöhe einnehmen. Von der durchsichtigen Grundfärbung der Tiere weichen die milchig-weißen Gonaden, die gelblich-violetten Tentakel und die schwarz-bräunlichen Linsenaugen der Rhopalien ab.

Verbreitung: Rotes Meer, südlicher Atlantik, tropischer Atlantik, Südafrika, Karibik, Florida, Bermudas, Hawaii, Südpazifik, Borneo, Philippinen, Japan, Indochina, Indien.

Nesselwirkung: Alle Würfelquallen besitzen starke Nesselgifte. Kontakt mit den Tentakeln kann zu heftigen Hautreaktionen und ernsthaften Kreislaufstörungen führen. Mit *C. alata* sind bisher keine tödlichen Unfälle bekannt geworden.

Carybdea rastoni

Stamm:	Cnidaria Verrill 1865
Klasse:	Cubozoa Werner 1975
Familie:	Carybdeidae Gegenbaur 1856
Gattung:	Carybdea Péron und Lesueur 1810
Art:	*Carybdea rastoni* **Haake 1886** **(Abb. 2-48, S. 75)**
Synonyme:	Haake 1886 *Charybdea rastonii;* Kishinouye 1910 *Ch. mora*

Sonstige Namen: jimble (Australien), sea wasp (USA, Australien), lantern medusae (Japan)

Merkmale: Der Schirm ist nahezu würfelförmig mit abgeflachter Oberseite und fast vertikalen Seitenwänden. Bei adulten Exemplaren beträgt die Schirmhöhe zwischen 20 und 35 mm, die Breite zwischen 18 und 30 mm. Die Pedalien sind klein, nur etwa ein Viertel der Schirmhöhe lang und ein Sechstel breit. Die Rhopalien tragen je zwei große Medianlinsenaugen und vier laterale Nebenaugen. In jedem Quadranten findet man vier verzweigte, nicht anastomosierende Velarkanäle. Das breite Manubrium mit vier einfachen Lippen ist auf die obere Schirmhälfte beschränkt. Im flachen, weit angelegten Gastralraum sind vier sehr kleine, interradiale Büschel verzweigter Gastralfilamente angeordnet. Die acht blattförmigen Gonaden an den Interradialsepten erreichen in ihrer Vertikalausdehnung fast die Schirmhöhe. Sie setzen großflächig am Magen an und verjüngen sich zum Velarium hin. Die Färbung der Tiere ist gänzlich weißhyalin. Weder die Gastralfilamente noch die Tentakel im ausgestreckten Zustand unterscheiden sich von der unauffälligen Grundfärbung.

Verbreitung: Tropischer Pazifik, Japan, Philippinen, Ostaustralien, Malaysien, Marquesas. Auf den Philippinen wird diese Art ganzjährig in süßwasserüberschichteten Lagunen an der pazifischen Nordostseite Mindanaos angetroffen.

Nesselwirkung: Kontakt mit den Tentakeln und der Schirmoberfläche (ebenfalls mit Nesselzellen besetzt) ist schmerzhaft und kann zu heftigen Hautreaktionen führen. Kreislaufstörungen sind nicht auszuschließen.

Carybdea marsupialis

Stamm:	Cnidaria Verrill 1865
Klasse:	Cubozoa Werner 1975
Familie:	Carybdeidae Gegenbaur 1856
Gattung:	Carybdea Péron und Lesueur 1810
Art:	*Carybdea marsupialis* **(Linné 1758)**
Synonyme:	Linné 1758 *Medusa marsupialis;* Haeckel 1880 *Charybdea marsupialis;* Conant 1897 *Ch. xaymacana*

Sonstige Namen: keine bekannt

Merkmale: Die vier Seiten des Schirms sind fast senkrecht zur flachen Oberseite angeordnet. Der Schirm erreicht eine Höhe von 40 mm und eine Breite von 30 mm. Auf der Exumbrella sind Nesselkapselwarzen, die interradial besonders konzentriert sind. Die seitlich abgeflachten Pedalien haben eine ruderblattähnliche Form. Die einfachen Tentakel werden ausgestreckt knapp 1 m lang. Der Gastralraum ist flach, Mesenterien fehlen. Die Gastralfilamente in den interradialen Ecken des Magens sind verzweigt, basieren aber auf einem gemeinsamen Stamm. Das enge Mundrohr ist kurz, mit einfachen Lippen und auf das obere Schirmdrittel beschränkt. Die blattförmigen Gonaden erstrecken sich an beiden Seiten der Interradien vertikal vom Magen bis zum Velarium. In jedem Quadranten des Velariums sind sechs bis maximal acht irregulär verzweigte, blind endende Velarkanäle, ohne Anastomosen zu bilden. Über den Rhopalien befindet sich jeweils eine Deckschuppe. Median liegen zwei Linsenaugen, jeweils lateral des proximalen Linsenauges zwei Nebenaugen ohne Linsen. Der Statolith liegt distal. Alle Ocellen fallen durch ihre intensive braun-schwarze Färbung auf. Der Schirm ist milchig-weiß gefärbt, die Tentakel sind gelblich-braun.

Biologie: Wie alle anderen Würfelquallen auch, ist *C. marsupialis* ein Flachwasserbewohner. Es kommt jedoch vor, daß sie weit auf das freie Meer verdriftet wird. So wurde *C. marsupialis* zweimal auf offenem Meer in der Sargasso-See gefangen. Sie unterscheidet sich von anderen Carybdeiden durch ihre schnelle Pulsierungsfrequenz (120 bis 150 pro Minute) und der damit verbundenen raschen Fortbewegung. Innerhalb einer Minute kann sie eine Strecke von 30 bis 60 m zurücklegen. Mit ihren ruderblattähnlichen Pedalien kann sie exakte Manöver durchführen und optisch wahrgenommenen Hindernissen geschickt ausweichen.

Verbreitung: Mittelmeer, tropischer Atlantik, subtropischer Pazifik, Philippinen.

Nesselwirkung: Kontakt mit den Tentakeln und der Schirmoberfläche (ebenfalls mit Nesselzellen besetzt) ist schmerzhaft und kann zu heftigen Hautreaktionen führen. Kreislaufstörungen sind auch bei *C. marsupialis* nicht auszuschließen.

Tamoya gargantua

Stamm:	Cnidaria Verrill 1865
Klasse:	Cubozoa Werner 1975
Familie:	Carybdeidae Gegenbaur 1856
Gattung:	Tamoya Müller 1859
Art:	***Tamoya gargantua* Haeckel 1880**
Synonyme:	Haeckel 1880 *T. prismatica;* Maas 1903 *T. bursaria;* Kishinouye 1910 *T. virulenta;* Mayer 1910 *Bursarius cythereae*
Sonstige Namen:	keine bekannt

Merkmale: Der feste, rigide Schirm erreicht eine Maximalhöhe von über 22 cm und eine Breite von bis zu 13,5 cm. Die Exumbrella ist mit feinen Nesselzellwärzchen übersät. Die vier Pedalien sind bis 60 mm lang und tragen je einen hohlen Tentakel von gut einem halben Meter Länge. Jedes Rhopalium ist mit zwei unterschiedlich großen Medianaugen und vier Lateralaugen ausgestattet. Das gut entwickelte Velarium enthält komplex gegabelte Velarkanäle, die nicht miteinander verschmolzen sind. Der Gastralraum erreicht in seiner Vertikalausdehnung die Höhe des Velariums. Die zahlreichen Verdauungsfilamente sind kurz. Die acht blattförmigen Genitalorgane hängen tief in die Gastraltaschen hinein.

In der heutigen Systemtik herrscht Unklarheit, ob *T. gargantua* und *T. haplonema* tatsächlich verschiedene Arten sind. Die Originalbeschreibungen von Müller und Haeckel verweisen auf wichtige Unterschiede, die beide Arten rechtfertigen.

Verbreitung: Tropischer Pazifik.

Nesselwirkung: Der Kontakt mit *Tamoya garantua* führt zu starker Nesselwirkung, die für empfindliche Menschen gefährlich werden kann.

Chironex fleckeri

Stamm:	Cnidaria Verrill 1865
Klasse:	Cubozoa Werner 1975

Familie: Chirodropidae Haeckel 1877

Gattung: Chironex Southcott 1956

Art: *Chironex fleckeri* **Southcott 1956 (Abb. 2-95, S. 131)**

Synonyme: keine bekannt

Sonstige Namen: Seewespe, Würfelqualle (Deutschland), sea wasp, box-jelly, indringa (Australien)

Merkmale: Der abgerundet würfelförmige, robuste Schirm erreicht eine Höhe von bis zu 16 cm und eine Breite von 13 cm. Nesselkapselwarzen auf der Exumbrella fehlen. Die interradialen Pedalien erreichen etwa ein Drittel der Schirmhöhe und ein Viertel der Schirmbreite. Sie sind wie eine Hand mit Fingern geformt, seitlich abgeflacht und tragen jeweils bis zu 15 Tentakel. Letztere sind bandartig, flach und hohl. Ausgestreckt werden sie bis zu 3 m lang und etwa 8 mm breit. Die Pedalien spreizen die jeweils drei ältesten Tentakel nach außen, während sich alle übrigen Tentakel in zwei Reihen gegenüberstehen. Die Bildungszone neuer Tentakel liegt auf der schirmzugewandten Seite. Adulte Tiere zeigen eine unscheinbare, grau-weißliche Tentakelfärbung. Der Pedalkanal weist nach dem horizontalen Verlauf in der Pedalwurzel einen ausgeprägten, nach oben gerichteten, spitzen Dorn auf. Dieser typische „Rosendorn" ist ein selbst *in situ* schnell festzustellendes Identifikationsmerkmal von *C. fleckeri*. Der Gastralraum ist flach und in vier paarige Gastraltaschen geteilt. Die Gastraltaschen entspringen perradial und können weit in die Schirmhöhle ragen. Die acht reifen Gonadenanlagen (4 × 2) der interradialen Septen im oberen Schirmdrittel umgeben die hahnenkammartig geformten perradialen Nuclei und können im geschlechtsreifen Zustand die gesamte Schirmhöhle ausfüllen. Die Gastralfilamente sind interradial in vier bis fünf Reihen angeordnet. Das Manubrium ist lang und reicht in ausgestrecktem Zustand bis zur Höhe der Rhopalien. Die Rhopalien liegen perradial in nach außen geöffneten Nischen, die oben und unten von einer Deckschuppe geschützt werden. Jedes Rhopalium weist distal einen Statolithen und sechs Augen auf. Zwei größere Augen liegen median, vier kleinere seitlich des proximalen Medianauges. Das distale größte Auge enthält eine Linse. Alle anderen fünf Augen sind Nebenaugen, die nur über becherartig angeordnete Pigmentzellen verfügen. Das Velarium ist mit 25 mm doppelt so breit wie das von *Chiropsalmus quadrigatus*. Die Anzahl der nicht anastomosierenden, verzweigten Velarkanäle beträgt 22 bis 30 in jedem Quadranten.

Biologie: Die Toxine von *C. fleckeri* sind vor allem durch eine sich in Sekundenbruchteilen entfaltende Wirkung ausgezeichnet.

Dieses enorme Giftpotential wird mit der natürlichen Beute begründet. *C. fleckeri* ist auf Fische spezialisiert, die gegen ihre Tentakel schwimmen. Während dieses kurzen Kontaktes muß soviel Gift appliziert werden, daß die Beute fluchtunfähig wird und heftige Wehrbewegungen, die den gelatinösen Schirm schädigen könnten, ausbleiben. Dies wird einmal über die paralysierende Wirkung der Gifte erreicht und zum anderen über die extreme Haftfähigkeit der Tentakel auf der Beuteoberfläche.

Verbreitung: Nordostküste Australiens, vermutlich auch Philippinen, Indonesien und Malaysia.

Nesselwirkung: Die Gifte von *C. fleckeri* sind die stärksten im Tierreich. Nach Kontakt sofort anhaftende Tentakelteile mit Essig immobilisieren und ohne Verzögerung einen Arzt oder ein Hospital aufsuchen (vgl. Erste Hilfe S. 165 ff.). Es besteht besonders für Kinder akute Lebensgefahr.

Chiropsalmus quadrigatus

Stamm:	Cnidaria Verrill 1865
Klasse:	Cubozoa Werner 1975
Familie:	Chirodropidae Haeckel 1877
Gattung:	Chiropsalmus L. Agassiz 1862
Art:	*Chiropsalmus quadrigatus* **Haeckel 1880 (Abb. 2-49, S. 76)**
Synonyme:	keine bekannt
Sonstige Namen:	Seewespe, Würfelqualle (Deutschland), sea wasp, box-jellyfish (Australien), salabay, killing jellyfish of the Philippines (Philippinen)

Merkmale: Der würfelförmige Schirm ist domförmig mit deutlich abgerundetem Apex und konvexen Seitenwänden. Bei großen Exemplaren erreicht der Schirm eine Höhe von 12 cm und eine Breite von 10 cm auf Höhe des Velariums. Auf der Exumbrella sind keine Nesselkapselwarzen. Die Pedalien gleichen den Pedalien von *Chironex fleckeri*, mit Ausnahme der Pedalkanäle und der Tentakelzahl. Bei *Chiropsalmus quadrigatus* haben adulte Tiere nicht mehr als neun Tentakel an jedem Pedalium. Die maximale Länge der Tentakel bei ungestört schwimmenden Tieren beträgt 1,5 m. Die Pedalkanäle zeigen auffällige knieförmige Biegungen in den Pedalwurzeln, ein „Rosendorn" wie bei *C. fleckeri* fehlt. Das kurze Manubrium gliedert sich in vier einfache Mundlippen und ragt in seiner Länge nicht über die Hälfte der Schirmhöhe hinaus. Der Gastralraum gleicht im Bau dem Gastralraum von *C. fleckeri*. Die Gastraltaschen entspringen perradial und ragen als solide gallertartige Projektionen (halbkugel- bis fingerförmig) in die Schirmhöhle. In adulten Exemplaren ist die Lage der acht blattförmigen Gonaden an den Interradien gut zu identifizieren. Sie dehnen sich von der Schirmmitte fast über die gesamte Schirmhöhe, vom Gastralraum bis zum Velarium aus. Die vier perradialen Rhopalien sind gestielt und liegen in den von Deckschuppen oben und unten geschützten Sinnesgruben. Sie tragen jeweils einen Statolithen und zwei mediane Linsenaugen, sowie auf jeder Seite des proximalen kleineren Auges zwei Nebenaugen ohne Linse. In jedem Quadranten des ca. 13 mm breiten Velariums verzweigen 12 bis 15 Velarkanäle, ohne Anastomosen zu bilden. Das Velarium weist vier perradiale Stützleisten auf.

Biologie: *C. quadrigatus* ist im Vergleich zu anderen Quallen ein schneller Schwimmer, die Durchschnittsgeschwindigkeit liegt bei einem Knoten ($30m \times min^{-1}$), die Maximalgeschwindigkeit bei etwa zwei Knoten. Hindernissen weichen die Tiere geschickt aus. Selbst Schwimmer oder Taucher werden gemieden und keinesfalls attackiert. Die meisten Unfälle beruhen auf rasch schwimmenden oder in das Wasser rennenden Kindern, die in die bis zu 1,5 m langen Tentakel geraten. Bedrängt man die Tiere durch Anfassen oder Blockieren der Schwimmrichtung, tauchen sie in tieferes Wasser ab. Während *C. fleckeri* ein ausgeprägtes saisonales Auftreten an australischen Küsten (Oktober bis Mai) zeigt, ist *C. quadrigatus* ganzjährig verbreitet. Auf den Philippinen werden die Schirme der Tiere roh, mit Essig mariniert, oder gedünstet verzehrt.

Verbreitung: Indischer Ozean, Indien, Malediven, Singapur, Malaysia, Indochina, Golf von Thailand, Philippinen, Australien.

Nesselwirkung: Die Toxine von *C. quadrigatus* werden nach denen von *C. fleckeri* als die stärksten im Tierreich bezeichnet. Augenzeugenberichte von philippinischen Küsten lassen auf zahlreiche Unfälle, zum Teil mit Todesfolge, schließen. Risikogruppen sind vor allem badende Kinder und Frauen (wenig Körperbehaarung!), Dynamitfischer beim Einsammeln ihrer Beute und einheimische Unterwasserjäger. Nach Kontakt sofort anhaftende Tentakelteile mit Essig immobilisieren und ohne Verzögerung einen Arzt oder ein Hospital aufsuchen (vgl. Erste Hilfe S. 165 ff.).

Physalia physalis, Physalia utriculus

Stamm:	Cnidaria Verrill 1865
Klasse:	Hydrozoa Owen, 1843
Unterklasse:	Siphonophora Eschscholtz 1829
Unterordnung:	Cystonectae Haeckel 1887
Familie:	Physaliidae Brandt 1835
Gattung:	Physalia Lamarck 1801
Art:	*Physalia physalis* **(Linné 1758);** *Physalia utriculus*

La Martiniere 1787
(Abb. 1-19, S. 27)

Synonyme: Vanhöffen 1920 *P. arethusa*

Sonstige Namen: Portugiesische Galeere, Blasenqualle (Deutschland), portuguese man-of-war, blue bottle (USA, Australien), caravelle (Frankreich), caravela (Portugal), benang benang (Indonesien), salabay (Philippinen)

Merkmale: Polypenkolonie mit einem auffälligen, bis zu 30 cm langen, weiß-bläulich gefärbten, asymmetrisch gebauten Pneumatophor. Unter dem Pneumatophor sind zahlreiche verzweigte Primärcormidien mit Sekundär- und Tertiärcormidien. Die Cormidien enthalten Phyllozooide, Dactylozooide, Gastrozooide und Gonozooide. Die Dactylozooide können bis zu 50 m lang werden. Die Gastrozooide sind bis zu 1,5 cm groß, flaschenförmig und haben eine gelb gefärbte, trichterartige Öffnung. Die Gonozooide tragen mehrere hundert reduzierte Gonophoren.

Im Atlantik Tiere mit bis 30 cm großen Pneumatophoren und zahlreichen Dactylozooiden *(P. physalis)*, im Pazifik und Indik ist das Pneumatophor bis 8 cm groß, mit nur einem Dactylozooid *(P. utriculus)*. Vor Ostaustralien eine weitere Variation mit einem etwa 12 cm großen Pneumatophor und mehreren Dactylozooiden.

Verbreitung: Weltweit, an der Oberfläche tropischer und subtropischer Meere.

Biologie: Das Pneumatophor ist mit Gas gefüllt (15 bis 20 % O_2, 0,5 bis 13 % CO, 67 bis 80 % N_2, geringe Mengen CO_2 und Ar) und dient als Auftriebskörper und Segel. *Physalia* ist in der Lage, bis zu einem Winkel von 40° am Wind zu segeln. Dabei erfüllen die weit nach unten ausgestreckten Dactylozooide, ähnlich wie ein Kiel, eine stabilisierende Funktion. Die Dactylozooide durchfischen mit aktiven Vertikalbewegungen die Wassersäule nach vorwiegend pelagischen Crustaceen und Fischen. Die Beute wird von den starken Giften der Nematocysten genesselt, paralysiert und durch Kontraktion der Dactylozooide zu den Gastrozooiden am Pneumatophor gezogen. Die Gastrozooide erweitern sich stark und ingestieren kleinere Beutetiere. Größere Fische werden extrazellulär verdaut, indem sich mehrere Gastrozooide an die Oberfläche anlegen. Die Nährstoffverteilung in der Kolonie erfolgt über das Gastrovaskularsystem, mit dem die einzelnen Zooide verbunden sind. Die Kolonie ist getrenntgeschlechtlich. Die Geschlechtsprodukte werden in das freie Wasser abgegeben. Aus der begeißelten Planula-Larve entsteht vermutlich über Knospungsvorgänge eine Cystonula-Larve mit Pneumatophor und Primärgastrozooid. *Physalia* gilt als hochtoxisch und rangiert an zweiter Stelle der giftigsten Meerestiere, gleich hinter den Cubomedusen (z. B. *Chironex fleckeri*). Die Toxine der Nesselkapseln bewirken heftige Schmerzen, Muskellähmungen und Störungen in der neuralen Übertragung. Tödliche Unfälle sind von der amerikanischen Ostküste, den Bermuda-Inseln und der Karibik bekannt. *Physalia* ist häufig in Begleitung verschiedener Fischarten im Juvenilstadium, *Nomeus gronovii*, bleibt auch adult mit *Physalia* assoziiert. Bei Kontakt mit den hochgiftigen Dactylozooiden werden die Fische zur Beute. Umgekehrt fressen die Fische auch Teile der Kolonie.

Zu den Feinden von *Physalia* zählen vor allem die Lederschildkröte *(Caretta caretta)*, die sich ausschließlich von pelagischen Cnidariern ernährt, und verschiedene Nudibranchier *(Glaucus atlanticus* und *Glaucilla marginata)*.

Nesselwirkung: *Physalia* besitzt hochtoxische Nesselgifte. Nach Kontakt sofort ärztliche Hilfe aufsuchen.

Velella velella

Stamm: Cnidaria Verrill 1865

Klasse: Hydrozoa Owen, 1843

Unterklasse: Hydroidmedusae Bouillon, Boero, Cicogna, Gili und Hughes 1992

Ordnung: Anthomedusae Haeckel 1879

Familie: Porpitidae Goldfus 1818

Gattung: Velella Lamarck 1801

Art: *Velella velella* **(Linné 1758) (Abb. 2-10, S. 50)**

Synonyme: keine bekannt

Sonstige Namen: Segelqualle (Deutschland), jack sail-by-the-wind (England), by-the-wind-sailor (USA)

Merkmale: Koloniebildender, pleustonischer Polypenstock mit aufrechtem, dreieckigem, diagonal angebrachtem Segel und einer Floßlänge bis zu 6 cm. Die Basalplatte des Polypenfloßes ist scheibenförmig, oval und besteht hauptsächlich aus 20 bis 30 luftgefüllten, konzentrischen Chitinringen. Die Unterseite des Floßes trägt ein dickes Epidermispolster mit einem Zentralgastrozooid und zahlreichen Gastrogonozooiden. An der Peripherie unterhalb des muskulösen Randsaums (Mantel) sind viele Dactylozooide angeordnet, die Nesselzellen tragen. Die Zooide sind untereinander über ein kompliziertes System von Gastrodermiskanälen und Chitinröhren verbunden. Die Kolonie ist von weiß-bläulicher Grundfärbung, die Dactylozooide und Gastrogonozooide sind schwach rötlich gefärbt.

Verbreitung: Weltweit, an der Oberfläche tropischer und subtropischer Meere.

Biologie: Das Segel von *V. velella* dient ebenso wie das Pneumatophor von *Physalia* zur Fortbewegung. Stabilisiert wird das Floß durch die ausgestreckten Dactylozooide.

Bei Kenterung infolge starken Wellengangs wird das Floß mit Hilfe des umschlagbaren Mantelsaums wieder in Schwimmlage versetzt.
Sie ernähren sich mikrophag und carnivor vom Plankton des Oberflächenwassers. Die Fortpflanzung der geschlechtsdeterminierten Kolonien erfolgt durch laterale Knospung an den Gastrogonozooiden. Die jüngste bekannte Larve ist die 1 mm große Cornaria. Das anschließende Rataria-Larvenstadium bildet das Primärgastrozooid und die ersten Dactylozooiden. Das Segel entsteht durch sekundäre Auffaltung der aboralen Luftkammer. Die Stellung des Segels ist asymmetrisch und charakterisiert links- bzw. rechtssegelnde Kolonien.
Neben Albatrossen und Seeschildkröten hat sich besonders die Veilchenschnecke *Janthina prolongata* auf *Velella* spezialisiert. Die Vorderkiemerschnecke sekretiert ein Schaumfloß, um *Velella* an der Wasseroberfläche nachzustellen, heftet sich an und frißt von den Zooiden.
Porpitidae bilden häufig mehrere Kilometer lange Schwärme. Diese Verteilung wird mit der Massenproduktion von Medusen begründet.

Nesselwirkung: Die Toxine der Nesselkapseln sind für den Menschen ungefährlich und werden bei Berührung kaum wahrgenommen.

Porpita porpita

Stamm: Cnidaria Verrill 1865

Klasse: Hydrozoa Owen 1843

Unterklasse: Hydroidmedusae Bouillon, Boero, Cicogna, Gili und Hughes 1992

Ordnung: Anthomedusae Haeckel 1879

Familie: Porpitidae Goldfus 1818

Gattung: Porpita Lamarck 1801

Art: *Porpita porpita* **(Linné 1758)** **(Abb. 1–10, S. 19)**

Synonyme: keine bekannt

Sonstige Namen: Strahlenqualle (Deutschland)

Merkmale: Koloniebildender pleustonischer Polypenstock mit rundem Floß. Der Durchmesser des Floßes kann bis zu 2 cm betragen, die Kolonie insgesamt bis zu 5 cm erreichen. Die Basalplatte des Polypenfloßes ist scheibenförmig und besteht aus bis zu 100 luftgefüllten, konzentrischen Chitinringen. Der Bauplan des Floßes von *Porpita* weicht nur durch das fehlende Segel und die Anordnung der mit kurzgestielten Nesselköpfchen besetzten Dactylozooide in mehreren konzentrischen Ringen von den typischen Merkmalen *V. velellas* ab.

Verbreitung: Weltweit, an der Oberfläche tropischer und subtropischer Meere.

Biologie: Die Entwicklung gleicht den einzelnen Phasen *V. velellas.* Der jungen Meduse (Chrysomitra-Stadium) fehlen Dactylozooide, das reife Medusenstadium ist gänzlich unbekannt. Zu den Feinden zählen die gleichen Tiergruppen wie bei *Velella.*

Die Kolonie ist intensiv blau, gelb, grünlich, oder sogar bunt gefärbt.

Nesselwirkung: Die Nesselwirkung ist schwach und für Menschen ungefährlich.

Glossar

acraspedot	Quallen ohne Velum (z. B. Scyphozoa)
Adradius	vier der acht radialen Hauptachsen, die im Winkel von 45° zueinander zwischen Perradius und Interradius liegen. Auf eine Kompaßrose übertragen würde dies die Achsen NNW-SSO, WNW-OSO, NNO-SSW und ONO-WSW bedeuten.
Amoebocyten	Wanderzellen
Anhänge	Fortsätze der Armscheibe oder Mundarme
Anthozoa	Klasse des Stammes Cnidaria; Blumentiere
Armscheibe	Ansatzstelle der Mundarme bei den Wurzelmundquallen
Artensukzession	Abfolge verschiedener Tierarten
autotroph	Fähigkeit von Organismen, alle organischen Körpersubstanzen selbst herstellen zu können
bathyphil	große Meerestiefe bevorzugend
binär	aus zwei Einheiten zusammengesetzt
Centripetale-Kanäle	vom Ringkanal ausgehende Kanäle, die nicht mit den Radialkanälen kommunizieren
Chitin	Skelettsubstanz; aus N-Acetylglucosamin-Einheiten aufgebaut
Chitinringe	unterstützende Bildungen in der Basalplatte von Porpitidae
Cnidaria	Stamm der Nesseltiere
Cnidoblast	Nesselzelle mit reifender Nesselkapsel
Cnidocyste	Nesselkapsel, Sekretprodukt der Cnidocyte, mit verschiedenen Kapselformen
Cnidocyte	Nesselzelle, hochspezialisierte Zelle der Cnidaria
Coelenterata	Hohltiere, frühere Bezeichnung für Cnidaria und Ctenophora
Cormidium	Einheit spezialisierter Zooiden bei Siphonophoren bestehend aus Deckstück, Dactylozooid, Gastrozooid und Gonozooid
Coronatae	Ordnung der Kranzquallen/ Tiefseequallen in der Klasse Scyphozoa
Cubozoa	Klasse der Würfelquallen im Stamm der Cnidaria
Cuticula	von Zellen der Körperoberfläche ausgeschiedene organische Schicht; kann durch Kalkeinlagerungen verstärkt sein
Dactylozooid	auf Fang und Verteidigung spezialisierter Polyp mit zahlreichen Nesselzellen
Desmonemen	Verbindungsstrukturen von Zellen
distal	von der Basis entfernt gelegen
Dottersacklarve	frühes Larvenstadium von Fischen mit Dottersack
Ektoderm	äußeres Keimblatt

Endoplasmatisches Retikulum	Systeme membranbegrenzter Hohlräume in fast allen Eukaryontenzellen, an dessen Teilen die Proteinsynthese abläuft
Entoderm	inneres Keimblatt
Epauletten	Schulterkrause, Bildung der Mundarme im proximalen Teil
Epithel	Zellage der Oberfläche oder innerer Hohlräume
Epithelmuskelzelle	Zelle der Oberfläche, die an der Basis in Muskelfasern endet
Erzeugerpolyp	erster Polyp einer Kolonie
Eurytele	Schaft, am distalen Ende erweitert
eurytherm	weiter Temperaturtoleranzbereich
Evagination	Ausstülpung
Exumbrella	obere konvexe Seite des Schirmes
filamentöse Anhänge	feine, fadenähnliche Anhänge der Mundarme oder der Armscheibe
Flagellat	Geißeltierchen; Mastigophora; Einzeller, die eine oder mehrere Geißeln besitzen können
Ganglienzelle	Nervenzelle
Gastralfilamente	fingerförmige Strukturen am Boden des Zentralmagens, sezernieren Enzyme
Gastralraum	Raum des Zentralmagens
Gastrogonozooid	auf Verdauung und Fortpflanzung spezialisierter Polyp
Gastrovaskularsystem	Gesamtheit der Hohlräume mit Zentralmagen und allen Kanälen
Gastrozooid	auf Verdauung spezialisierter Polyp mit zahlreichen Sekretzellen
Gliedertiere	Articulata; Gruppe verwandter Tiere, deren Merkmal ein in hintereinander liegende Abschnitte gegliederter Körper ist
Glockenmeduse	Hydrozoa, typische glockenartige Bauform des Schirmes
Golgi-Apparat	Systeme membranbegrenzter, in Stapeln angeordneter Hohlräume, die der Vorbereitung von Sekreten dienen
Gonaden	Aggregation von männlichen und/oder weiblichen reproduktiven Zellen
Hadal	Meeresboden unter 6.000 Meter Tiefe
Hohltiere	s. Coelenterata
Hydrocaulus	Kelchteil bei Polypen
Hydrozoa	Klasse der Cnidaria
Hypostom	ausgezogenes Mundfeld bei Polypen
Interradius	zwei der acht radialen Hauptachsen, die 90° voneinander getrennt in der Ebene der Subumbrellarhöhlen liegen. Auf eine Kompaßrose übertragen würde dies die Achse NO-SW und NW-SO bedeuten.
Interrhopalarkanal	Kanal zwischen zwei Rhopalarkanälen
Interstitielle Zelle	I-Zelle, unspezialisierte Zelle, die sich in jeden Zelltyp ausdifferenzieren kann
Kanalsystem	charakteristische Anordnung der Kanäle im Medusenschirm
knieförmiger Pedalkanal	ca. 90° abgewinkelter Verlauf des Pedalkanals bei *Chiropsalmus quadrigatus*

Kollagen Gerüsteiweißstoff

Kosmopolit Tiere oder Pflanzen, deren Verbreitungsgebiet mehr als 50 % der Erde umfaßt

Kranzqualle Ordnung der Scyphozoa; Coronatae; auch Tiefseequalle

Langmuir-Zirkulation Planktonkonzentrationen an der obersten Wasserschicht infolge stetiger Windstärke und -richtung über ruhige Meeresoberflächen

Lysosomen Zellorganellen, die Verdauungsenzyme enthalten

Manteltiere Stamm Tunicata

Manubrium s. Mundrohr

Meduse freischwimmendes Entwicklungsstadium der Cnidaria; Qualle

Mesogloea gallertige Stützschicht bei Quallen, die Zellen enthalten kann

Metabolismus Stoffwechsel

Mundarme zentral um die Mundöffnung angeordnete Anhänge der Subumbrella

Mundrohr subumbrellare Verlängerung der zentralen Mundöffnung (= Manubrium)

Myocyte Muskelzelle

Nectosom Gruppe kleiner, miteinander verbundener Schwimmglocken bei den Staatsquallen

Nekton Meerestiere, die selbst gegen Meeresströmungen anschwimmen können

Nesselkapsel toxinhaltiges Sekret der Nesselzelle

Nesseltier Tier des Stammes Cnidaria

Nesselwarzen meist rundliche, leicht erhöhte Anhäufung von Nesselzellen

Neuston an der Grenze Meeresoberfläche/Luft lebende Tiere

Nomenklatur wissenschaftliches Bezeichnungssystem für Tier- und Pflanzenarten

Nudibranchia Ordnung der Hinterkiemerschnecken

Ocellus einfache Sinneszellenansammlung zur Lichtwahrnehmung

Pangäa zusammenhängende Landmasse des Präkambriums vor der Kontinentaldrift

Panthalassa zusammenhängendes Weltmeer des Präkambriums vor der Kontinentaldrift

Papillen kurze, gelatinöse Fortsätze an den Mundarmen, vor den Subgenitalostien oder auf der Exumbrella

Parthenogenese Jungfernzeugung

Pedalium perradial gelegene gelatinöse Bildungen der Exumbrella bei den Cubozoen

Pedalkanal Kanal im Pedalium

Pelagial Lebensraum des freien Meeres

pelagisch in der freien Wassersäule

Peristom Mundfeld des Polypen

Perradius zwei der acht radialen Hauptachsen, die 90° voneinander getrennt in der Ebene der Mundarm-Ansatzstellen liegen. Auf eine Kompaßrose übertragen würde dies die Achse Nord-Süd und West-Ost bedeuten.

Phagocytose	Aufnahme von partikulären Nährstoffen durch umfließende Zellfortsätze
Photosynthese	Bildung von Kohlenhydraten und Sauerstoff aus Kohlendioxid und Wasser unter Sonnenlichteinwirkung durch grüne Pflanzen
Phyllozooid	blattartiges Deckstück aus knorpeliger Gallertmasse
Pinocytose	Aufnahme von gelösten Nährstoffen durch umfließende Zellfortsätze
Plankton	Meerestiere und -pflanzen, die im Meer treiben und nicht langfristig gegen die Meeresströmungen schwimmen können
Planula	Larve der Cnidaria
Pleuston	an der Wasseroberfläche segelnde oder treibende Organismen
Pneumatophor	gasgefüllter, ballonähnlicher Auftriebskörper von Staatsquallen
Podocyste	embryonale Zellen, die vom Polyp abgeschnürt und von einer Peridermhülle umgeben werden. Sie bilden ein widerstandsfähiges Dauerstadium
Polyp	festsitzendes Entwicklungsstadium der Cnidaria
Präkambrium	Zeitabschnitt der Erdgeschichte, älter als 600 Millionen Jahre
Primärkanal	Kanal vom Gastralraum durch die Armscheibe, der sich in den Mundarmen verzweigt
Proteinsynthese	Aufbau von Eiweißstoffen
proteolytisch	eiweißabbauend
Protuberanzen	gelatinöse, meist rundliche Vorsprünge
proximal	an der Basis gelegen
pyramidale	spitz zulaufende Form
Mundarme	seitlich abgeflachter Mundarme
Qualle	freischwimmendes Entwicklungsstadium der Cnidaria; Meduse
Radialkanal	vom Gastralraum ausgehender Kanal Richtung Schirmrand
Radialmuskulatur	vom Gastralraum Richtung Schirmrand ausgehende Muskulatur
Randanker	zu Haftpapillen umgebildete Randsinnesorgane der Stauromedusen
Randlappen	durch Einschnitte des Subumbrellarrandes entstandene Randdifferenzierungen
Randlappenpaare	zwei Randlappen ohne tiefen Randeinschnitt
Rhizostomae	Ordnung der Wurzelmundquallen in der Klasse Scyphozoa
Rhopalargruben	marginale Einsenkungen des Mundfeldes von Polypen mit Sinnesorgan
Rhopalarkanal	vom Gastralraum bis zum Schirmrand mit Rhopalium ziehender Kanal
Rhopalarlappen	alle Randlappen, die die Rhopalien flankieren
Rhopalium	kolbenförmiger Sinneskörper, mit Statolith und meist Ocellen
Ribosomen	Zellorganellen, an denen die Proteinsynthese abläuft

Ringkanal	zirkulärer Kanal zwischen Gastralraum und Schirmrand
Ringmuskulatur	zirkuläre Muskulatur zwischen Gastralraum und Schirmrand
Rippenqualle	Tier des Stammes Ctenophora; Kammqualle
rosendornförmiger Pedalkanal	Verlauf des Pedalkanals mit nach oben gerichteter Spitze bei *Chironex*
Scheibenquallen	Tiere der Klasse Scyphozoa
Schelfzone	Kontinentalsockel bis etwa 200 Meter Tiefe
Schirmfurche	ringförmige Einschnürung zwischen Randlappenpaaren und Exumbrella bei Coronata
Scyphozoa	Klasse der Cnidaria; Scheibenquallen
Sekundärmünder	kleine Öffnungen der Mundarme bei den Rhizostomae
Sekundärpolyp	erster sich nicht ablösender Polyp vom Primär- oder Erzeugerpolypen
Semaeostomae	Ordnung der Fahnenquallen in der Klasse Scyphozoa
Septaltrichter	vertikale Einsenkungen des Mundfeldes der Polypen
sessil	festsitzend
Sinneskörper	s. Rhopalium
Spermatophoren	Spermienbündel, die von einer Hülle umgeben sind; die Hülle kann Nesselkapseln enthalten (z. B. bei der Würfelqualle *Tripedalia*)
Spermatozeugmen	hüllenlose Spermienbündel
Staatsquallen	Unterklasse der Siphonophora in der Klasse Hydrozoa
Statolith	Schweresinneskörper im Rhopalium der Medusen

Stauromedusae	Ordnung der Stielquallen in der Klasse Scyphozoa
stenotherm	enger Temperaturtoleranzbereich
Stielquallen	s. Stauromedusae
Strobilation	Abschnürung von Polypenteilen (Ephyra), die zur Meduse heranwachsen
Subgenitalhöhle/-tasche	interradial gelegener flacher Raum der Subumbrella
Subumbrella	untere konkave Seite des Schirmes
Subumbrellarmuskulatur	Muskulatur der Subumbrella
Suspensionsfresser	Tiere, die sich von Aufschwemmungen feinster fester Teilchen ernähren
Systematik	auf Grundlage des Verwandtschaftsgrades basierende Klassifikation von Tier- und Pflanzenarten
Tentakel	subumbrellare Anhänge mit zahlreichen Nesselzellen
Tertiärpolyp	zweiter, sich nicht ablösender Polyp vom Primär- oder Erzeugerpolypen
tetraradiale Symmetrie	vier baugleiche Quadranten um die Hauptachse
Tiefseequalle	s. Coronatae
Tunicata	Stamm der Manteltiere
Velarium	Hautfältchen am Schirmende bei Cubomedusen, entsteht aus der Subumbrella
Velarkanal	Teil des Kanalsystems im Velarium
Velarlappen	alle Randlappen, die nicht die Rhopalien flankieren

Velum Hautfältchen am Schirmende bei Hydromedusen, entsteht aus beiden epidermalen Schichten

Würfelquallen s. Cubozoa

Wurzelmundqualle s. Rhizostomae

Zellulose ein aus Glucose aufgebautes Polysaccharid. Kommt zu ca. 45% im Holz vor.

Bildquellennachweis

Abb. 1-8: G. Matsumoto, Adelaide, Australien.
Abb. 1-9: Monterey Bay Aquarium, Kalifornien, USA.
Abb. 1-12: M. Kage, Lauterstein.
Abb. 1-17: Nach [11].
Abb. 1-20: S. Haddock, Kalifornien, USA.
Abb. 1-22: C. Mills, Washington, USA.
Abb. 1-23: C. Mills, Washington, USA.
Abb. 1-24: C. Mills, Washington, USA.
Abb. 1-25: C. Mills, Washington, USA.
Abb. 1-26: Aus [13].
Abb. 2-1: K. Hausmann, Berlin.
Abb. 2-3: Nach [22].
Abb. 2-4: Nach [23].
Abb. 2-5: Nach [24].
Abb. 2-6: Nach [22].
Abb. 2-11: S. Haddock, Kalifornien, USA.
Abb. 2-12: W. Werzmirzowsky, Neu-Isenburg.
Abb. 2-13: W. Werzmirzowsky, Neu-Isenburg.
Abb. 2-14: W. Werzmirzowsky, Neu-Isenburg.
Abb. 2-15: Nach [29].
Abb. 2-18: G. Matsumoto, Adelaide, Australien.
Abb. 2-19: B. Ruch-Heeger, Cebu, Philippinen.
Abb. 2-20: B. Ruch-Heeger, Cebu, Philippinen.
Abb. 2-21: B. Ruch-Heeger, Cebu, Philippinen.
Abb. 2-24: B. Ruch-Heeger, Cebu, Philippinen.
Abb. 2-25: K. Hausmann, Berlin.
Abb. 2-28: B. Ruch-Heeger, Cebu, Philippinen.
Abb. 2-36: S. Haddock, Kalifornien, USA.
Abb. 2-37: B. Ruch-Heeger, Cebu, Philippinen.
Abb. 2-43: C. Mills, Washington, USA.
Abb. 2-44: M. Faasse, Leiden, Niederlande.
Abb. 2-45: Nach [35].
Abb. 2-47: M. Frohme, Malediven.
Abb. 2-54: Nach [36].
Abb. 2-55: C. Mills, Washington, USA.
Abb. 2-56: D. Lickey, Washington, USA.
Abb. 2-61: T. Kujawski, Kiel.
Abb. 2-63: Nach [39].
Abb. 2-64: C. Mills, Washington, USA.
Abb. 2-65: Nach [40], verändert.
Abb. 2-71: Nach [11].
Abb. 2-72: C. Mills, Washington, USA.
Abb. 2-76: C. Mills, Washington, USA.
Abb. 2-79: H. Schuhmacher, Essen.
Abb. 2-87: B. Ruch-Heeger, Cebu, Philippinen.
Abb. 2-89: T. Luther, Rostock.
Abb. 2-94: B. Cropp, Australien.
Abb. 2-97: K. Hausmann, Berlin.
Abb. 2-98: K. Hausmann, Berlin.
Abb. 2-99: Nach [58 bis 62] und eigenen Untersuchungen.
Abb. 2-101: Nach [64].
Abb. 2-105: Nach [68 bis 70], verändert.
Abb. 2-106: Nach [68], ergänzt.
Abb. 2-107: Th. Holstein, Frankfurt.
Abb. 2-113: Nach [76, 77].
Abb. 2-114: Nach [78].
Abb. 2-123: B. Cropp, Australien.
Abb. 2-124: Surf Live Saving Association Queensland, Australien.
Abb. 2-125: Surf Live Saving Association Queensland, Australien.
Abb. 2-126: Surf Live Saving Association Queensland, Australien.
Abb. 2-127: Surf Live Saving Association Queensland, Australien.
Abb. 2-131: Surf Live Saving Association Queensland, Australien.
Abb. 2-132: Surf Live Saving Association Queensland, Australien.
Abb. 2-141: Nach [78].
Abb. 2-142: Nach [105].
Abb. 2-143: C. Mills, Washington, USA.
Abb. 2-154: Nach [109].
Abb. 2-155: a) nach [110]; b) nach [111].
Abb. 2-157: C. Mills, Washington, USA.
Abb. 2-158: C. Mills, Washington, USA.
Abb. 2-159: D. Lickey, Washington, USA.
Abb. 2-160: S. Haddock, Kalifornien, USA.
Abb. 2-161: Kopie vom Originalband des ZDF-Films „Killerquallen" 1994 von V. Arzt, Hamburg. Kamera und Fotobearbeitung: K. Hirschel, Stuttgart.
Abb. 2-162: H. Thetmeyer, Kiel.
Abb. 2-163: S. Haddock, Kalifornien, USA.
Abb. 3-11: B. Cropp, Australien.
Abb. 3-14: F. Petersen, Hamburg.
Abb. 3-17: W. Werzmirzowsky, Neu-Isenburg.
Abb. 3-18: B. Ruch-Heeger, Cebu, Philippinen.
Abb. 3-19: Nach [178].
Abb. 3-20: P. Parks/Oxford Scientific Film/Okapia.
Abb. 3-24: Kopie vom Originalband des ZDF-Films „Killerquallen" 1994 von V. Arzt, Hamburg. Kamera und Fotobearbeitung: K. Hirschel, Stuttgart.
Abb. 3-36: D. Lickey, Washington, USA.
Abb. 3-37: F. Petersen, Hamburg.
Abb. 3-47: Nach [210].
Abb. 3-48: Nach [207].
Abb. 4-2: Nach [22].
Abb. 4-3: Nach [185].

Abb. 5-1: S. Haddock, Kalifornien, USA.
Abb. 5-3: S. Haddock, Kalifornien, USA.
Abb. 5-4: S. Haddock, Kalifornien, USA.
Abb. 5-5: Nach [36].
Abb. 5-6: C. Mills, Washington, USA.
Abb. 5-7: a) nach [11]; b) nach [221].
Abb. 5-8: Nach [36].
Abb. 6-1: W. Werzmirzowsky, Neu-Isenburg.
Abb. 6-2: W. Werzmirzowsky, Neu-Isenburg.
Abb. 6-3: Nach [36].
Abb. 6-4: H. Möller, Cebu, Philippinen.

Literaturverzeichnis

[1] Möller, H.: Dater zur Biologie der Quallen und Jungfische in der Kieler Bucht. Möller Verlag, Kiel, 183 (1984a)
[2] Möller, H.: Reduction of a larval herring population by jellyfishpredator. Science **224**, 621–622 (1984b)
[3] Möller, H.: Scyphomedusae as predators and food competitors of larval fish. Meeresforsch. **28**, 90–100 (1980a)
[4] Möller, H.: Population dynamics of *Aurelia aurita* medusae in Kiel Bight, Germany (FRG). Mar. Biol. **60**, 123-128 (1980b)
[5] Haeckel, E.: Das System der Medusen. Erster Theil einer Monographie der Medusen. Denkschriften der Medizinisch-Naturwissenschaftlichen Gesellschaft zu Jena **1**, 1-360 (1879)
[6] Haeckel, E.: Report on the Siphonophorae collected by the HMS Challenger during the years 1873-1876. Report on the Scientific results of the Voyage of HMS Challenger 1873-76 **28**, 1-380 (1888)
[7] Darwin, C.: The origin of species (1859), in der Ausgabe The Masterpieces of Science, New American Library, New York (1985)
[8] Mayer; A. G.: The Medusae of the World. Carnegie Inst. of Washington. Washington D. C, 1-735 (1910)
[9] Brewer, R. H.: Morphological differences between, and reproductive isolation of populations of the jellyfish *Cyanea* in Long Island Sound, USA. Hydrobiologia **216/217**, 471–477 (1991)
[10] Stiasny, G.: Das Gastrovaskularsystem als Grundlage für ein neues System der Rhizostomeen. Zool. Anz. **13**, 241-247 (1923)
[11] Bayer, F. M., Owre, H. B.: The free-living lower invertebrates. Macmillan, New York (1968)
[12] Rifkin, J.: Revision of the Australian cubomedusae. Memoirs of the Queensland Museum. (In press)
[13] Boardman et al.: Fossil Invertebrates (1987)
[14] Kramp, P. L.: The scyphomedusae collected by the Galathea Expedition, 1950 to 1952. Vidensk. Meddr. dansk nath. Foren **131**, 67-98 (1968a)
[15] Kramp, P. L.: Medusae in the Peru current system. Videnk. Meddr. Dansk. Nath. Foren **131**, 199-208 (1968b)
[16] Larson, R. J., Mills, C. E., Harbison, G. R.: Western Atlantic midwater hydrozoan and scyphozoan medusae: *in situ* studies using manned submersibles. Hydrobiologia **216/217**, 311-317 (1991)
[17] Spoel, S. V. D.: Hydromedusan distribution patterns. Hydrobiologia **216/217**, 489-496 (1991)
[18] Werner, B.: New investigations on systematics and evolution of the class Scyphozoa and the phylum Cnidaria. Publ. Seto Mar. Biol. Lab. **20**, 35-61 (1973)
[19] Field, K. G., Olsen, G. J., Lane, D. J., Giovannoni, S. J., Ghiselin, M. T., Raff, E. C., Pace, N. R., Raff, R. A.: Molecular phylogeny of the animal kingdom. Science **239**, 743-753 (1988)
[20] Grasshoff, M.: Outlines of Coelenterate evolution. 6th International Conference on Coelenterate Biology (1995) Abstract
[21] Hori, H., Satow, Y.: Dead-end evolution of the Cnidaria as deduced from 5S ribosomal RNA sequences. Hydrobiologia **216/217**, 505-508 (1991)
[22] Werner, B.: Stamm Cnidaria. In: Lehrbuch der Speziellen Zoologie (Kaestner, A. Hrsg.). Gustav Fischer Verlag Stuttgart, 11-335 (1984)
[23] Hündgen, M.: The biology of colonial hydroids. 1. The morphology of the polyps of *Eirene viridula* (Thecata: Campanulinidae). Mar. Biol. **45**, 79-92 (1978)
[24] Mackie, G. O., Passano (1968), zitiert in [21]
[25] Jarms, G.: Taxonomic characters from the polyp tubes of coronate medusae (Scyphozoa, Coronatae). Hydrobiologia **216/217**, 463-470 (1991)
[26] Jarms, G.: The polyp state of the coronatae: a review. 6th International Conference on Coelenterate Biology (1995) Abstract
[27] Mebs, D.: Gifte im Riff. Wissenschaftliche Verlagsgesellschaft Stuttgart (1989)
[28] Schuhmacher, H.: Korallenriffe. Verbreitung, Tierwelt, Ökologie. BLV Verlagsgesellschaft München, 275 (1991)
[29] Larson, R. J.: Cubomedusae: feeding-functional morphology, behavior and phylogenetic position. In: Coelenterate Ecology and Behavior (G. O. Mackie, ed.). New York. Plenum, 237-245 (1976)
[30] Chapman, G.: The structure and functions of the mesogloea. Symp. of the Zool. Soc. **16**: The cnidaria and their evolution, 147-168 (1966)
[31] Rifkin, J. F., Endean, R.: Arrangement of accessory cells and nematocysts bearing mastigophores in the tentacles of the Cubozoan *Chironex fleckeri*. J. Morphol. **195**, 103-115 (1988)
[32] Fraser, J. H.: Experimental feeding of some medusae and Chaetognatha. J. Fish. Res. Bd. Can. **26**, 1743-1762 (1969)
[33] Romanes, G. J.: Preliminary observations on the locomotor system of medusae. Hil. Trans. Soc. (London) **166**, 269-313 (1876)
[34] Heeger, T., Möller, H.: Ultrastructural observations on prey capture and digestion in the scyphomedusa *Aurelia aurita*. Mar. Biol. **96**, 391-400 (1987)
[35] Berrill, M.: Canad. J. Zool. **40**, 1249-1262 (1962)
[36] Brusca, R. C., Brusca, G. J.: Invertebrates. Sinauer Assoc. Inc. Massachusetts, 1-922 (1990)

[37] Schneider, G., Weisse, T.: Metabolism measurements of *Aurelia aurita* planula larvae, and calculation of maximal survival period of the free swimming stage. Helgoländer Wiss. Meeresunters. **39**, 43-47 (1985)
[38] Hofmann, D. K., Kremer, B. P.: Carbon metabolism and strobilation in *Cassiopea andromedea* (Cnidaria: Scyphozoa): Significance of endosymbiotic dinoflagellates. Mar. Biol. **65**, 25-33 (1981)
[39] Hernroth, L., Gröndahl, F.: On the biology of *Aurelia aurita* (L.) 1. Release and growth of *Aurelia aurita* (L.) ephyrae in the Gullmar Fjord, Western Sweden, 1982-1983. Ophelia **22**, 189-199 (1983)
[40] Kato, K., Aochi, M., Ozato, K.: Developmental aspects of the strobilation in *Aurelia aurita*. Publ. Seto Mar. Biol. Lab. **20**, 179-194 (1973)
[41] Yasuda, T.: Ecological studies on the jellyfish, *Aurelia aurita* (L.) in Urazoko Bay, Fukui Prefecture. V. Vertical distribution of the medusae. Ann. Rep. Noto Mar. Lab. **10**, 15-22 (1970)
[42] Hartwick, R. F.: Distributional ecology and behaviour of the early life stages of the box-jellyfish *Chironex flekkeri*. Hydrobiologia **216/217**, 181-188 (1991)
[43] Bode, H., Berking, S., David, C. N., Gierer, A., Schaller, H., Trenkner, E.: Quantitative analysis of cell types during growth and morphogenesis in Hydra. Wilhelm Roux Arch. Entw. Mech. Org. **171**, 269-285 (1973)
[44] Trembley (1744), zitiert in [**45**]
[45] Harvey, E. N.: A history of luminescence from earliest times until 1900. Philos. Soc., Philadelphia, Pennsylvania, (1957)
[46] Yasuda, T., pers. Mitteilung
[47] Kakinuma, Y., Miyake, H.: Cannibalism of *Aureliapolyps*. 6th International Conference on Coelenterate Biology (1995) abstract
[48] Bamstedt, U., Martinussen, M. B.: Nutritional ecology of gelatinous zooplanktivores. Digestion rate of the scyphomedusa *Aurelia aurita* and the ctenophore *Bolinopsis infundibulum*. 6th International Conference on Coelenterate Biology (1995) abstract
[49] Hamner, W. M., Jenssen, R. M.: Growth, degrowth and irreversible cell differentiation in *Aurelia aurita*. Am. Zool. **14**, 833-849 (1974)
[50] Greve, W.: Ökologische Untersuchungen an *Pleurobrachia pileus* II. Laboratoriumsuntersuchungen. Helgoländer Wiss. Meeresunters. **23**, 141-164 (1972)
[51] Hoeger, U.: Biochemical composition of ctenophores. J. Exp. Mar. Biol. Ecol. **72**, 251-261 (1983)
[52] Shick, J. M.: Uptake and utilization of dissolved glycine by *Aurelia aurita* scyphistomae: temperature effects on the uptake process; nutritional role of dissolved amino acids. Biol. Bull. **148**, 117-140 (1975)
[53] Erokhin, V. E.: Incorporation of external organic metabolites into morphological and biochemical components of certain sea invertebrates. Gidrobiol. Zh. **11**, 54-60 (1975)
[54] Arai, M. N.: Attraction of *Aurelia* and *Aequorea* to prey. Hydrobiologia **216/217**, 363-366 (1991)
[55] Halstead, B. W.: Poisonous and venemous marine animals of the world. Darwin Press Princton, 1-1168 (1988)
[56] Currie, B.: Review article: clinical implications of research on the box-jellyfish *Chironex fleckeri*. Toxicon **32**, 1305-1313 (1994)
[57] Hausmann, K., Hülsmann, N.: Protozoology. Thieme Medical Publishers, Inc. New York, **338** (1996)
[58] Mariscal, R. N.: The chemistry of nematocysts. In: Coelenterate Biology (L. Muscatine, H. M. Lenhoff, eds). Academic Press New York, 129-178 (1974)
[59] Mariscal, R. N, Conklin, E. J., Bigger, C. H.: The ptychocyst, a major new category of cnida used in tube construction by a cerianthid anemone. Biol. Bull. **152**, 392-405 (1977)
[60] Mariscal, R. N.: Cnidaria: Cnidae In: Biology of the Integument (J. Breiter-Hahn, A. G. Matoltsy, K. S. Richards eds.) Springer Verlag Berlin, 57-68 (1984)
[61] Weill, R.: Contribution à l'etude des cnidaires et de leurs nématocystes. I. Recherches sus les nématocystes. (Morphologie, physiologie, développment). II. Valeur taxonomique du cnidome. Trav. Statn. Zool. Wimereux **10/11**, 1-701 (1934)
[62] Werner, B.: Die Nesselkapseln der Cnidaria mit besonderer Berücksichtigung der Hydroida 1. Klassifikation und Bedeutung für Systematik und Evolution. Helgoländer Wiss. Meeresunters. **12**, 1-39 (1965)
[63] Rifkin, J., Endean, R.: The structure and function of the nematocysts of *Chironex fleckeri* Southcott 1956. Cell Tiss. Res. **233**, 563-577 (1983)
[64] Holstein, Th.: The morphogenesis of nematocystes in *Hydra* and *Forskålia*. J. Ultrastru. Res. **75**, 276-290 (1981)
[65] Holstein, Th., Benoit, M., Herder, G., Wanner, G., David, C. N., Gaub, H. E.: Fibrous Minicollagens in *Hydra* nematocysts. Science **265**, 402-405 (1994)
[66] Kurz, E. M., Holstein, Th., Petri, W., Engel, B. M. J., David, C. N.: Mini collagens in *Hydra* nematocysts. J. Cell Biol. **115**, 1159-1169 (1991)
[67] Weber, J.: Poly-γ-glutamic acids are the major constituents of nematocysts in *Hydra* (Hydrozoa, Cnidaria). J. Biol. Chem. **265**, 9664-9669 (1990)
[68] Tardent, P.: The cnidarian cnidocyte, a hightech cellular weaponry. BioEssays vol. **17**, 351-362 (1995)
[69] Westfall, J. A.: The nematocyte complex in hydromedusan *Gonionemus vertens*. Z. Zellforsch **110**, 457-470 (1970)
[70] Wood, R. L., Novak, L.: The anchoring of nematocysts and nematocytes in the tentacles of *Hydra*. J. Ultrastruct. Res. **81**, 104-116 (1982)
[71] Carré, D, Carré, C.: On triggering and control of cnidocysts discharge. Mar. Behav. Phys. **7**, 109-117 (1980)
[72] Holstein, Th.: Nematocyten. BIUZ **25**, 161-169 (1995)
[73] Holstein, Th., Tardent, P.: An ultrahigh-speed analysis of exocytosis: nematocyst discharge. Science **223**, 830-833 (1984)

[**74**] Tardent, P., Holstein, Th.: Morphology and morphodynamics of the stenotele nematocyst of *Hydra attenuata* (Hydrozoa, Cnidaria). Cell Tiss. Res. **224**, 269-290 (1982)
[**75**] Aerne, B. L., Stidwill, R. P., Tardent, P.: Nematocysts discharge in *Hydra* does not require the presence of nerve cells. J. Expt. Zool. **258**, 137-141 (1991)
[**76**] Thomason, J. C.: Cnida discharge and the mechanism of venom delivery in *Anemonia viridis* (Cnidaria, Actiniaria). Hydrobiologia **216/217**, 649-654 (1991)
[**77**] Tardent, P., Holstein, Th., Weber, J., Klug, M.: The morphodynamics and actions of stenotele nematocysts in *Hydra*. Archs. Sci. Genève **38**, 401-418 (1985)
[**78**] Tardent, P.: History and current state of knowledge concerning discharge of cnidae. In: The Biology of Nematocysts (D. A., Hessinger, H. M., Lenhoff eds.). Academic Press Inc., San Diego, 308-332 (1988)
[**79**] Burnett, J. W., Calton, G. J.: The chemistry and toxicology of some venomous pelagic Coelenterates. Toxicon **15**, 177-196 (1977)
[**80**] Endean, R., Rifkin, J. F., Daddow, L. Y. M.: Envenomation by the box-jellyfish *Chironex fleckeri*: how nematocysts discharge. Hydrobiologia **216/217**, 641-648 (1991)
[**81**] Krone, H. D., Keen, T. E. B.: Further studies on the biochemistry of the toxins from the sea wasp (*Chironex flekkeri*). Toxicon **9**, 145-151 (1971)
[**82**] Williamson, J. A., Callan, V. I., Hartwick, R. F.: Serious envenomation by the Northern Australian box-jellyfish (*Chironex fleckeri*). Med. J. Austr. **1**, 13-15 (1980)
[**83**] Heatwole, H.: Sea Snakes. New South Wales Univ. Press. 85 (1987)
[**84**] Hessinger, D. A.: Nematocyst venoms and toxins. In: The biology of nematocysts (D. A., Hessinger, H. M. Lenhoff eds.). Academic Press San Diego, 333-368 (1988)
[**85**] Endean, R., Henderson, L.: Further studies of toxic material from nematocysts of the cubomedusan *Chironex fleckeri* Southcott. Toxicon **7**, 303-314 (1969)
[**86**] Endean, R.: Separation of two myotoxins from nematocysts of the box jellyfish (*Chironex fleckeri*). Toxicon **25**, 483-492 (1987)
[**87**] Endean, R., Duchemin, C., McColm, D., Fraser, E. H.: A study of the biochemical activity of toxic material derived from the nematocysts of the cubomedusan *Chironex flekkeri*. Toxicon **6**, 179-204 (1969)
[**88**] Calton, G. J., Burnett, J. W.: Partial purification of *Chironex fleckeri* (sea wasp) venom by immunochromatography with antivenom. Toxicon **24**, 415-420 (1986)
[**88a**] Fenner, P. J.: Cubozoan jellyfish envenomation syndromes and their medical treatment in northern Australia. Hydrobiologia **216/217**, 637-640 (1991).
[**89**] Larsen, J. B., Lane, C. E.: Some effects of *Physalia physalis* toxin on the cardiovascular system of the rat. Toxicon **4**, 199-203 (1966)
[**90**] Larsen, J. B., Lane, C. E.: Some effects of *Physalia physalis* toxin on active Na^+ transport across frog skin. Comp. Biochem. Physiol. **34**, 333-338 (1970)
[**91**] Tamkun, M. M., Hessinger, D. A.: Isolation and partial characterization of a hemolytic and toxic protein from the nematocyst venom of the portuguese man-of-war, *Physalia physalis*. Biochem. Biophys. Acta **667**, 87-98 (1981)
[**92**] Shryock, J. C., Bianchi, C. P.: Sea nettle (*Chrysaora quinquecirrha*) nematocyst venom: mechanism of action on muscle. Toxicon **21**, 81-95 (1983)
[**93**] Burnett, J. W., Goldner, R.: Effect of *Chrysaora quinquecirrha* (sea nettle) toxin on rat nerve and muscle. Toxicon **8**, 179-181 (1970)
[**94**] Burnett, J. W., Goldner, R.: Some immunological aspects of sea nettle toxins. Toxicon **9**, 271-277 (1971)
[**95**] Calton, G. J., Burnett, J. W., Garbus, J., Marx, S. R.: The effects of *Chrysaora* and *Physalia* venoms on mitochondrial structure and function. Proc. Soc. Exp. Biol. Med. **143**, 971-977 (1973)
[**96**] Blanquet, R.: A toxic protein from the nematocysts of the scyphozoan medusa, *Chrysaora quinquecirrha*. Toxicon **10**, 103-109 (1972)
[**97**] Burnett, J. W., Calton, G. J.: Purification of sea nettle nematocyst toxins by gel diffusion. Toxicon **11**, 243-247 (1973)
[**98**] Weber, J., Klug, M., Tardent, P.: Some physical and chemical properties of purified nematocysts of *Hydra attenuata* (Hydrozoa, Cnidaria). Comp. Biochem. Physiol. **88**, 855-862 (1987)
[**99**] Burnett, J. W.: Clinical manifestations of jellyfish envenomation. Hydrobiologia **216/217**, 629-635 (1991)
[**100**] Mebs, D.: Gifttiere. Wissenschaftliche Verlagsgesellschaft, Stuttgart (1992)
[**101**] Raupp, U., Milde, P., Goerz, G., Plewig, G., Burnett, J., Heeger, T.: Fallstudie einer Quallenverletzung. Hautarzt **47**, 47-52 (1996)
[**102**] Burnett, J. W., Rubinstein, H., Calton, G. J.: First aid for jellyfish envenomation. South. Med. J. **76**, 871-872 (1983)
[**103**] Fenner, P. J., Williamson, J. A., Burnett, J. W., Rifkin, J.: First aid treatment of jellyfish stings in Australia. Response to a newly differentiated species. Med. J. Austr. **158**, 498-501 (1993)
[**104**] Mills, C. E.: Diversity of swimming behaviors in hydromedusae as related to feeding and utilization of space. Mar. Biol **64**, 185-189 (1984)
[**105**] Costello, J.: Foraging mode and energetics of hydrozoan medusae. In: Aspects of Hydrozoan Biology (J. Bouillon, F. Boero, F. Cicogna, J. M. Gili and R. G. Hughes eds.). Sci. Mar. **56**, 185-191 (1992)
[**106**] Gladfelter, W. B.: Structure and function of the locomotory system of the scyphomedusa *Cyanea capillata*. Mar. Biol. **14**, 150-160 (1972)
[**107**] Rottini-Sandrini, L.: Effect of water temperature on the motility of *Pelagia noctiluca* (Forskâlia). Experientia **38**, 453-454 (1982)
[**108**] Larson, R. J.: Riding Langmuir circulations and swimming in circles: a novel form of clustering behavior by the

scyphomedusa *Linuche unguiculata.* Mar. Biol. **112**, 229-235 (1992)
[**109**] Berger, E. W.: Physiology and histology of the cubomedusae including Dr. F. S. Conants notes on the Physiology. Mem. Biol. Lab. John Hopkins Univ. **4**, 1-84 (1900)
[**110**] Horridge, G. A.: Statocysts of medusae and evolution of stereocilia. Tiss. Cell **1**, 341-353 (1969)
[**111**] Singla, C. L.: Statocysts of hydromedusae. Cell Tiss. Res. **158**, 391-407 (1975)
[**112**] Yamasu, T., Yoshida, M.: Fine structure of complex ocelli of a cubomedusan, *Tamoya bursaria* Haeckel. Cell Tiss. Res. **170**, 325-339 (1976)
[**113**] Laska, V. G., Hündgen, M.: Morphologie und Ultrastruktur der Lichtsinnesorgane von *Tripedalia cystophora* Conant (Cnidaria, Cubozoa). Zool. Jb. Anat. **108**, 107-123 (1982)
[**114**] Piatigorsky, J., Horwitz, J., Kuwabara, T., Cutress, C. E.: The cellular eye lens and crystallins of cubomedusan jellyfish. J. Comp. Physiol. **164**, 577-587 (1989)
[**115**] Hamner, W. M., Doubilet, D.: Australia's box jellyfish. Nat. Geo. Mag. **186**, 116-130 (1994)
[**116**] Maretic, Z., Russel, F. E., Ladavak, J.: Epidemic of stings by the jellyfish *Pelagia noctiluca* in the Adriatic. In: Natural Toxins (E. Eaker, T. Wadstrum, eds). Oxford Pergamon Press, 77-82 (1980)
[**117**] Hastings, J. W.: Chemistry and control of luminescence in marine organisms. Bull. Mar. Sci. **33**, 818-828 (1983)
[**118**] Herring, P.: Observations on bioluminescence in some deep-water anthozoans. Hydrobiologia **216/217**, 573-579 (1991)
[**119**] Morin, J. G.: Coastal bioluminescence patterns and functions. Bull. Mar. Sci. **33**, 787-817 (1983)
[**120**] Shimomura, H., Johnson, F. J.: „Biolumíniscence in progress" (F. H. Johnson and Y. Haneda, eds.). Princeton Univ. Press New Jersey, 495 (1986)
[**121**] Young, R. E.: Oceanic bioluminescence: an overview of general functions. Bull. Mar. Sci. **33**, 829 – 847 (1983)
[**122**] Macartney, J.: Philos. Trans. R. Soc. London **100**, 258 (1810)
[**123**] Harvey (1921)
[**124**] Kerfoot, P. A. H.: Behaviour and electrophysiology of Aequorea victoria (Hydroza). M Sc. Thesis, Univ. of Victoria, BC, Canada, 110 pp (1980)
[**125**] Mackie, G. O.: Propagation of bioluminescence in *Euphysa japonica* hydromedusae (Tubulariidae). Hydrobiologia **216/217**, 581-588 (1991)
[**126**] Johnson, F. H., Shimomura, O.: Introduction to the bioluminescence of medusae, with special reference to the photoprotein aequorin. Meth. Enzym. **57**, 271 (1978)
[**127**] Ormö, M., Cubitt, A. B., Kallio, K., Gross, L. A., Tsien, R. Y., Remington, S. J.: Crystal structure of the *Aequorea victoria* Green Fluorescent protein. Science **273**, 1392-1395 (1996)
[**128**] Herring, P. J., Widder P.: Watching the nervous system at work: the bioluminescence of oceanic Cnidaria. 6th International Conference on Coelenterate Biology (1995) abstract
[**129**] Hamner, W. M., Hauri, I. R.: Long-distance horizontal migrations of zooplankton (Scyphomedusae: *Mastigias*). Limnol. Oceanogr. **26**, 414-423 (1981)
[**130**] Hamner, W. M., Gilmer, R. W., Hamner, P. P.: The Physical, chemical, and biological characteristics of a stratified, saline, sulfide lake in Palau. Limnol. Oceangr. **27**, 896-909 (1982)
[**131**] Fautin, D. G., Fitt, W. K.: A jellyfish-eating sea anemone (Cnidaria, Actinaria) from Palau: *Entacmaea medusivora* sp. nov. Hydrobiologia **216/217**, 453-461 (1991)
[**132**] Horn, M. H.: Systematics and biology of the stromateid fishes of the genus *Peprilus*. Bull. Mus. Comp. Zool. **140**, 165-262 (1970)
[**133**] Needler-Arai, M.: Interactions of fish and pelagic coelenterates. Can. J. Zool. **66**, 1913-1927 (1987)
[**134**] Elliot, J. K., Leggett, W. C.: The effect of temperature on predation by a jellyfish (*Aurelia aurita*) and a fish (*Gastersteus aculeatus*) on larval capelin (*Mallotus vilosus*). 6th International Conference on Coelenterate Biology (1995) abstract
[**135**] Shenker, J. M.: Carbon content of the neritic scyphomedusa *Chrysaora fuscescens*. J. Plankton Res. **7**, 169-173 (1985)
[**136**] Oviatt, C. A., Kremer, P. M.: Predation on the ctenophore, *Mnemiopsis leidyi*, by butterfish, *Peprilus triacanthus*, in Narragansett Bay, Rhode Island. Chesapeake Sci. **18**, 236-240 (1977)
[**137**] Purcell, J. E.: A review of cnidarians and ctenophores feeding on competitors in the plankton. Hydrobiologia **216/217**, 335-342 (1991)
[**137a**] Runge, J. A., Pepin, P., Silvert, W.: Feeding behavior of the Atlantic mackerel *Scomber scombrus* on the hydromedusa *Aglantha digitale*. Mar. Biol. **94**, 329-333 (1987)
[**138**] Phillips, P. J., Burke, W. D., Keener, E. J.: Observations on the trophic significance of jellyfishes in Mississippi Sound with quantitative data on the associative behaviour of small fishes with medusae. Trans. Am. Fish. Soc. **98**, 703-712 (1969).
[**139**] Chekunova, V. I., Naumov, A. G.: Energy metabolism and food requirements of the marbled notothenia, *Notothenia rossi marmorata* (Nototheniidae). J. Ichtyol. (Engl. Transl. Vopr, Ikhtiol.) **22 (2)**, 112-121 (1982)
[**140**] Tarveriyeva, M. I.: Daily food consumption and feeding pattern of the Georgian cod (*Notothenia rossi marmorata* Fischer) and the patagonian toothfish (*Dissostichus eleginoides* Smitt) (Fam. Nototheniidae) in the South Georgia area. J. Ichthyol. **12**, 684-692 (1972)
[**141**] Purcell, J. E.: Predation on fish larvae by *Physalia physalis*, the portuguese man-of-war. Mar. Ecol. Prog. Ser. **19**, 189-191 (1984)
[**142**] Purcell, J. E.: Feeding ecology of *Rhizophysa eysen-*

hardti, a siphonophore predator of fish larvae. Limnol. Oceanogr. **26**, 424-432 (1981b)
[**143**] Todd, R. A.: Second report (southern area) on fishery and hydrographical investigations in the North Sea and adjacent waters. Rep. North Sea Fish. Invest. Comm. 1904-1905 **1**, 49-163 (1907)
[**144**] Golovan, G. A., Akhorukov, N. P.: New data on the ecology and morphometry of *Alepocephalus rostratus* (Alepocephalidae). J. Ichthyol. **20**, 77-83 (1980)
[**145**] Tsuruta, A.: Distribution of plankton and its characteristics in the oceanic fishing grounds with special reference to their relation to fishery. J. Shimonoseki Univ. Fish. **12**, 13-214 (1963)
[**146**] Wiborg, K. F.: Investigations on pelagic fry of cod and haddock in coastal and offshore areas of northern Norway in July-August 1957. Fiskeridir. Skr. Ser. Havunders. **12**, 4-18 (1960)
[**147**] Lie, U.: On the growth and food of 0-group coalfish, *Pollachius virens* (L.), in Norwegian waters. Sarsia **3**, 1-36 (1961)
[**148**] Nesterov, A. A.: The feeding of *Scomberesox saurus* (Scomberesocidae) and its trophic relationships in the epipelagic zone of the ocean. J. Ichthyol. **21**, 55-69 (1981)
[**149**] Scott, A.: The mackerel fishery off Walney in 1913. Proc. Trans. Liverpool Biol. Soc. **28**, 109-115 (1914)
[**150**] Scott, A.: Food on the Irish sea herring in 1923. Proc. Trans. Liverpool Biol. Soc. **38**, 115-119 (1924)
[**151**] MacGinitie, G. E., MacGinitie, N.: Natural history of marine animals. McGraw-Hill Book Co. New York (1949)
[**152**] Apstein, C.: *Cyclopterus lumpus*, der Seehase. Seine Fischerei und sein Mageninhalt. Mitt. Dtsch. Seefischerei-ver. **26**, 450-465 (1910)
[**153**] Lipskaya, N. Y.: Growth and feeding of the horse mackerel, *Trachurus trechae* Cadenat, off the coast of West Africa. Tr. Vses. Nauchno-Issled. Inst. Morsk. Rybn. Khoz. Okeanogr. **77**, 197-203 (1972)
[**154**] Randall, J. E.: Food habits of reef fishes of the West Indies. Stud. Trop. Oceanogr. **5**, 665-847 (1967)
[**155**] MacPherson, E.: Ecologia trófica deeces en las costas Namibia. I. Hábitos alimentarios. Res. Exp. Cient. **11**, 81-137 (1983)
[**156**] Hartog, J. C. den: Notes on the food of seaturtles: *Eretmochelys imbricata* (L.) and *Dermochelys coriacea* (L.). Neth. J. Zool. **30**, 595-610 (1980)
[**157**] Van Nierop, M. M., Hartog, J. C. den: A study on the gut contents of five juvenile loggerhead turtles, *Caretta caretta* (Linneaus) (Reptilia: Cheloniidae), from the south-eastern part of the North Atlantic Ocean, with emphasis on coelenterate identification. Zool. Meded. **59**, 35-54 (1984)
[**158**] Hartog, J. C. den, Van Nierop, M. M.: A study on the gut contents of six leathery turtles *Dermochelys coriacea* (Linneaus) (Reptilia: Testudines: Dermochelyidae) from British waters and from the Netherlands. Zool. Verh. **209**, 1-36 (1984)
[**159**] Grimm, P.: Gonaden der Ohrenqualle (*Aurelia aurita*) als Nahrung des Sanderlings (*Calidris alba*). Seevögel **5**, 24 (1984)
[**160**] Harrison, N. M.: Predation on jellyfish and their associates by seabirds. Limnol. Oceanogr. **29**, 1335-1337 (1984)
[**161**] Ates, R. M. L.: Predation on Cnidaria by vertebrates other than fishes. Hydrobiologia **216/217**, 305-307 (1991)
[**162**] Fraser, C. M.: Hydroids as a food supply. Trans. R. Soc. Canada **5**, 259-264 (1939)
[**163**] Sloan, A.: World jellyfish and tunicate fisheries, and the northeast pacific echinoderm fishery. Can. Spec. Publ. Fish. Aquat. Sci. **92**, 23-27 (1986)
[**164**] Omori, M.: Zooplankton fisheries of the world: a review. Mar. Biol. **48**, 199-205 (1978)
[**165**] Priority Export Commodities Series. Jellyfish, Product, Industry Profile. Technology and Livelihood Resource Center. National Book Store (1987)
[**166**] Greenwood, P. G., Garrity L. K.: Discharge of nematocysts isolated from aeolid nudibranchs. Hydrobiologia **216/217**, 671-677 (1991)
[**167**] Todd, C. D.: Ecology of nudibranch molluscs. Oceanogr. Mar. Biol. **19**, 141-234 (1981)
[**168**] Allen, J. K.: Function of nematocysts in eolid nudibranchs. West. Soc. Malac. Ann. Rep. **9**, 50 (1976)
[**169**] Tardy, J.: Comportement predateur de *Eolidiella alderi* (Mollusque, Nudibranche). Compt. Rend. Acad. Sci. **258**, 2190 (1964)
[**170**] Thompson, T. E.: Nudibranchs. T. F. H. Publications, London. 96 (1976)
[**171**] Blanquet, R.: Ionic effects on discharge of the isolated and *in situ* nematocysts of the sea anemone *Aiptasia pallida*: a possible role of calcium. Comp. Biochem. Physiol. **35**, 451-461 (1970)
[**172**] Greenwood, P. G.: Nudibranch nematocysts. In: The biology of nematocysts (D. A. Hessinger, H. M. Lenhoff, eds.). Acad. Press San Diego, 445-462 (1988)
[**173**] Thompson, T. E., Bennett, I.: Observations on Australian glaucidae (Mollusca: Opisthobranchia). Zool. J. Linn. Soc. Lond. **49**, 187-197 (1970)
[**174**] Conklin, E. J., Mariscal, R. N.: Feeding behavior, ceras structure, and nematocyst storage in the aeolid nudibranch, *Spurilla neapolitana* (Mollusca). Bull. Mar. Sci. **27 (4)**, 658-667 (1977)
[**175**] Edmunds, M.: Protective mechanism in the eolidacea (Mollusca: Nudibranchia). Zool. J. Linn. Soc. Lond. **46**, 27-71 (1966)
[**176**] Greenwood, P. G.: Nematocyst maintenance and orientation in eolid nudibranchs. PhD. Thesis, Florida State University, 95 (1987)
[**177**] Day, R. M., Harris, L. G.: Selection and turnover of coelenterate nematocysts in some eolid nudibranchs. Veliger **21**, 104-109 (1978)
[**178**] Greenwood, P. G., Mariscal, R. N.: The utilization of cnidarian nematocysts by aeolid nudibranchs: nematocyst maintenance and release in *Spurilla*. Tiss. Cell **16**, 719-730 (1984a)

[**179**] Carré, C., Carré, D.: Les cnidocysts du ctenophore *Euchlora rubra* (Kolliker 1853). Cah. Biol. Mar. **21**, 221-226 (1980)
[**180**] Thiel, H.: Assoziationen von Quallen und Fischen. Natur und Museum **109**, 353-360 (1979)
[**181**] Thiel, M. E.: Das Zusammenleben von Jung- und Kleinfischen mit Rhizostomeen (Scyphomedusae). Ber. Dtsch. Wiss. Komm. Meeresforsch. **21**, 444-473 (1970)
[**182**] Thiel, M. E.: Das Zusammenleben von Jung- und Kleinfischen mit Semaeostomcen (Scyphomedusae). Mitt. Hamb. Zool. Mus. Inst. **75**, 19-47 (1978)
[**183**] Haedrich, R. L.: The stomateid fishes: systematics and a classification. Bull. Mus. Comp. Zool. **135**, 31-139 (1967)
[**184**] Jenkins, R. L.: Observations on the commensal relationship of *Nomeus gronovii* with *Physalia physalis*. Copeia **1983**, 250-252 (1983)
[**185**] Lane, C. E.: The portuguese man-of-war. Sci. Am. **202**, 158-168 (1960)
[**186**] Ates, R. M. L.: Medusivorous fishes, a review. Zool. Meded., Leiden **62**, 29-42 (1988)
[**187**] Ates, R. M. L.: Fishes that eat sea anemones, a review. J. Nat. Hist. **23**, 71-79 (1989)
[**188**] Mansueti, R.: Symbiotic behavior between small fishes and jellyfishes, with new data on that between the stromateid, *Peprilus alepidotus*, and the scyphomedusa, *Chrysaora quinquecirrha*. Copeia **1**, 40-80 (1963)
[**189**] Margulis, R. Y.: New genera of the suborder physophorae from the Indian Ocean. Zoologicheskii Zhurnal **55**, 1244-1246 (in Russian) (1976b)
[**190**] Taylor, D. L.: Ultrastructure of the „zooxanthella" *Endodinium chattonii in situ*. J. Mar. Biol. Assoc. U. K. **51**, 227-234 (1971)
[**191**] Kremer, P., Costello, J., Kremer, J. Canino, M.: Significance of photosynthetic endosymbionts to the carbon budget of the scyphomedusa *Linuche unguiculata*. Limnol. Oceanogr. **35 (3)**, 609-624 (1990)
[**192**] Heeger, T., Piatkowski, U., Möller, H.: Predation on jellyfish by the cephalopod *Argonauta argo*. Mar. Ecol. Prog. Ser. **88**, 293-296 (1992)
[**193**] Kramp, P. L.: Pelagic Fauna. 65-68. In: The Galathea Deep Sea Expedition, 1950 to 1952. (A. F. Brunn, S. V. Greve, H. Mielche, R. Spärk, eds.). 296 (1956)
[**194**] Thiel, M. E.: Tintenfische „reiten" auf Quallen. Abh. Verh. Naturwiss. Verl. Hamburg **15**, 37-40 (1971)
[**195**] Thiel, M. E.: Wirbellose Meerestiere als Parasiten, Kommensalen oder Symbionten in oder an Scyphomedusen. Helgoländer Wiss. Meeresunters. **28**, 417-446 (1976)
[**196**] Dollfuß, R. P.: Liste des coelentérés marinsalaearctiques et indien où ont été trouvés des trematodes digénetiques. Bull. Inst. Pech. Marit. Maroc. **9-10**, 33-57 (1963)
[**197**] Laval, P.: Comportement, parasitisme et écologie d'*Hyperia schizogeneios* Stebb. (Amphipode Hyperidae) dans le plankton de Villefranche sur mer. Annales Inst. Océanogr. Monaco. **48**, 49-74 (1972)
[**198**] Meyer, H. A., Möbius, K.: Kurzer Überblick der in der Kieler Bucht von uns beobachteten wirbellosen Tiere als Vorläufer einer Fauna derselben. Arch. Naturgesch. **28**, 229-237 (1862)
[**199**] Blackburn, M.: Notes on some parasitic actinian larvae and on their host medusa in Australian waters. J. Coun. Scient. Ind. Res. Aust. **21**, 183-189 (1948)
[**200**] Sars, G. O.: Report of practical and scientific investigations of cod fisheries near the Lofoten Island 1864-1869 and 1870-1873. Rep. U.S. Comm. Fish. **1877**, 612-661 (1879b)
[**201**] Jachowski, R.: Jahreszeitliches Vorkommen und unperiodisches Auftreten von Fischbrut, Medusen und Decapodenlarven im Fehmarnbelt in den Jahren 1934-1943. Ber. dt. wiss. Komm. Meeresforsch. **12**, 48-64 (1974)
[**202**] Bruce, A. J.: An association between aontoniinid shrimp and a rhizostomatous scyphozoan. Crustaceana **23**, 300-302 (1972)
[**203**] Menon, M. G. K.: The Scyphomedusae of Madras and neighboring coast. Bu. Madras Govt. Mus. **3**, 1-28 (1930)
[**204**] Vannucci, M., Mendes, M.: Sobre a larva de *Dibothriorhynchus dinoi* n. sp. parasita dos Rhizostomata (Cest. Tetrarhynchidea). Archs Mus. Parana. **4**, 47-82 (1944)
[**205**] Badham, C.: A larval actinianarasitic in a Rhizostoma. J. Microsc. Sci. **62**, 221-230 (1917)
[**206**] Nyholm, K. G.: On the development and dispersal of *Athenaria* Actinia with special reference to *Halcampa duodecimcirrata* M. Sars. Zool. Bidr. Upps. **27**, 467-505 (1949)
[**207**] Martin, R., Brinckmann, A.: Publ. Staz. Zool. Napoli **33**, 206-223 (1963)
[**208**] Thompson, T. E., Bennett, I.: *Physalia* nematocysts: utilized by molluscs for defense. Science **166**, 1532-1533 (1969)
[**209**] Bieri, R.: Feeding preferences and rates of the snail, *Janthina prolongata*, the barnacle, *Lepas anatifera*, the nudibranchs, *Glaucus atlanticus* and *Fionainnata*, and the food web in the marine neuston. Publ. of the Seto Mar. Biol. Lab. **14**, 161-170 (1966)
[**210**] Gruner, H. E., Moritz, M., Dunger, W.: Wirbellose Tiere. In: Lehrbuch der speziellen Zoclogie (Gruner, H. E., ed.). Gustav Fischer Verlag Jena, 1278pp (1993)
[**211**] Mackie (1963)
[**212**] Wilson (1975)
[**213**] Kirkpatrick, P. A., Pugh, P. R.: Siphonophores and velellids. Synopses of British Fauna **29**, 154 (1984)
[**214**] Kölliker, A.: Die Schwimmpolypen oder Siphonophoren von Messina. Engelmann, Leipzig (1853)
[**215**] Barham, E. G.: Siphonophores and the deep scattering layer. Science **140**, 826-828 (1963)
[**216**] Barham, E. G.: Deep scattering layer migration and composition: observations from a diving saucer. Science **151**, 1399-1403 (1966)
[**217**] Purcell, J. E., Mills, C. E.: The correlation between nematocysts types and diets in pelagic Hydrozoa. In: The Biology of Nematocysts. (D. A. Hessinger, H. M. Lenhoff, eds.). Academic Press Inc. San Diego, 463-485 (1988)

[**218**] Francis, L.: Sailing downwind: aerodynamic performance of the *Velella* sail. J. Exp. Biol. **158**, 117-132 (1991)
[**219**] Fraser, J. H.: The ecology of ctenophore *Pleurobrachia pileus* in Scottish waters. J. Cons. Int. Explor. Mer. **33**, 149-168 (1970)
[**220**] Greve, W.: Cultivation experiments on North Sea ctenophores. Helgoländer Wiss. Meeresunters. **20**, 304-317 (1970)
[**221**] Franc, J. M.: Organization and function of ctenophore colloblasts: an ultrastructural study. Biol. Bull. **155**, 527-541 (1978)
[**222**] Mountford, K.: Occurence and predation by *Mnemiopsis leidyi* in Barnegat Bay, New Jersey. Estuar. Coast. Mar. Sci. **10**, 393-402 (1980)
[**223**] Deason, E. E., Smayda, T. J.: Ctenophore-zooplankton-phytoplankton interactions in Narragansett Bay, Rhode Island, USA, during 1972-1977. J. Plank. Res. **4**, 203-217 (1982a)
[**224**] Deason, E. E., Smayda, T. J.: Experimental evaluation of herbivory in the ctenophore *Mnemiopsis leidyi* relevant to ctenophore-zooplankton-phytoplankton interactions in Narragansett Bay, Rhode Island, USA. J. Plankton Res. **4**, 219-236 (1982b)
[**225**] Deason, E. E.: *Mnemiopsis leidyi* (Ctenophora) in Narragansett Bay, 1975-79: abundance, size composition and estimation of grazing. Estuar. Coast. Mar. Sci. **15**, 121-134 (1982)
[**226**] Kremer, P.: Respiration and excretion by the ctenophores *Mnemiopsis leidyi*. Mar. Biol. **44**, 43-50 (1977)
[**227**] Kremer, P.: Effect of food availability on the metabolism of the ctenophore *Mnemiopsis mccradyi*. Mar. Biol. **71**, 149-156 (1982)
[**228**] Burell, V. G., Van Engel, W. A.: Predation by and distribution of a ctenophore, *Mnemiopsis leidyi* A. Agassiz, in the York River Estuary. Est. and Coast. Mar. Sci. **4**, 235-242 (1976)
[**229**] Matsumoto, G. I.: Swimming movements of ctenophores, and the mechanics of propulsion by ctene rows. Hydrobiologia **216/217**, 319-325 (1991)
[**230**] Paffenhöfer, G. A.: The conservation of an appendicularian through numerous generations. Mar. Biol. **22**, 183-185 (1973)
[**231**] Fennaux, R.: Rhythm of secretion of oikopleurid's houses. Bull. Mar. Science **37**, 498-503 (1985)
[**232**] Barham, E. G.: Giant larvacean houses: observations from deep submersibles. Science **205**, 1129-1131 (1979)
[**233**] Seki, H.: Red tide of *Oikopleura* in Saawich. Inlet. Mer. **11**, 153-158 (1973)

Stichwortverzeichnis

aboraler Pol 102
Abschnürung 84
acraspedot 332
Acromitoides sp., Rhopalien 247
Acrophore 135
Actinaria 29, 252
Actinula-Larve 105
Adelaide River 129
Adradius 332
Adrenalin 165
Aeolidiacea, Freßverhalten 223
Aequorea 82, 198
–, Leuchtvermögen 199
– *victoria* 175
– –, Biolumineszenz 198
Aequorin 175
Aethia cristatella 215
Agalma okeni, Jagdtechniken 262
Aggregationen 180
Aglantha 175, 214
Aktinien 29
Aktin-Mikrofilamente 225
akzessorische Zellen 62
Albatross-Expedition 22
Alcyonaria 29
Alepocephalus sp. 214
Algen, symbiontische 31, 114
Alterstod, genetischer 109
Amastigophore, macrobasische 136
–, microbasische 136
Ammoniumchlorid 165
Amoebocyten 45, 57, 108, 113, 332
Amphiscolops langerhansi 241
Anacrophore 135
Anastomosennetz 313
Anderson 168
Anhänge 332
–, filamentöse 332
Anisorhiza 135
– atriche 135
– heterotriche 135
– homotriche 135
Anomalorhiza shawi 13, **307**
–, Blaufärbung 13
–, charakteristische Kanalfärbung 307
–, Drüsenzellen 123
–, Enzyme 123
–, Jugendstadium 14
–, Magen, Verdauungsfilamente 123
–, Merkmale 307
–, Mundarmkanäle 13
–, Nesselwirkung 308
–, sonstige Namen 307
–, Verbreitung 308
–, Verdauungszotten 123
Anthomeduse 29, 31, 80 f., 105, 113, 127, 191, 193 f.
–, charakteristische Körperform 80
Anthozoa 29, 52, 62, 106, 135, 332
Anthozoenpolyp 50, 222
Anthracomedusa 34, 35
Antihistaminika 165
Antipatharia 29, 52
Antivenin 165
Apolemia 214
Appendicularien 287, 291
Arctapodema sp. 18
Argonauta 248, 250
Armscheibe 331
Artenkatalog 293
Artensukzession 331
Arthur Conan Doyle 300
Articulata 46, 332
Ascidien 284 f.
–, Ausscheidungsöffnung, gemeinsame 285
–, Vermehrung, asexuelle 285
Aspirotele 135
Asselspinnen 226 f.
Assoziationen 231 f.
Astomocnide 135
Ästuaren 101
Atentaculata 290
Athecata 82, 114
Athorybia rosacea, Jagdtechniken 262
Atolla 214
– *bairdii n. sp.* 293
– *gigantea n. sp.* 293
–, Leuchtvermögen 199
– *vanhoeffeni* 69
– *wyvillei* **293**
– –, Biologie 293
– –, Merkmale 293
– –, Nesselwirkung 293
– –, Synonyme 293
– –, Verbreitung 293
Atorella 93
Auftriebskörper 328
Aurelia 214
– *aurita* 18, 87 f., 90 ff., 98, 100, 108, 111 f., 115, 121, 125, 139, 162, 206, 251 f., **301**
– –, Beutefang 95
– –, Gifte, Wirkung 151
– –, Magenräume 116
– –, Merkmale 301
– –, Mundarm 68
– –, Nesselwirkung 302
– –, Reproduktionsraten 179
– –, sonstige Namen 301
– –, Synonyme 301
– –, Verbreitung 302
– *flavidula* 301
–, Hungern 124
–, Nahrung 215
Aurelia-Ephyren, Aminosäure Glyzin 124
Auslösesignal 144
Australien 129, 164
Australische Seewespe 129
Autotomie 14
–, *Hippopodius* 264
–, *Physalia* 264
autotroph 332
Bandwurm 252
Bargmannia sp. 51
Basispolypen 89
Bathyctena chuni 199
bathyphil 332
Batteriezelle 141
Batteroem 58
Bauplan, Coronata 53
–, Cubozoa 53
–, Fahnenquallen 53
–, Hydrozoen 53
–, Kranzquallen 53
–, Rhizostomae 53
–, Semaesostomae 53
–, Stauromedusae 53
–, Stielquallen 53
–, Würfelquallen 53
–, Wurzelmundquallen 53
Becherauge 79, 301
benang benang 328
Benthocodon pedunculata 30
Berliner Aquarium 99
Bermudas 164
Beroë 290
– *abyssicola* 276, 279
– *cucumis* 281
– *forskali* 28
– *gracilis* 281
– *ovata* 280
Beroidea 276
Beute 95
binär 331
Biolumineszenz 196, 198, 286, 292
Birhopaloide 136
Blasenqualle 328
Blaue Korallen 29
Blaukanalqualle 13, 307
blue bottle 328
Blumenkohlqualle 184 f.
Blumentiere 29
b-Mastigophore 135
Bolinopsis infundibulum 276, 281
Bougainvillia princeps 81

box-jelly 325
box-jellyfish 326
Brisbane 180
Brut, wehrfähige 98
Brutpflege 97, 261
Bruttaschen 98
Bursarius cythereae 324
by-the-wind-sailor 329

C*aclorrhynchus psittacuia* 215
Cactylozooiden 27
Calidris alba 214
Calposoma 48
Calycophoridae 29
Campalecium cirratum 48
Carangidae 122, 236 f.
Carangiden 232
Caravelle 328
Caretta caretta 214, 329
carnivore Quallen 114
caravela 328
Carybdea 194
– *alata* 156, **321**
– –, Merkmale 321
– –, Synonyme 321
–, Beutejagd 126
– *marsupialis* 156, 252, **323**
– –, Biologie 324
– –, Fortbewegung, rasche 324
– –, Merkmale 323
– –, Nesselwirkung 324
– –, Pulsierungsfrequenz, schnelle 324
– –, Sargasso-See 324
– –, Synonyme 323
– –, Verbreitung 324
– *mora* 322
– *rastoni* 75 f., 140, 156, **322**
– –, Merkmale 322
– –, Nesselwirkung 322 f.
– –, sonstige Namen 322
– –, Synonyme 322
– –, Tentakelringe 64
– –, Verbreitung 323
–, Schwimmtempo 178
– *sp.*, Ei 104
– –, Eiabgabe 126
– *xaymacana* 323
Carybdeidae 29, 290
Cassiopea 114, 246
– *andromeda* 92, 156, 252, **303**
– –, Biologie 304
– –, Einbuchtung 114
– –, Exumbrella 114
– –, Massenaggreationen 304
– –, Merkmale 303
– –, Nesselwirkung 304
– –, sonstige Namen 303
– –, Synonyme 303
– –, Verbreitung 304
– –, Zooxanthellen 304
– –, zum Verzehr 304
– *borbonica* 306
– *forskalea* 303
– *ndrosia* 242 f., **304**
– –, Farbmuster 247
– –, Merkmale 304
– –, Nesselkapsel 158
– –, Nesselwirkung 305
– –, sonstige Namen 304
– –, Synonyme 304
– –, Verbreitung 304
– *polypoides* 303
Cassiopeja mertensii var. *ndrosia* 304
Catostylus mosaicus 156, 252, **316**
–, Biologie 317
–, Färbung 317
–, Massenansammlungen 180
–, Massenvorkommen 317
–, Merkmale 317
–, Nesselwirkung 317
–, sonstige Namen 317
–, Synonyme 317
–, Verbreitung 317
– *purpurus* 154, 156, **314**, 316
– –, Biologie 315
– –, Merkmale 315
– –, Nesselwirkung 315
– –, sonstige Namen 314
– –, Verbreitung 315
– *townsendi* 23, 178, **315**
– –, Biologie 316
– –, Copoden 316
– –, Magenräume 116
– –, Merkmale 316
– –, Nesselkapseln 315 f.
– –, Pigmentierung 23
– –, sonstige Namen 316
– –, Verbreitung 316
– *wilkesii* 317
Celluloseverbindung 284
centripetale Kanäle 332
Centrolophus niger 214
Cephea cephea 16, 21, **305**
– –, Biologie 306
– –, Merkmale 305
– –, Nesselwirkung 306
– –, sonstige Namen 305
– –, Synonyme 305
– –, Verbreitung 306
– *mosaica* 317
– *ocellata* 309
– *papua* 308
– *polychroma* 306
– *rhizostomoides* 304
Ceriantharia 29
Cestum 277, 281
–, Fluchtreaktionen 281
Charybdea alata, Grundfärbung 322
– –, Nesselwirkung 322
– –, Verbreitung 322
– *grandis* 321
– *madraspatana* 321
– *moseri* 321
– *pyramis* 321
Chemorezeptoren 110
–, Aminosäuren 110
–, Peptide 110
Chirodropida 29, 129, 290
Chirodropus gorilla 156
Chironex 75, 102
–, Beutejagd 126
– *fleckeri* 76 f., 156, 195, 217, **325**
– –, akute Lebensgefahr 326
– –, Biologie 326 f.
– –, Dosis, tödliche 157
– –, Erste Hilfe 326
– –, Gegengift 163, 171
– –, Gesamttentakellänge 157
– –, Gifte, Wirkung 151
– –, Giftpotential 326
– –, Giftwirkung 129, 150
– –, Kontakt 161
– –, Merkmale 325
– –, Nesselgifte 130 f.
– –, Nesselkapsel 150, 158
– –, Nesselschlauch 150
– –, Nesselungen 161
– –, Nesselwirkung 326 f.
– –, Nesselzellen 157
– –, Eiablage 104
– –, Pedalium 157
– –, Schaftdornen 150
– –, sonstige Namen 325
– –, Tentakel 130f.
– –, Tentakelkontakt 157
– –, Todesfälle 129
– –, Toxine 327
– –, Verbreitung 326 f.
– –, Verdauungszotten 130
– –, Verletzungen 160 f.
Chironex-Medusen 101
Chironex-Polypen 102
Chiropsalmus 75
–, Linsenaugen 172
–, Schwimmtempo 178
– *quadrigatus* 58, 75 f., 78 f., 126, 140, 146, 156, 169, 171, 195, 252, **326**
– –, Giftmenge 162
– –, Hülle, fibrilläre 139
– –, Merkmale 326
– –, Nesselkapsel 162
– –, Nesselkapseln 139, 160
– –, Nesselungen, Leitermuster 162
– –, sonstige Namen 326
– –, Tentakelringe 62
– *quadrumanus* 156
Chitin 331
Chitinringe 329, 332
Chitinröhren 330
Chorda 285
Chromatonema rubrum 55
Chrysaora 65
–, Symbiose 230
– *blossevillei* 295
– *callipara* 296
– *helvola* 12, 56, 156, **296**
– –, Merkmale 296
– –, Nesselwirkung 297
– –, sonstige Namen 296
– –, Synonyme 296
– –, Verbreitung 297
– *hysoscella* 66 f., 99, 156, 252, **297**
– –, Biologie 297
– –, Merkmale 297
– –, Nesselwirkung 297
– –, sonstige Namen 297
– –, Synonyme 297
– –, Verbreitung 297
– *quinquecirrha* 24, 70, 156, **295**
– –, Biologie 296

– –, Merkmale 295
– –, Nesselwirkung 296
– –, sonstige Namen 295
– –, Symbiose 231, 239
– –, Synonyme 295
– –, Tentakel 63
– –, Verbreitung 296
Chrysomitra-Stadium 332
Cilien 45, 115, 273
Cladocoryne 48
Clepticus parrai 214
Cnidaria 29, 44, 52, 134, 290, 332
–, Systematik 41
Cniden 129
Cnidoblast 137, 332
Cnidocil 64, 78, 140 f., 150
Cnidocyste 129, 332
Cnidocyte 129, 332
Cnidogenese 139
Cnidom 264
Cnidophagen 225
Cnidosac 225
Coelenterata 26, 273, 332
Colaspis achillis n.g., n. sp. 293
common jelly 301
Commonwealth Serum Laboratory 163
Copepoden 110
Corallimorpharia 29
coral spawning 294
Cordylophora 38, 49
Corioliskraft 268
Cormidium 257, 332
Cornaria-Larve 330
Coronata 29, 69, 110, 196, 290, 332
–, Baupläne 53
Coronaten 46, 59
Corssato alba 194
Coryne 49
Cotylorhiza, Symbiose 230
– *tuberculata* 119, 228, **306**
– –, Biologie 307
– –, Jungfische 307
– –, Merkmale 307
– –, Nesselwirkung 307
– –, sonstige Namen 306
– –, Symbiose 231
– –, Synonyme 306
– –, Verbreitung 306
Crambessa mosaica 317
Craspedacusta 38, 86
–, Knospung 104
–, Längsteilung 104
–, Podocystenbildung 104
–, Querteilung 104
–, Sprossung 104
–, Stolonenbildung 104
– *sowerbii* 38
– –, Tentakel 59
Crossostoma anadyomene 311
Ctenophora 26, 124, 226, 274, 277, 281, 290 f.
–, Beutespezialisierung 281
–, Biolumineszenz 281
–, Cydippiastadium 279
–, Dehnungsfähigkeit 281
–, Entwicklung 279
–, Feindtäuschung 281
–, Fortbewegung 281
–, Fortpflanzung 279
–, Lebenserwartung 280
–, Leuchtvermögen 281
–, Nahrung 280
–, Photocyten 281
–, Regeneration 281
–, Reproduktionszahlen 279
–, Verbreitung 279
–, Verdauung 280
–, Vorkommen 279
Cubomeduse 84
–, anatomische Besonderheiten 72
–, Fortpflanzung 101
–, Nahrungsaufnahme 125
–, sexuelle Fortpflanzung 103
–, Wahrnehmung, optische 172
Cubopolyp 47, 102
–, Nahrungsaufnahme 113
Cubozoa 29, 86, 135, 156, 252, 289 f., 332
–, Baupläne 53
– -Polyp 84
Cuticula 54, 141, 332
Cyanea, Symbiose 231
– *capillata* 58, 70, 125, 156, 183, 252, **299**
– –, Biologie 300
– –, Merkmale 299
– –, Nesselkapsel 147
– –, Nesselkapseltypen 152
– –, Nesselwirkung 300
– –, sonstige Namen 299
– –, Symbiose 231
– –, Synonyme 299
– –, Verbreitung 300
– *lamarcki* 300
– *nozakii* 156, **301**
– –, Merkmale 301
– –, Nesselwirkung 301
– –, Tentakel 59, 63
– –, Verbreitung 301
Cyclomayria 284, 292
Cyclopterus lumpus 214
Cysteinmuster 137
Cystonectidae 29

Dactylometra africana 295
– *quinquecirrha* 295, 296
Dactylozooide 56, 58, 60 f., 127, 237, 257 f., 260, 328, 332
Dankan 305
Darwin (Australien) 129
Darwin, Charles 21, 164
Däumchenqualle 151, 178, 185, 293 f.
–, Rhopalium 190
–, Sinnesorgan 190
Deckepithel 52
Deckstück 257
Dehnungsfähigkeit 210
Dehnungsgrenze 114
Deiopea kaloktenota 275
Dermochelys coriacea 214
Desmomyaria 292
Desmosomen 54, 135, 332
Diapause 90
Dinoflagellaten, Stoffwechselprodukte 115
Diphyes antarcticus 261
Discomedusae 20
Dissogonie 279
distal 332
Distomium pelagiae 252
Doliolida 292
Dolioliden 284, 286
–, Ammentier 286
–, Fortpflanzung 286
–, Geschlechtstiere 286
–, Muttertier 286
–, Nährtiere 286
–, Nährzooide 286
–, Pflegetiere 286
Dörnchenkorallen 29, 52
Dornen 135
Dornhai 214
Dottersäckchen 93
Dottersacklarve 332
Dottersackstadium 93
Doyére 132
Drymonema 59
Düsseldorfer Meeresaquarium 99

Ectopleura 105
Ediacara-Fauna 34
Effektorzellen 189
Eier 97, 261
Eil Malk 207, 310
–, Quallenpopulation 206
Einstülpung 139
Einzelkomponenten, giftige 153
Einzeller 133
Eismöwe 215
Eissturmvogel 215
Ektoderm 43 f., 332
Elastin 57
endoplasmatisches Retikulum (ER) 111, 134, 137, 332
Endosymbionten 241
Enhydrina schistosa 153
Entacmaea medusivora 209 ff., 222
–, Jagd- und Freßverhalten 208 ff.
Entladung, Signal 144
Entladungsprozeß 132
Entladungsvorgang 149
Entoderm 43 f., 333
Entodermzellen 104
Entwicklungszyklus 96
Epauletten 53, 333
Eperetmus typus 32
Ephyra 65, 84, 87 f., 91
Ephyren 86, 90
–, -dichte 90
–, Frühjahrs- 90
–, Herbst- 90
Ephyrenproduktion 89
Epidermis 43
– der Subumbrella 25
Epithel 25, 333
Epithelmuskelzellen 44 f., 47, 333
Epithelwand 96
Eretmochelys imbricata 214, 217

Erntefisch 239
Erythele 333
Erzeugermeduse 105
Erzeugerorganismus 89
Erzeugerpolypen 49, 86, 333
Euchlora rubra, Fraßschutz 226
Euphysa, Leuchtvermögen 199
– *sp.* 80
Euryale 25
Eurytele 136
–, macrobasische 136
–, microbasische 136
eurytherm 333
Eutonia indicans 252
Evagination 148, 333
Exkretion 127
Exocytosevorgang 149
Expeditionen 15
–, Albatross 15
–, Challenger 15
Extrusome 130, 132
Exumbrella 25, 51 ff., 95, 333

Facelina drummondi 101, 222
Fadenschnecke 222 f., 252
Fahnenqualle 24, 29, 46, 63 f., 67, 70, 97, 119, 290
–, Baupläne 53
–, hohle Tentakeln 290
–, zentrale Mundöffnung 290
Faktoren, abiotische 83
–, biotische 83
Faltensystem 114 f.
Fangeinrichtungen 94
Fanghandlung 95
Fangkorb 68
Fangpolypen 127, 257, 260
Fangradius 59
Fangtechniken 262
Fangtentakel 60 f.
Fasern, impulsleitende 187
Feind 232
Feuerqualle 58, 70, 122, 125, 147, 183
–, Nesselkapseltypen 152
Feuerwalze 284, 292
–, Leuchtorgan 286
Fibrillen 57
Fingerhutqualle 294
Fische 214
– als Quallenräuber 213 f.
Fischlarven 93, 127
– als Nahrung 215
Flagellaten 132, 333
–, autotrophe 41
–, Kolonien 41
Flohkrebse 252 f., 285
Fluchtreaktion 126
Fortbewegung 173
Fortpflanzung, protandrisch hermaphroditische 99
–, sexuelle 96
Fortpflanzungspolypen 257
Fortpflanzungsvariabilität 83
Fortpflanzungszyklen,
–, Cubozoa 84
–, Hydrozoa 84
–, Scheibenquallen 84
–, Scyphozoa 84
–, Würfelquallen 84
Fosfore 295 f.
Freßpolyp 258
Freßverhalten, selektives 176
Frühjahrsplankton 90
Frusteln 86, 104
Fucus 125
Fulmarus glacialis 215
Fungia sp., Ektoderm 116
–, Entoderm 116
Furchenqualle 54, 71, 122, 159, 236, 238, 241 ff., 311
Fußscheibe 43, 92
Futterbedingungen 257
Futterdichte 116
Futterrinne 121

Gabelschwanz-Wellenläufer 215
Ganglien 187
Ganglienzelle 333
–, bipolare 61
–, multipolare 62
Gangpolypen 267
Garnelen 252
–, Symbiosen mit Quallen 243 ff.
Gasaustausch 127
–, Abfallprodukte, stickstoffhaltige 128
–, Ammonium 128
–, Gastrovaskularsystem 128
–, Sauerstoff 128
Gasdrüse 257
Gastralfilamente 64, 95, 111 f., 294, 333
–, interradiale 294
– in U-Form 294
–, Nahrung, Transport 115
Gastralraum 25, 51, 64, 95, 98, 333
–, Spaltbildung 97
Gastroderm 43 f.
–, Drüsenzellen 111
Gastrodermiszelle 108
Gastrogonozooiden 329, 333
Gastrovaskularsystem 51, 87, 333
–, Anastomosen 127
–, Radialkanälchen 127
–, Radiärkanal 127
–, Verschmelzung 127
Gastrozooide 48, 60, 127, 257, 260, 328, 333
Gegengift, Chironex-Toxine 171
Geißeln 44
Gelbschwanzschnapper 214
Generationswechsel 89, 100
–, metagenetischer 83
Geschlechtsorgane 25, 68
Geschlechtspolyp 84, 260
Geschlechtsprodukte 83
Geschlechtsreife 103
Geschlechtsträger 105
Gestalt, radialsymmetrische 289
Giftapplikation, Theorien 149
Giftdosis 164
Giftkomposition 153
Glaskörper 77
Glaucilla marginata 329
Glaucus atlanticus 252, 329
– *marginata* 252
Gliedertiere 46, 333
Glockenkernmeduse 104
Glockenmeduse 333
Glucocorticoid-Externa 165
Gnathanodon speciosus 229
– als Begleitfische 232
–, Symbiose 231
–, Verteidigungsverhalten 232 f.
Golgi Apparat 111, 134, 137, 333
Gonaden 25, 51, 53, 64, 68, 80, 333
Gonionemus vertens 33, 156
Gonopalpus 257
Gonophoren 257
–, sessile 105
Gonozooide 257, 260, 328
Gorgonaria 29, 52
Gorgonin 52
green fluorescent protein (GFP) 198
Große Seegrasqualle 309
Großquallen 293
Grubenaugen 79
Gründerpolyp 84

Haarqualle 125
Hadal 39, 333
Haeckel, Ernst 5, 15
–, Kunstformen der Natur 20
Haftfunktion 70
Haftpapille 53, 70, 74
Haftscheibe 43, 46
Hakenlachs 214
Halammohydra 25, 40
Haliclystus auricula 74, 97, **320**
– –, Biologie 321
– –, Merkmale 321
– –, Nesselwirkung 321
– –, sonstige Namen 321
– –, Synonyme 320
– –, Verbreitung 321
– *salpinx* 74
– *stejnegeri* 74
Halicreas rotundatum 156
Haploneme 135
Hartsubstrat 85, 101
Harvey 198
Hauptnervenstrang 285
Hautfältchen 73, 176
Helioporida 29
hemisessil 124
Heringslarven 93, 95, 215
Heringsmöven, Quallenräuber 216
Hermissenda crassicornis, Fraßschutz 224
Heterogonie 89
Heteroneme 135
Himantostoma lorifera 312
Hinterkiemerschnecke 334
Hochseequallen, Vermehrung 38
Hohltiere 26, 273, 333
Holstein 136
Horizontalwanderungen 205
Hornkorallen 29, 52
Hungerfähigkeit 94

Hyäromeduse 84
Hydra 38, 107, 132, 173
–, Entladungsvorgang, Stenotele 144
–, tödliche Dosis 156
–, Stenotele 156
– *vulgaris*, Nesselkapsel 141
– –, Stenotele 141
– –, Stilett 141
– –, Zellvermehrung 104
Hydractinia 49
Hydranth 43
Hydra-Polypen 133
Hydrocaulus 43, 333
Hydrodynamik, Glockenform 174
Hydroidmedusen 32
–, Glockenform 174
–, Scheibenform 174
–, Schwimmgeschwindigkeit 174
–, Statolithen 191
Hydroidomedusae 29
Hydroidpolypen, Aufbau der Epidermis 45
Hydromedusen 175, 245, 291
–, anatomische Besonderheiten 79
–, Fortpflanzung 104
–, Fortpflanzung, asexuelle 105
–, Glockenform 79
–, Halbkugelform 79
–, Kugelform 79
–, Leuchtvermögen 199
–, Nahrungsaufnahme 126
Hydropolyp 47
–, Nahrungsaufnahme 114
Hydroskelett 57
Hydrozoa 29, 135, 156, 252, 289 f., 333
– -Polyp 84
Hydrozoen 86
–, Baupläne 53
Hydrozoenmeduse 124
Hyperia galba 109, 251
– –, als Parasit 250 f.
– *latreilli* 252
Hypostom 43, 333

Identifikationshilfe 127
Igelqualle 72, 317
Impulsleitung 189
Impulsübertragungen 62
Indringa 325
Infundibulum 276 f.
Interradius 333
Interrhopalarkanal 333
interstitielle Zellen 45, 47, 108, 133, 333
Invagination 139
Isopropylalkohol 165
Isorhiza 135
– apotriche 135
– atriche 135
– basitriche 135
– holotriche 135
– merotriche 135
I-Zellen 45, 47, 82, 108, 133

Jack sail-by-the-wind 329
Jagdprinzip 58
Jagdverhalten 120
JAGO 17
James-Cook-Universität 101
Janthina, Jagdverhalten 226
– *prolongata* 252, 330
– –, Raspelzunge 227
– –, Reusenapparat 227
„Jellyfish Exhibition" 18
jimble 322
Jugendgeschlechtsreife 279
Jungfernzeugung 334
Jungmedusen 86, 91
Jungquallen 93
Jungstadium 87, 90

Kaltwasserqualle 198
Kalzium 165
Kalziumionen 198
Kämme 273
Kammqualle 28, 199, 226, 273 ff., 277, 280, 290 f.
–, atentaculate 276
–, Divertikel 276
–, Sonderform 272
Kammreihen 199, 273, 276 f.
Kanalsystem 24 f., 51, 76, 333
Kanäle, centripetale 332
Kannibalismus 113
Kapselentladung
–, Hypothese 143
Kapsellänge 136
Kapseln 110
Karettschildkröte 214, 217
Keimzellen 96
Kettenreaktion 145
Kiemendarm 284, 286, 290
Kiemenspalten 292
Killerqualle 58, 146, 171, 195
killing jellyfish of the Philippines 326
Klebgranula 277
Klebzellen 273 f., 276 f.
Kleine Seegrasqualle 308
Kleptocniden 222 f., 225
Klonen 113
Knospenzone 257
Knospung 86 ff.
–, asexuelle 84
Knospungsarten 86
Knospungsform 86
Köhler 214
Kollagen 57, 136, 333
Kolloblasten 273 f., 276 f.
Kolonien 104
–, linkshändige 267
–, rechtshändige 267 f.
Kolonienstöcke
–, sessile 49
Kommensalen 228
Kommunikation, innerartliche 281
Kompaßqualle 12, 63, 66 f., 239, 295 f.
Kompaßrose 66
Komplikationen 171
Königskobra 153
Kontinentalsockel 336
Kontraktionshypothese 143
Korallen, Algen 116
–, Kalkabsonderung 116
–, symbiontische Beziehung mit Zooxanthellen 116
–, Wachstumsraten 116
Korallenriffe 50
Korallenwels 146, 148, 154, 159, 162
Körperachsen 91
Körpergestalt 262
Kosmopoliten 38, 334
Kranzdarm 66
Kranzqualle 29, 46, 59, 65, 69, 97, 122, 110, 196, 290, 334
–, Baupläne 53
Kranzquallenpolyp 46
Krebspanzer 146
Kreuzqualle 317
Kriechfrustelbildung 86
Kriechfrusteln 104
Krustenanemonen 29
Kryptozoikum 34
Küche, asiatische 72
Kurzschwanzkrebs, Symbiose mit *Cassiopea ndrosia* 242

Laingiomedusae 29
Langmuir-Zirkulation 178, 185, 334
lantern medusae 322
Längsmuskelfasern 45
Längsteilung 86
Läppchen 92
Larson 194
Larus hyperboreus 215
Larvenstadium, bilaterales 85
Larviparie 97
Lebensgemeinschaften, Vorteile für Begleitfische 231
Lebenszyklus 108
lecitotrophe Larve 85
Lederkorallen 29
Lederschildkröte 214, 329
Leitermuster 58
–, gefrorenes 159
Leitungsbahnen, multiple 49
Leptomeduse 29, 55, 82
–, charakteristische Körperform 80
–, Leuchtvermögen 199
Leuchtenzym 198
Leuchtfähigkeit 291
Leuchtqualle 148, 197
Leuchtvermögen
–, Funktion 199
–, Quallen 196
–, Quallenreste 198
Leucothea japonica 273
– *multicornis* 280
– –, Erschütterungsreize 280
– –, Mechanorezeptoren 280
Libinia dubia 252
Limnohydrina 86, 104
Limnomeduse 29, 32 f.
Linckia laevigata 106
Linerges mercurius 293
Liniscus ornithopterus 293
Linné, Carl v., Species plantarum 21
–, Systema naturae 21
Linsenaugen 77, 79
Linuche 122

–, Aggregation 185
– *aquila* 151, 190, 294
– *unguiculata* 156, 178, **293**
– –, Biologie 294
– –, Merkmale 294
– –, Nesselwirkung 294
– –, Synonyme 293
– –, Tierstöcke 89
– –, Verbreitung 294
Lipasen 110
Lipidreserven 100
Lippen 95
Lippfisch 214
Lobata 290
Loben 92, 275
Lobonema mayeri 317
– *smithi* 156, **317**
– smithii 317
– –, asiatische Küche 72
– –, Biologie 318
– –, für menschlichen Verzehr 318
– –, Merkmale 317
– –, Nahrungsmittel 72
– –, Nesselwirkung 318
– –, sonstige Namen 317
– –, Synonyme 317
– –, Verbreitung 318
Lockstoffe 97
Lokalanästhesie 165
Lorifera lorifera 312
Lucernaria auricula n. sp. 320
– *octoradiata* 320
Lumme 215
Luziferin-Luziferase-Reaktion 197
Lycraanzug 172
Lynchnorhiza lucerna 252
Lysosomen 112, 334

Mackie 256
Madreporaria 29
Magen 93, 95
Magenraum 25
Makrele 214
Makrelenhecht 214
Makrozooplankton 279
Mangrovenwurzel 102
Mangrovequalle 114, 242 f., 246 f., 303 f.
Manövrierfähigkeit 125
Manteltiere 27 f., 284, 286, 290, 334
Manubrium 25, 80, 322, 334
marine stingers 171
Mastigias 183
–, Symbiose 106, 204 f.
–, Vorkommen 202
–, Wanderung 202
– *ocellatus* **309**
– –, Merkmale 309
– –, Nesselwirkung 309
– –, sonstige Namen 309
– –, Synonyme 309
– –, Verbreitung 309
– *papua* 14, 45, 53, 56, 107, 119, **308**
– –, Abhängigkeit von Symbiosen 243
– –, Biologie 309
– –, Merkmale 308
– –, Nesselwirkung 309
– –, sonstige Namen 308
– –, Synonyme 308
– –, Verbreitung 309
– *physiophora* 308
– *sp.* 205 ff., **309**
– –, Merkmale 310
– –, Nesselwirkung 310
– –, sonstige Namen 309
– –, Verbreitung 310
Mastigophora 333
Mastigophore 135
–, macrobasische 136
–, microbasische 135
Matrix 57
Mazon-Fauna 34
Mechanorezeptoren 278
Medianlinsenaugen 322
Medusa 25
Medusa aurita 301
– *cephea* 305
– *marsupialis* 323
– *ocellata* 309
– *tuberculata* 306
– *unguiculata* 293
Meduse 43, 334
–, Differenzierung 102
–, Fortbewegung 174
–, Grundbauplan 51
–, Rhopalien 189
–, Scheibenqualle 189
–, schematischer Bauplan 43
–, Schwimmverhalten
–, –, biologischer Aspekt 174
–, –, physikalischer Aspekt 174
–, Sinnesorgane 189
Meduse-Fisch-Assoziation 228
Medusenanlagen 104
Medusengeneration, Nachteile 83
–, Vorteile 83
Medusenknospen 84
Medusenmagen 51
Meeresleuchten 196
Meeresschildkröten 214
– als Quallenräuber 214
Meerschwert 277
Melanogramma aeglefinus 214
Melonenqualle 276, 279
Mensch, Quallenräuber 215
Meridionalkanäle 276 f.
Merlangius merlangus, Symbiose 231
Mesogloea 25, 43, 51, 57, 94, 177, 334
Metabolismus 334
Metamorphose 85, 100
Microstomum, Fraßschutz 226
Microvillus 141
mikrophage Quallen 114
Mikroporen 149
Mikrotubuli 140, 225
Mikrovilli 140
Mikrozooplankton 114
Minikollagene 136
Mißbildungen 102
Mnemiopsis leidyi 280
– *sp.* 279 f.
– –, Fruchtbarkeit 279
– –, Massenentfaltung 280
– –, Populationsdynamik 279
– –, Schwarzes Meer 280
Mola mola 214
Mollusca 223
Mondfisch 214
Monterey Bay Aquarium 18
Moonjelly 301
Morphium 165
Möwe, Quallenräuber 215
Mucocysten 132
Muggiaea, Beuteorganismen 264
Multiplikation, asexuelle 102
Multipotenz der Nesseltierzellen 108
Mund 25, 257, 277
Mundarme 53, 64, 95, 98, 334
–, pyramidale 335
Mundfeld 43
Mundkegel 43, 47
Mundlappen 65
–, fahnenartige 119
Mundöffnung, sekundäre 53, 71
–, verschmolzene 114
Mundring 276
Mundrohr 25, 80, 290, 334
–, vierkantiges 119
Mundscheibe 43
Muschelfiltrat 113
Muskelfasern 44
Muskelfilamente 44
–, quergestreifte 47
Muskelkrämpfe 165
Muskelzellen 44, 47, 189
Mutterpolypen 91
Myocyten 44, 47, 334
Mythologie, griechische 25

N-Acetylglucosamin 332
Nachtlicht 197
Nacktkiemer 252
Nacktschnecke 100, 222, 253
Nährstoffe, Pinocytose 112
Nahrung, Fische, antarktische 213
–, Weiterleitung 110
Nahrungsangebot 112
Nahrungskonkurrenten 94
Nahrungspartikel 110
–, Resorption 112
Nahrungspartizipation 228
Nahrungsreste 257
Nanomia, Jagdtechniken 262
– *cara* 261
Narcomedusae 29
Nausithoë 97
Nausithoë punctata **294**
–, Biologie 295
–, Merkmale 295
–, Nesselwirkung 295
–, Tierstöcke 89
–, Verbreitung 295
Nectophor 257, 291
Nectosom 257, 334
Nekton 21, 334
Nematocysten 129, 328
Neoprenanzug 172
Neoturris breviconis 192
Nervennetz 61, 187
–, diffuses 47
Nervenring 47, 77
Nervensystem 47, 61, 187

Nesselbatterien 52, 63
Nesselfäden 110
Nesselgifte, Amine 151
–, Ammoniumverbindungen 151
–, *Chironex fleckeri* 155
–, *Chrysaora quinquecirrha* 155
– der Cnidaria 151
–, Effekte 153, 155
–, Funktion 151
–, LD_{50} 155
–, Molekulargewicht 155
–, Mucopolysaccharide 151
–, *Physalia physalis* 155
–, Proteine 151, 153
–, Struktur 151
–, Symptome 155
–, Toxizität 155
–, Zellmembarn 153
Nesselkapsel 95, 110, 119, 129, 132, 142, 225, 264, 334
–, entladene 132
–, Entladungssequenz 144
–, Entstehung 139
–, Kapselinnendruck, osmotischer 139
–, Kationen 139
–, Polyanionen, hochmolekulare 139
–, Poly-Glutaminsäure 139
–, Volumen 58
Nesselkapselbatterie 257
Nesselkapselbildung, Phasen 139
Nesselkapselentwicklung 136
Nesselkapselsystematik 133
Nesselkapseltoxine, *Aiptasia pallida* 155
–, Isolierung 155
–, *Physalia physalis* 155
Nesselkapseltypen 48, 81
–, Bild, lichtmikroskopisches 132
–, Cubozoa 133
–, Definition 135
–, entladene Kapseln 134
–, Feinbau 132
–, Hydrozoa 133
–, Kapselform 134
–, Kapselgröße 134
–, Klassifikation 135
–, Nematocyste 135
–, Nesselkapsel 135
–, Octocorallia 133
–, *Physalia utriculus* 134
–, Scyphozoa 133
–, Strukturen 132
–, Typ 135
–, Vorkommen 135
Nesselkapselwarzen 323
Nesselköpfchen 62, 331
Nesselschlauch 129, 135, 137, 141 f.
–, Einstülpung 140
–, Exocytose 139
– während der Ausstülpung 149
Nesseltiere 29, 134, 289, 334
–, Anatomie 43
–, Cnidoblast 44
–, Cnidocil 44
–, Epithelaufbau 44
–, Flagellum 44
–, Gastrodermiszellen
–, –, Partikelaufnahme 44
–, –, Sekretabgabe 44
–, Herkunft 41
–, Hypostom 44
–, interstitielle Zelle 44
–, Längsmuskelzelle 44
–, Microvilli 44
–, Ringmuskelzelle 44
–, Sinneszelle 44
–, Systematik 41
–, Verdauungszellen 44
–, Zellen 43
Nesseltierpolypen, Fortpflanzung, asexuelle 86
–, –, ungeschlechtliche 86
Nesselwarze 70, 334
Nesselzellbatterie 305
Nesselzelle 58, 110, 115, 119, 129
–, Bewegungen, amoeboide 139
–, Cnidocil 142
–, degenerierende 142
–, Differenzierungen 139
–, Entladungsvorgang 142
–, Entstehungsprozeß 137
–, Häkchen 139
–, Kapselinnendruck 142
–, Morphogenese 137
–, Nesselschlauch 142
–, Reifeprozeß 137
–, Schaftdornen 142
–, Sinneshärchen 142
–, Stilett 139
–, Stilettdornen 142
–, Stimulation 142
–, Toxine 142
–, Verankerung 142
Nesselzellentladung, Dynamik 140
Nesselzellverteilung 68
Nesselzellwarzen 310
Netrostoma coerulescens 252
Netzhaut 77
Netzstellen 59
Neuralrohr 285
Neuston 38, 334
Niobia 105
Noctiluca 197
Nomenklatur 334
–, binäre 21
–, Epitheton 21
–, Gattungsnamen 21
Nomeus gronovii 329
–, Symbiose 230
Nordostküste, australische 129
Nototheniidae 213
Nudibranchia 334
Nudibranchier 329
–, Beute 224
–, Cnidosac 225
–, Fraßschutz 222 ff.
–, Freßverhalten 222 ff.
–, Quallenräuber 222
–, Rückenanhang 225
–, Verdauung 224 f.

Oberteil 43
Oceanodroma furcata 215
Ocellen, Funktion 191
Ocellus 80, 334
Octocorallia 29
Ocyurus chrysurus 214
Ohrenqualle 18, 68, 87 f., 90 ff., 98, 100, 108, 111 f., 115, 124 f., 139, 162, 206, 251, 301
–, Massenansammlungen 182
Oikopleura 287
– *dioica, Massenentwicklung 288*
Olindioides formosa 156
Oncorhynchus keta 214
Operculum 137, 139, 141 f., 145
Ophiophagus hannah, Giftmenge 153
Organ 190
Organisationskraft 93
Osmoregulation 127
Osmosehypothese 143
Ostium, subumbrellar 25

Paarbildung 96
Palau 183, 202 f., 310
Palpus 257
Pandeidae 80
Pangäa 34, 334
Panthalassa 34, 334
Pantopoda, Beute 226
–, Freßverhalten 226 f.
Papierboot 248 ff.
Papillen 65, 94, 115, 119, 334
–, fingerförmige 72
Paramecium, Extrusome 133
–, Trichocysten 133
–, Trichocystenmembran 133
Parasit 248, 251
–, fakultativer 247
–, permanenter 247
–, temporärer 247
Parasitierung 109
Parasitosen 228, 247
Parthenogenese 334
patchiness 101
– Verteilung 83
Peachia hastata, Larve 252
– *hilli*
– –, Larve 252
– *parasitica*
– –, Larven 252
Pedalium 53, 76, 125, 290, 291, 334
Pedalkanal 334
Peitschenkoralle 52
Pelagia 38, 334
– *noctiluca* 156, 196, 252, **297**
– –, Biologie 298
– –, Merkmale 298
– –, Nesselwirkung 298
– –, sonstige Namen 298
– –, Synonyme 298
– –, Verbreitung 298

- *panopyra* 156, 197, **298**
- –, Biologie 299
- –, Merkmale 299
- –, Nesselkapsel 148
- –, Nesselwirkung 299
- –, sonstige Namen 299
- –, Synonyme 299
- –, Verbreitung 299
- *quinquecirrha* 295
pelagisch 333
pelagisches System 18
Pelagohydra, Auftrieb 173
–, Schwebezustand 173
Penetration 160
Pennatularia 29
Pepricus alepidotus 239
–, Symbiose 230
Peptidasen 111
Peptide 110
Periclimensis holthuisi 252
Peridermbecher 102
Peridermhülle 89
Peridermröhre 46, 110
Periphylla 65
- Leuchtvermögen 198
- *periphylla*
- –, Lichterzeugung 196
Peristom 334
Peromedusae 5
Perradius 334
Perseus 25
Pfeilwürmer 127
Phagozytose 111, 334
–, Nahrungsteile 112
philippinische Killerqualle 162, 169
Phoca vitulina 215
Photophoren 198
Photorezeptoren 278
Photosynthese 335
–, Kolonien 41
Phronima sedentaria 253
–, als Parasit 251, 253
Phylliroe bucephalum 252 f.
–, als Parasit 251, 253
Phyllorhiza 65
- *punctata* 26, 119, 244, 248, 250, **310**
- –, Assoziationen 312
- – –, mit Papierboot 246
–, Biologie 311 f.
–, Färbung 22
–, Merkmale 310
–, Mundarmöffnungen, verwachsene 121
–, Nesselwirkung 311 f.
–, Papillen 124
–, sonstige Namen 310
–, Symbiose 235
–, Synonym 310
–, Verbreitung 311 f.
- *trifolium* 310
Phyllospadix scouleri 74
Phyllozooid 257, 328, 335
Physalia 108, 214, 263, 291
–, Autotomie 264
–, Beuteorganismen 264
–, Segeleinrichtungen 266
–, Segelform 266
–, Symbioses 230
- *arethusa* 328
- *physalis* 48, 60 ff., 156, 164, 167 f., 252, 256 ff., 268, **327**
- –, Atlantik 27
- –, Beutetiere 328
- –, Biologie 328
- –, Feinde 329
- –, Gasdruck 166
- –, Gassack 259
- –, Gastrozooide 259
- –, Gonozooide 259
- –, Massenansammlungen 180
- –, Merkmale 328
- –, Nahrung 215
- –, Nectosom 260
- –, Nesselwirkung 329
- –, Pneumatophor 166, 259
- –, Polypenkolonie 166
- –, Segel 166
- –, sonstige Namen 328
- –, Synonyme 328
- *utriculus* 156, **327**
- –, Pazifik 27
- –, Verbreitung 328
Physaliatoxin 155
–, LD_{50} 157
Physonectidae 29
Pigmentierung 92
Pigmentzellen 82
Pilema clavigera 319
Pinocytose 335
Plankton 21, 335
Planktonblüten 82
Planktonkreisel 99
Planula 52, 83, 335
Planula-Larve 84 f., 98, 261
Planuloide 86
Plastizität 83
Plattwurm 226, 241
Pleurobrachia 214, 279, 281
–, Hungern 124
- *pileus* 280 f.
Pleuston 335
Plinius der Ältere 196
Plotosus lineatus 146, 148, 150, 159, 162
–, Epithelzellen 154
p-Mastigophore 135
Pneumatophor 27, 51, 257, 290, 328, 335
–, Aufbau 259
Pocillopora damicornis 100
Podocysten 38, 86, 89, 335
Pollachius virens 214
Polyglutaminsäure 143
Polyorchis penicillatus 31
Polypen 43, 84, 88, 91, 173, 335
–, Dauerstadien 83, 86, 89
–, Einschnürung 91
–, Fortbewegung 173
–, schematischer Bauplan 43
–, Schwimmverhalten 173
Polypenfloß 329
Polypenform, eurytherme 38
–, stenotherme 38
Polypengeneration, Nachteile 83
–, Vorteile 83
Polypenkolonie 84, 164, 247
Polypenstiel 88
Polypenstock 329
–, pleustonischer 330
Poreohydra, Kriechbewegungen 173
Porpita 108, 291
–, rundes Floß 291
- *porpita* 19, 49, 127, 181, 224, 252, 258, **330**
- –, Biologie 332
- –, Merkmale 330
- –, Nesselköpfchen 331
- –, Nesselwirkung 332
- –, Polypenfloß 330
- –, Schwimmfloß 127
- –, sonstige Namen 330
- –, Verbreitung 332
Porpitidae 50, 330
Portugiesische Galeere 48, 60 ff., 134, 155, 164, 166, 168, 171, 215, 238, 257, 259, 268, **328**
–, Arbeitsteilung 257
–, Atlantik 27
–, Pazifik 27
–, Verletzung durch Tentakelreste 169
portuguese man-of-war 328
Präkambrium 34, 335
Priapulopsis cuidephorus, Fraßschutz 226
Primärkanal 335
Proboscidactyla flavicirrhata 245
Produktionszonen 81
Proteasen 110
Proteinsynthese 335
Proteoglykane, sulfathaltige 57
proteolytisch 335
Protohydra 48
Protozoa 132 f.
Protuberanzen 335
Psammohydra, Kriechbewegungen 173
Pseudorhiza thocambaui 308
Ptychoneme 135
Puffinus sp. 215
Pulmo marinus 196
Pyrosomida 284, 291

Quadranten 102
Quallen 25, 38, 82, 335
- als Nahrungsmittel 218 ff.
–, angespülte 162, 170
–, Assoziationen 228
–, Assoziation mit Papierboot 245 f., 248 ff.
–, ausgetrocknete 162
–, Einfluß auf Fischlarvenbestände 215
–, Fangquote 216
–, Feinde 222
–, Handel 216 f., 220
–, häufige Parasiten 252
–, in Tiefseegräben 39
–, Leuchtvermögen 196
–, Schwärme 179
–, segelnde 266
–, Symbiosen 228
–, Todesursache 109
–, tote 170

Quallenaggregation 181
- durch Wasserströmungen 183 f.
- durch Wind 185
Quallenansammlungen, Folgen 180
-, Ursachen 179 f.
Quallenarten, gefährliche 156
Quallenfloh 109, 250 f.
Quallenkontakte 158
-, allergische Reaktionen 161
-, Schocksymptomatik 161
-, Sensibilisierung durch 161
Quallennesselungen, Erste Hilfe 131
-, Lebensrettungsorganisationen 131
-, Schutzmaßnahmen 131
-, Surf Live Saving Association Queensland (SLSQ) 131
Quallenpopulation 202
Quallenräuber 213
-, Wirbellose 222
-, Wirbeltiere 214, 216
Quallenrezepte 218 f.
Quallensalat 218 f.
Quallenscheibchen 84
Quallenschutz 241
Quallenschwarm 181
-, Entstehungstheorie 182
Quallensee 183, 202, 310
-, Regulation der Quallenpopulation 212
Quallensystematik 22, 24
Quallentoxine 151
-, Atemlähmung 161
-, Herzkranzgefäße 161
-, Herzstillstand 161
-, nekrotische Nierenkörperchen 164
-, Vasokonstriktion 161
-, zentrales Nervensystem 161
Quallenverletzungen 129
-, Atembeschwerden 159
-, Atmung 159
-, Bewußtlosigkeit 159, 166
-, Blasen 159
-, *Chironex fleckeri* 158
-, *Chiropsalmus quadrigatus* 158
-, Erste Hilfe 165
-, Haut 159
-, Hautstellen, gerötete 158
-, Herzschlag 159
-, Killerqualle 158
-, Körperbehaarung 159
-, Lebensgefahr 159
-, Leitermuster, gefrorenes 159
-, Nesselungen 159
-, ohnmächtig 159
-, reaction, delayed 164
-, Reaktion, allergische 165
-, -, verzögerte 164
-, Schmerzen 158
-, Schock 166
-, Schutzmaßnahmen 171
-, Seewespe 158
-, Sofortmaßnahmen 165
-, -, Ammoniumchlorid 165
-, -, Kokosnußsaft, zuckergesättigter 165
-, -, Sand 165
-, -, Schockbekämpfung 165
-, -, Tentakelreste 165
-, -, Urin 165
-, Statistik 159
-, Symptome 158
-, Therapie, weitere 165
-, -, Herz- und Kreislaufmonitoring 165
-, -, Papayafruchtfleisch 165
-, tödliche, Dunkelziffer 129
-, Verbrennungen 159
Quallenwanderung 202, 205
Qualle-Tintenfisch-Assoziation 245
Quellfaden 136
Querteilung 86, 89

Radialkanäle 25, 51, 80, 335
Radialmuskulatur 335
Radialtasche, tentakulare 300
Radiärkanäle 47
radiärsymmetrischer Polyp 85
Randanker 70, 74, 335
Randlappen 53, 87, 290, 335
-, zungenförmiger 71
Randlappenpaare 335
Rataria-Larve 330
Rathkea 105
- *octopunctata,* Gonaden 193
Räuber-Beute-Beziehungen 213
Raumkonkurrenz 83
Regenerationsfähigkeit 45, 83, 93, 102, 106
Regenerationsprozesse 107
Regenzeit 82
Reibeisenqualle 319
Reifungsprozeß 140
Reizbeantwortung 187
Reizung, chemische 144
-, mechanische 144
Reizverarbeitung 187
Reizwahrnehmung 187
Reproduktion 92
-, asexuelle 83
-, sexuelle 83
Reptilien 214
- als Quallenräuber 214
Reservestoffe 85
Resorption 155
Reste, unverdauliche 116
Reusenprinzip 59
Rezeptoren, chemische 187
-, Mechano- 278
-, optische 187
-, Thermo- 278
Rhabdoide 135
Rhizostomae 29, 67, 71, 289, 335
-, Baupläne 53
Rhizostoma hispidum 319
- *loriferum* 312
- *pulmo* 156, 184f., 252, **318**
- -, Grundfärbung 319
- -, Merkmale 319
- -, Nesselwirkung 319
- -, sonstige Namen 319
- -, Symbiose 231
- -, Synonyme 319
- -, Verbreitung 319
- *sp.* 56, 234, 237
- -, Symbiose 230
Rhizostomites 34
Rhopalargruben 335
Rhopalarkanal 335
Rhopalarlappen 335
Rhopalien 62, 77, 87, 92, 103
-, Aufbau 190
-, Scheibenquallen 190
Rhopalium 25, 65, 79, 335
Rhopaloide 136
Rhopalomene 135
Rhopilema esculenta 320
- *hispidum* 176 f., **319**
- -, Biologie 320
- -, Merkmale 320
- -, Nesselwirkung 320
- -, sonstige Namen 319
- -, Stachelmakrelen 320
- -, Synonyme 319
- -, Verbreitung 320
- *verrucosa* 319
- *visayana* 319
Ribosomen 335
Ribosomenvorräte 45
Rindenkorallen 52
Ringblende 74
Ringe, primäre 58
Ringfältchen 177, 290
Ringhals, Kernkraftwerk 13
Ringkanal 25, 47, 51, 80, 335
Ringmuskelzylinder 44
Ringmuskulatur 66, 292, 336
Rinnen 119
Rippenqualle 26, 124, 291, 336
Rissa sp. 215
Romanes 61
Rosa Zigarrenqualle 312
Rotschnabelfalk 215
Rückstoßprinzip 52, 74, 125
Ruder 125
Ruderfußkrebse 110
Ruderschwanz 292
Ruhestadium 90
Ruhestation 247
Rüsselspitze 113

Salabay 326, 328
Salpa maxima 28, 287
Salpen 284, 291
-, Kolonien 286 f.
-, Organisationsschema 286
Salpida 284
Samen 96
Sammelfilter 121
Sammelkanäle 119
Sanderling 214
Sarsia 105, 214
- *princeps*
- -, Beutefang 113
- *sp.,* Medusenknospen 106
- -, Polyp 106
Sauerstoff 128
Säugetiere 215
- als Quallenräuber 215
Saugwurm 252

Schaft 135, 141 f., 145
Schätzungen 129
Schaumfloß 330
Scheibenquallen 20, 29, 65, 214, 289, 336
–, Bauplan 25
Scheidewände 46
Scheinangriffe 232
Schelfzone 39, 336
Schellfisch 214
Schildkröten, Quallenräuber 216
Schirm 25
Schirmform, Variabilität 177
Schirmfurche 290, 336
Schirmkontraktionen, Nahrungsextrakt 120
Schirmoberfläche 51, 95
Schirmrand 25, 95
Schirmunterseite 51
Schlauchende 135
Schleim 110
Schleimfleck 86, 93, 102
Schleimsekretionen 132
Schmarotzer 247
Schmerzen 165
Schopfalk 215
Schraubenfilament 274, 277
Schrittmachersysteme 49
Schwarmbildung 96
Schwarzfisch 214
Schwarzkopf 214
Schweresinneskörper 65, 82
Schweresinnesorgane 62, 278
Schwimmbewegungen 125
Schwimmglocke 291, 334
Schwimmknospen 86
Schwimmphase 97
Schwimmrichtung 178
Schwimmstil 175
Schwimmverhalten 173
–, Auftrieb 173
–, Manövrierfähigkeit 178
–, Mesozooplankton 178
–, Richtungsänderuingen 178
–, Rückstoßprinzip 176
–, Scheibenform 174
–, Schirmformen 174
–, Schirmkontraktionen, asymmetrische 178
–, Schwellentemperatur 179
–, Vertikalbewegungen 178
–, Vortrieb 177
–, Zylinderform 174
Scomberesox saurus 214
Scomber scombrus 214
SCUBA 15
Scyphistomae 46, 91
Scyphomeduse 84
–, anatomische Besonderheiten 65
–, Nahrungsaufnahme 114
Scyphopolyp 46
–, Nahrungsaufnahme 110
Scyphozoa 25, 29, 136, 156, 252, 290, 336
– Polyp 84
Scyphozoen, Fortpflanzungsvariationen 96
–, Tentakel 63
sea lice 293
sea nettle 295 f.
sea-wasp 322, 325
Sedimentation 83
Seeanemone 155, 252
Seefedern 29
Seehase 214
Seehund 215
Seelachs 214
Seelaus 294
Seenelken, Quallenräuber 222
Seescheide 284 f.
Seeschlangen, Gifte 153
Seespinne 252
Seestern, blauer 106
Seevögel, Quallenräuber 216
Seewespe 29, 76, 130 f., 150, 157, 160 f., 163, 195, 217, 325 f.
Segel 27, 328
–, symmetrisches 50
Segelqualle 38, 227, 243, 329
Sekret 129
Sekretzellen 111
Sekundärmünder 119, 336
Sekundäröffnungen 115
Sekundärpolypen 50, 86, 336
Selbstladetechnik 148
Semaeostomae 25, 29, 46, 65, 67, 119, 290, 336
–, Baupläne 53
Semiophore 136
Sensor 140
Septaltrichter 47, 336
Septen 46
sessil 336
Sex bei Quallen 103
Shave-Behandlung 165
Sherlock Holmes 300
Sinneshaar 140
Sinneshärchen 119, 141, 150
Sinneskörper 103, 336
Sinnesleistungen 187
Sinnesnervenzellen 187
Sinnesorgane 25, 53, 62, 65, 79, 87, 92, 190
Siphonophora 29, 38, 50f., 214, 256 f., 290
Siphosom 257
Skeletteile 34
Skelettfunktion 57
Skleroproteine 57
Slalomtechnik 237
Solnhofener Jurakalkstein 34
Sonnentheorie 205
Spallanzani 198
Spermatophoren 336
Spermatozeugmen 336
Spermienbündel 335
Spermium 84
Spezialisierungseinrichtungen, Siphosom 260
Spiegeleiqualle 119, 306
Spiralfilament 274, 277
Spiralschnitt 61
Spirocyste 134 ff.
Spirotele 135
Sprossungspolyp 84
Sprungfederhypothese 143
Squalus acanthias 214
Staatsquallen 26, 29, 256, 336
–, Achsenstamm 258
–, Bauplan 257
–, Beuteorganismen 264
–, Fangpolypen 262
–, Gastrozooide 262
–, Nahrung 261
–, Nahrungsspektrum 261
–, Pneumatophor 258
–, Verbreitung 261
–, Verdauung 261
–, Verdauungspolypen 262
–, Vorkommen 261
Stachelbeerqualle 279 f.
Stachelmakrelen 122, 229, 232 f., 235 f.
Stamm 257
Statocyste 276 f., 289
Statolith 65, 77, 80, 82, 336
Stauromedusae 29, 124, 289, 336
–, Baupläne 53
Stauromedusen 69, 74, 97
Steinkorallen 29, 100
Stenotele 136
stenotherm 336
Stephanoscyphus 39, 46 f.
Stereovillus 141
Sternhimmelqualle 22, 26, 121, 124, 235, 244, 248 ff., 310
Stheno 25
Stiasny, Gustav, The Medusae of the World 22
Stielquallen 29, 62, 69, 74, 97, 124, 289, 321, 336
–, Baupläne 53
–, medusoide Form 97
Stielteil 43
Stilettdornen 141 f., 145
Stöcker 119, 214
Stoffwechsel, Minimal- 90
–, Umstellung 94
Stoffwechselendprodukte 127
Stolonen 86, 89
Stomocnide 135
Stomolophus meleagris 115, 156
Strahlenqualle 19, 49, 181, 224
Strandwanderer 164
Strobilation 84, 86 ff., 90, 104, 108, 336
–, Heimstudium 99
–, Herbst- 89
–, monodiske 87, 92
–, Phasen 91
–, polydiske 92
–, Stadien 92
Strobilationsprozeß 91
Strömungsgeschwindigkeit, Bernoullisches Gesetz 177
Strudelwürmer 252
Sturmtaucher 215
Stützgallerte 57
Stützschicht 25, 43
Stützstab 285
Stygiomedusa 38
– *fabulosa* **302**

– –, Merkmale 302
– –, Nesselwirkung 303
– –, Verbreitung 303
–, lebendgebärende Art 97
–, parthenogenetische Produktion 97
–, Tiefseeformen 303
–, vivipare Art 97
Subgenitalhöhle 68, 336
Subgenitaltasche 336
Substratkonkurrenten 83
Subumbrella 51 f., 336
–, Scyphomedusen 176
Subumbrellahöhle 53
Subumbrellarmuskulatur 305, 336
Suchverhalten 120
Suspensionsfresser 286, 336
Süßwasserpolypen 132, 156
–, Freßhaltung 173
–, Lokomotion 173
–, Überschlagstechnik 173
Symbiosen 228, 232, 238, 241
–, Gefahren für Begleitfische 233, 237
– mit Krebsen 240 ff.
–, Vorteil für Quallen 233
Symptome 165
Synapsen 189
Synchronisationsmechanismus 96
Systematik 29, 336

T*amoya bursaria* 324
– *gargantua* 75, 156, **324**
– –, Merkmale 324
– –, Nesselwirkung 325
– –, Synonyme 324
– –, Systemik 324
– –, Verbreitung 324
– *haplonema* 156, 324
– *prismatica* 324
– *virulenta* 324
Tannenzapfen 89
Taschenquallen 5
Täuschungsmanöver 262
Tentaculifera 290
Tentakel 25, 51, 53, 56, 62, 77, 80, 92, 95, 257, 277, 290, 336
–, randständige 73
–, Rückbildung 92
–, Zuckungen 262
Tentakelbasis 81
Tentakelbüschel 124
Tentakelfunktion 71
Tentakelhöhle 277
Tentakelköpfchen 53, 290
Tentakelkranz 46, 92
Tentakelring, nesselzellbesetzter 78
Tentilla 257
Tertiärpolypen 50, 336
Tetrarhynchidenlarve 252
tetraradial 73, 102
tetraradiale Symmetrie 336
Thaliacea 286
Theca 110, 114
Thecata 82
thecate Hydroidpolypen 110
Thermorezeptoren 278
thimble 293
Thysanostoma, Symbiose 231
– *denscripsum* 314
– *lorifera* 15, 156, 312
– *loriferum* **312**, 314
– –, Begleitfisch 313
– –, Biologie 313
– –, Merkmale 312
– –, Nesselwirkung 313
– –, sonstige Namen 312
– –, Stachelmakrelen 313
– –, Synonyme 312
– –, Verbreitung 313
– *thysanura* 15, 156, 233, 313, **314**
– –, Merkmale 314
– –, Nesselwirkung 314
– –, sonstige Namen 314
– –, Symbiose 229, 231 f.
– –, Synonyme 314
– –, Verbreitung 314
Tiaropsis multicirrata 125
–, C^{14}-markierte Stoffwechselprodukte 125
Tiefseemedusen 191, 293
Tiefseequalle 29, 290, 336
Tintenfisch, Vorkommen 245 f.
Tintenqualle 314
Totalvernichtung 83, 101
Townsville (Australien) 101, 164
Toxicysten, Beutefang 132
–, Schlauch 132
–, Verteidigung 132
Toxine 151 f.
Trachurus mediterraneus 119, 228
– –, Symbiose 230
– *trecae* 214
Trachylida 50, 105
Trachymeduse 18, 29 f.
Trauben 104
Trembley 107
Trichocysten 132
Tripedalia 47, 102 f.
– *cystophora* 96
– –, Spermatophoren 103
– –, Spermien 103
– –, Spermienbündel 103
Tubularia 49
Tunicata 27, 284, 286, 290, 336
Tunicin 284

U-Boote 17
Uca 155
Unechte Karettschildkröte 214
Unterdruckprinzip 114
upside-down jellyfish 303 f.
Uria sp. 215

van Leuwenhoek 132
Variabilität
–, Segelform 266
Veilchenqualle 50, 247, 266 f., 269
Veilchenschnecke 226 f., 252, 330
Velamen 281
–, Fluchtreaktionen 281
– *parallelum* 272
Velarium 53, 73, 80, 176 f., 289, 336
Velarkanal 322, 324, 326, 336
Velarlappen 336
Velella 108, 214, 290
–, ovales Floß 290
–, Segeleinrichtungen 266
– *velella* 50, 227, 252, 258, **329**
– –, Beutetier 243
– –, Biologie 330
– –, Merkmale 329
– –, mit assoziiertem Verdauungspolypen 247
– –, Nesselwirkung 330
– –, Pneumatophor 330
– –, Randsaum 269
– –, Schwärme 330
– –, Segel 266 f., 330
– –, sonstige Namen 329
– –, Verbreitung 330
Velum 53, 80, 177, 289, 337
Venusgürtel 272, 274, 277, 281
Verdauung, extrazelluläre 110, 112
Verdauungsapparat 64
Verdauungsenzyme 110 f.
Verdauungskanal 277
Verdauungsorgane 25
Verdauungspolypen 48, 60, 84, 127, 257, 260, 262
Verdauungsprozeß 111
–, Dauer 112
Verdauungssäfte 111, 116
Verdauungszeiten 112
Verdauungszotten 25, 51, 53, 64, 94, 111 f., 121
Vermehrung 89
–, explosionsartige 82
Versorgung, autotrophe 41
Versorgungssystem 257
Versura anadyomene 311
Versura maasi 311
Versuriga anadyomene 17, 54, 71, 122, 156, 241, 242, 243, **311**
–, Hautreaktionen 159
–, Merkmale 311
–, Nesselkapsel 159
–, Schirmoberfläche, Symbiose 237
–, sonstige Namen 311
–, Symbiose 236, 240
–, Synonyme 311
Verteidigungswaffen 132
Verwachsungsleisten 66
Verwandtschaftsbeziehungen 41
Vögel als Quallenräuber 214 f.
Vogeleiqualle 23, 178
Vorderkiemerschnecke 330

Wachstum, opportunistisches 83, 100
Waffensystem 129
Wanderqualle 183, 206 f., 309
–, Namensgebung 202
Wanderzellen 57
Warzenqualle 16, 21, 305
Wasseraufnahme 148
Wasserströmungen 180, 183
„Wassertiere" 29
Weichkorallen 29
Weill 132
Whitney Forschungslabor 168
Wilson 256
Wimpernreihen, meridionale 290
Wimpernschlag 85
Wimperplatte 273, 278
Winkerkrabbe 155
Wirbellose, benthonische 110
Wirbelsäule 237
Wright 222
Wundheilung 106
Würfelqualle 26, 64, 75, 77 ff., 86, 104, 126, 158, 160, 162, 214, 290 f., 325 f., 337
–, Baupläne 53
–, Beutetiere 153
–, Fluchtreaktion 153
–, Fortpflanzung 171
–, Lebensgefahr durch 170
–, Linsenaugen 188, 191
–, Nebenaugen 191
–, Netzhaut 188
–, Rhopalien 191
–, Rhopalium 188
–, Schweresinneskörper 188
–, Schwimmtempo 178
–, Sinnesorgan 188
–, Statolith 188
Würfelquallenpolypen, Knospung 102
Wurzelmundqualle 29, 53, 67, 71, 107, 115, 119 f., 123, 154, 158, 234, 246 f., 290, 337
–, Baupläne 53
–, Schwimmtempo 178
–, verwachsene Mundarmöffnungen 290

Zahnkränze 46
Zanclea costata 252 f.
Zellmembran 133
Zellpotenz 100
Zellulose 337
Zellwurst 97, 104
Zentralgastrozooid 247
Zentralmagen 66
Zigarrenqualle 15, 229, 233 f., 314
Zoantharia 29
Zonierung, vertikale 38
Zooide 257
Zooplankter 116, 119
Zooplankton 89
–, gelatinöses, Bestimmungsschlüssel 289
Zooplanktonbiomasse 15
Zooxanthellen 115, 205
Zotten 64
Zylinderform, Konstruktionsvorteil 175
Zylinderrosen 29